中国汽车工程学会
汽车工程图书出版专家委员会特别推荐

DIESEL ENGINE MANAGEMENT
SYSTEMS AND COMPONENTS

BOSCH

柴油机管理
系统与组件

[德]康拉德·莱夫（Konrad Reif） 编
北京永利信息技术有限公司 译
陈瑶 审

北京理工大学出版社
BEIJING INSTITUTE OF TECHNOLOGY PRESS

图书在版编目（CIP）数据

BOSCH 柴油机管理：系统与组件/（德）莱夫编；北京永利信息技术有限公司译.—北京：北京理工大学出版社，2018.6（2021.8重印）

书名原文：Diesel Engine Management：Systems and Components

ISBN 978-7-5682-1863-4

Ⅰ.①B…　Ⅱ.①莱…②北…　Ⅲ.①柴油机-控制系统　Ⅳ.①TK42

中国版本图书馆 CIP 数据核字（2017）第 080781 号

北京市版权局著作权合同登记号　图字：01-2016-0444

Translation from the English language edition：

Diesel Engine Management：Systems and Components edited by Konrad Reif

Copyright © 2014 Springer Fachmedien Wiesbaden

Springer is part of Springer Science+Business Media

All Rights Reserved

出版发行 / 北京理工大学出版社有限责任公司	
社　　址 / 北京市海淀区中关村南大街 5 号	
邮　　编 / 100081	
电　　话 / （010）68914775（总编室）	
（010）82562903（教材售后服务热线）	
（010）68948351（其他图书服务热线）	
网　　址 / http：//www.bitpress.com.cn	
经　　销 / 全国各地新华书店	
印　　刷 / 北京虎彩文化传播有限公司	
开　　本 / 710 毫米×1000 毫米　1/16	责任编辑 / 王佳蕾
印　　张 / 19.75	梁铜华
字　　数 / 478 千字	文案编辑 / 梁铜华
版　　次 / 2018 年 6 月第 1 版　2021 年 8 月第 2 次印刷	责任校对 / 周瑞红
定　　价 / 108.00 元	责任印制 / 王美丽

译　者　序

柴油机功率大、油耗低，很早就广泛应用于商用车领域，但其也存在着重量大、噪声大、不够环保等缺点，曾一度制约了柴油车在商用车和乘用车上的应用与发展。随着柴油机的发展，采用先进柴油机管理系统的电控柴油机已成为必然趋势，但由于其结构有较大改变，技术日趋复杂，这对一些从事汽车发动机行业的工程技术人员，特别是从事柴油机燃油喷射系统研究、设计和制造的相关技术人员或高等院校的师生来说均是一个较新的领域。针对这一情况，一本好的参考书将会给大家的工作和学习带来益处。我们发现，《BOSCH 柴油机管理——系统与组件》正是这样一本书籍。

德国博世（BOSCH）公司是世界先进柴油机燃油喷射技术的代表。乘用车柴油化是博世等公司在中国市场上力推的项目之一，长城、奇瑞、华泰、吉利等企业在乘用车柴油机方面都有很大的投入，并且已经部分量产了搭载柴油机的乘用车。自1927年第一台直列式柴油喷射泵问世以来，柴油机燃油喷射技术发展的每一个里程，都留下了博世公司深深的足迹。本书系统地介绍了柴油机的基本原理，燃油特点、燃油喷射基本原理、控制策略和技术特征，总结了博世公司在开发柴油机燃油喷射系统过程中的关键技术和经验。这对于从事汽车发动机行业的技术人员和高等院校的师生来说，是一本难得的参考著作。因此，我们将这本英文书译成中文，以便于读者阅读。

由于翻译人员水平有限，本书难免存在不当之处，敬请广大读者批评指正，并提出宝贵意见。

北京永利信息技术有限公司

前　言

本书对当前柴油喷射系统和电子控制系统提供了深入的分析。本书的重点是最大程度降低排放以及废气处理。博世（BOSCH）在柴油喷射技术领域的创新促进了柴油机的繁荣发展。发动机和燃油喷射系统对节能减排方面和低噪声发动机有着很大的需求。

由于现代机动车技术的复杂性以及性能的不断提升，对了解组件或系统的可靠信息来源的需求越来越迫切。通过《BOSCH汽车专业知识丛书》可快速可靠地获取汽车电气和电子方面的信息，本系列丛书含有必要的基础知识、数据和说明。该书非常系统化、结构清晰、与时俱进且面向应用。本系列丛书主要面向已就业或正在深造的汽车技术专业人员。同时，本系列丛书还提供了用于学习以及应用的理论工具。

编　者

作 者

柴油机发展史
Dipl.-Ing. Karl-Heinz Dietsche.

柴油机的应用领域
Dipl.-Ing. Joachim Lackner,
Dr.-Ing. Herbert Schumacher,
Dipl.-Ing.（FH）Hermann Grieshaber.

柴油机的基本原理
Dr.-Ing. Thorsten Raatz,
Dipl.-Ing.（FH）Hermann Grieshaber.

燃油、柴油
Dr. rer. nat. Jörg Ullmann.

燃油、替代燃料
Dipl.-Ing.（FH）Thorsten Allgeier,
Dr. rer. nat. Jörg Ullmann.

气缸进气控制系统
Dr.-Ing. Thomas Wintrich,
Dipl.-Betriebsw. Meike Keller.

柴油机燃油喷射基本原理
Dipl.-Ing. Jens Olaf Stein,
Dipl.-Ing.（FH）Hermann Grieshaber.

柴油机燃油喷射系统概述
Dipl.-Ing.（BA）Jürgen Crepin.

连接低压级的供油系统
Dipl.-Ing.（FH）Rolf Ebert,
Dipl.-Betriebsw. Meike Keller,
Ing. grad. Peter Schelhas,
Dipl.-Ing. Klaus Ortner,
Dr.-Ing. Ulrich Projahn.

独立气缸系统概述
泵喷嘴系统
单体泵系统
Dipl.-Ing.（HU）Carlos Alvarez-Avila,
Dipl.-Ing. Guilherme Bittencourt,
Dipl.-Ing. Dipl.-Wirtsch.-Ing. Matthias Hickl,
Dipl.-Ing.（FH）Guido Kampa,
Dipl.-Ing. Rainer Merkle,
Dipl.-Ing. Roger Potschin,
Dr.-Ing. Ulrich Projahn,
Dipl.-Ing. Walter Reinisch,
Dipl.-Ing. Nestor Rodriguez-Amaya,
Dipl.-Ing. Ralf Wurm.

共轨系统概述
Dipl.-Ing. Felix Landhäußer,
Dr.-Ing. Ulrich Projahn,
Dipl.-Inform. Michael Heinzelmann,
Dr.-Ing. Ralf Wirth.

共轨系统的高压部件
Dipl.-Ing. Sandro Soccol,
Dipl.-Ing. Werner Brühmann.

喷油嘴
Dipl.-Ing. Thomas Kügler.

喷油器体
Dipl.-Ing. Thomas Kügler.

高压油管
Kurt Sprenger.

起动辅助系统
Dr. rer. nat. Wolfgang Dreßler.

最大程度降低发动机内部的排放
Dipl.-Ing. Jens Olaf Stein.

废气处理

Dr. rer. nat. Norbert Breuer,
Priv.-Doz. Dr.-Ing. Johannes K. Schaller,
Dr. rer. nat. Thomas Hauber,
Dr.-Ing. Ralf Wirth,
Dipl.-Ing. Stefan Stein.

柴油机电子控制系统
电子控制单元

Dipl.-Ing. Felix Landhäußer,
Dr.-Ing. Andreas Michalske,
Dipl.-Ing. (FH) Mikel Lorente Susaeta,
Dipl.-Ing. Martin Grosser,
Dipl.-Inform. Michael Heinzelmann,
Dipl.-Ing. Johannes Feger,
Dipl.-Ing. Lutz-Martin Fink,
Dipl.-Ing. Wolfram Gerwing,
Dipl.-Ing. (BA) Klaus Grabmaier,
Dipl.-Math. techn. Bernd Illg,
Dipl.-Ing. (FH) Joachim Kurz,
Dipl.-Ing. Rainer Mayer,
Dr. rer. nat. Dietmar Ottenbacher,
Dipl.-Ing. (FH) Andreas Werner,
Dipl.-Ing. Jens Wiesner,
Dr. Ing. Michael Walther.

传感器

Dipl.-Ing. Joachim Berger.

故障诊断

Dr.-Ing. Günter Driedger,
Dr. rer. nat. Walter Lehle,
Dipl.-Ing. Wolfgang Schauer.

维修保养技术

Dipl.-Wirtsch.-Ing. Stephan Sohnle,
Dipl.-Ing. Rainer Rehage,
Rainer Heinzmann,
Rolf Wörner,
Günter Mauderer,
Hans Binder.

尾气排放

Dipl.-Ing. Karl-Heinz Dietsche.

排放控制法规

Dr.-Ing. Stefan Becher,
Dr.-Ing. Torsten Eggert.

排放测量技术

Dipl.-Ing. Andreas Kreh,
Dipl.-Ing. Bernd Hinner,
Dipl.-Ing. Rainer Pelka.

目　　录

第一章　柴油机发展史

早在 1863 年，法国人艾蒂安·勒努瓦（Etienne Lenoir）对其研制的燃气发动机驱动汽车进行了试车。试车证明，将这种动力驱动装置安装在车内对车辆进行驱动是不适合的。直到 Nikolaus August Otto（奥托）发明的带磁电机点火系统的通过液体燃料工作的四冲程发动机出现，车辆机动性应用才成为可能。但是，这些发动机的有效功率较低。鲁道夫·狄塞尔（Rudolf Diesel）的成就使发动机在理论上得到了发展，发动机的效率相对较高，并开始着手准备批量生产，以成就他的梦想。

1897 年，通过与 MAN 公司的合作，鲁道夫·狄塞尔制造了第一台内燃机工作原型机。该发动机能够利用价格低廉的重燃油运行。然而这种柴油机大约为 4.5 t 重，3 m 高。因此，暂不考虑将这种发动机应用在陆地车辆上。

然而，随着燃油喷射和混合气形成的进一步发展，柴油机的发明很快成为趋势，并且不久也成为可供选择的船用发动机和固定安装发动机。

图 1-1 所示为 1894 年第一台柴油机及其专利证书。

图 1-1　1894 年第一台柴油机及其专利证书

§1.1　鲁道夫·狄塞尔

鲁道夫·狄塞尔（1858—1913）生于巴黎，14 岁时就梦想成为一名工程师。他通过了慕尼黑工学院的毕业考试，并获得了最高学历（见图 1-2）。

1.1.1　新型发动机理念

狄塞尔的想法就是设计一台效率大大高于当时流行的蒸汽机的发动机。根据法国物理学家萨迪·卡诺（Sadi Carnot）的理论，基于等温循环的发动机应该能够达到 90% 以上的效率。

图 1-2 鲁道夫·狄塞尔

狄塞尔首先在图纸上完成了基于卡诺理论的发动机设计。他的目标就是设计一台动力更强大、尺寸相对更小的发动机。狄塞尔对其发动机的功能和动力很有信心。

1.1.2 狄塞尔的专利

1890 年狄塞尔完成了他的理论研究。1892 年的 2 月 27 日他向位于德国柏林的帝国专利局申请了"设计合理的新型内燃机"的专利。1893 年 2 月 23 日,他获得了名为"内燃机的操作过程与结构类型"的专利。专利号为 DPR67207。日期标注为 1892 年 2 月 28 日。

1.1.3 发动机的开发

由于所需的 250 bar① 压力超出了现有的技术能力,具有丰富经验的发动机制造公司,如 Gasmotoren-Fabrik Deutz 股份有限公司拒绝了狄塞尔的项目计划。经过几个月的努力,1893 年,狄塞尔最终与 MAN 公司签订了一项合作协议。不过,协议中狄塞尔对理想发动机做出了让步。由于机械学方面的原因,将最大压力从 250 bar 降到了 90 bar,随后又降到了 30 bar。压力的降低必然会导致燃烧性不理想。狄塞尔原先利用煤粉作为燃料的计划未被采纳。

而后,1893 年春天,MAN 公司开始制造第一台非冷却试验发动机。起初设想用煤油

作为燃料,但后来使用了汽油,因为当时(错误地)认为汽油这种燃料更容易自动点火。其原理是在压缩过程中将燃油喷射到高压、高温的压缩空气中。该原理在这种发动机中获得了认可。

在第二台试验发动机中,燃油没有被直接喷射雾化,而是在压缩空气的辅助下完成点火。发动机还具有一个水冷却系统。

直到第三台试验发动机,即采用一种用于压缩空气喷射的单级空气泵的新设计,才取得了突破性进展。1897 年 2 月 17 日,慕尼黑科技大学的莫里茨·施罗德(Moritz Schroeder)教授实施了验收测试。测试结果证实,这种内燃机的效率高达 26.2%。

专利纠纷和与狄塞尔合作商关于发展策略方面的争论以及失败使这个伟大的发明家承受着心理和生理上的双重打击。1913 年 9 月 29 日,他在穿越英吉利海峡的邮轮上跳海自杀,结束了生命。

§1.2 第一台柴油机的混合气形成

1.2.1 压缩空气喷射

狄塞尔始终没有实现将燃油压缩到喷射分解雾化形成液滴所需压力的愿望。因此,1897 年第一台柴油机利用压缩空气喷射原理,即利用压缩空气的辅助将燃油导入气缸。这种方法后来被 Daimler 应用到了一台卡车的柴油机中。

如图 1-3 所示,喷射器包括压缩空气供给部分(1)和燃油供给部分(2)。压缩机产生压缩空气,流进气阀。当喷油嘴(3)打开时,空气喷入燃烧室,并夹带燃油进入。在这两相流动的阶段中,将产生液滴快速蒸发和自动点火所需的燃油细滴。

凸轮确保喷油嘴开启的同时,曲轴也开始工作。燃油量由燃油压力控制。由于喷射压力是通过压缩空气产生的,因此较低的燃油压力就能够充分地保证喷射过程的效能。

然而,这一过程存在的问题是,由于喷油

① 1 bar = 10^5 Pa。

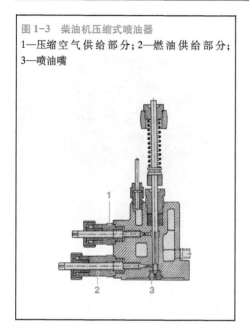

图 1-3　柴油机压缩式喷油器
1—压缩空气供给部分；2—燃油供给部分；
3—喷油嘴

嘴的压力较低，空气燃料混合物进入燃烧室的穿透深度较低。因而，这种混合气形成的方式也不适合较高的燃油喷射量（较高的发动机负荷）和较高的发动机转速。这种有限的雾化分散致使无法再利用空气量增加发动机动力，而随着喷油量的增加会导致局部混合气过浓，烟度急剧增加。此外，相对较大油滴的雾化时间不允许发动机转速有任何增加。

这种发动机的另一个缺点就是压缩机占了很大的空间。尽管如此，当时在卡车上还是利用了这一原理。

1.2.2　预燃室式发动机

当时，奔驰的柴油发动机是一种预燃室式发动机。普劳斯珀尔·劳兰治（Prosper L'Orange）在 1909 年为该技术申请了专利。由于预燃室式发动机的原理无须复杂、昂贵的空气喷射系统，因此这种在主燃烧室形成混合气的方式仍然被沿用至今。其中，部分燃烧是在预燃室中进行的。这种预燃室式发动机带有一个半球形的预燃室。预燃室和燃烧室通过一个小通道相连。预燃室的容积大约是整个压缩室的 1/5。

全部燃油在 230~250 bar 的压力下不完全燃烧会导致预燃室压力升高，而未燃烧且部分裂化了的燃油将被推进主燃烧室中，再与主燃烧室中的空气混合、点火、燃烧，如图 1-4 所示。

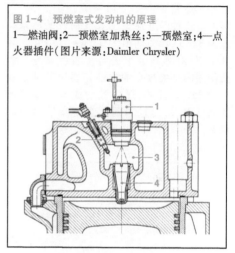

图 1-4　预燃室式发动机的原理
1—燃油阀；2—预燃室加热丝；3—预燃室；4—点火器插件（图片来源：Daimler Chrysler）

此时，预燃室的功能就是为了形成混合气。这个过程被称为间接燃油喷射。随着燃油喷射技术的进一步发展，直至可以输送的燃油压力达到主燃烧室中形成混合气所需的压力，这种燃烧过程才最终流行起来，并保留了主要的过程。

1.2.3　直喷式发动机

MAN 公司的第一台柴油机为直喷式柴油机，即燃油通过一个喷油嘴直接喷射到燃烧室中。这种发动机使用轻质燃油，通过压缩机将燃油直接喷射到燃烧室中。压缩机决定了发动机的尺寸。

在商用车领域，从 20 世纪 60 年代开始再次出现直喷式发动机，并逐渐取代了预燃室式发动机。由于这种发动机的燃烧噪声级较低，90 年代前乘用车一直使用预燃室式发动机，之后才迅速被直喷式发动机取代。

§1.3　第一台汽车柴油发动机的应用

1.3.1　商用车中的柴油机

由于柴油机的气缸压力较高，第一台柴油机又大又重，因此不适合车辆移动应用。

直到 1920 年年初,第一台直喷式柴油机才被用于商用车(见图 1-5)。

奔驰公司执行董事会成员普劳斯珀尔·劳兰治并未受到第一次世界大战的影响。他仍在进行柴油机的研发。1923 年,第一台道路车辆柴油机被装在了 5 t 的卡车上。这种四缸预燃室式发动机的活塞排量为 8.8 L,动力输出为 33.6~37.3 kW。9 月 10 日对奔驰卡车进行了首次试车。燃油使用的是褐煤焦油。油耗要比苯油发动机低 25%。此外,煤焦油的成本不仅要比苯油低得多,而且苯油还需要缴纳昂贵的税费。

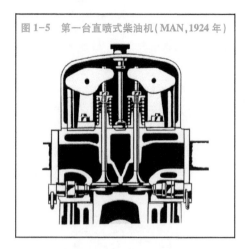
图 1-5   第一台直喷式柴油机(MAN,1924 年)

图 1-6   1926 年 MAN 公司的超动力柴油卡车(功率为 110 kW,而有效载荷为 10 t)

戴姆勒公司早在第一次世界大战前就致力于柴油机的研发。战后,公司开始致力于商用车柴油机的研发,并于 1923 年 8 月 23 日进行了第一次试车。这几乎与奔驰公司的卡车试车在同一时间进行。1923 年 9 月底,进一步进行了从柏林戴姆勒公司工厂到斯图加特的往返行驶试验。

1924 年在柏林车展上展出了第一辆搭载柴油机的卡车模型。有 3 家制造商分别展示了不同系统的柴油机,展示了各自柴油机驱动系统的研发理念:

- 戴姆勒公司带压缩空气式喷射系统的柴油机;

- 奔驰公司带预燃室的柴油机;
- MAN 公司带直喷系统的柴油机。

随着时间的推移,柴油机动力越来越强劲。最初的类型是四缸发动机。其动力输出为 29.8 kW。1928 年,大部分发动机的动力输出已经超过了 44.8 kW。后来终于为重型商用车生产出了具有更大动力的六缸和八缸发动机。1932 年,动力输出最高达到了 104.5 kW。

1932 年戴姆勒·奔驰公司(这两家汽车制造商于 1926 年合并)生产的一系列卡车柴油机取得了突破性的进展。该系列车型由有效载荷为 2 t 的 LO2000 车型引领。其最大容许总质量约为 5 t。该车型搭载 OM59 四缸发动机。其排量为 3.8 L。其功率为 41 kW。系列车型扩展到 L5000(有效负荷为 5 t,而最大容许总质量为 10.8 t)。所有车辆也可以使用相同动力输出的汽油机,但是与较为经济的柴油机相比,汽油机并没有优势。

直到今天,在商用车领域,柴油机依然保持统治地位。事实上,也正是考虑到其良好的经济性,因此所有重型卡车都是由柴油机驱动的。在日本,采用的基本上都是大排量传统吸气式发动机;而在美国和欧洲,带有增压空气冷却系统的涡轮增压发动机则更受欢迎。

1.3.2 乘用车中的柴油机

自乘用车首次搭载柴油机以来已经过去了几年时间。1936 年,Mercedes 发布了 260D

型车。该车搭载四缸柴油机。其动力输出为 33.6 kW,如图 1-7 所示。搭载这种发动机的第一辆柴油机轿车如图 1-8 所示。

图 1-7　Mercedes 260D 型发动机上的 BOSCH 直列式喷油泵

图 1-8　第一辆柴油机轿车
产于 1936 年的搭载 Mercedes-Benz 260D 发动机的汽车(功率输出为 33 kW,油耗为 9.5 L/100 km)

柴油机作为乘用车的动力装置,一直处于发展的边缘。与汽油机相比,其市场处于低迷状态。这种状况一直持续到 20 世纪 90 年代才有所改观。随着废气涡轮增压技术和新型高压燃油喷射系统的出现,现在柴油机已处于与汽油机相匹敌的地位,在动力输出和环保性能方面都与汽油机相当。与汽油机不同,由于柴油机不敲缸,且可在低速范围内增压,这使柴油机具有更高的扭矩和极佳的

驱动性能。柴油机的另一个优点是具有极高的效率,因此被越来越多的汽车驾驶员接受。在欧洲,大约每两辆注册的新车当中就有一辆是柴油车。

1.3.3 其他应用领域

20 世纪初,随着越洋蒸汽船和帆船时代的结束,为这种运输模式提供动力的柴油机凸显出来。第一艘搭载 18.7 kW 柴油机的船只于

1903 年下水。第一辆搭载柴油机的火车头也在 1913 年开始运行。这种柴油机的动力输出达到 746 kW。一些航空先驱甚至也表现出对柴油机的兴趣。后来，齐柏林(Graf Zeppelin)飞艇也使用柴油发动机作为推进装置。

§1.4　BOSCH 柴油喷射系统

1.4.1　早期的 BOSCH 柴油技术

1886 年罗伯特·博世(Robert Bosch)(1861—1942，见图 1-9)在斯图加特开创了"轻工—电气工程工厂"。他雇用了一名技工和一名学徒。起初，工厂的主要业务为安装和修理电话、电报机、避雷针，以及其他轻型工程。

图 1-9　罗伯特·博世

自 1897 年以来，他发明的低压磁电点火系统始终为汽油机提供可靠的点火功能。该产品是快速拓展 BOSCH 业务的重要起点。随后在 1902 年他又相继开发了带有火花塞的高压磁电点火系统。这种点火系统的电枢一直被沿用至今。其形状也被融到了 Robert Bosch 股份有限公司的 LOGO 中。

1922 年，他将其关注重点转移到了柴油机上。他相信 BOSCH 磁发电机和火花塞的高精度量产成功模式也同样适用于柴油机上的喷油泵和喷油嘴。

尽管鲁道夫·狄塞尔(Rudolf Diesel)早已想要发明燃油直喷系统，但由于喷油泵和喷油嘴尚未达到可应用的程度，所以始终无法实现。与用于空气压缩喷射的喷油泵相比，这种喷油泵必须能够承受高达几百个大气压的背压。喷油嘴必须具有相当精细的喷孔，因为当喷油泵开始工作时，必须对喷油嘴进行独立计量并对燃油进行雾化。

他想要研发的这种喷油泵不仅符合目前所有重油低功率发动机的要求，而且适用于未来的机动车发动机。1922 年 12 月 28 日，BOSCH 公司决定从事这方面的研发。

1.4.2　对喷油泵的要求

将要研发的喷油泵应能够喷射微小油量，且各个泵间仅存在微小差别。这样将使发动机在低怠速下运行更平顺，各缸工作更均匀。针对全负荷的要求，喷油量必须增加 4 或 5 倍。此时所需的喷射压力已经超过了 10 bar。BOSCH 要求这样的泵能够正常工作 2 000 h 以上。

这些对于当时的技术现状来说可谓严格要求。这不仅需要取得一些流体工程学的成果，而且这些要求给生产工程和材料应用技术带来了挑战。

1.4.3　喷油泵的发展

首先，对多种不同的泵体设计进行了试验。一些泵是由绕线轴控制的，而其他泵则是由阀门控制的，通过改变柱塞行程调节喷油量。1924 年年底，出现了一种泵的设计。其在喷油率、持久性和较小的空间需求方面均满足柏林车展上展出的奔驰公司预燃室式发动机的要求以及 MAN 公司直喷式发动机的要求，如图 1-10 所示。

1925 年 3 月，他和 Acro 股份有限公司签订了合作协议，允许使用 Acro 股份有限公司带空气室的柴油机系统以及相应喷油泵与喷油嘴的专利。弗兰兹·朗(Franz Lang)在慕尼黑发明的 Acro 泵是一种独特的喷油泵。它拥有一种特殊的螺旋状滑阀，通过旋转来控制喷油量。弗兰兹·朗后来将这种螺旋控制方式应用到了泵柱塞上。

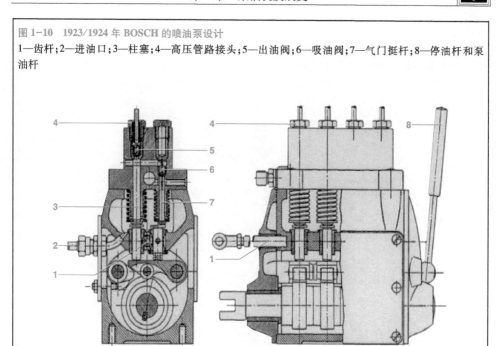

图 1-10　1923/1924 年 BOSCH 的喷油泵设计
1—齿杆；2—进油口；3—柱塞；4—高压管路接头；5—出油阀；6—吸油阀；7—气门挺杆；8—停油杆和泵油杆

Acro 喷油泵的喷油特性与 Bosch 制造的实验泵不匹配。然而，通过 Acro 发动机，他能够接触到一种特别适合小型气缸组的高速柴油机，并通过这种方法为研发喷油泵和喷油嘴打下了坚实的基础。

与此同时，他始终贯彻向发动机厂商授予 Acro 公司的专利生产许可的方针，不断促进车辆柴油机的推广，为交通机动化做出了贡献。

1926 年 10 月，弗兰兹·朗离开了公司后，Bosch 重新集中精力进行泵的研发。没过多久，被用于量产的 BOSCH 柴油机喷油泵面世了。

1.4.4　适于批量生产的 BOSCH 柴油喷油泵

根据 1925 年设计工程师的设想，类似于改进的 Acro 泵，BOSCH 柴油喷油泵在泵的柱塞上采用了螺旋斜边。除此之外，它明显不同于以前所有的泵。

被用于转动柱塞的 Acro 泵外部杠杆装置被调节齿杆代替，啮合于泵油元件控制套筒的小齿轮中。

为了减轻喷射过程结束时高压管路的负荷，以防止滴油，安装了出油阀。在出油阀上设计了一个安装在气门导管中的可调节吸油柱塞。与以前用过的减轻负荷技术相比，这种新方法有效地增加了不同转速下供油的稳定性和设定的供油量，且明显简化并缩短了多缸泵向各个单元输送相同油量的调节过程。

该泵简洁且明晰的设计使安装和测试更方便。与以前的设计相比，它大大简化了部件的更换流程。泵壳体也符合铸造和其他制造工艺的要求。这种真正适合量产的 BOSCH 柴油喷油泵的首台样机是在 1927 年 4 月生产的。在样机通过 BOSCH 公司的严格测试并成功运转后，于 1927 年 11 月 30 日获准进行大批量生产。这包括两缸、四缸以及六缸发动机的各种型号，如图 1-11 所示。

1.4.5　喷油嘴和喷油器壳体

喷油嘴与喷油器壳体的研发是和喷油泵的研发同时进行的。最初，轴针式喷油嘴被用在预燃室式发动机上。直到 1929 年年初，BOSCH 公司才将孔型喷油嘴应用到直喷式柴油机的喷油泵上。

图 1-11 首批量产的 BOSCH 柴油喷油泵(1927 年)
1—凸轮轴;2—滚轮挺杆;3—调节齿套;4—调节齿杆;5—进油孔口;6—泵缸;7—控制套筒;8—高压管接头;9—带柱塞的输油阀;10—油尺;11—柱塞

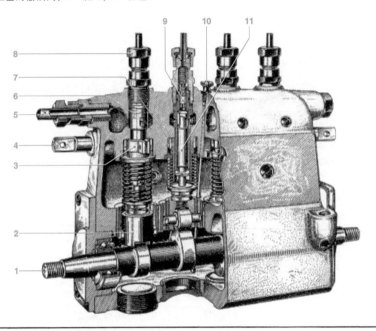

喷油嘴和喷油器壳体的尺寸应始终与新喷油泵的尺寸相匹配。不久之后,发动机制造企业希望能像在汽油机上安装火花塞那样将喷油器壳体和喷油嘴以螺纹方式连接在气缸盖中。BOSCH 公司适应这一要求,并开始生产螺旋式喷油器壳体。

1.4.6 喷油泵调节器

由于柴油机不像汽油机那样具有自调节功能,其需要一个调节器,以保持特定转速,并防止因超速运行而导致发动机损坏。因此,车用柴油机上必须始终安装这种调节器。发动机生产企业最初都是自己生产这种调节器,但是后来的调节器由于被安装在喷油泵上而直接由喷油泵生产厂生产,一概采用机械式调速器。1931 年,BOSCH 公司根据这一市场需求采用了自行生产的调速器。

1.4.7 BOSCH 柴油喷油技术的推广

1928 年 8 月,BOSCH 公司已卖出 1 000

台喷油泵。随着车用柴油机发展状况的日益好转,BOSCH 公司已经做好了充分的准备,为发动机制造商提供全系列的燃油喷射装置。当 BOSCH 公司的喷油泵和喷油嘴证明了其价值后,很多汽车厂商意识到自己在该领域生产汽车配件已无利可图。图 1-12 所示为 BOSCH 燃油喷油泵的调节器。图 1-13 所示为其当时的广告牌。

图 1-12 BOSCH 燃油喷油泵调节器

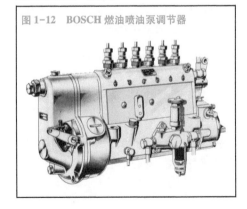

图 1-13 BOSCH 燃油喷油泵的广告牌

在开发柴油喷油泵的过程中，BOSCH 公司在轻工方面（例如，机油泵的制造）具有优势。BOSCH 的产品并不是"根据纯粹的机械制造原理"生产的。这使 BOSCH 公司处于市场领先地位。正因为 BOSCH 公司在柴油机领域做出了巨大贡献，柴油机才有了今天的成就。

第二章　柴油机的应用领域

没有任何一种内燃机像柴油机这样得到广泛的应用。这主要归功于其高效性和燃油经济性。

柴油机主要被应用于以下领域：
- 固定安装的发动机；
- 轿车及轻型商用车；
- 重型货车；
- 工程建筑机械及农业机械；
- 铁路机车；
- 船舶。

柴油机的气缸排列方式可分为直列或V形结构两种。与汽油机不同，柴油机几乎不会出现爆震的现象（参见"气缸——进气量控制系统"一章）。因此，柴油机非常适用于涡轮增压器或增压器进气。

§2.1　适用性标准

以下性能特征对柴油机的应用具有重要意义：
- 发动机功率；
- 特定功率输出；
- 运行安全性；
- 产品成本；
- 运行经济性；
- 可靠性；
- 环境相容性；
- 用户友好性；
- 便利性（如发动机舱的设计）。

这些相对重要的特性会影响发动机的设计，且会根据应用类型有所改变。

§2.2　应用

2.2.1　固定式发动机

固定式发动机（例如被用于驱动发电机）通常都以固定转速运转。因此，发动机和燃油喷射系统都要在这一速度下进行特定优化。发动机调节器可根据发动机的负荷调节喷油量。因此，针对这种类型的应用仍在使用机械调节式燃油喷射系统。

轿车和商用车发动机也可被用作固定式发动机，但必须调节发动机控制系统，以适应不同的工况。

2.2.2　轿车和轻型商用车

如图2-1所示，人们都期望汽车的发动机具有高扭矩，且运转平稳。通过细致的设计和研发带有EDC（柴油机电子控制系统）的新型燃油喷射系统，发动机已在这些领域取得了巨大的进步。自20世纪90年代早期，这项先进技术就已为柴油机在动力输出和扭矩特性方面取得实质性进展铺平了道路，从而使柴油机进入了中、高档轿车市场。

轿车使用高速柴油机，转速高达5 500 r/min。排量范围从大型轿车的十缸5 L扩展到微型小汽车的三缸800 cc[①]。

在欧洲，目前所有新型柴油机都采用直喷式设计。与非直喷式发动机相比，其油耗减少了15%～20%。这类发动机现在都装有涡轮增压器。与汽油机相比，其扭矩特性好很多。一辆车的最大有效扭矩通常不是由发动机决定的，而是由动力传动系统决定的。

越来越严格的排放法规和持续增加的动力需求要求燃油喷射系统必须具有相当高的喷射压力。将来，提高燃油排放特性依然是柴油机研发者面临的挑战。因此，预期未来几年的创新仍集中在尾气处理方面。

2.2.3　重型货车

对重型货车发动机最基本的设计要求是经济性。这就是应用于这种车上的柴油机专门采用直喷设计的原因（见图2-2）。重型货车通常采用速度达3 500 r/min的中速发动机。

对于大型商用车来说，排放限值也持续降低。这就意味着要采用更高要求的燃油喷射系统，且需要开发新型排放控制系统。

----

① 1 cc=1 mL。

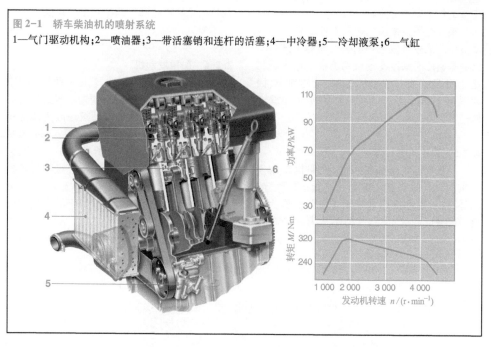

图 2-1　轿车柴油机的喷射系统
1—气门驱动机构；2—喷油器；3—带活塞销和连杆的活塞；4—中冷器；5—冷却液泵；6—气缸

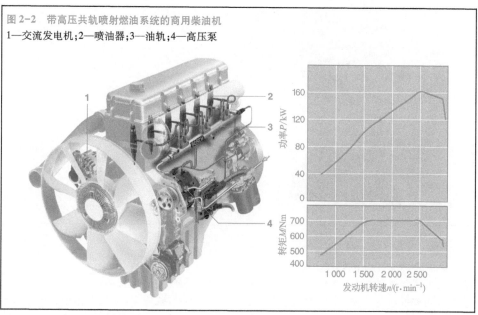

图 2-2　带高压共轨喷射燃油系统的商用柴油机
1—交流发电机；2—喷油器；3—油轨；4—高压泵

2.2.4　建筑工程机械和农业机械

　　建筑工程机械和农业机械是柴油机的传统应用领域。应用于这些领域的发动机的设计不仅着重于经济性，而且着重于持久性、可靠性和维修的便利性。例如，与车用发动机相比，最大功率利用率和最小噪声排放并不是最重要的考虑因素。对这方面的应用来说，发动机功率输出范围可以从 3 kW 到等同于重型货车发动机的输出功率。

很多应用在建筑工业和农业机械上的发动机仍然采用机械控制的燃油喷射系统。与已经普遍使用水冷发动机的其他应用领域相比,由于风冷发动机坚固耐用、结构简单,因此其在建筑和农业生产方面仍占有重要地位。

2.2.5 铁路机车

与重型船用柴油机一样,铁路机车用发动机的设计首先要考虑的是持续运转性能。此外,这类发动机通常采用劣质柴油作为燃料。根据尺寸的不同,其功率从大型卡车发动机的功率输出到中等船用发动机的功率输出不等。

2.2.6 船用发动机

由于应用的特殊性,对船用发动机的要求有较大差异。例如,有用于快速军舰或快艇的极高性能发动机。这些发动机一般为四冲程中速发动机。其转速为 400~1 500 r/min,最多具有 24 个气缸,如图 2-3 所示。另一方面,为达到最佳经济性而设计的二冲程重型发动机能持续工作。这种低速发动机(<300 r/min)可获得高达 55% 的有效效率。对于活塞发动机而言,这已达到最高值。

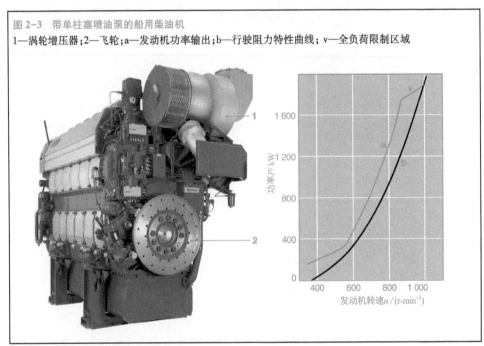

图 2-3 带单柱塞喷油泵的船用柴油机
1—涡轮增压器;2—飞轮;a—发动机功率输出;b—行驶阻力特性曲线;v—全负荷限制区域

大型发动机通常使用廉价的重油。这就要求对车载燃油进行预处理。根据油品质量,重油必须加热到高达 160 ℃ 的温度。只有这样,才可降低黏度,使燃油达到可过滤和泵出的黏度水平。

小型船舶通常采用为大型商用车设计的发动机。这样可以以较低的开发成本生产出经济性好的推进装置。然而,另一方面,必须针对各种不同的运行工况对发动机管理系统进行调节。

2.2.7 多种燃料发动机

针对特殊应用(例如在基础设施未开发的不发达地区行驶或军用)的柴油车应具有使用多种燃料,包含柴油、汽油和其他已开发出的其他燃料运转的能力。目前使用多种燃料几乎没有任何意义,因为这些燃料无法满足当前对排放和动力性能的要求。

§2.3 发动机特性参数

表 2-1 给出了各种型号柴油机和汽油机最重要的对比数据。

直喷式汽油机的平均压力比表中列出的进气歧管喷射发动机的平均压力高大约 10%，而燃油消耗率却降低高达 25%。这种发动机的压缩比可达 13∶1。

表 2-1 柴油机与汽油机的对比

燃油喷射系统	额定转速/ ($r \cdot min^{-1}$)	压缩比	平均压力[①]/ bar	单位输出功率/ ($kW \cdot L^{-1}$)	功率重量比/ ($kg \cdot kW^{-1}$)	燃油消耗率[②]/ ($g \cdot kWh^{-1}$)
柴油机						
IDI[③]传统自然吸气轿车发动机	3 500~5 000	20~24∶1	7~9	20~35	1∶5~3	320~240
IDI[③]涡轮增压轿车发动机	3 500~4 500	20~24∶1	9~12	30~45	1∶4~2	290~240
ID[④]传统自然吸气轿车发动机	3 500~4 200	19~21∶1	7~9	20~35	1∶5~3	240~220
ID[④]装有中冷器的涡轮增压轿车发动机	3 600~4 400	16~20	8~22	30~60	4~2	210~195
ID[④]传统自然吸气商用车发动机	2 000~3 500	16~18∶1	7~10	10~18	1∶9~4	260~210
ID[④]涡轮增压商用车发动机	2 000~3 200	15~18∶1	15~20	15~25	1∶8~3	230~205
ID[④]装有中冷器的涡轮增压商用车发动机	1 800~2 600	16~18	15~25	25~35	5~2	225~190
建筑和农业机械发动机	1 000~3 600	16~20∶1	7~23	6~28	1∶10~1	280~190
铁路机车发动机	750~1 000	12~15∶1	17~23	20~23	1∶10~5	210~200
船用发动机(四冲程)	400~1 500	13~17∶1	18~26	10~26	1∶16~13	210~190
船用发动机(二冲程)	50~250	6~8∶1	14~18	3~8	1∶32~16	180~160
汽油机						
传统自然吸气轿车发动机	4 500~7 500	10~11∶1	12~15	50~75	1∶2~1	350~250
涡轮增压轿车发动机	5 000~7 000	7~9∶1	11~15	85~105	1∶2~1	380~250
商用车发动机	2 500~5 000	7~9∶1	8~10	20~30	1∶6~3	380~270

① 按下式通过平均压力 P_e 计算比转矩 $M_{比转矩}(Nm)$：

$$M_{比转矩} = 25/(\pi \cdot P_e)$$

② 最低油耗
③ 间接喷射
④ 直喷

第三章 柴油机的基本原理

柴油机是一种燃油和空气在气缸内部混合的压缩点火发动机。用于燃烧的空气在燃烧室中被高度压缩。这个过程产生的高温足以保证当柴油喷入气缸时发生自燃。因此，柴油机通过热量使柴油中的化学能释放出来，并且将其转变为机械力。

柴油机是一种内燃机，具有最大总效率（比大型低速发动机高 50%），同时具有低油耗、低排放和平稳运行特性。例如，结合使用预喷射技术可使柴油机更具现实意义。

柴油机特别适合通过涡轮增压器或增压器进气。这不仅可以提高发动机的输出功率和效率，而且可以减少废气排放，还可以降低燃烧噪声。

为减少轿车和商用车的 NO_x 排放，一部分尾气被重新送到发动机进气歧管（废气再循环装置）中。通过冷却再循环的尾气，可进一步减少 NO_x 的排放。

柴油机的工作循环可被分为二冲程和四冲程。被用于机动车上的发动机通常是四冲程设计。

§3.1 工作方式

一台柴油机具有一个或多个气缸。通过空气燃油混合气的燃烧驱动每个气缸（5）中的活塞（见图 3-1）做往复运动，这种工作方式就是其被命名为往复活塞式发动机的原因。

连杆（11）将活塞的往复式直线运动转变为部分曲轴（14）的旋转运动。连接在曲轴末端的飞轮（15）有助于保持曲轴的持续转动，并降低由于各气缸的燃烧周期性而导致的转动不稳定性。曲轴的转速也被称为发动机转速。

图 3-1 不带辅助单元的四缸柴油机
1—凸轮轴；2—气门；3—活塞；4—燃油喷射系统；5—气缸；6—废气再循环装置；7—进气歧管；8—涡轮增压器；9—排气管；10—冷却系统；11—连杆；12—润滑系统；13—缸体；14—曲轴；15—飞轮

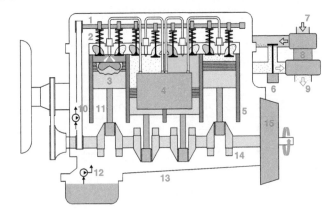

3.1.1 四冲程循环

在一台四冲程柴油机中（见图 3-2），进气和排气阀控制了空气的吸入和燃烧后已燃气体的排出。它们开启或关闭气缸的进气口和排气口。进气口和排气口可以有一个或两个气门。

图 3-2　四冲程柴油机的工作循环

（a）进气冲程；（b）压缩冲程；（c）点火冲程；（d）排气冲程

1—进气凸轮轴；2—喷油器；3—进气门；4—排气门；5—燃烧室；6—活塞；7—气缸壁；8—连杆；9—曲轴；10—排气凸轮轴；

α—曲轴转角；d—缸径；M—转动力；s—活塞行程；V_c—压缩容积；V_h—活塞排量；TDC—上止点；BDC—下止点

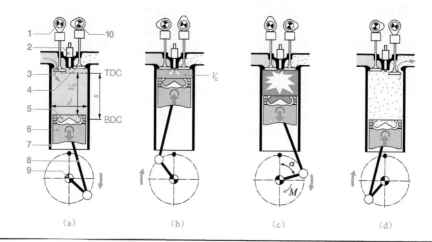

（1）进气冲程（a）

从上止点（TDC）开始，活塞（6）向下运动，以增大气缸的容量，同时进门（3）开启，空气不受节气门限制而被吸入气缸中。当活塞运行到下止点（BDC）时，气缸容积达到最大值（V_h+V_c）。

（2）压缩冲程（b）

现在进气门和排气门已关闭。活塞向上运动，压缩气缸内的气体，以达到发动机压缩比（从大型发动机的 6：1 到轿车发动机的 24：1 不等）相应的程度。在此过程中，空气温度最高可升高到 900 ℃，如图 3-3 所示。当压缩冲程快结束时，喷油系统在高压下（现代发动机的喷射压力可达 $2×10^8$ Pa）将燃油喷射到高温的压缩空气中。当活塞到达上止点时，活塞容积达到最小值（压缩容积 V_c）。

（3）点火冲程（c）

点火延迟过后（曲轴转动几度），点火冲程（工作循环）开始。由于燃烧室（5）内压缩气体的加热，雾化良好且易燃的燃油开始自燃，从而导致气缸内充量被加热，温度大幅升

高，压力进一步增大。燃烧释放出的能量实质上由喷油量决定（质量控制）。这一压力推动活塞向下运动。燃烧释放的化学能转变成动能。曲轴传动装置将活塞的动能转换为曲轴可用的旋转力（转矩）。

（4）排气冲程（d）

活塞到达下止点之前，排气门（4）打开。高温、高压气体流出气缸。当活塞再次向上运动时，其推动剩余的废气排出气缸。

图 3-3　压缩过程中的温度升高

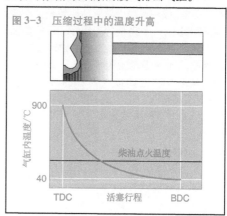

当排气冲程结束时,曲轴已旋转两周,四冲程工作循环又重新从进气冲程开始。

3.1.2 气门正时

进气和排气凸轮轴上的凸轮分别开启或关闭进气门和排气门。在只有单凸轮轴的发动机上,摇臂机构将凸轮的运动传递到气门上。

气门正时指气门开启或关闭与曲轴转动同步。因此,气门正时是以曲轴旋转的度数标记的,如图 3-4 所示。

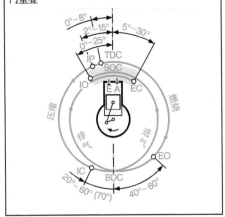

图 3-4 四冲程柴油机的气门正时
EO—排气门打开;EC—排气门关闭;SOC—开始燃烧;IO—进气门打开;IC—进气门关闭;IP—喷油点;TDC—上止点;BDC—下止点;阴影部分—气门重叠

曲轴通过一条齿形带或一根链条(正时带和正时链)或一系列齿轮驱动凸轮轴。在四冲程发动机上,一个完整的工作循环可使曲轴旋转两周。凸轮轴的转速仅是曲轴转速的一半。因此,曲轴和凸轮轴的传动比为 2:1。

在从排气冲程到进气冲程的转换过程中,进气门和排气门在一段时间内同时打开。气门重叠有助于扫去残余废气及冷却气缸。

3.1.3 压缩

一个气缸的压缩比 ε 由其活塞排量 V_h 和压缩容积 V_c 决定,即:

$$\varepsilon = \frac{V_h + V_c}{V_c}$$

压缩比对发动机的以下性能有决定性影响:

- 发动机的冷启动特性
- 产生的转矩
- 油耗
- 噪声程度
- 污染物排放

根据发动机设计和喷油方式的不同,轿车用发动机和商用车发动机的压缩比通常在 16:1~24:1,比汽油机的压缩比($\varepsilon=7:1~13:1$)要高一些。由于汽油机易爆震,较高的压缩比会导致燃烧室温度较高,从而会导致空气燃油混合物不可控地自燃。

柴油机内的空气被压缩到 $3\times10^6 \sim 5\times10^6$ Pa(传统式自然吸气发动机)或 $7\times10^6 \sim 1.5\times10^7$ Pa(涡轮增压/增压发动机)的压力,可产生 700 ℃ ~ 900 ℃ 的温度(见图 3-3)。大多数易燃的柴油燃料组分的引燃温度为 250 ℃ 左右。

§3.2 转矩和动力输出

3.2.1 转矩

连杆机构将活塞的直线运动转变为曲轴的旋转运动。空气燃油混合物的膨胀力使活塞向下运动,并通过曲轴的杠杆作用转变为旋转力或转矩。

因此,发动机的输出转矩 M 取决于平均压力 P_e(平均活塞压力或工作压力)。

表达式为:

$$M = P_e \cdot V_H / (4 \cdot \pi)$$

式中,V_H 为发动机的容积,$\pi = 3.14$。

轿车用小型涡轮增压柴油机的平均压力可达 $8\times10^5 \sim 2.2\times10^6$ Pa。相比之下,汽油机可达 $7\times10^5 \sim 1.1\times10^6$ Pa。

发动机可达到的最大转矩 M_{max} 取决于其设计(气缸容积、进气方式等)。输出转矩可根据行驶状况要求通过改变燃油量、空气量和混合比进行调节。

转矩随发动机转速 n 的增大而增大,直到达到最大转矩 M_{max}(见图 3-5)。当发动机转速超过这一点后,转矩又开始下降(最大可允许发动机负荷、期望的性能,以及变速箱设计)。

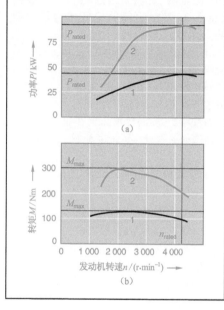

图3-5　两个 2.2 L 柴油车的转矩和功率曲线
（a）功率曲线；（b）转矩曲线；
1—1968 年的发动机；2—1998 年的发动机
M_{max}—最大转矩；P_{rated}—额定转矩；n_{rated}—额定转速

发动机设计的目的是在较低发动机转速下（低于 2 000 r/min）产生最大的扭矩，因为在这种速度下，油耗最经济，发动机响应特性较理想（良好的牵引动力）。

3.2.2　功率输出

发动机产生的功率 P（单位时间做的功）取决于转矩 M 和发动机转速 n。发动机的功率输出随发动机转速增大而增大，直至达到最大值或发动机额定转速 n_{rated} 下的额定功率 P_{rated}。

相应方程式为：

$$P = 2 \cdot \pi \cdot n \cdot M$$

图3-5（a）为 1968 年和 1998 年生产的柴油机的功率曲线与发动机转速之间关系的对比。

由于最高转速较低，与汽油机相比，柴油机具有较低的与排量相关的功率输出。现代轿车用柴油机的额定转速为 3 500~5 000 r/min。

§3.3　发动机效率

内燃机通过改变工作气体的压力和容积（气缸充气量）做功。

发动机有效效率是输入能量（燃料）与有用功的比值。其值取决于理想做功过程［定容定压燃烧过程（Seiliger Process）］的热效率和实际过程的损耗百分率。

3.3.1　定容定压燃烧过程

可将定容定压燃烧过程作为往复活塞式发动机的热力学过程来加以比较、参考。其描述了在理想状况下理论上的有用功。这种理想过程假设以下简化条件：

- 工作介质为理想气体
- 具有定比热容的气体
- 气体交换过程中无流动损失

工作气体的状态可通过压力（p）和体积（V）描述。状态变化可通过 p-V 图（见图3-6）表示。封闭区域代表一个工作循环中所做的功。

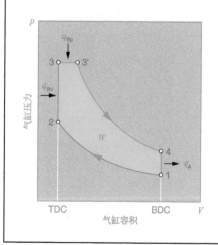

图3-6　柴油机的定容定压燃烧过程
1-2—等熵压缩；2-3—等容热传播；3-3'—等压热传播；3'-4—等熵膨胀；4-1—等容放热；
TDC—上止点；BDC—下止点；q_A—气体交换期间的放热量；q_{Bp}—等压情况下的燃烧热；q_{BV}—等容情况下的燃烧热；W—理论功

在定容定压燃烧过程中,会发生以下现象:

(1) 等熵压缩(1-2)

等熵压缩(等熵下压缩,即不进行热传递)时,气缸内压力增大,而气体容积减小。

(2) 等容热传播(2-3)

空气燃油混合物开始燃烧,在等容条件下发生热传播(q_{BV}),而气体压力也将增大。

(3) 等压热传播(3-3′)

活塞向下运动,气体容积增加时,在等压条件下进一步发生热传播。

(4) 等熵膨胀(3′-4)

活塞继续向下运动至下止点,无进一步热传递,压力随容积增大而下降。

(5) 等容放热(4-1)

气体交换过程中,释放了残余的热量(q_A)。这个过程在等容条件下进行(完全且速度极快),从而恢复到初始状态,开始了一个新的工作循环。

3.3.2 实际过程的 *p-V* 图

为测量实际过程中所做的功,需测量气缸的压力曲线,并将其表示在 *p-V* 曲线图上(见图 3-7)。上部曲线区域为活塞做的功。

对于辅助进气式发动机,必须将气体交换面积(W_G)计算在内,因为在进气冲程中,通过涡轮增压器/增压器压缩的空气也会推动活塞向下运动。

通过增压器/涡轮增压器在很多工作点对气体交换损失进行了过度补偿。这对做功有好处。

例如,随曲轴转角变化的压力曲线图(见图 3-8)可被用于热力学压力曲线分析。

图 3-7 涡轮增压/增压柴油机实际工作过程中的 *p-V* 示功图(用压力传感器测得)
EO—排气门打开;EC—排气门关闭;SOC—燃烧始点;IO—进气门打开;IC—进气门关闭;TDC—上止点;BDC—下止点;p_U—大气压力;p_L—增压压力;p_Z—气缸最大压力;V_c—压缩容积;V_h—活塞排量;W_M—指示功;W_G—气体交换时做的功(涡轮增压器/增压器)

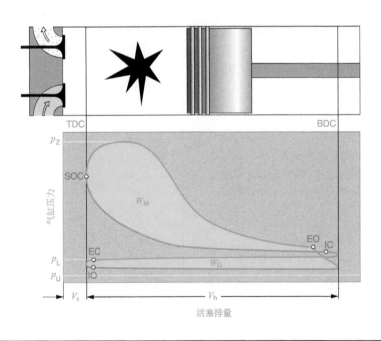

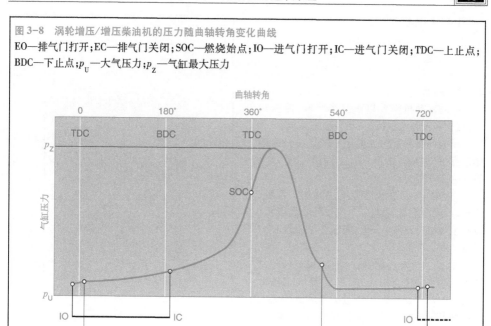

图 3-8　涡轮增压/增压柴油机的压力随曲轴转角变化曲线

EO—排气门打开;EC—排气门关闭;SOC—燃烧始点;IO—进气门打开;IC—进气门关闭;TDC—上止点;
BDC—下止点;p_U—大气压力;p_Z—气缸最大压力

3.3.3　效率

发动机的有效效率可被定义为:

$$\eta_e = \frac{W_e}{W_B},$$

式中,W_e 为曲轴可输出的有效功;W_B 为供给燃油的热值。η_e 为有效效率,是理想工作过程中热效率与实际过程中具有影响的其他效率的乘积:

$$\eta_e = \eta_{th} \cdot \eta_g \cdot \eta_b \cdot \eta_m = \eta_i \cdot \eta_m$$

（1）热效率 η_{th}

η_{th} 为定容定压燃烧过程的热效率。该过程考虑理想工作状态下产生的热量损失。这个热效率主要取决于压缩比和过量空气系数。

当柴油机以比汽油机高的压缩比和较高过量空气系数工作时,可达到较高的效率。

（2）循环效率系数 η_g

η_g 是在理想高压条件下工作过程做的功与定容定压燃烧过程理论做功的比值。

实际和理想工作过程之间的差异主要取决于实际使用的工作气体、有限的传热和散热速度、传热位置、缸壁热损失,以及气体交换过程的流动损失。

（3）燃料转换系数 η_b

η_b 为气缸内燃油不完全燃烧而导致的损失。

（4）机械效率 η_m

η_m 包括摩擦损失和驱动辅助装置导致的损失。摩擦损失和动力传输损失随发动机转速的增加而增大。在额定转速下,摩擦损失包括以下几部分:

● 活塞和活塞环约占 50%

● 轴承约占 20%

● 油泵约占 10%

● 冷却液泵约占 5%

● 配气机构约占 10%

● 喷油泵约占 5%

如果发动机具有一个增压器,则还必须考虑增压器导致的损失。

（5）效率指数 η_i

η_i 为效率指数,是活塞的指示功 W_i 与所供给燃油热值之间的比值。

曲轴的有效功 W_e 可通过指示功 W_i 得出,

同时还应考虑机械损失：

$$W_e = W_i \cdot \eta_m$$

§3.4　工作状态

3.4.1　起动

起动发动机需要以下几个步骤：曲柄转动，点火和预备性运转，直至自稳定运转。

压缩冲程产生的高温压缩气体将喷入的燃油点燃（燃烧开始）。柴油所需的最低点火温度为 250 ℃ 左右。

在恶劣的条件下也必须达到这一温度。由于以下原因，发动机转速低，车外温度低，以及发动机冷态都将导致压缩终了温度相对较低：

• 发动机转速越低，压缩冲程结束时的终了压力就越低，相应地，终了温度也较低（见图 3-9）。这是由于通过活塞和缸壁之间的活塞环间隙的泄漏损失造成的，且事实上，当发动机刚起动时不会发生热膨胀，且还没有形成油膜。由于压缩冲程中的热量损失，在上止点前几度就达到了最高压缩温度（热力学损失角 α_t，见图 3-10）。

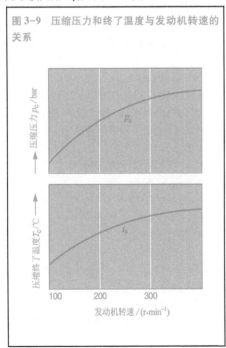

图 3-9　压缩压力和终了温度与发动机转速的关系

图 3-10　压缩温度与曲轴转角的关系

T_a—车外温度；T_Z—柴油机点火温度；α_t—热力损失角（$n \approx 200$ r/min）

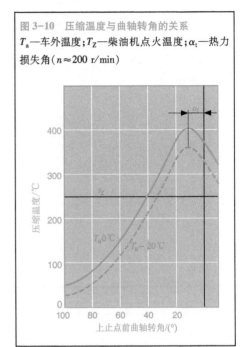

• 当发动机处于冷态时，在压缩冲程，燃烧室表面区域也会发生热损失。对于间接喷射（IDI）发动机来说，由于表面积较大，因此热量损失会特别高。

• 由于发动机机油的黏性较高，低温下发动机内部的摩擦力比正常工作温度下的摩擦力要大。基于同样的原因，且由于电池电压较低，起动电动机的转速只是相对较低。

• 因为在低温下电池电压会降低，尤其是发动机处于冷态时，起动电动机的转速会特别低。

以下措施可以提高起动阶段气缸的温度。

（1）燃油加热

滤清器加热器或者直接燃料加热器（见图 3-11）能够防止通常发生在低温状态下的蜡状晶体析出（开始阶段和外界温度较低时）。

（2）起动辅助系统

对于乘用车上的直喷式发动机或者间接喷射式发动机来说，在起动阶段，燃烧室（或

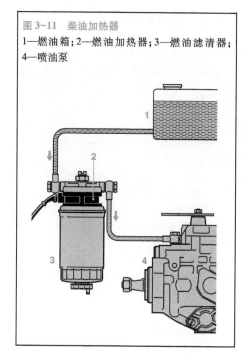

图 3-11　柴油加热器
1—燃油箱；2—燃油加热器；3—燃油滤清器；
4—喷油泵

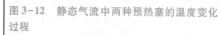

图 3-12　静态气流中两种预热塞的温度变化过程

灯丝材料：1—镍（传统火花塞，型号为 S-RSK）；
2—钴铁合金（第二代火花塞，型号为 GSK2）

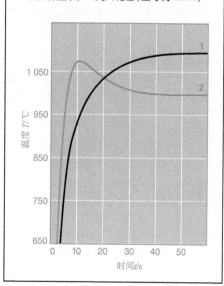

预燃室或涡流室)中的空气燃油混合物通过封装式预热塞被正常加热。对于商用车的直喷式发动机来说，进入的空气被预热。采用上述两种方法都有助于燃油蒸发和空气/燃油的混合，因此可以保证空气/燃油混合物的可靠燃烧。

新一代预热塞仅需要几秒的预热时间（见图 3-12），因此可以迅速启动。预热后的温度越低，允许的后预热时间就越长。这不仅减少了有害污染物的排放，也降低了发动机暖机阶段的噪声。

（3）燃油喷射自适应

另一个起动辅助方法是起动时喷射过量燃油，补偿发动机冷态下的冷凝和泄漏损失，并增加预备运转阶段发动机的转矩。

将喷射开始提前有助于弥补低温下较长的点火延迟，并且保证在上止点，也就是在最大的压缩终了温度能够可靠点火。

最理想的喷射开始必须在严格的公差范围内完成。由于此时缸内压力（压缩压力）仍然很低，过早喷射燃油会导致较大的穿透深度，并且沉淀在冷态缸壁上。由于充气过低，只有很小一部分燃油在缸壁上蒸发。

如果燃料喷射过迟，点火发生在活塞下行行程（膨胀阶段），活塞未完全加速，燃烧可能失败。

3.4.2　空载

空载是指发动机只需克服其自身内部摩擦的所有发动机工作状态。此时发动机不输出任何转矩。油门踏板可以处于任意位置。速度可达到任何范围，包括飞车速度。

3.4.3　怠速

怠速是指发动机在最低空载速度下运行的状态。油门踏板未被踩下。发动机不产生任何转矩，仅需要克服内部摩擦。一些资料将整个空载范围视为怠速。空载速度的上限（断开转速）被称为怠速上限。

3.4.4　全负荷

在全负荷（节气门全开 WOT）下，加速踏板（油门）被完全踩下，或者满负荷供油极限是通过发动机管理系统依照操作点控制的。

在稳定状态下尽可能多地喷射燃料,发动机产生其最大可能的转矩输出。在非稳定状态条件下(受涡轮增压器/增压器增压压力的限制),发动机在提供的空气量下产生最大可能的全负荷转矩(略低)。所有发动机转速范围(从怠速到正常转速)都是有可能的。

3.4.5 部分负荷

部分负荷是指从空载到全负荷之间的范围。发动机产生的转矩范围为从 0 到最大范围。

较低部分负荷的范围:

这个工作范围内柴油机的油耗明显比汽油机低,"柴油机爆震"是早期柴油机的一个问题,特别是在冷机状态下。实际上,采用预喷射技术的柴油机已不存在这个问题了。

如"起动"一节中所述,在发动机转速较低且负荷较低的情况下,终了压缩温度较低。与全负荷相比,由于能量输入的原因,燃烧室相对较冷(即使发动机在正常运行温度下运转),所以温度也较低。冷起动后,在低负荷范围内,燃烧室被缓慢加热。这对那些带预燃室或者涡流燃烧室的发动机尤其如此,因为较大的表面面积意味着热量损失特别高。

在低负荷和预喷射下,在每个喷油循环中只有几立方毫米的燃料被喷入。这种情况下对喷射开始的精确时间和喷射量要求都相当高。因为在起动阶段,只有在活塞行程接近上止点附近的很小范围内,即便是在怠速下,也能达到所需的燃烧温度。喷射开始应被控制到恰好与该点一致的时刻。

在点火延迟阶段,由于可能仅有少量燃油被喷射,在点火时刻,燃烧室内的燃油量决定了气缸中的压力是否会突然增大。

压力增加得越多,燃烧噪声也就越大。实际上,预喷射约 $1 \, mm^3$(轿车)的燃油,就可以抵消主喷射点的点火延迟,从而大大降低燃烧噪声。

3.4.6 发动机超速运转

当借助外力通过传动系统驱动发动机时(例如下坡),发动机处于超速运转状态,此时不喷射燃油(超速燃油截断)。

3.4.7 稳态运行

由发动机传递的转矩与由油门踏板的位置决定的转矩相同,发动机转速保持不变。

3.4.8 非稳态运行

发动机输出转矩与所需的转矩不符,发动机转速不恒定。

3.4.9 运行状态间的过渡

如果负荷、发动机转速和油门踏板位置发生变化,则发动机的运行状态就会改变(例如转速或转矩输出)。

发动机的响应特性可以通过特性参数图表来定义。图 3-13 给出了发动机转速随油门踏板位置变化(油门踏板踩下 40% ~ 70%)的例子。从运行点 A 开始,经过全负荷曲线(B-C)到达新的部分负荷运行点 D。在该点上,功率需求和发动机输出的功率是相等的。发动机转速从 n_A 增大到 n_D。

§3.5 发动机工况

在柴油机中,燃油被直接喷射进入高压的热空气中而发生自燃。因此,同汽油机相比,由于空气燃料混合物不均匀,柴油机不受点火极限的限制(即特定空燃比 λ)。因此,气缸中的空气容积是恒定的,仅需要控制燃油量就可以了。

燃油喷射系统必须具有燃油计量和均匀分配喷入燃油的功能。在整个交换过程中,这一功能必须根据进气压力和温度在发动机所有转速和负荷下实现。

因此,对于所有发动机运行参数组合来说,燃油喷射系统必须符合以下条件:

- 正确的燃油量;
- 正确的时刻;
- 正确的压力;
- 采用正确的计时模式,在燃烧室的正确位置处。

除了考虑优化空气燃料混合物之外,燃油量的计量也要求考虑以下运行限制,例如:

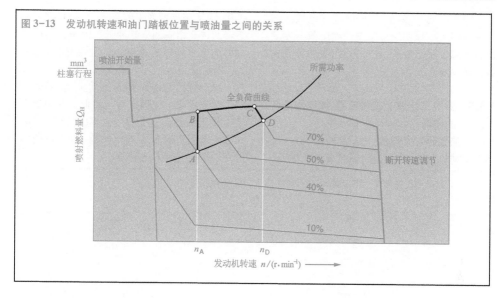

图3-13 发动机转速和油门踏板位置与喷油量之间的关系

- 排放限制（例如排烟限值）；
- 燃烧峰值压力限制；
- 排气温度限制；
- 发动机转速和全负荷限制；
- 汽车或发动机特定负荷极限；
- 海拔高度和涡轮增压器/增压器压力限制。

3.5.1 烟度极限

针对颗粒物排放和尾气浊度制定了相关法规限制。由于大部分空气燃油混合过程发生在燃烧期间，会导致局部富油化，因此有些情况下，甚至在适度的过量空气中会导致碳烟颗粒排放物的增加。符合法定全负荷烟度限制的可用空燃比是对空气利用率的一个度量。

3.5.2 燃烧压力限制

在点火过程中，混合着空气的部分汽化燃油以很快的速度及很高的压缩率，在很高的初始热释放峰值下燃烧。这个过程被称为"强烈"燃烧。在这个阶段会出现压缩峰值压力，合力向发动机组件施加应力，并发生周期变化。发动机和传动系统组件的尺寸和耐久性限制了允许的燃烧压力，从而限制了喷油量。燃烧压力的突然升高通常可通过预喷射消除。

3.5.3 排气温度限制

高温燃烧室周围的发动机部件上产生的较高热应力以及排气门、排气系统、气缸盖的耐热性决定了柴油机的最高排气温度。

3.5.4 发动机转速限制

由于柴油机中存在过量空气，在发动机转速恒定的情况下，功率主要取决于喷油量。如果供给给柴油机的燃油量增加，而反作用负荷并没有相应增大，则发动机速度将会增加。如果在发动机到达临界速度之前供油量没有减少，那么发动机可能会超出其允许的最大速度。也就是说，其有可能会自毁。因此，限制发动机转速或采用转速控制对于柴油机来说是绝对必要的。

对于道路上行驶车辆使用的柴油机，驾驶员使用加速踏板时发动机转速必须是无级变速的。此外，当发动机突然卸载或者当松开加速踏板时，发动机转速不允许降低到怠速以下，以至于停车。这就是安装最小—最大转速控制器的原因。可通过油门踏板位置控制这两个转速之间的转速范围。如果柴油机是被用来驱动机器设备的，那么希望它能保持恒定的特定转速，或者保持在允许的限值之内。这与负荷没有关系。为此，安装了一个在整个范围内控制转速的全程调速器。

程序图可定义发动机的运行范围。如图 3-14 所示,该图给出了燃油喷射量与发动机转速和负荷的关系,并对温度、气压等变化进行必要的修正。

3.5.5 海拔高度和涡轮增压器/增压器的压力限制

喷油量通常是以海平面为标准设计的。如果发动机在高海拔地区(超过海平面高度)

工作,为了满足烟度限值要求,必须根据气压下降的情况相应调整燃油量。由压力高度公式可求出大气压力标准值。也就是说,每升高 1 000 m,空气密度下降 7% 左右。

对于带涡轮增压器的发动机,动态运行时气缸充量通常比静态运行时低。由于最大喷油量是为静态运行设计的,动态运行时喷油量必须随进气量的减少而减少(全负荷下受到增压空气压力的限制)。

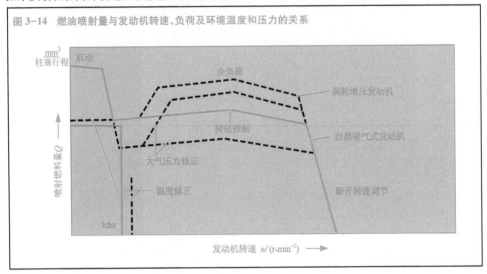

图 3-14 燃油喷射量与发动机转速、负荷及环境温度和压力的关系

图 3-15 所示的是中级车柴油机的发展。

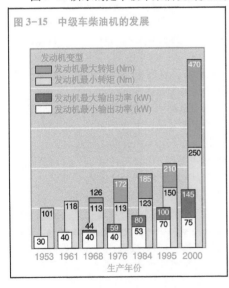

图 3-15 中级车柴油机的发展

§3.6 燃油喷射系统

低压燃油供应系统从油箱输出燃油,然后以特定的供油压力将燃油输运到燃油喷射系统。喷油泵产生喷射所需的燃油压力。在多数系统中,燃油通过高压管路被输送到喷射嘴,而后以 $2 \times 10^7 \sim 2.2 \times 10^8$ Pa 的压力喷射到燃烧室中。

发动机动力输出、燃烧噪声以及废气成分主要受喷射燃油量、喷射时刻、喷出量以及燃烧过程的影响。

20 世纪 80 年代以前,燃油喷射,即车用发动机喷油量和喷射开始时间基本上都是机械控制的。喷油量根据活塞定时边缘或通过滑阀依据负荷和发动机转速而变化。喷射开始时刻是通过使用机械离心式调速器通过机械控制调节的,或者通过液压方式借助压力控制进行调节(参见"柴油机燃油喷射系统概览"一节)。

现在,不仅仅是在汽车领域,电子控制系统已经完全取代了机械控制系统。电子控制系统(EDC)通过各种参数管理燃油喷射过程。例如,发动机转速、负荷、温度以及所处海拔高度等都在考虑之中。喷射开始和燃油喷射量是通过电磁阀控制的。这是一个比机械控制更加精确的控制过程。

▲ 知识介绍

喷油量的数量级

一台拥有75 kW(102 hp)和200 g/(kW·h)特定油耗(全负荷)的发动机每小时消耗15 kg燃油。对于以2 400 r/min运行的四缸四冲程发动机,这些燃油将被分为288 000次进行喷射。这样,每次喷入的燃油量都为60 mm³左右。相比之下,一个雨滴的体积大约为30 mm³。

怠速下如果每次喷射的燃油量都为5 mm³左右,且预喷油量仅有1 mm³,则需要更精确的计量。即使是微小的变化,也会对发动机的平稳运行、噪声和污染物排放产生不利影响。

燃油喷射系统不仅每次必须喷射适量的燃油,而且必须将燃油平均分配到发动机的各个气缸中。电子控制系统(EDC)调节每个气缸的喷油量,以使发动机能够非常平稳地运转。

§3.7　燃　烧　室

燃烧室的形状是影响燃烧质量进而影响柴油机性能和排放特性的决定性因素之一。燃烧室几何形状的适当设计加上活塞的作用可能会产生涡流、挤流和湍流效应。这种效应可以改善液态燃料或空气/燃油蒸气喷雾在燃烧室内部的分布。

采用以下技术:
- 一体式燃烧室(直喷式发动机);
- 分体式燃烧室(间接喷射式发动机)。

由于直喷式发动机油耗更低(节省燃油高达20%),因此这种发动机的比例在增加。

比较刺耳的燃烧噪声(尤其是在加速情况下)可以通过预喷射降低到间接喷射式发动机的噪声水平。现在,带分体式燃烧室的发动机已经很少见了。

3.7.1　一体式燃烧室(直喷式发动机)

图3-16所示的直喷式发动机具有较高的效率,并且比间接喷射式发动机运行起来更经济。因而,它们被用于各种类型的商用车和大部分的现代柴油机轿车上。

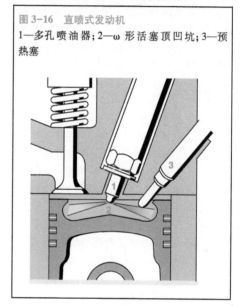

图3-16　直喷式发动机

1—多孔喷油器;2—ω 形活塞顶凹坑;3—预热塞

顾名思义,直喷过程是将燃油直接喷射到由活塞顶部形状形成的燃烧室部分(ω 形活塞顶凹坑,2)。因而,燃油的雾化、加热、汽化以及与空气的混合必须快速完成。这对空气与燃油传输提出了严格的要求。在进气的压缩过程中,缸盖上进气道的特殊形状使缸内空气产生涡流。在压缩冲程的末期(即燃油开始喷射时刻),燃烧室的形状也会影响空气流动模式。在柴油机燃烧室设计的历史过程中,目前最广泛应用的是 ω 形活塞顶凹坑。

除了增加空气湍流效应外,必须保证燃油能够以这样一种方式均匀分布并贯穿整个燃烧室内,以达到快速混合的目的。多孔喷油嘴被用于直喷过程中。其喷油嘴位置作为燃烧室设计的一个参数被优化。直接喷射要求非常高的喷射压力(高达 2.2×10^8 Pa)。

实际上,有两种直喷类型:

● 一种是在产生特殊的空气流动效应的辅助下形成混合物的系统;

● 另一种系统基本上只通过燃油喷射的方法控制混合物形成,且在很大程度上不需要任何气流效应。

第二种类型中,在产生空气湍流效应方面没有实施任何措施。这明显减少了气体交换的损失,且缸内充气效果更好。然而同时,对燃油喷射系统会有更多苛刻的要求,如喷油嘴位置,喷嘴的数量,雾化程度(取决于喷孔直径),以及喷射压力强度,以达到所要求的较短的喷射时间和要求的空气/燃油混合物质量。

3.7.2　分体式燃烧室(间接喷射)

长期以来,带分体式燃烧室的柴油机(间接喷射式发动机)在噪声、尾气排放等方面都优于直喷式发动机。这也是轿车和轻型商用车上使用这种分体式燃烧室的原因。但是,目前带有高压喷射系统、电子柴油机控制和预喷射系统的直喷式柴油机比间接喷射柴油机更加经济,且噪声排放与间接喷射柴油机差不多。因此,间接喷射式发动机已不再被用于新车。

分体式燃烧室包括两个系统:

● 预燃室系统;

● 涡流室系统。

(1)预燃室系统

在预燃室系统(或预燃烧室)中,燃油被喷射到嵌入到气缸盖内的高温预燃室中(见图 3-17),在相对较低的压力(最大为 4.5×10^6 Pa)下,燃油通过轴针式喷油嘴(1)被喷入。燃烧室中心处一个特殊形状的隔板(3)通过飞溅冲击扩散喷射的燃油,使燃油与空气充分混合。

预燃室内燃烧开始并推动部分燃烧的空气/燃油混合物通过喷束通道(4)进入主燃烧室,喷射出来的燃油与空气充分混合,燃烧过程进一步进行下去。预燃室与主燃烧室的容积比约为 1:2。

图 3-17　预燃室系统
1—喷油嘴;2—预燃室;3—挡板;4—喷束通道;5—预热塞

短暂的点火延迟和能量的逐步释放会产生噪声低,且发动机负荷较低的柔和的燃烧效果。

带有蒸发凹坑和不同形状与不同位置挡板(球形销)形成的不同形状的预燃室,对空气能够产生特殊的涡流。在压缩冲程期间,空气通过气缸进入预燃室。燃油从与预燃室轴线呈 5° 的角度喷射。

为了避免燃烧中断,预热塞(5)被安装在气流的"背风面"。暖机过程中,在冷起动之后受控的最多 1 min 的后预热阶段(取决于冷却液温度)可以帮助提高尾气特性,并减少发动机的噪声。

(2)涡流式燃烧室系统

在这一过程中,燃烧也是在一个分体式燃烧室(涡流式燃烧室)中开始的。其压缩容积大约为 60%。这种球形及盘状涡流式燃烧室通过一个切向通道与气缸燃烧室相连(见图 3-18)。

在压缩冲程中,通过连接通道进入的空气被设置为旋涡运动。燃油被喷入,从而使旋涡流垂直于轴线方向渗入,并喷到燃烧室对面的燃烧室壁面的高温部件上。

一旦开始燃烧,空气/燃油混合物在压力的作用下通过喷束通道被迫进入气缸燃烧室,

图3-18　涡流式燃烧室系统
1—喷油嘴；2—切向喷束通道；3—预热塞

与缸内的剩余空气进行充分混合。与使用预燃室系统相比，由于喷束通道横截面较大，因此，使用涡流式燃烧室系统时，主燃烧室和涡流式燃烧室之间的气流导致的损失要小一些。这将使节流效应损失更小，有益于改善内部效率和油耗。然而，其燃烧噪声相比预燃室系统要大。

在涡流式燃烧室中尽可能完全混合是非常重要的。为了能在所有发动机转速和所有运行工况下获得最优的混合气，涡流式燃烧室的形状、燃料喷射的形状和位置，以及预热塞的位置，都必须与发动机进行精细匹配。

另一个要求就是冷起动之后对涡流室迅速加热。这会减少点火延迟和燃烧噪声，并防止暖机期间产生碳氢化合物（蓝烟）。

▲ 知识介绍

M 系 统

在商用车、固定式柴油机和多燃料发动机中，在带有壁面凹腔沉积（M-system）的直喷系统中（见图3-19），在较低的喷射压力下通过一个单孔喷嘴将燃油喷到活塞顶凹坑的壁面上。在那里燃油被蒸发并被空气吸附。因此，这个系统利用活塞顶凹坑壁的热量蒸发燃油。如果适当调节燃烧室中的空气流，则可得到一种极为均匀的空气/燃油混合物，且燃烧周期长，低压升高，从而可以实现安静的燃烧。与空气分配直喷过程相比，由于油耗较高这一缺点，因此在现代设计中已不再使用 M 系统。

日 常 油 耗

法规要求汽车制造商给出其所生产车的油耗。该油耗值是车辆行驶一段特定的路线（行驶循环）进行尾气测试时通过尾气排放值得出的。该油耗值对于所有车辆都具有可比性。

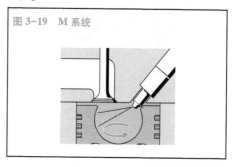

图3-19　M 系统

每个驾驶员都会通过其驾驶风格显著降低油耗。驾驶员可通过几个因素降低一辆车的油耗。

一个"经济型"驾驶员平均每天能够比普通驾驶员节约 20%～30% 的油耗。油耗的减少取决于很多因素。这些因素主要是路况（城市道路、土路）以及交通状况。因此，规定油耗节约的具体数字并不总是实用的。

对油耗的积极影响因素有：

● 轮胎压力：当车辆全载时增加胎压（可以节省5%左右的燃油）。

● 在高负荷、低发动机转速的情况下加速时，转速提高到 2 000 r/min 以上。

● 尽量使用最高挡位行驶。甚至可以在全负荷下在发动机转速低于 2 000 r/min 的条件下行驶。

● 采用前瞻性驾驶风格，避免刹车后再加速。

● 使用超速燃油完全截断技术。

● 如果车辆停车时间较长，比如交通信

号灯红灯时间较长,或者在封闭的铁道公路交叉路口处等候时,应关闭发动机(急速下 3 min 和行驶 1 km 的油耗是一样的)。

● 使用高润滑性发动机油(根据制造商的规格说明可以节约 2% 左右的机油)。

对油耗的负面影响有:

● 由于压舱物(例如后备厢的装载)导致车重较大(油耗增加约 0.3 L/100 km)。

● 高速行驶。

● 车顶装运物体会增大气动阻力(见图 3-20)。

● 附加的电气设备,例如后风窗加热装置、雾灯(油耗增加 1 L/100 kW 左右)。

● 较脏的空气滤清器。

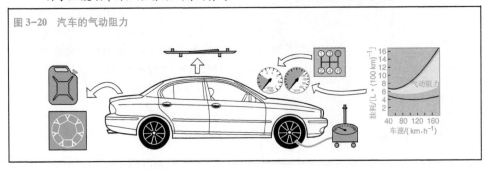

图 3-20　汽车的气动阻力

第四章 燃 油

柴油是原油逐步蒸馏后的产物。它们包含了所有沸点从大约 180 ℃ 到 370 ℃ 的碳氢化合物的全部范围。柴油的平均点火温度约为 350 ℃ （最低点火温度为 220 ℃），要比汽油的平均点火温度（约为 500 ℃）低很多。

§4.1 柴油燃料

为了满足不断增长的柴油燃料的需求，精炼厂不断地增加转化物，例如热裂解产物和催化裂解产物。它们是通过裂解重油大分子得到的。

4.1.1 品质和等级标准

欧洲使用 EN 590 标准柴油。表 4-1 给出了关键参数。定义的限值是为了保证车辆安全运行并限制排放污染。

世界上很多国家的燃油标准并不是很严格。例如，美国的柴油标准为 AST-MD975，规定了较少的标准条件，并且对质量标准不进行非常严格的限制。对海运和固定式发动机的要求也比较低。

表 4-1 欧洲柴油标准 EN 590：柴油标准要求节选（适中气候条件下的规定数值）

标 准	参 数	单 位
十六烷值	≥51	—
十六烷指数	≥46	—
6 个季节的最大冷滤点（CFPP）[①]	−20~+5[②]	℃
闪点	≥55	℃
15 ℃时的密度	820~845	kg/m^3
40 ℃时的黏度	2.00~4.50	mm^2/s
润滑性	≤460	μm（磨痕直径）
含硫量[③]	≤350（截止到 2004 年 12 月 31 日） ≤50（低硫，2005—2008 年） ≤10（无硫，2009 年开始[④]）	mg/kg
含水量	≤200	mg/kg
总的污染物	≤24	mg/kg
FAME 含量	≤5	（体积百分比）%

注：① 过滤限制。
② 德国法规规定为 -20 ℃~0 ℃
③ 在德国，无硫燃料自 2003 年起在全国销售，2005 年开始在全欧洲销售。
④ 欧盟提议。

高品质柴油具有以下特征：
- 十六烷值高；
- 最终沸点相对较低；
- 密度和黏性变化很小；
- 低芳烃化合物（尤其是芳香烃化合物）；

- 硫含量低。

另外，以下特征对燃油喷射系统的使用寿命和持续功能尤为重要：

- 良好的润滑性；
- 无游离水；
- 降低微粒的污染。

下面将详细说明这些最重要的标准。

（1）十六烷值、十六烷指数

十六烷值代表柴油的自燃性能。十六烷值越高，柴油的自燃性能越好。由于柴油机无须外部点火，因此当柴油喷射到燃烧室内高温高压的空气中时，需要自行点燃，且点火延迟时间必须最短。

如图4-1所示，正十六烷的十六烷值为100，很容易自燃，而燃烧缓慢的 α-甲基萘的十六烷值为0。柴油的十六烷值是在一个带可变压缩比活塞的标准（燃料研究协会CFR）单缸测试发动机中确定的。应在恒定的点火延迟期测定压缩比。在此压缩比下，使用由十六烷和 α-甲基萘组成的基准燃油运行发动机。混合物中十六烷的比例会发生变化，直至达到相同的点火延迟时间。根据定义，十六烷的比例决定了十六烷值。例如：由52%的十六烷和48%的 α-甲基萘组成的混合物的十六烷值是52。

现代发动机最佳工作状态（平稳运转，尾气排放值较低）要求十六烷值要超过50。高品质柴油含有较高比例的高十六烷值石蜡油。相反，芳香烃化合物会降低点火质量。

评价点火质量的另一个参数是十六烷指数。这是基于燃油密度和沸腾曲线上的不同点计算得出的。这个纯数学参数没有考虑十六烷值改进剂对点火质量的影响。为了限制通过十六烷值改进剂调整十六烷值，十六烷值和十六烷指数都被包含在 EN 590 所要求的列表中。与相同的具有天然十六烷值的燃油相比，通过十六烷值改进剂提高十六烷值的燃油在发动机燃烧过程中的响应是不同的。

（2）沸腾范围

柴油的沸腾范围是指柴油蒸发的温度范围。这取决于其组分。初始沸点低的燃油适合在寒冷气候中使用，但这意味着其十六烷值较低，润滑性能较差。这就增加了核心喷油元件的磨损风险。

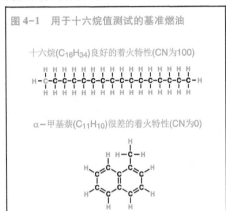

图4-1　用于十六烷值测试的基准燃油

十六烷(C₁₆H₃₄)良好的着火特性(CN为100)

α-甲基萘(C₁₁H₁₀)很差的着火特性(CN为0)

另一方面，干点如果处于很高的温度，就会导致碳烟产物增加和喷嘴积碳（由于喷油嘴锥头上不易挥发的燃料成分发生的沉积，以及燃烧残留物的积炭）。因此，干点温度不能太高。欧洲汽车制造商协会（ACEA）要求干点温度为 350 ℃。

（3）过滤限制（低温流动性）

燃油在低温的条件下会形成蜡晶沉淀，使燃油滤清器堵塞，最终导致供油中断。最糟糕的是，在 0 ℃或更高的温度下，会形成蜡状颗粒。可通过"过滤限制"评估燃油的低温流动性［冷过滤阻塞流动点（CFPP）］。

欧洲标准 EN 590 规定了不同级别的 CFPP，也可以由各个成员国根据主要的地理和气候条件自行确定。

以前，车主为了提高柴油的低温反应性，有时会将常规汽油添加到油箱中。现在燃油都已符合标准，因此也没有必要再这样做了。无论如何，如果出现损坏，都将使保修索赔失效。

（4）闪点

闪点是易燃液体进入大气中达到足够浓度后使液体表面上的空气/蒸气混合物发生闪燃的最低温度。为了安全起见（例如在运输和储存中），柴油的危险类别被设定为第Ⅲ类。其闪点高于 55 ℃。柴油中只要含有低于3%的汽油，就可以在一定程度上降低闪点，从而在室温下就可以点燃。

（5）密度

单位体积柴油的能量含量随密度的增加而增大。假定柴油喷射泵的设置不变（即喷油量为常数），如果使用密度相差很大的柴油，则会由于热值的波动而使混合比发生变化。

如果发动机使用燃料的密度具有较高的类型相关性，则发动机的性能将会提升，碳烟排放量会增加；当燃油密度变小时，这些参数就会下降。因此，要求柴油机密度的变化范围具有较低的类型相关性。

（6）黏度

黏度是由于内部摩擦产生流动阻力的一个度量。如果柴油燃料黏度太低，则会导致喷油泵内产生泄漏损失，同时这又会导致性能损失。

如果黏性更高，例如脂肪酸甲酯（生物柴油），则会导致在无压力调节系统（如整体式喷油嘴系统）中在高温下出现较高的峰值喷射压力。因此，在最高允许初始压力下不能使用通过矿物油提炼的柴油。由于高黏度会形成大的油滴，因此也会改变喷射模式。

（7）润滑性能

为了减少柴油中硫的含量，需进行氢化处理。另外，为了去硫，氢化过程还去除了辅助进行润滑的离子燃料成分。在引入脱硫柴油后，由于缺少润滑性，在分配式喷油喷射泵中开始出现与摩擦相关的问题。最终更换了含有润滑增强剂的柴油。

图4-2为确定柴油润滑性的高频往复试验机。

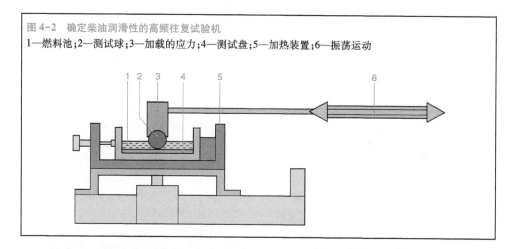

图4-2 确定柴油润滑性的高频往复试验机
1—燃料池；2—测试球；3—加载的应力；4—测试盘；5—加热装置；6—振荡运动

润滑性是在高频往复试验机中测定的。将一个固定在夹具中的钢球放在装有燃油的钢板上以高频进行往复运动。得出的磨痕量级，即以 μm 为单位的磨痕直径（WSD），就是磨损量，它是一个可作为燃油润滑特性的量度。

根据 EN 590 的规定，柴油燃料的磨痕直径（WSD）不得大于 460 μm。

（8）硫含量

柴油中含有化学键合的硫成分，其实际数量取决于原油的质量和在炼油厂添加的成分。尤其是裂解成分中大部分的硫含量都很高。

为了去除燃油中的硫，在中间蒸馏过程中，在高温高压下，在催化剂的作用下，通过氢化处理将硫去除。这个过程最初的副产品是硫化氢，随后被转化成了纯硫。

从 2000 年年初开始，EN 590 规定柴油中硫含量的最高限值为 350 mg/kg。2005 年起，整个欧洲要求所有普通汽油和柴油中的硫含量都要满足最低限值（硫含量 < 50 mg/kg）的要求。从 2009 年开始，只允许使用无硫燃油（硫含量 < 10 mg/kg）。

在德国，2003 年就开始对含硫柴油征收处罚税了。结果是，德国市场只销售无硫燃油。这直接降低了二氧化硫的排放，同时也降低了颗粒物的排放(硫附着在烟尘颗粒上)。

氮氧化物的尾气排放处理系统和微粒过滤器都使用催化剂。由于硫会破坏催化剂表面,因此要使用无硫燃油。

（9）积碳指数

积碳指数描述了喷油嘴上形成积碳的趋势。积碳的过程是非常复杂的。最重要的是,燃油在终沸点所含的成分会影响积碳的形成。

（10）总污染度

总污染度指燃油中不能溶解的杂质颗粒,例如沙子、铁锈和不溶解的有机成分,包括老化的聚合物。EN 590 允许的杂质颗粒最大值为 24 mg/kg。如果矿物质粉尘中有很硬的硅酸盐成分,则尤其会损坏缝隙宽度狭小的高压喷油系统。即使硬颗粒只占允许总污染度水平的一部分,也会引起侵蚀磨损和磨料磨损(例如电磁阀座处)。这种磨损会引起阀门泄漏,从而降低喷油压力和发动机的性能,并导致发动机颗粒排放量的增加。

典型欧洲柴油每 100 ml 含有 10 万个微粒。其中,$6\sim7~\mu m$ 大小的微粒是比较危险的。高性能燃油滤清器有很好的过滤效果。这有助于防止微粒导致的损坏。

（11）柴油中的水分

柴油可能会吸附大约 100 mg/kg 的水分。其溶解极限是通过柴油的成分和环境温度确定的。

EN 590 允许的最大含水量为 200 mg/kg。虽然很多国家的燃油中含有较高的水分,而市场调查显示含水量基本上都未超过 200 mg/kg。样本中通常检测不到水,或者不能完全检测出来,因为在分离阶段水分都以不溶解的形式或自由水的形式沉积在缸壁上,或者沉在底面上了。尽管溶解的水不会损坏喷油系统,但即使是很少量的自由水,也会在短时间内对喷油泵造成很大的损伤。

由于燃油在空气中冷凝,所以无法阻止水分进入油箱。因此,在某些地区,油水分离器被指定为强制设备。另外,汽车制造商必须设计油箱通风系统和燃油加注口,以阻止过多的水分进入油箱。

▲ 知识介绍

燃料特性参数

净热值和总热值

低热值 HU 通常指燃料的能量含量。由于总热值也包括水蒸气中无法散发的热量(潜热),因此燃料的特定总热值 HO(以前被称为高热值或燃烧热)要高于热值。这部分汽化热能在车辆上没有被利用。柴油的低热值为 42.5 MJ/kg。

含氧化合物(即燃料中含有氧,例如酒精燃料、乙醚或脂肪酸甲酯)比纯碳氢化合物的热值要低,因为键合在其中的氧对燃烧过程没有帮助作用。如果要实现与无氧燃料差不多的性能,则只能以较高的耗油率为代价。

空气/燃油混合气的热值

可燃空气/燃油混合气的热值决定了发动机的输出功率。假设一个恒定的化学计量比,则热值对于所有液体燃料和液化气燃料来说基本上都是相同的(为 $3.5\sim3.7~MJ/m^3$)。

4.1.2　添加剂

汽油中长期使用的标准添加剂现在已成为常用的柴油品质改良剂。添加不同的添加剂可实现不同的目的。通常添加剂的总浓度不超过 0.1% 左右。这不会改变燃油的物理参数,例如密度、黏度和沸点曲线(见表 4-2)。

（1）润滑增强剂

添加脂肪酸、脂肪酸酯或者甘油可以改善润滑性较低柴油的润滑特性。生物柴油也是一种脂肪酸酯。在这种情况下,如果柴油中含有一定量的生物柴油,则无须再添加润滑增强剂。

（2）十六烷值改进剂

十六烷值改进剂为添加的硝酸酯,可以缩短点火延迟,还可以减少排放和噪声(燃烧噪声)。

（3）流动性改进剂

流动性改进剂包括各种能够降低过滤限制的聚合物。冬天在柴油中添加这种改进剂可以保证发动机在低温下正常运行。

虽然流动性改进剂不能防止柴油中的蜡状结晶沉淀,但是能够极大地限制继续形成

表4-2 几种主要柴油添加剂的作用

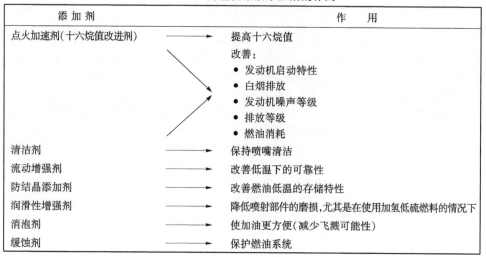

添 加 剂	作 用
点火加速剂(十六烷值改进剂)	提高十六烷值 改善: • 发动机启动特性 • 白烟排放 • 发动机噪声等级 • 排放等级 • 燃油消耗
清洁剂	保持喷嘴清洁
流动增强剂	改善低温下的可靠性
防结晶添加剂	改善燃油低温的存储特性
润滑性增强剂	降低喷射部件的磨损,尤其是在使用加氢低硫燃料的情况下
消泡剂	使加油更方便(减少飞溅可能性)
缓蚀剂	保护燃油系统

蜡状结晶沉淀。产生的晶体的尺寸很小,仍然可以通过过滤器的孔。

(4) 清净剂

清净剂被用以保持进气系统的清洁。其还可以抑制沉淀的生成,并减少喷油嘴形成积碳。

(5) 缓蚀剂

在金属零件表面涂缓蚀剂,可以在水分进入时防止零件腐蚀。

(6) 消泡剂

消泡剂有助于防止车辆快速加油时产生过多的泡沫。

§4.2 柴油机的替代燃料

4.2.1 生物柴油

生物柴油这一术语涉及脂肪酸酯。脂肪酸酯是通过将油或脂裂解,然后与甲醇或乙醇进行酯交换后制成的。这一过程得到的是脂肪酸甲酯(FAME)或脂肪酸乙酯(FAEE)。从分子的大小和属性来看,生物柴油分子与传统柴油的相似程度要大大高于与植物油的相似程度。

因此,在任何情况下,生物柴油都不能与植物油画等号。

(1) 生产

可用植物油或动物脂制造生物柴油。其原材料的选择主要取决于这些原料各自的可获得性。欧洲主要采用的是菜籽油(见图4-3),北美和南美采用的是大豆油,东盟国家采用的是棕榈油,而印度次大陆则采用由麻风树果(麻风树属)提炼出来的油。

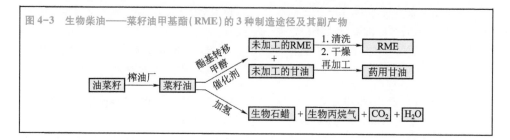

图4-3 生物柴油——菜籽油甲基酯(RME)的3种制造途径及其副产物

由于从工艺角度来看,甲醇的酯化作用要比乙醇的酯化作用容易得多,因此更偏向于制造上述油类的甲酯。全世界普遍生产的是煎炸废油甲酯(UFOME)。由于甲醇通常由煤制得,因此严格地说,脂肪酸甲酯不能被视为完全源于生物。另一方面,利用生物乙醇制得的脂肪酸乙酯由100%的生物质组成。

生物柴油的特性由很多因素决定。由不同植物油制成的生物柴油具有不同的脂肪酸嵌段成分,并呈现出典型的脂肪酸模式。例如,不饱和脂肪酸的类型和数量对生物柴油的稳定性有着决定性的影响。

植物油的预处理和生物柴油的生产工艺也影响着生物柴油的特性。

(2)质量要求

生物柴油的质量要求在燃料标准中进行了规定。生物柴油的质量要求基本上是按照材料特性方法描述的。在这方面要牢记的是,应尽可能避免与原料有关的局限性。

欧洲标准 EN 14214(见表4-3)对全球范围内的生物柴油进行了最全面的说明。该标准中定义了优质生物柴油。生物柴油的质量明显不同于石化柴油的质量,因为生物柴油由范围很窄的一系列极性—化学活性脂肪酸酯组成。另一方面,传统柴油是一种由石蜡和芳香族化合物组成的惰性非极性混合物。

表4-3 柴油和FAME(生物柴油)的特性

参 数	单 位	柴油 EN 590(2005年)	柴油(通常为2005/2006年德国品质标准)	FAME EN 14214(2003年)
十六烷值	—	≥51	49.6~53.3	≥51
15℃时的密度	kg/m³	820~845	821.3~838.2	860~900
总芳烃含量	%(m/m)	—	18.1~26.5	(<0.1)
多环芳香烃	%(m/m)	≤11	1.1~4.1	(<0.1)
含硫量	mg/kg	≤50(2009年≤10)	4~17	≤10
含水量	mg/kg	≤200	7~114	≤500
润滑性	μm	≤460	205~434	(≤460)
40℃时的黏度	mm²/s	2.0~4.5	2.3~3.4	3.5~5.0
FAME含量	%(v/v)	≤5.0	<0.1~5.0	≥96.5
氢碳比(摩尔)*	—		1.78	1.69
低热值*	MJ/kg		42.7	37.1

* 不属于 EN 590 和 EN 14214

美国生物柴油标准 ASTM D6751 中的质量要求较低。例如,该标准中对氧化稳定性的最低要求只有 EN 14214 中的一半。这就增加了由于燃料老化而出现问题的可能性,尤其是在低于极限值的应用及野外条件下。

其他国家,如巴西、印度和韩国,已在很大程度上与欧洲 B 100 标准 EN 14214 接轨。

(3)在机动车上使用

纯生物柴油(B 100)主要被用于商用车,尤其是在德国。这种燃料的年行驶里程较

高,确保了快速油耗,从而避免了氧化稳定性不足的问题。

从发动机的角度来看,将生物柴油与石化柴油混合使用(即形成混合物)会更有利。例如,如果柴油含量增加,通常会增加生物柴油的稳定性;与此同时,还能使生物柴油保持良好的润滑效果。

实际上重要的是,我们不仅要规定纯组分 B 100,而且要规定市售的石化柴油/生物柴油混合物。关于这一点,总的趋势是添

加少量的生物柴油,最多不超过 7 %(在欧洲为 B 7)。

在封闭的车队中,采用的生物柴油比例更高(在法国为 B 30,在美国为 B 20)。但当生物柴油的含量增加时,由于生物柴油的沸点高,因此生物柴油在通过缸壁上的冷凝作用喷入燃烧室后,会大量地涌入机油中。这首先会影响到那些装有柴油机微粒过滤器并通过二次延迟喷油实现过滤器再生的车辆。根据具体的应用环境,当发动机在部分负荷下慢速运行时,尤其可能出现生物柴油过量涌入机油的情形,因此机油换油周期不得不缩短。

4.2.2 菜籽油

（1）使用的可能性

在装有直列泵的老式发动机上,菜籽油的应用大获成功。在排放要求低且车辆故障次数允许增加的条件下,菜籽油不失为一种廉价又划算的燃料(前提是需在边际税率条件的允许范围内)。

德国联邦食品、农业和消费者保护部(BMELV)在 2000—2005 年实施了“百台拖拉机计划(100-tractor program)”。实施结果表明,菜籽油的使用是否能被接受在很大程度上取决于制造商或发动机的类型及改装。在总共 107 辆拖拉机中,有 63 辆在项目期结束时仍无故障或只有极小的故障(维修费用在 1 000 欧元以下),有 44 辆拖拉机发生了严重的故障,因而耗资巨大。

（2）使用范围

由于密度大,黏度高,而且挥发性强,菜籽油通常不适合被用在柴油机上。纯菜籽油和其他植物油在发动机上的直接应用会受到以下方面的限制:在低温下供油能力不足;由于在燃烧室中喷雾准备不足,造成燃油汽化性缺乏,从而在喷油嘴上形成热结焦残余物;不符合欧 4 或欧 5 排放限值要求。

（3）可持续性

要考虑在全世界范围内大幅度提高植物油的产量。将来对植物油作为生物柴油生产原料和生物石蜡生产原料的需求会大大增加。目前,植物油的可持续性认证正在进行

中。此认证的引入旨在消除对环境的负面影响。因此,例如,为获得棕榈油而进行人工林栽种时,不允许砍伐雨林。

4.2.3 生物石蜡(Bioparaffins)

生物石蜡是利用氢化作用从具有不同来源和质量的油/脂中提取出来的(见图 4-3)。

利用氢气进行氢化作用会导致油/脂裂解,其间还会消除所有的氧原子和不饱和键。脂肪酸生成长链烷烃,同时所含的甘油转换成丙烷气。这个化学过程对原料只有很低的质量要求,但生成的是能赋予发动机优越性能的烃类。因此,植物油氢化作用是生物柴油制造的替代方案,但在此生产过程中植物油的质量必须较高。另外,生物石蜡的产品性能远远优于生物柴油的性能。由于生物石蜡的生产工艺既可存在于独立的车间中,又可与炼油厂的现有工艺相融合,因此植物油氢化量预计会大幅度增加。另外,植物油氢化比生物柴油的制造成本更低。

目前,尤其是在德国,植物油氢化面临一些阻碍。这使得生物石蜡处于不利状况,并受到限制。这种限制旨在支持国内生物柴油业的现有结构。

4.2.4 合成燃料

（1）生产

合成燃料是由单个化学嵌段构成的。煤、天然气或生物质可在热作用下转换成由一氧化碳和氢气组成的合成气。然后,这两种组分在费—托催化剂上形成线性直链烃——正链烷烃。在此步骤的下游可再增加一个异构化反应步骤,以改善合成柴油的性能,尤其是其耐低温性能。

这种用于构建燃料结构的新方法与普通方法大相径庭。普通方法依据的是通过化学变化(酯化、氢化),将脂类或油类等组分变成燃料。这就是合成燃料也被称为“第二代燃料”的原因。

事实上,费—托合成法并不具有特定性,因为可得到各种不同的组分——从气体到短链汽油组分、煤油和柴油链烷烃,直到具有高分子量的油和蜡。出于经济上的原因,生产

混合物的裂解过程已被优化,以使柴油产量最大化。这些燃料一开始时被称为"设计者燃料",因为当初的理念是合成柴油的成分可完全适应柴油机技术的需求。原则上,通过选择催化剂,燃料的成分可能会自然而然地发生改变。但鉴于由费—托合成法得到的产物多种多样,再加上成本的原因,因此"生产出成分定制化的燃料"这一理念看起来似乎是行不通的。

(2)煤制油(CtL)、气制油(GtL)和生物质制油(BtL)

利用煤和天然气制造合成柴油具有重要的经济意义。所制得的这些燃料分别叫作"煤制油(CtL)"和"气制油(GtL)"。

只有在天然气储量丰富而又不能直接使用的地方,才值得开采天然气。但 CtL 和 GtL 是化石能源,因此 CO_2 排放不会减少。另一方面,如果燃料由生物质制得(BtL,生物质制油),那么 CO_2 排放就会减少。这种燃料被称为"Sunfuel©"。

生物质制油转换工艺是由科林公司(Choren)开发的,但只进行了小规模试验。目前,正在兴建一家生物质制油工厂。其年产量为 1.5 万吨。将生物质用于大规模制造合成燃料是否是一种可行的解决方案,将取决于该生产厂的经验。作为对比,2006 年生产了约 500 万吨 GtL。

(3)特性和在机动车上的使用

费—托合成产物是有价值的燃料组分。这些产物为纯石蜡族,即不含芳香烃和硫,而且十六烷值高。费—托柴油的密度低、为 800 kg/m^3 左右,低于欧洲柴油标准 EN 590 的密度范围。在将纯费—托柴油用于汽车(尤其是公路用车)前,必须进行认真检验。

纯合成燃料由于排放较低,尤其是在氮氧化合物、HC 和 CO 的排放方面,因此应当首先在空气污染严重的人口密集区供封闭的车队使用。但如果将一定量的合成柴油作为混合成分掺在石化柴油中,那么这等量的合成柴油可能获得完全相同甚至更好的减排效果。通过用不同混合比的 GtL 和石化柴油做发动机试验我们发现,在发动机的某些工作点,混合油比纯额定量的 GtL 具有更大的减排幅度——这一点通过非线性效应即可实现。

作为优质柴油的混合组分,GtL 可能会极其畅销。另外,对于不能达到规定排放限值的柴油,可在一定程度上添加 GtL,以使其达标。

目前,纯 GtL 的应用仍无商业基础可言,但纯 GtL 的排放优势可被用于减少废气处理过程中的技术经费。当排放水平达到低阶段的排放法规时,这一点尤其值得关注。为达到此目的,必须对发动机进行更改。

重要的是:在整个行驶循环中,纯 GtL 的排放优势都显而易见,而且保持长时间稳定。另外,在所有的负荷状态下,纯 GtL 车辆的驾驶性能都能得到保证。

也许将来纯 GtL 还有机会被用于更均质的燃烧工艺中。不过,GtL 与经过专门优化的石油馏分形成的混合物也在这方面展现出令人关注的潜力。

4.2.5 二甲醚

二甲醚(DME)是一种在 1 bar 气压下沸点为 $-25\ ℃$ 的易燃易爆气体。DME 可由合成气或甲醇制得。其十六烷值为 55 左右。DME 可作为发动机的燃料,而且烟度低,形成的氮氧化合物更少;但由于它的密度低、含氧量高,因此其热值较低。在采用 DME 等气体做燃料时,需要更改喷油系统,并为喷油系统配备一个复杂的低压系统和一个耐压油箱。

目前还不太可能兴建 DME 的基础设施,主要是因为现在已经有了天然气的加气站封闭网络。

第五章　气缸进气控制系统

在柴油机中,喷油量和混合的进气量是影响转矩输出、发动机性能和废气成分的主要因素。因此,气缸进气①控制系统如同喷油系统一样具有重要作用。气缸进气控制系统清洁进气,影响气缸充气的流动、密度和成分(氧含量)。

§5.1　概　　述

为使燃油燃烧,发动机需要从进气中获得氧气。原则上,燃烧室内用于燃烧的氧气越多,则用于满负荷燃油输送的可以喷射的燃油量就越多。因此,气缸内的充气量与发动机的最大可能功率有直接关系。

进气系统具有调节进气并确保发动机正确充气的功能。气缸进气控制系统由以下几部分组成(见图 5-1)。

- 空气过滤器(1);
- 废气涡轮增压器/带中冷器的机械增压器(2);

图 5-1　柴油机气缸进气控制系统

1—空气过滤器;2—涡轮增压器/带中冷器的机械增压器;3—发动机控制单元;4—废气再循环装置和冷却器;5—小型旋涡阀(swirl flap);6—发动机气缸;7—进气阀;8—排气阀

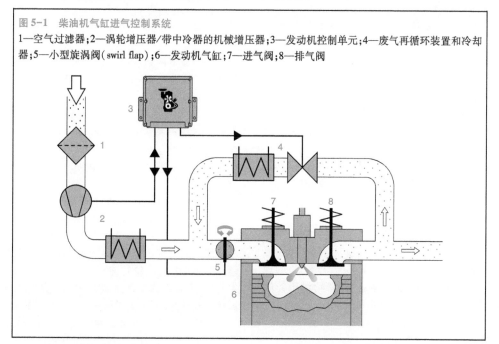

- 废气再循环装置和冷却器(4);
- 小型旋涡阀(5)。

增压系统/废气涡轮增压系统(即在喷油之前对进气进行预先增压)适用于大部分柴油机,可以提高发动机的性能。

废气再循环系统适用于所有现代柴油汽车和部分商用车,可减少废气中的污染物排放。废气再循环系统减少气缸中的氧含量,

通过降低燃烧温度,减少 NO_2 的生成。

§5.2　涡轮增压器和机械增压器

对于固定安装的大型柴油机、船舶推进系统及商用车上通过涡轮增压器或增压器辅

———————————

① 气缸进气是进气门关闭后留在缸内的混合气,包含进入的空气和先前残余的燃烧气体。

助进气的方式已经存在多年①。如今,它已经被应用到高速运转的车用柴油机上②。与传统自然吸气式发动机相比,涡轮增压器或增压式发动机中的空气是在压力作用下被压入气缸的。这样就增加了进气的空气质量,能够与更多的燃料混合,结果是在同样的发动机排量下可以产生更大的动力,或者是用较小排量的发动机产生同样的动力。它通过降低发动机排量(小型化)实现了低油耗,同时也改善了废气排放率。

柴油机特别适合辅助进气,因为压缩的气缸充气只含有空气而不是燃油混合气,同时基于质量的控制方法,出于经济性的考虑,可以与增压器/涡轮增压器结合起来使用。为进一步提高平均压力(以及力矩),应在大型商用车发动机上采取更高的涡轮增压器压力和更低的压缩比,但是这一优势被较差的冷启动特性抵消了。

两种类型的增压器/涡轮增压器之间存在如下差别:

● 在废气涡轮增压器中,压缩动力是通过废气获得的(发动机与涡轮增压器之间的废气流)。

● 在机械增压器中,压缩动力来自发动机曲轴(发动机与增压器之间的机械联轴节)。

5.2.1　容积效率

容积效率指的是无增压器/涡轮增压器的情况下气缸的实际充气量与标准条件(气压 $p_0 = 1.013 \times 10^5$ Pa,温度 $T_0 = 235$ K)下的理论充气量之比。在带增压器/涡轮增压器的柴油机上,容积效率为 0.85~3.0。

5.2.2　中冷

在涡轮增压器压缩空气的过程中,空气也会变热(能达到 180 ℃)。热空气比冷空气密度小,因此较高的空气温度会影响气缸充气效果。增压器/涡轮增压器(利用周围空气冷却或者由单独的循环系统冷却)下游的进气空气冷却器(中间冷却器)会冷却压缩空气,从而可进一步增加气缸的进气量。那意味着有更多的氧气可被用于燃烧,从而可获得更大的输出转矩,因而在给定的发动机转速下可以输出更大的功率。

进入气缸的低温空气也会降低压缩行程升高的温度。这样做的优点是:

● 热效率较高,因此燃油消耗较低,碳烟排放较少;

● 减少汽油机敲缸的可能性;

● 气缸体/气缸盖的热应力降低;

● NO_x 排放略有降低,从而使燃烧温度降低。

5.2.3　涡轮增压

在众多的辅助进气方式中,废气驱动涡轮增压器的应用最广泛。涡轮增压器被用于轿车和商用车的发动机以及大型重型船舶发动机和机车发动机上。

如果正常安装电子进气压力控制系统,则可使用废气涡轮增压器提高功重比和中低发动机转速下的最大转矩。另外,在降低污染物方面也发挥着越来越大的作用。

(1)设计和工作原理

在压力下,内燃机排出高温尾气说明有大量的能量损失。因此,可利用这部分能量在进气管内产生压力。

涡轮增压器(见图 5-2)由两个涡轮单元组成:

● 一个是废气流驱动的涡轮(7);

● 一个是通过直接连接到涡轮轴(11)上的离心式涡轮压缩机(2),被用来压缩进气。

高温废气流进涡轮,并迫使涡轮高速旋转(柴油机中的涡轮转速可达 200 000 r/min 左右)。涡轮朝内的叶片将从中间抽取的气流转移到外缘(8,径流式涡轮)。连接轴驱动径向压缩机。这正好与涡轮原理相反:进气空气(3)被吸入压缩机中央,并由叶轮的叶片向外驱动,因此空气被压缩(4)。

---

① 甚至车辆工程学的创始人 Gottlieb Daimler (1885) 和 Rudolf Diesel(1896)考虑了为改善发动机性能对进气进行预压缩的可能性。瑞士人 Alfred Buchi 于 1925 年首先成功制造出了增压器,使发动机功率提高了 40%(于 1905 年申请专利)。1938 年第一台涡轮增压商用车发动机出厂。在 20 世纪 50 年代得到成功的应用。

② 自 20 世纪 70 年代后在更大范围内使用。

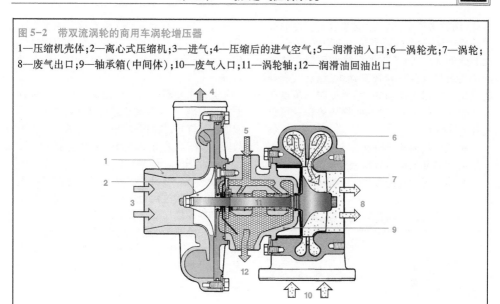

图5-2　带双流涡轮的商用车涡轮增压器
1—压缩机壳体；2—离心式压缩机；3—进气；4—压缩后的进气空气；5—润滑油入口；6—涡轮壳；7—涡轮；
8—废气出口；9—轴承箱（中间体）；10—废气入口；11—涡轮轴；12—润滑油回油出口

由于涡轮上游产生的废气气压导致发动机必须在排气行程耗功排出废气，所以除了将废气的流动能量转化为压缩动力之外，涡轮也可以将废气中的热能转化为压缩动力。结果是，进气压力的增长大于涡轮上游废气压力的增长（扫气压力降有利）。这样就在很大的发动机控制参数的范围内提高了发动机的总效率。

固定安装的发动机在恒定转速下运行时，涡轮和涡轮增压器性能可调整到很高效率和很高的涡轮增压压力。如果在不稳定的状态下将涡轮增压器应用到道路车辆发动机上，则需要对涡轮增压器进行复杂的设计，因为尤其是在低转速下加速时，还希望其能产生大转矩。排气温度低、流速低，以及涡轮增压器自身的惯性质量均会导致压缩机在加速开始时压力增长缓慢。这种现象在带有涡轮增压器的发动机上被称为"涡轮滞后"。已开发出专为乘用车和商用车发动机设计的特殊涡轮增压器。因为惯性质量小，在低排气流速的情况下，有很好的效果，因此可以在低转速，且相当大的转速范围内提高性能。

有两种不同的涡轮增压方法。

等压涡轮增压系统在涡轮上游采用了废气蓄积器，以消除排气系统中的压力脉动。

因此，在发动机转速较高、压力较低的情况下，涡轮仍可以调节到较高的废气流量。在这种工况下运行时发动机的排气背压更低，燃油消耗同样较低。等压涡轮增压系统可被用于大型海运船舶和固定式安装的发动机上。

利用废气排出引起的压力脉动的动能实现脉冲涡轮增压。脉冲涡轮增压可以在较低的发动机转速下实现更高转矩。这一原理被用在汽车和商用车的涡轮增压器上。分开式排气歧管被用于不同的气缸组，以防各缸在气体交换时相互干扰。例如，一个六缸发动机上采用两组三缸。如果使用带有两个外通道的双流涡轮（见图5-2），涡轮增压器中的排气气流就需要保持分开状态。

为了获得良好的响应特性，涡轮增压器应尽可能被安装在靠近排出高温废气流的排气门附近，因此必须采用耐用材料来制造。在船用发动机室的热表面，由于火灾危险而必须进行防护，需对涡轮增压器进行水冷处理或包裹隔热材料。汽油机涡轮增压的排气温度要比柴油机高200 ℃～300 ℃，也要进行水冷。

（2）设计

发动机需要在低转速下也产生高转矩。

因此,涡轮增压器的设计也考虑到较低的废气质量流量(发动机转速 $n \leqslant 1\,800\,r/min$ 的情况下全负荷)。为了防止涡轮增压器在较高的废气质量流量下导致发动机过载,或者导致涡轮增压器自身损坏,必须控制涡轮增压器的增压压力。有 3 种涡轮增压器设计可以实现上述要求:

- 废气门涡轮增压器;
- 可变几何截面涡轮增压器;
- 带有涡轮几何形状可变套筒的涡轮增压器。

① 带废气门的涡轮增压器(见图 5-3)

图 5-3　带废气门的涡轮增压器
1—充气压力致动器;2—真空泵;3—压力致动器;4—涡轮增压器;5—废气门(旁通阀);6—废气流;7—进气流;8—涡轮;9—离心式压缩机

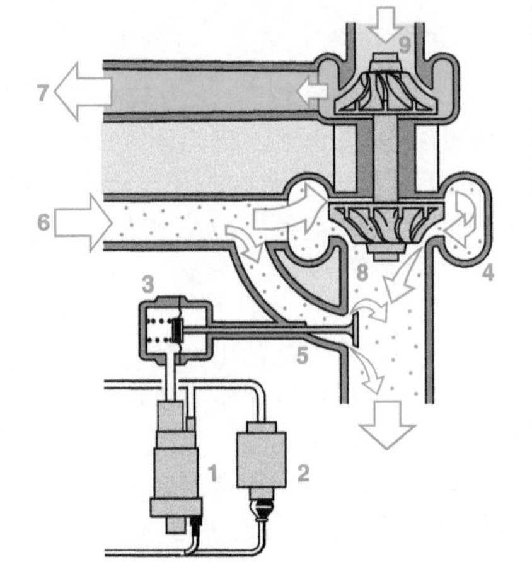

在发动机转速较高或者负荷较高的情况下,排气气流的一部分通过废气门(旁通阀)(5)流出涡轮外。这样减少了流过涡轮的废气流量,并降低了排气背压,从而防止涡轮增压器转速超速。

发动机在低转速或低负荷下,废气门关闭,排气全部流经涡轮并驱动涡轮。

根据废气门的结构,其通常被集成在涡轮壳体中。在早期涡轮增压器设计中,在平行于涡轮的单独的壳体中使用了一个提升阀。

废气门是靠一个电磁式充气压力致动器(1)工作的。致动器是一个电子控制的二位三通阀。它与真空泵(2)相连接。在空挡位置时(无驱动),大气压力作用在压力致动器(3)上。废气门通过压力致动器中的弹簧被打开。

如果由发动机电子控制单元向压力致动器施加电流,则压力致动器和真空泵之间的连接通道将打开,从而膜片顶着弹簧的作用力被拉回。废气门关闭,涡轮增压器转速增加。

设计涡轮增压器时应保证在控制系统失效时废气门始终处于打开状态。这样可以确保发动机高转速运行时不会产生可能损坏发动机和涡轮增压器自身的过高压力。

在汽油机上,进气歧管可产生足够的真空。因此,汽油机不像柴油机那样需要真空泵。两种类型的发动机也可以使用纯电子控制的废气门致动器。

② 可变几何截面涡轮增压器(见图 5-4)

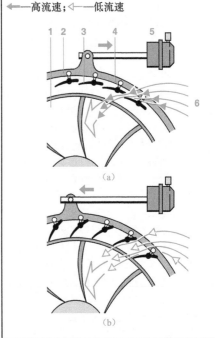

图 5-4　可变几何截面涡轮增压器
(a) 高增压压力时的导流叶片位置;(b) 低增压压力时的导流叶片位置
1—涡轮;2—调节环;3—导流叶片;4—调节杠杆;5—气动执行器;6—废气流
←—高流速;←—低流速

(a)

(b)

借助可变涡轮几何截面改变气流流经涡轮的速度是在发动机高转速下限制废气流流速的另一种方法。可调导流叶片(3)可通过废气流改变间隙的尺寸，从而能够接触到涡轮(几何变化)。这样可以调整作用在涡轮上的废气压力，以满足所需的涡轮增压器压力。

在发动机转速较低或者负荷较低的情况下，仅允许废气流经很小的间隙，以增加排气背压。流经涡轮的排气流速将增加，因此使涡轮转速更高，如图5-4(a)所示。

另外，排气气流被引导到涡轮叶片的外端。这产生了更大的扭转力矩，从而可生成更大的转矩。

在发动机转速较高或负荷较高的情况下，导流叶片装置开启更大的间隙，以使废气流出，从而使废气流速降低，如图5-4(b)所示。因此，如果流量保持不变或者如果流量增加而转速并没有相应增加，则涡轮增压器的转速会慢得多。通过这种方式可限制涡轮增压器的压力。

通过旋转调节环(2)可以轻松调节导流叶片的角度。这个调节环或者直接使用叶片上的调节杠杆(4)，或者间接借助调节凸轮将导流叶片调节到预期的角度。这个调节环采用施加正或负压力的气动执行器(5)驱动，或者由一个带位置反馈的伺服直流电动机(位置传感器)驱动。发动机控制单元控制执行器。这样，就能够根据一系列输入变量将涡轮增压器的压力调节到最理想的位置。

可变几何截面涡轮增压器在其中间位置时完全打开，因此具有固有安全性，即如果控制系统发生故障，则既不会损伤涡轮增压器，也不会损伤发动机。当发动机低速运转时，涡轮增压器仅会出现功率损失。

目前，这种类型的涡轮增压器在柴油机上应用得最广泛。该涡轮增压器没有成为汽油机的优先选择是由于汽油机的热应力和排气温度较高，因此其还没有成为汽油机的首选。

③带有涡轮几何形状可变套筒的涡轮增压器(VST)(见图5-5)

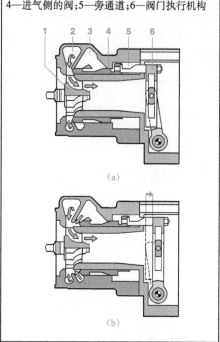

图5-5　VST涡轮增压器的工作原理
(a) 只有一个进气道打开；(b) 两个进气道都打开
1—涡轮；2—第一个进气道；3—第二个进气道；4—进气侧的阀；5—旁通道；6—阀门执行机构

(a)

(b)

带有涡轮几何形状可变套筒的涡轮增压器被应用在小型轿车的发动机上。在这种涡轮增压器中，调节滑阀(4)通过打开一侧或两侧的进气道(2)和(3)，改变涡轮进气流的横截面积。

在发动机转速较低或者负荷较低的情况下，只有一个进气道(2)打开。小进气口会产生较高的排气背压，并伴随较高的废气流速，因此会导致部分涡轮(1)高速旋转。

当达到要求的涡轮增压器压力后，进气门逐渐将第二个进气道(3)打开。因此，废气流速以及涡轮速度和涡轮增压器压力将逐步减少。

发动机控制单元通过气动执行器控制调节阀的位置。

还有一个旁通道(5)被集成在涡轮机壳体中，因此整个排气气流可以通过涡轮，以获得非常低的涡轮增压器压力。

（3）涡轮增压的优缺点

① 小型化

与相同功率的自然吸气式发动机相比较，涡轮增压发动机的主要优点是其重量更轻，且尺寸更小。在可用的速度范围内（见图5-6），也将实现更好的转矩特性。因此，在给定速度和相同燃油消耗率的条件下涡轮增压发动机的输出功率更高（A—B）。

图5-6　与自然吸气式发动机相比，涡轮增压发动机的功率和转矩曲线

（a）稳定状态条件下的传统吸气式发动机；

（b）稳定状态条件下的涡轮增压发动机；

（c）动态条件下的涡轮增压发动机

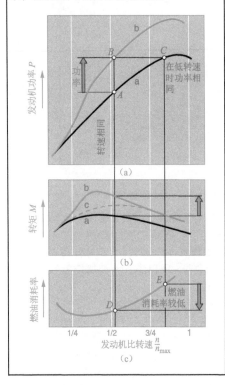

由于转矩特性（B—C）极佳，因此发动机在低转速下具有相同的功率。这样，使用涡轮增压发动机时，产生所需的功率的点会移至另一个摩擦损失较低的位置，从而可降低油耗（E—D）。

② 转矩曲线

在极低的发动机转速下，涡轮增压发动机的基本转矩特性与自然吸气式发动机相似。此时，废气流中的可用能量并不足以驱动涡轮。无法通过这种方式产生涡轮增压器压力。

在动态运行条件下，即使是在发动机的中等转速下［见图5-6（c）］，发动机的转矩输出仍与自然吸气式发动机相似。这是由于废气流积聚延迟导致的。因而，一旦从低速开始加速，就会出现"涡轮滞后"效应。

尤其是在汽油机中，利用动态增压效应能使涡轮滞后最小化。这提高了涡轮增压器的响应特性。

在柴油机中，使用可变涡轮几何截面的涡轮增压器提供了一种大大降低涡轮滞后的方法。

另一种设计是通过电动机辅助的电动辅助涡轮增压器。使用电动机加速推动独立于废气流的涡轮增压器一侧的压缩机叶轮，从而减少涡轮滞后。目前，这种涡轮增压器正处于研发阶段。

在两级涡轮增压器中，低速条件下的涡轮增压器压力的快速建立也同样得到了应用。两级涡轮增压正处于批量生产发布阶段。

海拔高度增加时，涡轮增压发动机的响应非常好，因为在较低的大气压下，压力差较大。这部分抵消了较低的空气密度。但是，涡轮增压器的设计必须确保涡轮在这种条件下不会超速。

5.2.4　多级涡轮增压

多级涡轮增压是在单级涡轮增压基础上进行改进的结果。其显著提高了单级增压的功率极限。现在的目标是改进稳态和动态运行下的空气供给，同时降低发动机的油耗。在这方面，有两种涡轮增压技术已经成功得到了验证。

（1）相继增压

相继增压是将多个涡轮增压器并联起来，当发动机负荷增加时涡轮增压器相继接通。因此，与适用于发动机标定功率输出的单级大涡轮增压器相比，两个或更多的增压器的组合能够达到最佳工作状态。然而，由

于相继增压器控制系统的额外成本,它主要被用于船舶推进系统或发电机。

（2）可控两级涡轮增压

可控两级涡轮增压包含两个不同尺寸的串联涡轮增压器。它们与可控旁路相连,理论上有两个中间冷却器(见图5-7的1和2)。第一个是低压涡轮增压器(1)。第二个是高压涡轮增压器(2)。进气首先通过低压涡轮增压器进行预压缩。因此,在第二个涡轮增压器中相对较小的高压压缩机可在更高的输入压力和更低的容积流量下工作,因此其可以输送所需要的空气质量流量。在两级涡轮增压的同时可以达到极高水平的压缩效率。

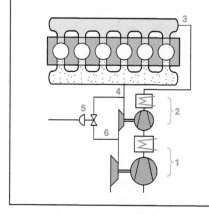

图5-7　两级涡轮增压(示意图)
1—低压级涡轮增压器(带中间冷却器);2—高压级涡轮增压器(带中间冷却器);3—进气歧管;4—排气歧管;5—旁通阀;6—旁通管

在发动机低速运转时,旁通阀(5)是关闭的,因此两个增压器都在工作。这样就能快速建立很高的涡轮增压器压力。当发动机转速增大时,旁通阀逐渐打开,直至最终只有低压涡轮增压器工作。通过这种方法,涡轮增压系统调节能够很好地满足发动机的要求。

由于这种涡轮增压的方法具有简单的控制特性,因此在汽车中得到广泛应用。

（3）电升压器

这是一个附加的被安装在涡轮增压器上游的压缩机。在设计上类似于涡轮增压器的压缩机,但它是由电动机驱动的。在加速下,电升压器为发动机提供额外的空气量,从而可改善其响应特性,特别是在低速时。

5.2.5　机械增压

机械增压器由发动机直接驱动的压缩机组成。发动机和压缩机通常是刚性连接的,例如由一个皮带传动系统连接。相比于涡轮增压器,在柴油机上很少使用机械增压器。

（1）给定式机械增压器

最常见的机械增压器是给定式增压器。这种增压器主要被用于小型和中型轿车的发动机中。下列类型的机械增压器可被用于柴油机:

● 带内部压缩的给定式机械增压器

在这种类型的增压器中,空气是在增压器内部压缩的。应用在柴油机上的增压器类型主要是往复活塞式增压器和螺旋叶片式增压器。

● 往复活塞式增压器

这种增压器安装有一个刚性活塞(见图5-8)或者有一个薄膜(见图5-9)。空气经活塞(与发动机活塞类似)压缩后,通过一个排气阀进入发动机气缸。

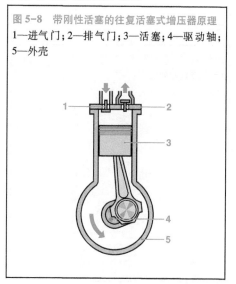

图5-8　带刚性活塞的往复活塞式增压器原理
1—进气门;2—排气门;3—活塞;4—驱动轴;5—外壳

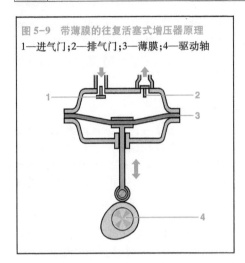

图 5-9　带薄膜的往复活塞式增压器原理
1—进气门；2—排气门；3—薄膜；4—驱动轴

● 螺旋叶片式增压器

如图 5-10 所示，两个相互啮合的螺旋叶片(4)对空气进行压缩。

● 不带内部压缩的给定式增压器

使用这种类型的增压器时，空气是在增压器外部通过流体流动产生的作用被压缩的。这种类型的增压器被应用在柴油机中的唯一例子是安装在某些二冲程柴油机上的罗茨增压器。

● 罗茨增压器

其工作原理是两个反向旋转的螺旋叶片被连接在相互啮合旋转的齿轮上，类似于齿轮泵，并以这种方式对进气空气进行压缩（见图 5-11）。

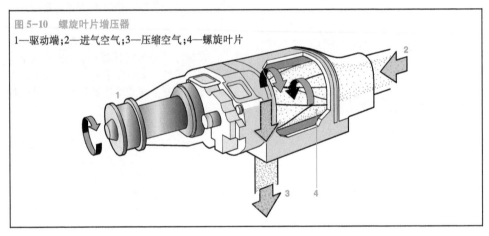

图 5-10　螺旋叶片增压器
1—驱动端；2—进气空气；3—压缩空气；4—螺旋叶片

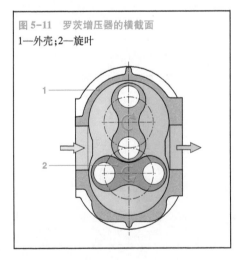

图 5-11　罗茨增压器的横截面
1—外壳；2—旋叶

（2）离心式增压机

除了给定式增压器之外，还有一种离心式增压器(离心流动压缩机)。其内部压缩机和涡轮增压机的内部压缩机很相似。为了获得所需的高圆周速度，离心式增压器需通过一个齿轮系统驱动。这种类型的增压器可在较大的转速范围内实现较好的容积效率，而且这对于小型发动机来说也可以看成涡轮增压的一种替代。机械式离心增压器也被称为机械式离心涡轮增压器。离心涡轮增压器很少被用于中型或大型汽车的发动机上。

（3）可控增压器压力

增压器产生的压力可以通过旁路进行控制。一定比例的压缩空气流进入气缸并且决定了气缸的充气量。剩余的气流流经旁路回到进气口侧。旁通阀由发动机控制单元控制。

（4）机械增压的优缺点

机械增压器直接由曲轴驱动，因此只要发动机转速增加，就会立即导致压缩机转速增加。也就是说，在动态运行工况下，与使用涡轮增压器相比，使用机械增压器可以获得较高的发动机转矩和较好的响应特性。如果使用变速齿轮，则可改善发动机对负荷变化的响应。

然而，由于驱动增压器所需的能量输出（对于汽车来说为 10～15 kW）不像有效能量输出一样可用，因此燃油消耗率会比涡轮增压器高。这会抵消这一优势。如果在发动机低转速和低负荷时，压缩机能够通过发动机控制单元控制的离合器断开与发动机的连接，那么这一缺点将有所减轻。另一方面，这将导致增压器的成本增加。机械增压器的另一个缺点是需要较大的空间。

5.2.6 动力增压

增压程度可以简单地利用进气歧管气流的动力效应实现。对于柴油机来说，这种动力增压效应不如柴油机的动力增压效应重要。在柴油机中，进气歧管设计的重点在于所有气缸充量的均匀分配和再循环废气的分配。此外，气缸内部的涡旋也很重要。当柴油机以相对低速运转时，为了让进气歧管获得动力增压效应，需要有很长的进气歧管。实际上现在所有的柴油机都装有涡轮增压器。这样做的唯一好处就是，当涡轮增压器未达到全输送压力时，将处于一种非稳定的工作状态。

总之，柴油机上的进气歧管要尽可能短。这样做的好处是：

- 可改善动态响应特性；
- 可更好地控制部分排气循环系统的特性。

§5.3　旋涡阀（swirl flaps）

柴油机气缸中空气的流型对混合气的形成有本质上的影响。主要通过以下几点来影响：

- 喷射产生气流；
- 气流流入气缸；
- 活塞的运动。

旋流辅助的燃烧过程使空气在进气和压缩行程中快速形成旋涡涡流，最终形成混合气。使用特殊的阀和通道，可根据发动机的转速和负荷调节涡流。

进气道被设计成充气道（见图 5-12，5）和螺旋气道（2）。充气道可以通过一个小型旋涡阀（6）来关闭。这个阀由发动机控制单元根据发动机特性曲线控制。除了开和关两个挡位的简单控制系统以外，位置控制系统还允许中间位置。

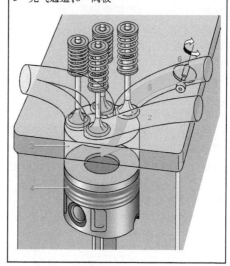

图 5-12　进气道关闭（示例）
1—进气门；2—涡流通道；3—气缸；4—活塞；
5—充气通道；6—阀板

发动机在较低转速时阀板关闭。空气通过螺旋气道进入缸内。气缸中充气越多，涡流强度越大。

当发动机处于高转速时，阀板打开，充气道（5）允许更多的气体进入气缸，以改善发动机的性能，涡流减少。

通过控制作为发动机特性曲线的涡流，可以在低转速下有效降低氮氧化物和微粒的排放。关闭通道所引起的流量损失会导致更大的充气循环做功。然而，通过改进混合气形成和燃烧，可或多或少补偿增加的燃料消耗量。根据发动机的转速和负荷，可实现排放、燃料消耗和性能三者之间的折中。

进气道切断技术目前已经被用于一些汽

车发动机,尤其在最低排放概念中占有越来越重要的地位。

但是,现代的货车柴油机通常以较低的涡流速率工作。由于速度范围较小,且燃烧室较大,因此喷射能量足以形成混合气。

§5.4 进气过滤器

进气过滤器对进入发动机的空气进行过滤,防止微尘或杂质进入发动机,以免将其夹带到发动机机油中。这样既可以降低轴承、活塞环、气缸壁等的磨损,也可以保护灵敏的空气流量计,以防止灰尘在其内堆积。如果有灰尘堆积的情况,将会导致信号错误、燃油消耗较高,以及污染物排放较多。

典型的空气杂质有油雾、悬浮颗粒、柴油机碳烟、工业废气、花粉和灰尘。进气空气中夹带的尘粒的直径从约 $0.01~\mu m$(碳烟颗粒)到约 2 mm(沙粒)不等。

5.4.1 过滤介质及设计

相对于表面滤清器来说,空气过滤器通常都是深层过滤器。这种过滤器使杂质保留在过滤介质结构中。当需要过滤颗粒浓度较低的大量空气流时,这种具有较高滞尘能力的深层过滤器通常是首选。

压力最高达到 9.98×10^6 Pa(乘用车)和 9.995×10^6 Pa(商用车)时,实现了质量相关的总分离效率。在当前所有工况下,包括发动机进气系统中的动态工况(脉动),这都是必须具有的指标。在这种情况下,过滤器质量欠佳会导致较高的灰尘通过率。

每一台发动机的过滤器滤芯是单独设计的。这样,压力损失可以保持到最小,且高的过滤效率与空气流量无关。空气过滤器的滤芯既可能是矩形的,也可能是圆柱形的,包括一个折叠的滤芯介质。这样可以在有限的空间中达到最大的过滤面积。一般来说,基于光纤纤维的滤芯是经过滚压和浸渍成形的,以保证其所需的结构强度、耐湿性和化学稳定性。

滤芯由汽车制造商定期更换。

对较小的高效滤芯的需求(较小的空间需求),可实现保养周期延长。这是推动新型空气过滤介质创新性发展的动力。用人造纤维制成的新型过滤介质已经进入生产阶段。这种过滤介质可以在某些条件下大大改善空气过滤器的性能指标,如图 5-13 所示。

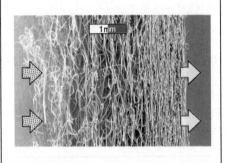

图 5-13 人造纤维制成的空气过滤器介质
进气侧至净化空气侧横截面中密度逐渐增大、纤维直径减小的高性能合成非织造滤材料

使用复合材料(例如带喷熔纤维层的纸张)和特殊纳米纤维制成的过滤介质比纯纤维基介质的效果要好。这些介质含有一个由纤维素制成的相对粗糙基层。其上为直径仅为 30~40 nm 的超薄纤维。具有交替密封通道的新型折叠结构,类似于柴油碳烟过滤器的新过滤器即将投入市场。

为了最优利用发动机下面越来越狭小的空间,增加了圆锥形、椭圆形、梯形和不规则四边形等几何形状。

5.4.2 消声器

以前,大多数空气过滤器外壳被专门设计成"消声过滤器"。其大容积设计适用于降低进气噪声这样的附加功能。同时,过滤和发动机降噪这两个功能已经逐渐分开,而且会对不同的组件进行独立优化。这意味着可以减小过滤器外壳的尺寸。这也使得安装了消声器后,集成在发动机装饰罩里的非常细长的过滤器的安装位置比较难以够到。

5.4.3 轿车上的空气过滤器

除了外壳(1)和(3),以及圆柱形空气滤芯外,乘用车进气模块(见图 5-14)包括所有的进气管(5)和(6),以及进气模块(4)。在这之间布置有赫尔姆霍茨共振器和声学四分之一波长管。通过这种全面的系统优化，单个组件可更好地与其他部件相匹配。这将有助于满足极为严格的噪声输出限制要求。

对集成在进气系统中的水分离器的要求日益增加。它们主要被用来保护空气质量流量传感器。当遇到大雨或是溅水（例如越野行驶）或下雪时，位置被安放得不太合适的进气接头中会进水。如果水滴接触到传感器，传感器就会产生不正确的气缸充气数据。

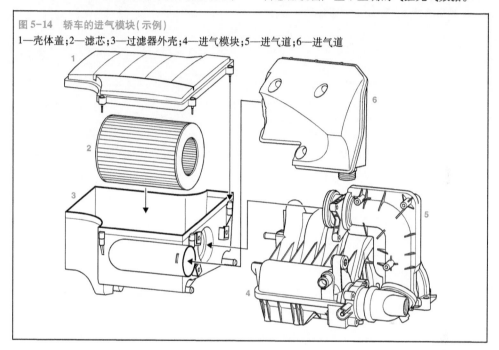

图 5-14 轿车的进气模块（示例）
1—壳体盖；2—滤芯；3—过滤器外壳；4—进气模块；5—进气道；6—进气道

安装在进气道中的飞溅挡板或旋流形设计组件被用于分离水滴。进气口到滤芯的距离越短，这个问题就越难得到解决，因为只允许极低的进气压力损失。但是，利用合适尺寸的滤芯吸收水滴并使在微粒过滤滤芯前使水膜向外偏移也是可行的。为此目的专门设计的外壳也能够对这个过程有所帮助。即使是在未过滤空气管路很短的情况下，借助这种布置方式也能够成功地将水分离。

5.4.4 商用车上的空气过滤器

图 5-15 所示的是一种易于维修且进行了重量优化的，被用于商用车的塑料空气过滤器。除了具有较高的过滤速度外，该过滤器滤芯的维修间隔也超过了 100 000 km。其维修间隔明显长于乘用车。

图 5-15 商用车纸质空气过滤器（示例）
1—排气口；2—进气口；3—滤芯；4—支承管；5—壳体；6—集尘器

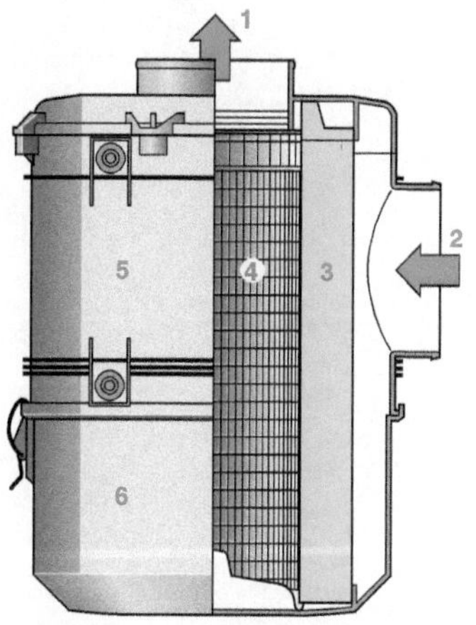

农村的空气灰尘较严重,因此在农用机械上,以及在建筑机械上,滤芯的上游都安装有一个预过滤器。预过滤器能滤掉粗粒和较大的灰尘微粒,从而可增加细滤芯的使用寿命。

一种最简单的结构就是一圈偏转叶片使空气流进行旋转运动。其产生的离心力可将粗尘粒分离出去。然而,只有根据主过滤器对小型旋流形预过滤器的电池进行优化,才能够将离心分离器的潜能充分利用到商用车的空气过滤器上。

第六章　柴油机燃油喷射基本原理

柴油机的燃烧过程,还有与之有关的发动机性能、燃油消耗、尾气成分和燃烧噪声,在很大程度上取决于油气混合气的制备方法。

决定混合气形成质量的燃油喷油参数主要有:

- 喷油开始时间;
- 喷射速率曲线和喷油持续时间;
- 喷油压力;
- 喷油次数。

在柴油机中,依靠针对发动机内部的措施,即燃烧过程控制,可大大减少尾气和噪声的排放,如图6-1所示的带多孔喷嘴的直喷试验发动机的燃烧过程。

20世纪80年代之前,汽车发动机燃油喷油量和喷油开始时间都是通过机械方式加以控制的。然而,为了满足目前的排放限制,需要对喷油参数进行高精度调节。这些喷油参数包括预喷油、主喷、喷油量、喷油压力和喷油开始时间。通过对这些参数的调节可调整发动机的运行状态。这种调节只有使用电控单元才能实现。电控单元计算喷油参数,如温度、发动机转速、负荷、海拔高度等参数。柴油电控单元已被广泛应用到柴油机上。

随着今后尾气排放标准变得越来越严格,将不得不采用一些尽量减少污染的措施。排放和燃烧噪声能够通过一些方法来降低,如通过泵喷嘴实现的极高喷油压力,以及通过共轨系统实现的与压力升高无关的可调喷射速率曲线。

§6.1　混合气分配

6.1.1　过量空气系数 λ

过量空气系数 λ 被用来表示实际空燃混合物偏离化学计量质量比的程度。过量空气系数表示进气量与化学计量燃烧所需空气质量的比值,因此得出:

$$\lambda = \frac{空气质量}{燃油质量 \cdot 化学计量比}$$

$\lambda = 1$,表示进气量与燃烧完所有燃油理论上所需的空气量相等。

$\lambda < 1$,表示进气量少于燃烧完所有燃油理论上所需的空气量,因此混合气加浓。

$\lambda > 1$,表示进气量大于燃烧完所有燃油理论上所需的空气量,因此混合气变稀。

6.1.2　柴油机中的 λ 值

浓混合气的区域负责进行碳烟燃烧。与汽油机相比,为了防止产生过多的浓混合气,柴油机中必须充满过量的空气。

对于涡轮增压柴油机来说,当其满负荷运行时,$1.15 < \lambda < 2.0$。在息速和空载状态下,会上升到 $\lambda > 10$。

过量空气系数表示气缸中总的燃油质量和空气质量的比率。但是,由于剧烈的空间波动引起 λ 变化是自燃和污染物形成的主要原因。

柴油机靠不均匀混合气形成和自燃进行工作。喷射的燃油与进入的空气在燃烧前或燃烧时不可能实现完全均匀混合。在柴油机中的不均匀的混合气中,局部过量空气系数跨度很大,从喷油器附近喷眼孔处的 $\lambda = 0$(纯燃油)到喷嘴远端处的 $\lambda = \infty$

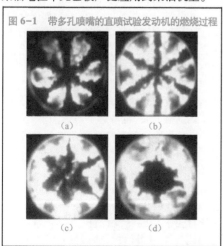

图6-1　带多孔喷嘴的直喷试验发动机的燃烧过程

(a)　　　(b)

(c)　　　(d)

（纯空气）。在一个油滴（被蒸气包裹）外部区域四周，局部 λ 值为 0.3～1.5（见图6-2 和图6-3）。通过这一情况可以推论：理想的雾化（大量极小的燃油滴）、较多的过量空气，以及进气流量计量，将会产生具有大量带有稀混合气及易燃 λ 值的局部区域。这样会使燃烧过程中产生较少的碳烟、废气再循环系统的兼容性提高、氮氧化物排放减少。

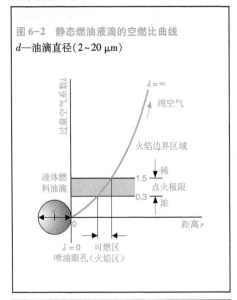

图6-2　静态燃油液滴的空燃比曲线
d—油滴直径（2～20 μm）

图6-3　动态液滴空燃比曲线
（a）相对速度较低；（b）相对速度较高
1—火焰区；2—蒸气包裹；3—燃油滴；4—空气流

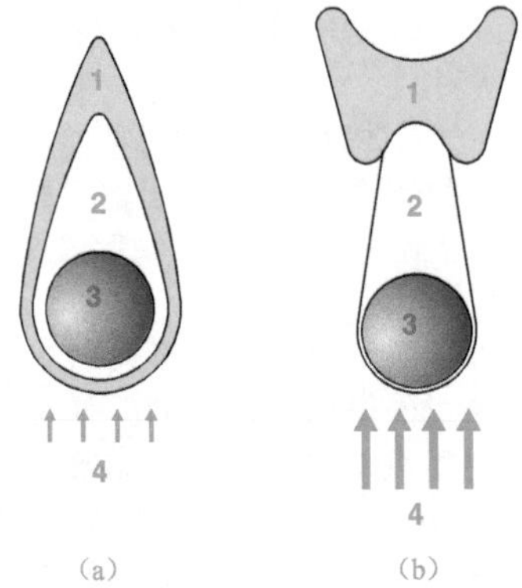

理想的燃油雾化是通过将泵喷嘴系统的喷油压力提高到最大 2.2×10^8 Pa 实现的。共轨系统（CRS）是在 1.8×10^8 Pa 的最高喷油压力下工作的。这将导致气缸中的燃油喷口和空气之间产生较高的相对速度，会影响燃油喷口的散射。

为了降低发动机重量和成本，在发动机容量一定的情况下，应尽可能获得更多的动力。为了实现这个目的，在高负荷下发动机必须在尽可能低的过量空气下工作。另一方面，不足的过量空气将会增加碳烟排放量。因此，只有根据发动机转速精确计量与喷油量匹配的可供使用的空气量，才能限制碳烟。

较低的大气压力（如高海拔）也要求燃油量与提供的较少的空气量相匹配。

§6.2　喷油参数

6.2.1　开始喷射和开始供油

（1）开始喷油时间

燃油开始喷入燃烧室的那个时刻对混合气开始燃烧的时刻有着决定性的影响，同时也决定了排放水平、燃油消耗和燃烧噪声。因此，燃油开始喷射的时间在发动机性能特性的优化中占重要地位。

开始喷油时间规定了曲轴旋转相对于曲轴上止点的角度，此时喷嘴打开，燃油被喷入发动机燃烧室中。

当活塞位置处于相对于曲轴上止点的位置时，会对燃烧室内的气流，以及空气密度和温度产生影响。由此可见，空气和燃油混合的程度也取决于开始喷射的时间。因此，开始喷油时间会影响排放质量，例如碳烟、氮氧化物（NO_x）、未燃碳氢化合物（HC）和一氧化碳（CO）。

根据发动机的负荷、速度和温度变化，开始喷油时间设定点会有不同。为每个发动机确定了最优值，同时也考虑了对燃油消耗、排放和噪声的影响。然后将这些值存储到开始喷射图表中。可通过这个图表控制与负荷相关的开始喷油时间变化。

与凸轮控制的系统相比，共轨系统在喷油量和喷油正时以及喷油压力的选择上具有更大的自由度。因此，燃油压力是依靠一个独立的高压泵来提供的，通过发动机管理系统在每个工作点上进行优化,并通过电磁阀或压电元件控制燃油喷射(见图6-4)。

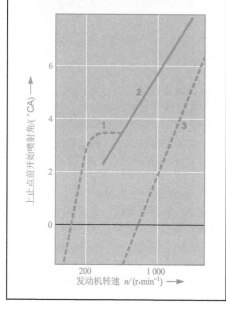

图6-4　轿车发动机冷起动时和正常工作温度下的喷射开始时间与发动机转速和负荷的关系(示例)
1—冷起动;2—全负荷;3—中等负荷

① 喷油开始时间的标准值

在一份柴油机的数据图上,低燃油消耗的最佳燃烧开始时间点位于曲轴达到上止点前0°~8°的范围内。因此,基于法定尾气排放限制,喷油开始时间如下:

轿车直喷发动机:

● 无负荷:上止点前2°曲轴转角至上止点后4°曲轴转角。

● 部分负荷:上止点前6°曲轴转角至上止点后4°曲轴转角。

● 满负荷:上止点前6°~15°曲轴转角。

商用车直喷发动机(无废气再循环装置):

● 无负荷:上止点前4°~12°曲轴转角。

● 满负荷:上止点前3°~6°曲轴转角至上止点后2°曲轴转角。

当发动机处于冷机状态时,乘用车和商用车发动机的喷油开始时间应提早3°~10°。全负荷时的燃烧时间为40°~60°曲轴转角。

② 喷油开始时间提前

最高压缩温度(最终压缩温度)出现在活塞刚刚到上止点前的一小段时间内。如果在距离上止点很长一段距离时开始燃烧,燃烧压力就会急剧上升。这将产生阻碍活塞冲程的延迟力。这个过程中损失的热量将降低发动机的效率,从而增加燃油消耗。压力的急剧上升也会使燃烧噪声增大。

喷油开始时间提前可以提高燃烧室的温度。这样,氮氧化物(NO_x)排放会增加,而碳氢化合物(HC)的排放会降低(见图6-5)。

当发动机处于冷机状态时,可以通过使喷油和/或预喷油开始时间提前将蓝烟和白烟的水平降到最低。

③ 喷油开始时间延迟

在低负荷状态下延迟喷油开始时间会导致不完全燃烧。由于燃烧室中的温度已经降低,因此会排放出未燃的碳氢化合物(HC)和一氧化碳(见图6-5)。

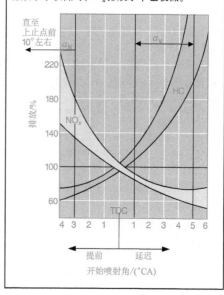

图6-5　NO_x和HC排放的分布模式与无废气再循环装置的商用车发动机喷油开始时间的关系
应用实例:
α_N为最佳无负荷开始喷射角:无负荷的情况下,NO_x排放水平较低时,HC排放水平也较低。
α_V为全负荷下最佳开始喷射角:全负荷下HC排放水平较低时,NO_x排放水平也较低。

因此，一方面要权衡比油耗和碳氢化合物排放，另一方面还要权衡碳烟（黑烟）和氮氧化合物排放。为匹配特定的发动机，在修正喷油开始时间时，需要进行权衡且需要非常严格的公差。

（2）供油开始时间

除喷油开始时间外，供油开始时间是另一个通常需要考虑的方面。它与喷油泵开始向喷油器供油的时间有关。

在以前的燃油喷射系统中，供油开始时间是非常重要的，因为直列式喷油泵或燃油分配泵必须被安装在发动机中。喷油泵和发动机之间的相对正时在喷油开始时就被固定了，因为这比直接定义喷油开始时间要容易一些。由于喷油开始时间和供油开始时间之间有确定的关系（喷油滞后），因此这是可以实现的。

喷油滞后是燃油压力波从高压泵传输到喷嘴所花费的时间导致的。因此，喷油滞后取决于管路的长度。如果发动机转速不同，则喷油滞后程度也不同。这种滞后用曲轴转角（曲轴旋转的角度）来表示。高转速下发动机的点火延迟较大。这与曲轴位置（曲轴角度）有关。这两个滞后期的影响都需要补偿。这也是燃油喷射系必须能够调整开始喷油和供油时刻，以响应发动机转速、负荷和温度变化的原因。

6.2.2　喷油量

对于一个发动机气缸来说，可通过以下公式计算每个动力冲程所需的燃油量 m_e。

$$m_e = \frac{P \cdot b_e \cdot 33.33}{n \cdot z}，单位为 mm^3/冲程$$

式中：P——发动机功率，单位为 kW；

　　　b_e——发动机燃料消耗率，单位为 g/(kW·h)；

　　　n——发动机转速，单位为 r/min；

　　　z——发动机气缸数。

由此得出相应的喷油量 Q_H，单位为 $mm^3/冲程$ 或 $mm^3/喷油循环$：

$$Q_H = \frac{P \cdot b_e \cdot 1\,000}{30 \cdot n \cdot z \cdot \rho}，单位为 mm^3/冲程$$

其中，燃油密度 ρ（单位为 g/cm^3）与温度相关。

在假定效率（$\eta \sim 1/b_e$）不变的情况下，发动机的功率输出与喷油量成正比。

燃油喷射系统喷射的燃油量与以下变量有关：

- 喷嘴的燃油计量横截面积；
- 喷油持续时间；
- 喷油压力和燃烧室压力之差值随时间的变化；
- 燃油密度。

柴油是可压缩的。也就是说，在高压下，柴油可被压缩。这样可增加喷油量。图中设定的喷油量与实际喷油量之间的差异会影响性能和污染物的排放。在高精度的电子喷油系统中，可以非常精确地测量所需的喷油量。

6.2.3　喷油持续时间

燃油喷射速率曲线中的重要参数之一就是喷油持续时间。在这段时间内，喷嘴是打开的，燃油流进燃烧室。可用曲轴转角或者凸轮轴转角表示这个参数，或以毫秒（ms）为单位。不同的柴油机燃烧过程要求不同的喷油持续时间，正如下面的例子所述：

- 乘用车直喷式发动机，曲轴转角为 32°~38°；
- 乘用车间接喷射式发动机，曲轴转角为 35°~40°；
- 商用车直喷式发动机，曲轴转角为 25°~36°。

喷油持续时间内，30°的曲轴转角相当于 15°的凸轮轴转角。在 2 000 r/min 的喷油泵转速[1]下，相当于 1.25 ms 的喷油持续时间。

为了最大限度地降低燃油消耗和排放，必须将喷油持续时间定义为工作点和喷油开始时间的一个影响因素（见图 6-6~图 6-9）。

发动机：

带共轨式燃油喷射系统的商用车六缸柴油机

运行工况：

────────

[1]　相当于四冲程发动机转速的一半。

$n = 1\,400\ \text{r/min}$，全负荷的 50%。

在这个例子中，通过改变喷油压力，使每个喷油时间的喷油量恒定，因此喷油持续时间是不同的。

图 6-6　燃油消耗率 b_e [g/(kW · h)] 与开始喷射时间和喷射持续时间之间的关系

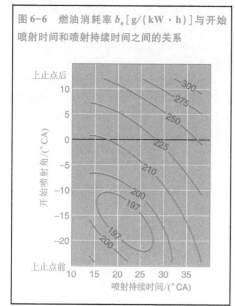

图 6-7　特定氮氧化物 NO_x 排放 [g/(kW · h)] 与开始喷射时间和喷射持续时间的关系

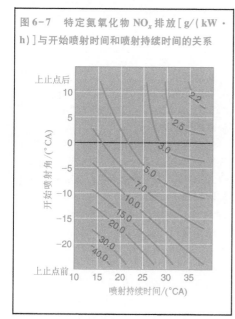

图 6-8　未燃碳氢化合物（HC）的排放 [g/(kW · h)] 与开始喷射时间和喷射持续时间的关系

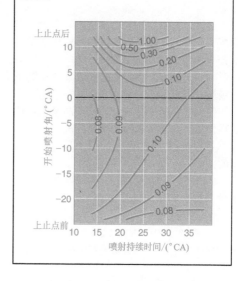

图 6-9　特定碳烟排放 [g/(kW · h)] 与开始喷射时间和喷射持续时间的关系

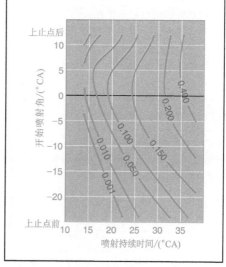

6.2.4　燃油流量速率曲线

燃油流量速率曲线描述了喷油期间喷入燃烧室内的燃油流量与时间的关系。

（1）凸轮控制的燃油喷射系统的燃油流量速率曲线

在凸轮控制的燃油喷射系统中,喷油泵在整个喷油过程中不断加大压力。因此,喷油泵的转速会直接影响供油速率以及喷油压力。

进气口受控的分配式喷油泵和直列式喷油泵不允许进行任何预喷射;但是,如果带有双弹簧喷嘴和双弹簧式喷油器体,在开始喷油时,可以采用降低喷油速率的方法控制燃烧噪声。

使用电磁阀控制的分配式喷油泵也可以实现预喷射。乘用车的泵喷嘴系统装备了液压机械预喷射系统,但是其控制是受时间限制的。

在凸轮控制系统中,凸轮和喷油泵与喷油量的传输和压力的产生相关,会对喷油特性产生以下影响:

● 喷油压力随发动机转速和喷油量的增加而上升,直至达到最高喷油压力(见图6-10);

● 在开始喷油时刻喷油压力上升,但在喷射结束前下降到喷嘴关闭压力(在供油结束时开始)。

由此可以得出如下推论:

● 较低喷油压力下喷油量较小;

● 燃油流量速率曲线接近三角形状。

这种三角形曲线能促进部分负荷和发动机低转速下的燃烧,因为是缓慢上升,因此燃烧噪声较小;但是在全负荷下,这种曲线的进气效率没有方形曲线的高。

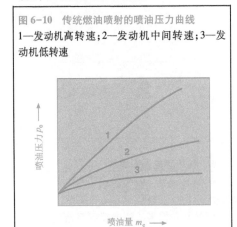

图6-10 传统燃油喷射的喷油压力曲线
1—发动机高转速;2—发动机中间转速;3—发动机低转速

间接喷射式发动机(带预燃室或涡流室的发动机)采用节流轴针式喷油嘴产生单一燃油束,并确定燃油流量速率曲线。这种类型的喷油嘴控制作为针阀升程函数的出口横截面。该喷油嘴产生一个逐渐升高的喷油压力,从而降低了燃烧噪声。

(2)共轨燃油喷射系统的燃油流量速率曲线

高压泵会产生燃油喷射压力。这与喷射循环无关。喷射过程中喷油压力几乎是恒定的(见图6-11)。在一个给定的系统压力下,喷油量与喷油持续时间成正比,与发动机和喷油泵的转速无关(基于时间的喷射)。

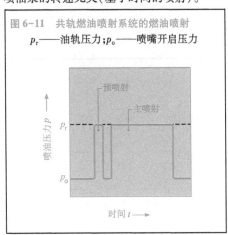

图6-11 共轨燃油喷射系统的燃油喷射
p_r——油轨压力;p_o——喷嘴开启压力

这使得燃油流量速率曲线几乎呈方形。这种方形曲线强化了全负荷下较短的持续喷油时间和几乎恒定的高喷油速率,从而实现了较高的比功率输出。

然而,由于喷油开始时喷油速率较高,在点火延迟期间会喷射大量的燃油,从而会对燃烧噪声产生不利影响。这也会导致预混燃烧期间的高压升高。由于可能会取消多达两个预喷射事件,因此可以对燃烧室进行预处理。这样做可缩短点火延迟,实现最低燃烧噪声。

因为要通过电子控制单元触发喷油器,所以对于不同的发动机来说,在发动机应用中,开始喷射时间、喷油持续时间和喷油压力是可以自由设定的。它们都由柴油机电子控制系统(EDC)控制。EDC通过喷油器供油补偿（IMA）的方式平衡各喷油器的喷油量。

现代压电式共轨燃油喷射系统允许多次预喷射和二次喷射。事实上，一个动力循环可以进行 5 次喷射。

（3）喷油功能

根据应用选择发动机时，其喷射系统应实现以下功能（见图 6-12）：

- 预喷射（1）可降低燃烧噪声和 NO_x 排放，特别是在直喷式发动机上；
- 对于无 EGR 的发动机，在主喷射期（3）采用正压力梯度，降低 NO_x 排放；
- 对于无 EGR 的发动机，在主喷射期采用两级压力梯度，降低 NO_x 和微粒排放（4）；
- 对于带 EGR 的发动机，在主喷射期（3，7）采用恒定高压，降低微粒排放；
- 提前二次喷射（8），降低微粒排放；
- 延迟二次喷射（9）。

图 6-12　喷射

调节的目的是在上止点附近开始喷射时实现较低的 NO_x 排放。

供油时比开始喷油时刻大大提前：喷油滞后时间由燃油喷射系统决定。

1—预喷射；2—主喷射；3—压力急剧升高（共轨燃油喷射系统）；4—"靴形"压力升高（UPC），带两级开启电磁阀阀针（CCRS），双弹簧喷油器体可以实现针阀升程的"靴状"曲线（非压力曲线）；5—压力梯度逐步增大（常规燃油喷射）；6—平缓的压力下降（直列泵和分配泵）；7—压力急剧下降（UIS，UPS，共轨系统稍微平缓一些）；8—提前二次喷射；9—延迟后喷射；p_s—峰值压力；p_o—喷嘴开启压力；b—主喷射阶段的燃烧持续时间；v—预喷射阶段的燃烧持续时间；IL—主喷射的点火延迟时间

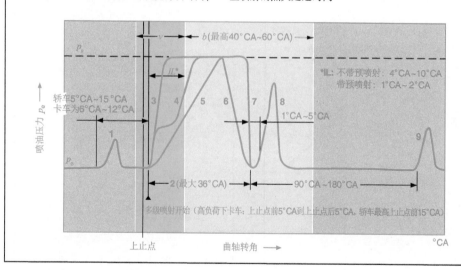

（4）预喷

若少量的燃油（约 1 mg）在压缩行程燃烧，则主喷射期缸内的压力和温度将会升高。这将缩短主喷射阶段的点火延迟时间，且能够降低燃烧噪声，因为预混燃烧过程中燃油的比例降低。与此同时，燃烧燃油扩散的质量增加。由于气缸内温度较高，这会导致碳烟和 NO_x 的排放增加。

另一方面，主要在冷起动及处于低负荷范围的情况下，较高的燃烧室温度对稳定燃烧和降低 HC 和 CO 排放是有利的。

根据工作点和预喷油量的计量对预喷射和主喷射之间的时间间隔进行控制，可以做到燃烧噪声和 NO_x 排放的良好折中（见图 6-13）。

（5）延迟二次喷射

如果发生延迟二次喷射，则燃油未发生燃烧，而是被尾气中的余热蒸发。在上止点

后 200° 曲轴转角的位置,在膨胀行程或排气行程期间,二次喷射阶段发生在主喷射之后。二次喷射将精确计量的燃料喷入排气中。在排气行程中,形成的燃油和废气混合物通过排气门进入排气系统。

延迟二次喷射主要被用来供给碳氢化合物。这些碳氢化合物在氧化催化转化器中氧化时会使排气温度升高。这一措施可被用于再生排气后处理系统,例如微粒过滤器或 NO_x 储存式催化转化器。

由于延迟二次喷射可能会导致柴油机机油稀释,因此发动机制造商应对此进行说明。

(6)提前二次喷射

在共轨系统中,可在主喷射之后立即进行二次喷射,燃烧也同时进行。这样,碳烟颗粒可以再燃,可以降低 20% ~ 70% 的微粒排放。

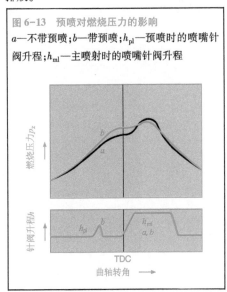

图 6-13　预喷对燃烧压力的影响
a—不带预喷;b—带预喷;h_{pl}—预喷时的喷嘴针阀升程;h_{ml}—主喷射时的喷嘴针阀升程

(7)燃油喷射系统的时序特性

图 6-14 所示的是一个径向柱塞分配泵(VP 44)的示例。凸轮环上的凸轮开始动作。燃油从喷油嘴喷出。该图显示出喷油泵与喷油嘴之间油压和喷射模式有较大变化。这些变化是由控制喷射的组件(凸轮、泵、高压阀、油路和喷油嘴)的特性决定的。因此,燃油喷射系统和发动机必须精确匹配。

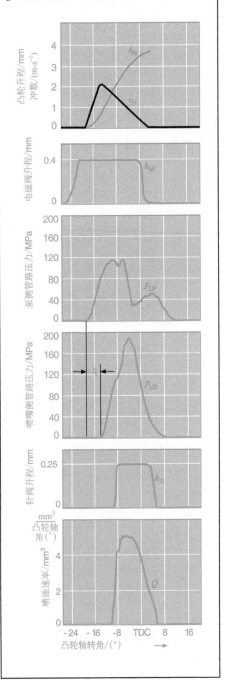

图 6-14　全负荷无预喷时径向活塞分配式喷油泵(VP 44)的示例
t_L—燃油在油管中流动的时间

这个特征对于所有通过柱塞泵产生压力的喷油系统(直列式喷油泵、整体式喷油器和单体泵)来说都是相似的。

(8)传统喷油系统中的有害容积

"有害容积"这个术语指燃油在喷油系统高压一侧的容积。它由喷油泵的高压部分容积、高压油管路容积和喷油嘴总成容积组成。每次喷油时,有害容积都会被加压和减压。这会导致压缩损失,从而使喷油滞后。高压管内的燃油容积被压力波形成的动态过程压缩。

有害容积越大,喷油系统的液压效率就越差,因此开发喷油系统时的一个主要考虑因素是使有害容积尽可能最小化。泵喷嘴系统具有最小的有害容积。

为了保证发动机控制的一致性,各气缸的有害容积必须均等。

6.2.5　喷油压力

喷油过程使用燃油系统中的压力,以使燃油流经喷嘴。较高的燃油系统压力能使燃油在喷嘴处以高速率流出。燃油喷射湍流和燃烧室内的空气相遇引起燃油的雾化。因此,燃油和空气的相对速度越大,空气的密度越大,燃油雾化越完善。由于高压油路中存在反射压力波,喷油嘴端的压力可能比泵端的压力要高。

(1)直喷式发动机

由于直喷式柴油机燃烧室内的空气只是靠质量惯性矩运动(即空气试图保持进入气缸的速度,这会形成涡流),因此燃烧室内的空气速度相对较低。因为流动的限制迫使空气进入活塞直径较小的凹坑内,因此活塞行程使气缸内的涡流增强。然而,在一般情况下,间接喷射式发动机中空气流动较少。

由于空气流速很低,因此必须在高压下喷油。现在轿车用发动机的直喷系统能够产生峰值高达$10^8 \sim 2.05 \times 10^8$ Pa的压力,而商用车则能产生$10^8 \sim 2.2 \times 10^8$ Pa的压力。然而,除了共轨系统外,只有发动机转速较高时,才会出现峰值压力。

要获得理想的低烟度运行的(即低微粒排放)转矩曲线,一个决定性因素是在发动机

处于低速全负荷下实现相对较高的喷油压力,以适应燃烧过程。由于发动机低转速时气缸中空气密度也相对较低,因此必须控制喷油压力,避免燃油积到气缸壁上。当转速高于2 000 r/min 时,可以实现最大的充气压力,喷油压力可以升到最高。

为获得理想的发动机效率,燃油喷射角窗必须精准。该角窗与发动机转速相关,且分布在上止点两侧。发动机处于高转速(标定输出功率)时,为了缩短喷油持续时间,需要很高的喷油压力。

(2)间接喷射式发动机

对于带分隔式燃烧室的柴油机,升高的燃烧压力把充入的燃气和混合气从预燃室或涡流燃烧室中喷入主燃烧室。这个过程中,气体在涡流室以及连接涡流燃烧室和主燃烧室的通道中均具有很高的流动速度。

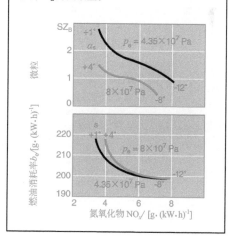

图6-15　喷油压力和喷油开始时间对油耗、碳烟和NO_x排放的影响

直喷式发动机,其转速为1 200 r/min,平均压力为1.62×10^6 Pa。

其中,p_e为喷油压力,α_s为上止点后的喷油开始时间,SZ_B为黑烟量。

§6.3　喷油嘴及喷油器体的设计

6.3.1　二次喷射

突然的二次喷射会对排气质量产生很大的负面影响。二次喷射是在喷油嘴关闭过后

又重新开启时发生的。在燃烧过程后期,允许向气缸内喷入少量燃油。这些燃油不会完全燃烧或者根本就不会燃烧。未燃碳氢化合物被释放到排气中。在非常高的关闭压力和供油管中很低的静态压力下,这种不良效应可以通过快速关闭喷油嘴和喷油器体总成来避免。

6.3.2　死区容积

针阀密封座气缸侧喷油嘴中的死区容积对二次喷射有类似的影响。积在这里的燃油流入燃烧室完成燃烧过程,还有部分进入排气管中。这种燃油的成分同样会提高排气中未燃碳氢化合物的水平(见图6-16)。无压力室(vco)喷油嘴的死区容积最小。这种喷油嘴的喷孔位于针阀密封座上(见图6-17)。

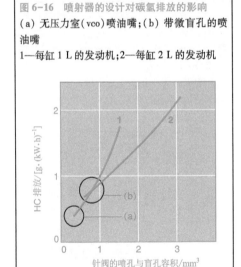

图6-16　喷射器的设计对碳氢排放的影响
(a)无压力室(vco)喷油嘴;(b)带微盲孔的喷油嘴
1—每缸1 L的发动机;2—每缸2 L的发动机

6.3.3　喷射方向

(1)直喷式发动机

直喷式柴油机通常采用具有4~10个喷孔(最常见的有6~10个喷孔)的孔式喷嘴,并尽可能地将喷孔布置在中央。喷射方向需与燃烧室精确匹配。即使与最佳喷射方向存在2°的误差,也会导致碳烟排放明显增加,油耗也明显上升。

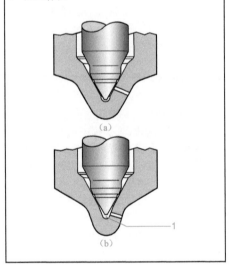

图6-17　喷嘴椎体
(a)无压力室(vco)喷油嘴;(b)带微盲孔的喷油嘴
1—死区容积

(2)间接喷射式发动机

间接喷射式发动机使用仅有一个喷口的轴针式喷油嘴。喷油嘴将燃油喷入预燃室或涡流室内,使得预热塞正好位于喷口中。喷射方向应与燃烧室精确匹配。喷射方向的任何偏差都会导致燃烧空气的利用率降低,进而导致碳烟和碳氢排放增加。

第七章　柴油机燃油喷射系统概述

喷油系统在适当的时间将适量的燃油以高压的方式喷入燃烧室中。除泵喷嘴外,喷油系统的主要组件还有喷油泵。它产生高压,并通过高压油管与喷油嘴相连。喷油嘴伸入每个气缸的燃烧室内。

在大多数喷油系统中,当燃油压力达到某一特定开启值时喷油嘴打开,而低于此值时喷油嘴关闭。在共轨系统中,只能通过外部的电子控制器控制喷油嘴。

§7.1　设　计

喷油系统之间的主要差异在于高压形成的系统,以及对开始喷油时间和喷油持续时间的控制。以前,喷油系统仅采用机械控制,而现在电子控制系统已被广泛采用。

7.1.1　直列式喷油泵

（1）标准直列式喷油泵

直列式喷油泵（见图7-1）具有一个用于每个发动机气缸的独立的泵油元件,包括一个泵筒(1)和泵柱塞(4)。喷油泵柱塞被发动机驱动,通过集成在喷油泵中的凸轮轴(7)向供油方向移动（在此例中向上）,并通过柱塞弹簧(5)返回初始位置（因此得名直列式喷油泵）。

图7-1　直列式喷油泵的工作原理

（a）标准直列式喷油泵；（b）带油量调节套的直列式喷油泵

1—泵筒;2—进油口;3—螺旋槽;4—泵柱塞;5—柱塞弹簧;6—通过调节齿条调节喷油量;7—凸轮轴;8—油量调节套;9—通过执行机构输出轴调节开始供油时间;10—燃油流出,流至喷油嘴;X—有效行程

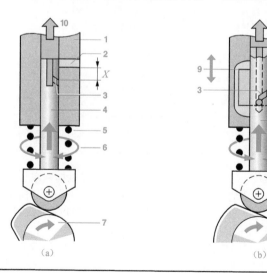

（a）　　　　　　　　（b）

柱塞的行程是不变的。柱塞在上行冲程达到上边缘的时间点时进油口(2)关闭,说明压力生成阶段开始。这个时间点被称为输油开始时间。柱塞继续向上运动,油压上升,喷

油嘴打开,燃油被喷入燃烧室内。

当柱塞上的螺旋槽扫过回油口时,燃油流出,压力下降。喷油嘴关闭,喷油停止。

打开或关闭进油口之间的活塞行程是有效行程。

有效行程越大,输油量和喷油量就越大。

通过调节齿条根据发动机转速和负荷转动泵柱塞,从而控制喷油量。柱塞转动会改变螺旋槽相对于进油口的位置,从而改变有效行程。调节齿条由一个机械式离心调速器或一个电动执行机构控制。

按照这一原理工作的喷油泵被称为"进油口受控式"喷油泵。

(2) 带油量调节套的直列式喷油泵

带油量调节套的直列式喷油泵通过控制泵柱塞上的油量调节套(见图7-1的8)改变

到油孔关闭的柱塞行程(LPC)。这是通过执行机构输出轴改变输油开始时间实现的。

直列式喷油泵油量调节套通常采用电子控制,而喷油量和喷油时刻可根据计算设定值加以调整。

7.1.2　分配式喷油泵

分配式喷油泵只有一个泵油组件,可为所有气缸供油(见图7-2和图7-3)。叶轮泵将燃油压入高压腔(6)中。高压由一个轴向柱塞(4)(见图7-2)或几个径向柱塞(4)(见图7-3)产生。旋转的中央分配泵柱塞打开/关闭流量计量孔和回油孔(8),由此将燃油分配到各个发动机气缸中。喷射持续时间由控制套筒(见图7-2中的5)或高压电磁阀控制(见图7-3中的5)。

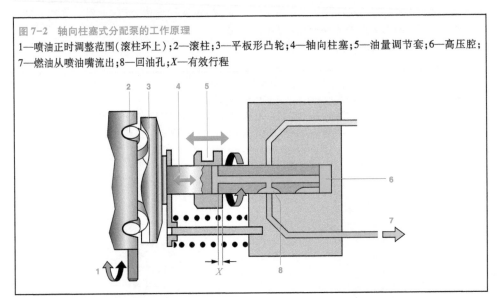

图7-2　轴向柱塞式分配泵的工作原理

1—喷油正时调整范围(滚柱环上);2—滚柱;3—平板形凸轮;4—轴向柱塞;5—油量调节套;6—高压腔;7—燃油从喷油嘴流出;8—回油孔;X—有效行程

(1) 轴向柱塞式分配泵

旋转平板形凸轮(见图7-2的3)由发动机驱动。平板形凸轮底部凸轮凸角的数量与发动机的气缸数相等。它们扫过滚柱环上的滚柱(2),由此引起分配泵柱塞的旋转,如同上升运动一样。在驱动轴的每个旋转过程中,柱塞完成行程的数量与需要供油的发动机气缸数相等。

在带有机械式调速器或电控执行机构的

进油口受控式轴向柱塞分配泵中,油量控制套决定有效供油行程,从而控制喷油量。

定时装置可以通过转动滚柱环改变供油开始时间。

(2) 径向柱塞式分配泵

带有凸轮环(3)的径向柱塞泵由2~4个径向柱塞(4)产生高压(见图7-3)。径向柱塞泵产生的压力比轴向柱塞泵的高,所以径向柱塞泵必须能够承受更高的机械应力。

喷油正时装置(1)可以驱动凸轮环旋转，从而改变供油开始时间。径向柱塞分配泵的

喷油开始时间和喷油持续时间通常由电磁阀控制。

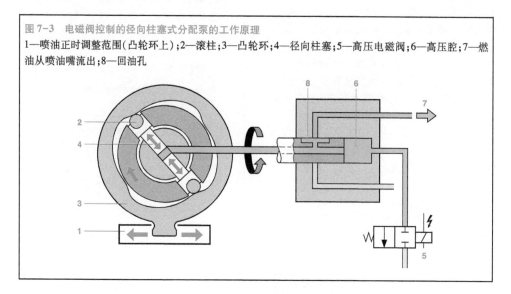

图 7-3　电磁阀控制的径向柱塞式分配泵的工作原理

1—喷油正时调整范围(凸轮环上)；2—滚柱；3—凸轮环；4—径向柱塞；5—高压电磁阀；6—高压腔；7—燃油从喷油嘴流出；8—回油孔

（3）电磁阀控制的分配泵

这种类型的分配泵通过一个电控的高压电磁阀(5)计量喷油量并改变喷油开始时间。当电磁阀关闭时，高压腔(6)内将形成高压。当其打开时，燃油流出，未能形成高压，因此无法进行喷油。一个或两个电控单元(泵电控单元和发动机控制单元)将产生控制和调整信号。

7.1.3　PF 型单体喷油泵

PF 型单体喷油泵(外部驱动泵)由发动机凸轮轴直接驱动。这种泵主要适于船用发动机、柴油机车、建筑机械和小功率发动机。除了用于发动机气门正时的凸轮轴，发动机凸轮轴还有适用于单体喷油泵的驱动凸轮。

另外，PF 型单体喷油泵的工作原理与直列式喷油泵基本相同。

7.1.4　泵喷嘴系统(UIS)

在泵喷嘴系统(UIS)中，喷油泵和喷油嘴组成了一个独立的单元(见图 7-4)。每个气缸的气缸盖中都装有一个泵喷嘴。泵喷嘴直接由挺杆促动，或间接由发动机凸轮轴驱动的摇臂驱动。

泵喷嘴的一体化结构省去了其他喷油系统要求的喷油泵和喷油嘴之间的高压油管。因此，

泵喷嘴系统可在更高的喷油压力下工作。目前，喷油压力的最大值大约为 220 MPa(商用车)。

泵喷嘴系统采用电子控制。通过高压电磁阀控制的电控单元控制喷油开始时间和喷油持续时间。

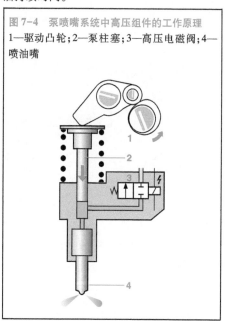

图 7-4　泵喷嘴系统中高压组件的工作原理

1—驱动凸轮；2—泵柱塞；3—高压电磁阀；4—喷油嘴

7.1.5 单体泵系统(UPS)

模块化的单体泵系统(UPS)工作原理与泵喷嘴系统(见图7-5)相同。不同的是喷油嘴与喷油器体总成(2)和喷油泵由短的高压油管(3)连接。高压油管是为此系统专门设计的。油压产生装置和喷嘴总成的分离使发动机的附件更简单。每个气缸各有一个单体泵总成(喷油泵、油管和喷嘴总成)。单体泵总成由发动机凸轮轴(6)驱动。

与泵喷嘴系统一样,单体泵系统也采用电控高速开关高压电磁阀(4)控制喷油开始时间和喷油持续时间。

7.1.6 共轨系统(CR)

在共轨式蓄压器燃油喷射系统中,压力产生和燃油喷射是分开进行的。这是通过含有共轨和喷油器的蓄压器容积实现的(见图7-6)。喷油压力在很大程度上与发动机转速和喷油量无关,而是由高压泵产生的。因此,在喷油过程设计时,这种系统具有较高的灵活度。

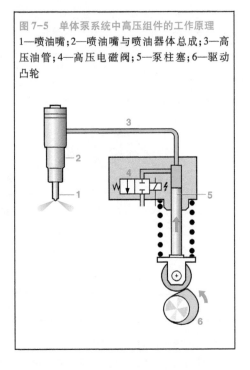

图7-5 单体泵系统中高压组件的工作原理
1—喷油嘴;2—喷油嘴与喷油器体总成;3—高压油管;4—高压电磁阀;5—泵柱塞;6—驱动凸轮

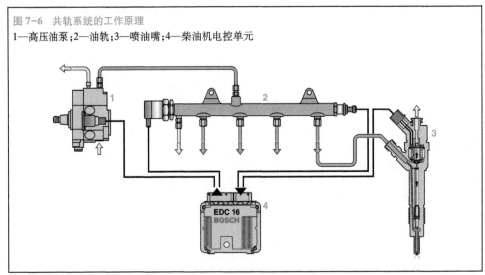

图7-6 共轨系统的工作原理
1—高压油泵;2—油轨;3—喷油嘴;4—柴油机电控单元

目前,压力范围达到了 160 MPa(乘用车)和 180 MPa(商用车)。

功能描述

一个预输油泵通过过滤器和水分离器将燃油供给高压油泵。高压油泵要确保油轨中的燃油保持恒定的高压力。

柴油机电子控制系统(EDC)根据发动机的运行工况、环境条件和油轨压力计算喷油时刻和喷油量。

通过控制喷油时间和喷油压力计量燃油。压力控制阀控制压力，并将多余的燃油送回油箱中。最新一代的共轨系统，在低压阶段通过一个计量单元控制泵的供油速率。

喷油器通过较短的供油管与油轨相连。前几代共轨系统均采用电磁阀式喷油器。最新的系统采用压电直列喷油器。其运动质量和内部摩擦力减少。这实现了很短的喷射间隔，且能够降低油耗。

▲ 知识介绍

柴油机喷油器的历史

BOSCH 公司从 1922 年开始研发柴油机喷油系统。其非常具有技术前瞻性：BOSCH 公司有内燃机的研发经验，生产系统非常先进；最重要的是，专家们可以借鉴润滑油泵的研发技术经验。然而，对 BOSCH 公司而言，这一步仍存在较大的风险，需要解决很多难题。

第一批量产喷油泵于 1927 年问世。当时，其产品的精度水平是无与伦比的。这种喷油泵小且轻，能使柴油机在较高的转速下工作。当时这种直列式喷油泵分别于 1932 年和 1936 年被应用于商用车和乘用车。此后，柴油机及其喷油系统始终保持着技术领先性。

1962 年，BOSCH 公司研发了带有自动正时装置的分配式喷油泵，对柴油机发展是个额外的推动。20 多年后，电子控制的柴油机喷油系统的诞生标志着 BOSCH 公司的深度研发达到了顶峰。

更精确计量正确时机下每分钟的输油量，并进一步增加喷油压力是研发人员永恒的挑战。这也促进了许多喷油系统设计方面的创新。

在燃油消耗和能量效率方面，压燃式发动机仍是基准。

新型喷油系统有助于进一步挖掘这种发动机的潜力。此外，随着噪声和排放一降再降，发动机性能已得到不断的提升。

▶ 柴油喷射系统的里程碑（见图 7-7）

图 7-7　柴油喷射系统的里程碑

1927 年

第一代直列式喷油泵

1962 年

第一代轴向柱塞式分配泵 EP-VM 泵

1986 年

第一代电控轴向柱塞式分配泵

1994 年

第一代商用车泵喷嘴系统（UIS）

1995 年

第一代单体泵系统（UPS）

1996 年

第一代径向柱塞式分配泵

图 7-7　柴油喷射系统的里程碑(续)

1997年　　　　　　　　　　　　　1998年
第一代共轨式蓄压器燃油喷射系统（CRS）　第一代乘用车泵喷嘴系统（UIS）

第八章　连接低压级的供油系统

供油系统的功能是储存并过滤所需的燃油,并在所有工况下为喷油系统提供一定压力的燃油。对于某些应用,还需对燃油回流进行冷却。

本质上,供油系统根据所用的喷油系统的不同会有很大差异,如径向柱塞式分配泵、共轨喷油系统和乘用车泵喷嘴系统(UIS)。

§8.1　概　述

供油系统主要由以下组件组成(见图8-1~图8-3)。

- 燃油箱;
- 初滤器;
- 控制单元冷却器(选装);
- 预供给泵(选装,也适用于轿车上的内置式燃油泵);
- 燃油滤清器;
- 燃油泵(低压);
- 压力控制阀(溢流阀);
- 燃油冷却器(选装);
- 低压油管。

8.1.1　燃油箱

燃油箱被用于储存燃油。必须对其进行防腐处理,并应确保其在双倍的工作压力(但至少为$3×10^4$ Pa)下也不会发生渗漏。必须具有合适的通气口或安全阀进行自动减压。当车辆在弯道行驶、倾斜或受到撞击时,燃油不得经加油口流出或从泄压阀漏出。

燃油箱必须与发动机分开,以防由于发生事故而点燃燃油。

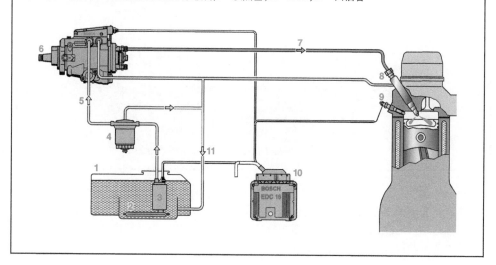

图8-1　带径向柱塞式分配泵的燃油喷射系统中的燃油系统
1—燃油箱;2—初滤器;3—预供给泵;4—燃油滤清器;5—低压油管;6—带集成输油泵的径向柱塞式分配泵;7—高压油管;8—喷油嘴及喷油器体总成;9—预热塞;10—ECU;11—回油管

图 8-2 共轨燃油系统中的燃油系统
1—燃油箱；2—初滤器；3—预供给泵；4—燃油滤清器；5—低压油管；6—高压油泵；7—高压油管；8—油轨；
9—喷油嘴；10—回油管；11—燃油温度传感器；12—ECU；13—封装式预热塞

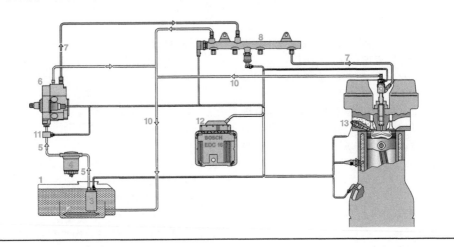

图 8-3 泵喷嘴燃油喷射系统中的燃油系统（乘用车）
1—燃油箱；2—预供给泵；3—燃油冷却器；4—ECU；5—燃油滤清器；6—供油管；7—回油管；8—串联泵；
9—燃油温度传感器；10—预热塞；11—喷油嘴

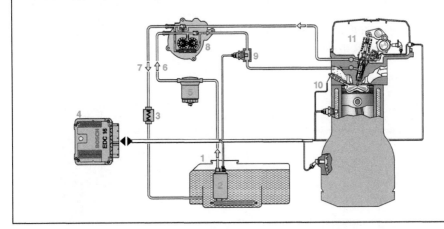

8.1.2 燃油管

　　除了金属管外，用钢带编制铠装的柔性管、阻燃剂管都可被用于低压级。管路布置必须避免与运动件接触，因为这可能使其受损，导致燃油泄漏或蒸发，不能被收集或燃烧。燃油管不得受底盘扭曲、发动机移动或其他类似情况的影响。

　　所有燃油输送部件必须隔热，以免影响其正常工作。在公共汽车上输油管不能穿过客舱或驾驶室。燃油管可以不采用重力给油的方式。

8.1.3 柴油滤清器

　　柴油机的喷油装置具有很高的制造精

度,对燃油中轻微的污染也会很敏感。柴油滤清器具有以下功能:

- 减少微粒杂质,以防止微粒侵蚀;
- 将乳化的水和游离水分离出来,以避免腐蚀损伤。

滤清器必须适用于喷油系统。

8.1.4 输油泵

输油泵把燃油从油箱中抽出,并源源不断地输送给高压油泵。燃油泵被集成在轴向或径向柱塞式分配泵的高压泵中,在极少情况下,被集中在共轨系统中。

或者,采用一个附加的燃油泵作为预供给泵。

§8.2 燃油滤清器

8.2.1 设计与要求

现代汽油机或柴油机的直喷系统对燃油中的极少量杂质都很敏感。损伤类型多为微粒腐蚀和水腐蚀。喷油系统的使用寿命是依据燃油的特定最低纯度标准设计的。

（1）微粒过滤

减少微粒杂质是滤清器的功能之一。通过这种方式可以保护喷油系统中易于磨损的组件。换句话说,喷油系统规定了所需的过滤精度。除了防止磨损外,滤清器还要有充足的微粒储存能力,否则,滤清器在更换周期结束之前就可能会出现阻塞现象。如果出现阻塞,其输油量将会下降,进而影响发动机性能。因此,安装滤清器,以满足喷油系统的正常工作要求,是非常重要的。如果装配了不合适的滤清器,则会出问题。最坏的结果是将会带来严重的后果（更换组件或更换整个喷油系统）。

与汽油相比,柴油中杂质更多。鉴于此,且为适于更高的喷油压力,柴油喷射系统需要实现更好的磨损保护、更大的过滤能力、更长的使用寿命。因此,将柴油滤清器设计成可更换式滤清器。

最近几年,随着第二代共轨系统和更先进的用于乘用车及商用车的泵喷嘴系统的推广,对滤清器的过滤精度要求也显著提高。根据应用（工况、燃油杂质、发动机使用寿命），新系统要求的过滤效率为65% ~ 98.6%（微粒尺寸3~5 μm,ISO/TR13353:1994）。较新车型的维修周期较长,因此需要更大的微粒储存能力以及更强的微粒过滤能力。

（2）水分离

柴油滤清器的第二个主要功能是将乳化水和不溶水从柴油中分离出来,以避免腐蚀损坏发动机。对于分配泵和共轨系统来说,最大流量（ISO4020:2001）下水分离效率应大于93%。

8.2.2 设计

应根据喷油系统及工作状况谨慎选择滤清器。

（1）主滤清器

柴油滤清器通常被安装在发动机舱内的低压油路中,位于电动输油泵和高压泵之间。

螺口式可更换滤清器、串联式滤清器和无金属滤芯得到了比较广泛的应用。替换件可被装入铝质、全塑料或薄钢板（为了适应较高的撞击要求）制成的滤清器壳体中。对于这些滤清器,只更换滤芯。滤芯的形状主要为螺旋V形（见图8-4）。

图8-4 带螺旋V形滤芯的可更换柴油机滤清器

也可以把两个滤清器并联安装在一起,以获得更大的微粒存储容量。串联的滤清器能够实现较高的过滤效率。串联时可以采用分级滤清器或带有一个匹配初滤器的细滤器。

（2）用于预供给泵的初滤器

如果过滤要求特别高，则应在吸油侧或压力侧安装一个附加的过滤精度与主滤清器（细滤器）匹配的初滤器。在柴油质量较差的国家，初滤器主要被应用于商用车。这些初滤器被设计成滤网。网孔宽度为300 μm。

（3）水分离器

借助驱避作用（由于水和油的表面张力不同而会形成液滴），通过过滤介质进行水分离。分离的水被收集到滤清器外壳底部的腔室中（见图8-5）。在某些情况下，可使用电导传感器监测水位。可以手动打开防水螺塞或操作按钮开关进行排水。现在正在研发全自动水处理系统。

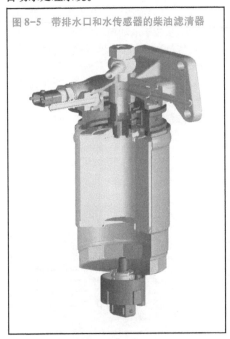

图8-5　带排水口和水传感器的柴油滤清器

8.2.3　过滤介质

随着对滤清器要求的不断提高，新一代发动机要求使用由一些合成层和纤维素组成的特殊过滤介质。这种过滤介质能实现初步细滤的效果，并通过分离各滤层中的微粒，确保最大的微粒存储能力。

新一代滤清器也可以在使用生物柴油（脂肪酸甲酯FAME）的情况下工作。然而

FAME有机颗粒的浓度越高，保养理念中滤清器的使用寿命就越短。

8.2.4　附加功能

现代滤清器模块上集成有一些附加功能，例如：

● 燃油预热：电动，通过冷却水或通过燃油回流。预热可防止冬季石蜡晶体阻塞滤清器孔。

● 通过测量压差显示保养周期。

● 充气和排气设备：更换滤清器时，需用手动泵为燃油系统进行充气和排气操作。手动泵通常被集成在滤清器盖上。

§8.3　输　油　泵

低压级输油泵（所谓的预供给泵）的任务是为高压组件提供充足的燃油。

其适用于：

● 各种工作状况；

● 噪声最小的情况；

● 在要求的压力下；

● 车辆整个使用寿命期间。

输油泵把燃油从油箱内抽出，并不断地将所需的燃油量（喷油量和净化的燃油量）输送给高压喷油装置（60～500 L/h，300～700 kPa或3～7 bar）。许多泵具有自动排气功能，因此即使油箱没油，也能启动。

有3种设计：

● 电动燃油泵（用于乘用车）；

● 机械齿轮式燃油泵；

● 串联式输油泵（乘用车、泵喷嘴系统）。

轴向和径向柱塞分配泵或叶片式输油泵可被用作预输油泵，被直接集成在喷油泵中。

8.3.1　电动燃油泵

电动燃油泵（EFP，见图8-6和图8-7）只适用于乘用车和轻型货车。作为系统监控策略的一部分，除了输油外，输油泵还应能够在出现紧急情况时可靠地中断供油。

电动燃油泵有直列式或油箱内置式两种。直列式燃油泵被安装在车身平台油箱外侧油箱和滤清器之间的油路上。另外，内置式燃油泵被安装在油箱内部的特定支架上，

通常包括一个吸油侧燃油粗滤器、油面传感器，充当储油器的旋流片，以及与外部设备连接的电气接头和液压接头。

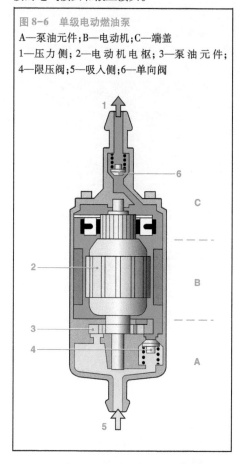

图 8-6 单级电动燃油泵
A—泵油元件；B—电动机；C—端盖
1—压力侧；2—电动机电枢；3—泵油元件；
4—限压阀；5—吸入侧；6—单向阀

电动燃油泵随发动机的启动而启动，启动后就不停地工作，并且与发动机转速无关。这意味着燃油泵不停地从燃油箱中泵取燃油，然后经过一个燃油滤清器将燃油输送至喷油系统。多余的燃油将通过溢流阀流回到油箱中。

安全回路防止在点火开关打开时和发动机停机时供油。

一个常用电动燃油泵的壳体中包括 3 个功能元件：

（1）泵油元件（见图 8-6，A）

根据特定的工作方式，泵油元件的设计多种多样。柴油机主要使用的泵油单元是滚柱式燃油泵（RCP）。

滚柱式燃油泵（见图 8-7）是一种正排量泵，具有一个偏心固定的底座（4），其中有一个开槽转子（2）可自由旋转。每个槽中都有一个可移动的滚柱（3）。当转子旋转时，离心力和燃油压力使滚柱紧靠着滚道外侧和槽的驱动侧。这样，滚柱可充当旋转式密封件。这就使临近槽和滚道的滚柱之间形成一个腔。一旦半椭圆形进油口（1）关闭，这个腔的容积就不断减小。这就是泵送效应。

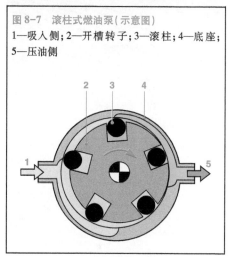

图 8-7 滚柱式燃油泵（示意图）
1—吸入侧；2—开槽转子；3—滚柱；4—底座；
5—压油侧

（2）电动机（见图 8-6，B）

电动机由一个永久磁铁系统和一个电枢（2）组成。其设计由给定系统压力下输送的燃油量决定。燃油持续流过电动机，因此可保持冷却状态。这样的设计使电动机实现了高性能，且无须在泵油元件和电动机之间使用复杂的密封元件。

（3）端盖（见图 8-6，C）

端盖包括电气连接件和压油侧的液压连接管线。单向阀（6）被设置在端盖上。一旦输油泵停止工作，就可防止油管被排空。也可将干扰抑制器安装在端盖上。

此外，图 8-8 给出了单级电动燃油泵的性能参数。

8.3.2 齿轮式燃油泵

齿轮式燃油泵（见图 8-9 和图 8-11）为单体泵系统（商用车）和共轨系统（乘用车、商用车和越野车)的喷油模块供油。齿轮式燃油泵被直接装在发动机上或被集成在共轨高压泵上。驱动装置的常见形式是联轴节、齿轮或齿形带。

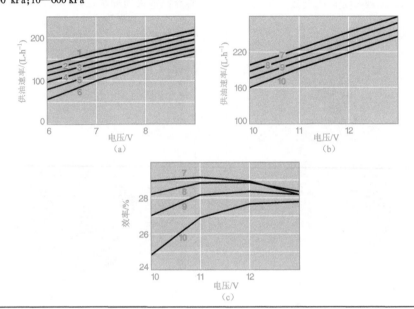

图 8-8　单级电动燃油泵的性能参数

(a)低压供油速度;(b)正常工作时供油速度与电压的关系;(c)效率与电压的关系

1—200 kPa; 2—250 kPa; 3—300 kPa; 4—350 kPa; 5—400 kPa; 6—450 kPa; 7—450 kPa; 8—500 kPa; 9—550　kPa;10—600 kPa

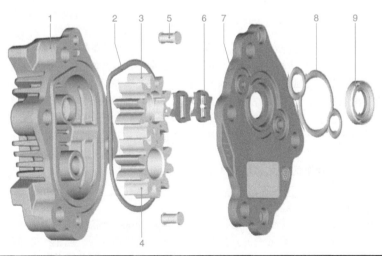

图 8-9　齿轮泵爆炸图

1—泵体;2—O 形密封圈;3—主齿轮;4—二级齿轮;5—铆钉;6—联轴器;7—盖板;8—成型密封圈;9—轴封

输油泵的主要组件是两个旋转的啮合齿轮，可以通过轮隙将燃油从泵的吸油侧（1）（见图 8-11）传输到压油侧（5）。旋转齿轮间的啮合线对吸油侧和压油侧之间进行密封，防止燃油回流。

输油量与发动机转速基本成正比，因此可通过吸油侧的节流阀或压油侧的溢流阀控制输油量（见图 8-10）。

齿轮式燃油泵是免维修的。为在第一次启动或在油箱没油时排出燃油系统中的空气，可以直接在齿轮式燃油泵上或低压油路中安装手动泵。

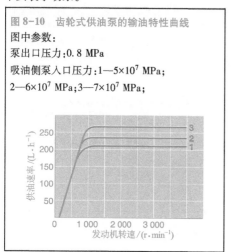

图 8-10　齿轮式供油泵的输油特性曲线
图中参数：
泵出口压力：0.8 MPa
吸油侧泵入口压力：1—5×10⁷ MPa；
2—6×10⁷ MPa；3—7×10⁷ MPa；

图 8-11　齿轮泵中的燃油流
1—吸油侧（进油口）；2—吸气节流阀；3—主齿轮；4—二级齿轮；5—压油侧

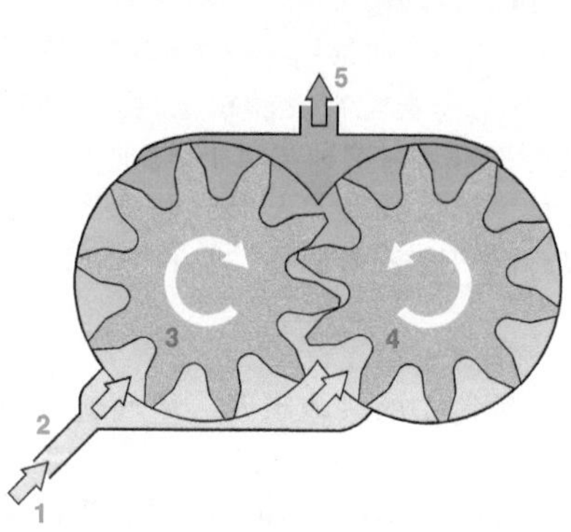

8.3.3　独立叶片式叶轮泵

这种形式的输油泵被用于乘用车泵喷嘴系统（见图 8-12）中。弹簧（3）将两个独立的叶片（4）紧压在转子（1）上。当转子旋转时，进油端（吸油）（2）的容积会增加，燃油被吸入两个腔中。随着继续旋转，腔容积减小，燃油在出油端（压油）（5）被压出。即使转速很低，这种泵也能输送燃油。

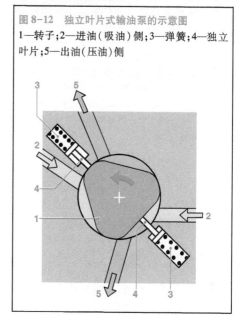

图 8-12　独立叶片式输油泵的示意图
1—转子；2—进油（吸油）侧；3—弹簧；4—独立叶片；5—出油（压油）侧

8.3.4　串联泵

被用于轿车泵喷嘴系统的串联泵由一个输油泵（见图 8-13）和制动助力泵的真空泵组成。串联泵被安装在发动机缸盖上，由发动机凸轮轴驱动。输油泵本身是分离叶片式或齿轮式的，即使在低速下，也能输送充足的燃油，以确保发动机可靠起动。输油泵含有各种阀门和节流孔。

吸油节流阀孔（6）：本质上，输油泵输送的燃油量与泵的转速成比例。泵的最大输油量是通过吸油节流口限制的，因此不能输送太多的燃油。

过压阀（7）：被用来限制高压级的最大压力。

节流阀孔（4）：可在回油节流阀孔（4）中

消除输油泵出油口中的气泡。

旁路(12):如果喷油系统中有空气(例如油箱里的燃油用光了),则低压压力控制阀保持关闭。空气能够被泵送的油压从旁路压出喷油系统。

由于灵活的油路布置,即使在油箱没油的情况下,泵的齿轮也会有油。因此,当加满油后重新启动时,泵能够立刻供油。

输油泵具有测量出油口燃油压力的接口(8)。

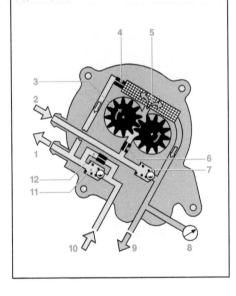

图8-13 串联式输油泵

1—回油至油箱;2—连接油箱的进油口;3—泵油元件(齿轮);4—节流阀孔;5—滤清器;6—吸油片流阀孔;7—过压阀;8—压力测量接头;9—喷嘴的出油口;10—来自喷嘴的回油;11—单向阀;12—旁路

§8.4 其他组件

8.4.1 分配管

正如其名称的含义,乘用车用泵喷嘴系统具有分配管路,可以把燃油分配到泵喷嘴中。这种分配形式可确保在相同温度下各个喷嘴获得相同的燃油量,从而确保发动机平稳运行。在分配管中,燃油流向泵喷嘴与从泵喷嘴回流的油混合,这样温度变化比较平稳。

8.4.2 低压压力控制阀

压力控制阀(见图8-14)是一个被安装在泵喷嘴和单体泵系统回油油路上的溢流阀。与运行工况无关,压力控制阀能在各低压阶段提供充足的工作压力,从而能够在持续供油情况下使充注的燃油量保持不变。当压力达到开启压力,即$3×10^5 \sim 3.5×10^5$ Pa时,蓄压器柱塞(5)打开,锥形座释放蓄压器容积(6)。仅有极少量燃油可以从缝隙密封件处流出。由于燃油压力使弹簧(3)压缩,因此蓄压容积改变,并补偿轻微的压力波动。

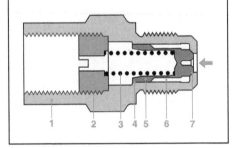

图8-14 泵喷嘴和单体泵的压力控制阀(钢柱塞式蓄压器阀)

1—阀体;2—螺纹柱塞;3—弹簧;4—缝隙密封;5—蓄压器柱塞;6—蓄压器容积;7—锥形座

当压力增大到$4×10^5 \sim 4.5×10^5$ Pa时,缝隙密封也会打开,流量会突然增加。压力下降时,阀会再次关闭。各带一个不同弹簧座的两个螺纹柱塞(2)可被用于开启压力的预调。

8.4.3 ECU冷却器

在商用车上,如果用于泵喷嘴或单体泵的ECU被直接安装在发动机上,则必须对ECU进行冷却。在这种情况下,燃油可作为冷却介质。燃油流经ECU进入特殊冷却通道,在此过程中吸收来自电子元件的热量。

8.4.4 燃油冷却器

由于乘用车的泵喷嘴及一些共轨系统(CRS)的喷油器内有很高的压力,燃油被加热到一定的程度。为防止油箱和油位传感器受损,在燃油回流到油箱之前必须对其进行冷却。从喷油器回流的燃油经燃油冷却器(3)(热交换器,见图8-15)流回到油箱,将热能释放到冷却回路中的冷却液中。这一冷却系统与发动机冷却回路(6)是分开的,因为正常发动机温度下,冷却液的温度太高,不能再吸收燃油的热量。为了让燃油冷却回路充满冷却液,并补偿回路中的温度波动,应将燃油冷却回路与发动机冷却液回路附近的补偿箱(5)相连。这种连接不会反过来使燃油冷却回路在高温下受到发动机冷却回路的影响。

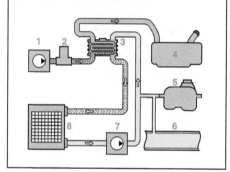

图8-15 燃油冷却回路
1—输油泵;2—燃油温度传感器;3—燃油冷却器;4—油箱;5—补偿容器;6—发动机冷却回路;7—冷却液泵;8—辅助冷却器

▲ 知识介绍

19世纪20年代至30年代的航空柴油发动机

19世纪20年代至30年代期间,开发了许多作为航空发动机的二冲程和四冲程柴油发动机。除了柴油机自身的经济性和柴油燃料的廉价性之外,它们还具有许多其他性能优势。例如:由于没有化油器、火花塞和磁发电机,因此起火风险低且便于维修保养。工程师也希望这种压燃式发动机能够在高空提供良好的性能。当时,火花点火式发动机由于其点火系统受大气压力的影响很大,所以容易熄火。航空柴油发动机的发展主要涉及以下几个问题:有效控制油气混合气,控制高机械压力和热应力。

最成功的一款航空柴油发动机是Jumo 205六缸二冲程活塞对置重油发动机(如图8-16所示)。根据1933年对其的介绍可知,这款航空柴油发动机曾被搭载在很多飞机上。其起飞时的动力输出高达645 kW(880 hp)。它的主要优势是其适合定速度远距离飞行,例如横跨大西洋的邮递服务。这款性能可靠的发动机由约900个单元组成。

Jumo 205燃油喷射系统的每个气缸都由两个泵和两个喷油器组成。喷油压力超过50 MPa。Jumo 205的一个主要突破性技术就是它的燃油喷射系统。基于发动机的开发经验,19世纪30年代,开始对火花点火式航空发动机的直喷系统进行研发。

图8-16 Junkers Jumo 205二冲程对置活塞式航空柴油发动机

Jumo 205之后的新机型是1939年问世的高空发动机Jumo 207。其起飞时的动力输出可达645 kW(880 hp)。由于这种发动机具有涡轮增压吸气功能,搭载这种新型发动机的飞机最高可在14 000 m的高空飞行。

航空柴油发动机技术发展的一个里程碑是早在19世纪40年代生产的被用于试验的对置活塞式柴油发动机Jumo 224。其起飞功率可达3 330 kW(4 400 hp)。在这种"方形设计"的发动机中,其气缸呈十字交叉形式排列,并驱动4个独立的曲轴。

其他制造商也开发了全系列航空柴油发动机。然而,航空柴油发动机在实验阶段之后始终没有任何进展。在随后的几年中,高性能火花点火式航空发动机和喷油器的发展,使人们对航空柴油发动机的兴趣减弱了。

资料来源:德国慕尼黑博物馆

§8.5　直列式喷油泵的辅助阀

除了旁通阀之外,电子控制直列式喷油泵还有电子切断阀(例如,ELAB)或电动液压切断装置(型号为 EHAB)。

8.5.1　溢流阀

溢流阀(见图 8-17)被安装在泵的燃油回流出口处。它在 $2×10^5 \sim 3×10^5$ Pa 的压力下会开启,而这个压力又与相关的喷油泵相匹配,从而使燃油通道内的压力保持恒定。阀门弹簧(4)作用于弹簧座(2)上,从而将阀锥(5)挤压住阀座(6)。当喷油泵中的压力 p_i 增大时,压力将阀座推回,阀门打开。在阀门完全开启之前,此阀门座需移动一定的行程,因而产生的缓冲容积可使快速的压力变化变得稳定。这对阀的使用寿命有利。

图 8-17　溢流阀

1—密封球;2—弹簧座;3—密封垫圈;4—阀门弹簧;5—阀锥;6—阀座;7—空心螺钉壳体;8—回油管;p_i—泵室内燃油通道的压力

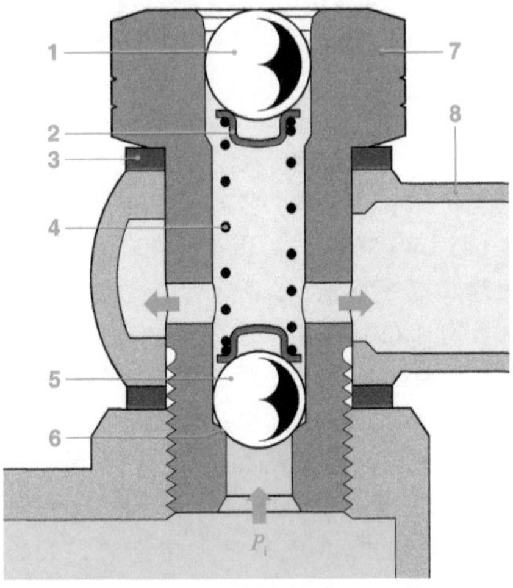

8.5.2　ELAB 型电力切断阀

ELAB 型电力切断阀可作为冗余(即双重)备用安全装置(见图 8-18)。它是一个通过螺纹旋入直列式喷射泵燃油入口处的二位二通电磁阀。未通电时,它会切断向油泵燃油通道的供油。因此,即使在其他执行机构出现故障或发动机极速旋转的情况下,也需防止喷油泵向喷油嘴供油。若检测到调速器出现永久偏差或者电控单元的燃油量控制器出现故障,发动机的控制单元将会关闭电子切断阀。

通电时(即当端子处于点火开关打开的情况下),电磁铁(图 8-18,3)将吸入螺旋线圈电枢(4)(12 V 或 24 V,冲程约为 1.1 mm)中。连接在电枢上的密封锥体(7)打开泵内进油通路(9)的通道。当使用起动机开关(点火开关)关闭发动机时,电磁阀的电源也会断开。这将造成磁场瓦解,从而使压缩弹簧(5)推动电枢和连接的密封锥体回到阀座上。

图 8-18　ELAB 型电力切断阀

1—发动机控制单元的电气插头;2—电磁阀体;3—电磁线圈;4—螺旋线圈衔铁;5—压缩弹簧;6—进油口;7—塑料密封锥体;8—放气节流塞;9—连接油泵的进油道;10—溢流阀的连接口;11—壳体(接地);12—固定螺栓圈

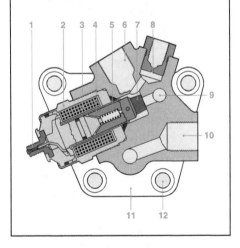

8.5.3　EHAB 型电动液压切断装置

EHAB 型电动液压切断装置是一种安全保险装置,可被用于燃油通道压力相对较高的喷油泵内。在这种情况下,单靠 ELAB 型电力切断阀是不够的。由于燃油通道压力高且缺少特殊的补偿装置,可能需要 10 s 才能使压力降至使燃油喷射停止的水平。因此,电动液压切断装置确保燃油能够通过预供给泵被吸回到喷油泵中。因此,当阀门断电时,喷油泵中燃油通道内的压力会很快释放,并且发动机能在不超过 2 s 的时间内停止工作。电动液压切断装置被直接安装在喷油泵上。EHAB 壳体上还具有被用于电控调速系统的集成的燃油温度传感器(8)(见图 8-19)。

(1) 正常工作设置[见图 8-19(a)]

一旦发动机控制单元激活电动液压切断装置(点火开关开启),电磁铁(6)就被吸入电磁阀电枢(5)(工作电压为 12 V)中。燃油可以从燃油箱(10)流出,经过被用于冷启动的热交换器(11)和初滤器后到达阀孔 A。从这

里,燃油经过右侧阀门,然后经过电磁阀电枢,到达阀孔 B。阀孔 B 又与预供给泵(1)相连。此泵将燃油泵出,并流经主燃油滤清器后到达电动液压切断装置的阀孔 C。接着燃油又流过打开的左侧阀门,到达阀孔 D,最后到达喷油泵(12)。

(2) 逆流设置[见图 8-19(b)]

点火开关关闭时,阀弹簧(7)将电磁阀电枢压回到其静止位置。预供给泵的进口侧与喷油泵的进油通道直接相连。只有这样,燃油才可从燃油通道流回燃油箱。右侧阀门打开了初滤器与主滤清器的连接,使燃油流回到燃油箱。

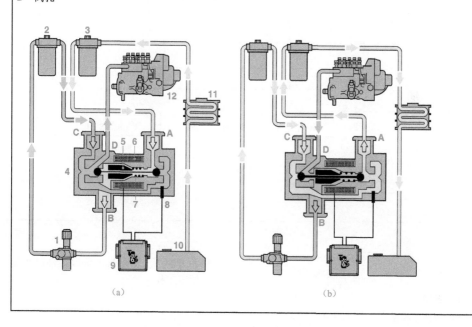

图 8-19　带有电动液压切断装置 EHAB 供油系统的实例
(a) 工作位置设置;(b) 逆流/紧急切断设置
1—预供给泵;2—主燃油滤清器;3—初滤器;4—EHAB 型电动液压切断装置;5—电磁阀电枢;6—电磁铁;7—阀弹簧;8—燃油温度传感器;9—发动机控制单元;10—燃油箱;11—热交换器;12—喷油泵;A,B,C,D—阀孔

第九章　独立气缸系统概述

带独立气缸系统的柴油机,在每个气缸上都有一个独立的喷油泵。这种独立的喷油泵能很容易地与特殊发动机匹配。高压短燃油管具有良好的喷油特性,能够达到极高的燃油喷射压力。

不断增加的要求使得各种柴油机喷油系统不断发展。每一个喷油系统都能满足不同的要求。

现代柴油机必须在满足低排放、良好的燃油经济性,以及高转矩和能量输出的基础上,还能保持低噪声运行。

有3种基本类型的独立气缸系统:PF 型回油孔式独立喷油泵、电磁阀控制的泵喷嘴系统,以及单体泵系统。这些系统不仅在设计上不同,它们的性能数据和应用领域也不同(见图 9 -1)。

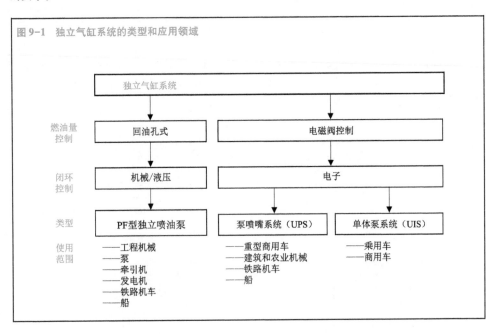

图 9-1　独立气缸系统的类型和应用领域

§9.1　PF 型独立喷油泵

9.1.1　应用

PF 型独立喷油泵非常易于维修。这种喷油泵主要被用于非公路用领域。

● 输出功率为每缸 4~75 kW 的小型工程机械中柴油机的喷油泵、泵、牵引机、发电机。

● 输出功率为每缸 75~1 000 kW 的大型

发动机的喷油泵。这种系统可以在高黏度燃油和重油下工作。

9.1.2　结构设计和工作原理

PF 型独立喷油泵(见图 9-2)与 PF 型直列式喷油泵的工作原理相同。这种喷油泵有一个独立的泵机组,可以通过螺旋槽调节喷油量。

每一个独立喷油泵都分别通过法兰连接

的方式被固定在发动机上,并由控制发动机配气正时的凸轮轴驱动。因此,其被称为外部驱动泵(PF是外部驱动泵的德语缩写),也被称为插装式泵。

一些较小型PF具有二缸、三缸、四缸等不同的型号。不过,大部分设计只具有一个气缸,因此被称为独立或单缸喷油泵。

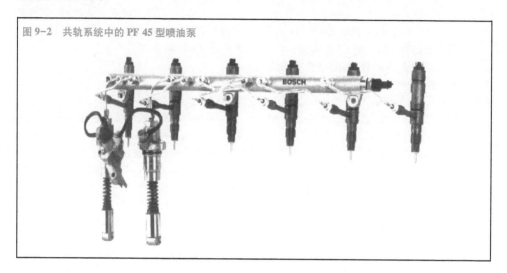

图9-2 共轨系统中的PF 45型喷油泵

9.1.3 闭环控制

使用直列式喷油泵时,发动机中的调节齿杆与泵柱塞和泵筒总成啮合。调速器或控制系统移动调节齿杆,从而改变供油量和喷油量。

在大尺寸发动机上,调速器被直接安装在发动机缸体上。可以使用液压机械式调速器或电子控制系统,极少数情况下也可使用纯机械系统。

独立喷油泵的调节齿杆和PF泵调速器的操纵连杆之间有一个弹簧补偿系统。因此,如果其中一个泵的调节机构卡滞,则不会影响对其他泵的控制。

9.1.4 燃油供给

燃油是由一个齿轮式预供油泵输送给独立喷油泵的。预供油泵提供了相当于所有燃油喷油泵最大满负荷供油量3~5倍之多的燃油。该系统的燃油压力为$3 \times 10^5 \sim 1 \times 10^6$ Pa。

燃油是由一个孔径为5~30 μm的细滤器过滤的,这样能确保悬浮微粒不会进入喷油系统。否则,这种微粒会导致一部分高精度燃油喷射部件过早磨损。

9.1.5 在共轨系统中的应用

独立喷油系统在卡车和非公路应用第二代和第三代共轨系统中作为高压泵使用,并进行进一步开发。图9-2给出了用于某个六缸发动机共轨系统中的PF 45型喷油泵。

§9.2 泵喷嘴系统(UIS)和单体泵系统(UPS)

泵喷嘴系统和单体泵燃油喷射系统达到了目前所有柴油机喷射系统可以达到的最高喷射压力。它们可实现高精密燃油喷射,能够根据发动机工作状态无级变速。安装了这些系统的柴油机可实现较低的排放,具有高性能和高转矩,并能经济且安静地运行。

9.2.1 应用领域

(1) 泵喷嘴系统(UIS)

泵喷嘴系统于1994年被批量生产,并被应用于商用车上,1998年开始被批量应用于轿车。这是一个被用于直喷式柴油机的带定时控制独立喷油泵的燃油喷射系统。与传统回油孔式系统相比,该系统与各种发动机设计的适应性要高很多。其可被广泛应用于乘用车和商用车的现代柴油机。使用范围包括：

- 带动力装置的轿车和轻型商用车，从三缸 1.2 L 发动机，输出功率 45 kW（61bhp[①]），195 N·m 转矩到十缸 5 L 发动机，输出功率 230 kW（312 bhp），转矩 750 N·m。
- 每缸输出功率都为 80 kW 的重型卡车。
- 由于无须高压油管，因此泵喷嘴系统具有很好的液压特性。这就是该系统能够产生最大喷射压力（最高 2.2×10^8 Pa）的原因。商用车的泵喷嘴系统也可以在低发动机转速和负荷范围内进行预喷油。

（2）单体泵系统（UPS）

单体泵系统（UPS）也指大尺寸发动机中的 PF 至 MV 型喷油泵。

与泵喷嘴系统一样，UPS 是一个被用于直喷式柴油机的带有定时控制独立燃油泵的燃油喷射系统。其共有以下几种型号：

- UPS 12 型适用于六缸及以下，单缸输出功率为 37 kW 的商用车发动机。
- UPS 20 型适用于八缸及以下，单缸输出功率为 65 kW 的重型商用车发动机。

- SP（插装式泵）适用于二十缸及以下，单缸输出功率为 92 kW 的重型商用车发动机。
- SPS（小型插装式泵），适用于六缸及以下，单缸输出功率为 40 kW 的商用车发动机。
- 被用于工程机械和农业机械，铁路机车和船舶发动机的 UPS 型，最大单缸动力输出为 500 kW，最多 20 个气缸。

9.2.2　设计

（1）系统区域

泵喷嘴系统和单体泵系统由 4 个系统区域组成（见图 9-3）。

- 电子柴油机控制系统（EDC），由传感器系统块、电控单元（ECU）和执行机构组成，执行柴油机的所有管理和控制功能，并提供所有电气及电子接口。
- 燃油供应系统（低压级），在正确燃油压力下输送经过滤的燃油。
- 高压级产生必要的喷射压力并把燃油喷入燃烧室中。
- 进气和排气处理系统控制燃烧所需的空气、废气再循气和废气处理。

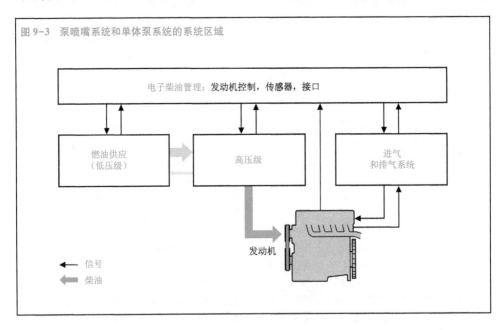

图 9-3　泵喷嘴系统和单体泵系统的系统区域

电子柴油管理：发动机控制，传感器，接口

燃油供应（低压级）　　高压级　　进气和排气系统

发动机

← 信号
← 柴油

（2）差异

泵喷嘴系统和单体泵系统最根本的不同之处在于发动机的布置（见图9-4）。

在泵喷嘴系统中，高压泵和喷嘴形成了一个独立的单元——整体式喷油泵。这是一个安装在发动机各个缸体上的整体式喷油泵。由于系统中没有高压油管，因此可以产生极高的喷射压力，且可以产生精确控制的燃油喷雾形状。

在单体泵系统中，高压泵（单体泵）和喷油器体总成是独立的单元，且各单元之间由一个较短的高压油管连接。这种布置在空间使用、泵驱动系统、维修和保养上具有优势。

图9-4 泵喷嘴系统和单体泵系统的高压形成

（a）乘用车中的泵喷嘴系统；（b）商用车中的泵喷嘴系统；（c）商用车中的单体泵系统

1—摇臂；2—凸轮轴；3—高压电磁阀；4—泵喷嘴系统；5—发动机燃烧室；6—喷油器体总成；7—高压短管；8—单体泵

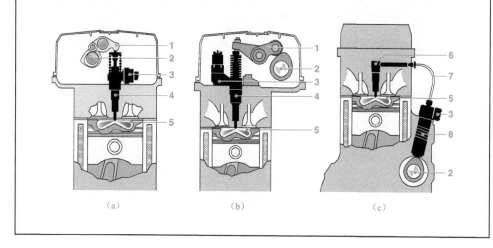

（a）　　　　　（b）　　　　　（c）

§9.3 乘用车泵喷嘴系统的系统示意图

图9-5所示为一个十缸柴油乘用车发动机完整泵喷射系统中的所有部件。根据不同种类的汽车和用途，其中某些部件可能未被使用。

为了使系统图更清晰明了，未将传感器和发电机（A）显示在其应处的安装位置上；但为了正确了解系统，必须将废气处理系统（F）显示在其安装位置上。

接口（B）上通过CAN数据总线使各系统之间进行数据交换。这些系统包括：

- 起动机；
- 发电机；
- 电子防盗报警器；
- 变速器控制；
- 牵引控制系统和电子稳定程序。

仪表板（12）和空调系统（13）也可被连接到CAN数据总线系统上。

对于废气处理来说，有3个可选的组合系统（参见图9-5中的a和b）。

图 9-5　带泵喷嘴系统乘用车的柴油喷射系统

发动机、发动机管理和高压燃油喷射组件
24—燃油分配管;25—凸轮轴;26—整体式喷油器;27—预热塞;28—直喷柴油机;29—发动机控制单元(主);30—发动机控制单元(从);M—转矩

A—传感器和发电机
1—踏板行程传感器;2—离合器开关;3—制动器触点(2);4—车速控制器的操作单元(定速巡航控制);5—预热塞/起动机开关(点火开关);6—车速传感器;7—曲轴速度传感器(感应);8—发动机温度传感器(冷却系统中);9—进气温度传感器;10—增压压力传感器;11—热膜式空气流量计(进气)

B—接口
12—带油耗、转速信号输出的仪表盘;13—空调压缩机与操作单元;14—诊断接口;15—预热塞控制单元;CAN—控制器局域网(机动车中的串行数据);C—燃油供给系统(低压级);16—带溢流阀的燃油滤清器;17—带除滤器和电动燃油泵的燃油箱(预供给泵);18—燃油油位传感器;19—燃油冷却器;20—限压阀

D—燃油添加系统
21—添加剂计量单元;22—添加剂容器

E—空气供给系统
31—废气再循环冷却器;32—增压空气执行机构;33—废气涡轮增压器(本例为可变几何涡轮增压系统(VTG));34—进气歧管翻转活门;35—废气再循环定位器;36—真空泵

F—废气处理系统
38—LSU 型宽带氧传感器;39—废气温度传感器;40—氧化催化转化器;41—微粒滤清器;42—差压传感器;43—氮氧化物蓄热式催化转化器;44—宽带氧传感器,氮氧化物传感器可选

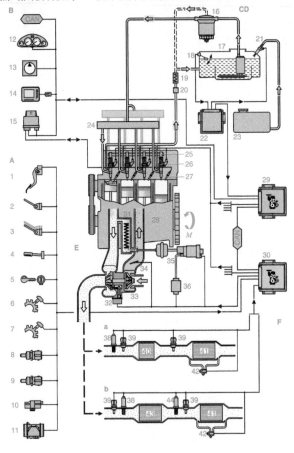

§9.4 商用车泵喷嘴(UIS)/单体泵(UPS)系统的系统示意图

图9-6所示为六缸商用车柴油机泵喷嘴系统的所有组件。根据汽车的类型和用途，其中某些部件可能未被使用。

图9-6 带泵喷嘴系统或单体泵系统的商用车柴油喷射系统

发动机、发动机管理和高压燃油喷射组件

22—单体泵和喷油器体总成;23—整体式喷油器;24—凸轮轴;25—摇杆;26—发动机控制单元;27—继电器;28—辅助设备(例如减速器,以及被用于发动机制动的排气阀);29—直喷柴油机(DI);30—预热塞(可选格栅预热器);M—转矩

A—传感器和发电机

1—踏板行程传感器;2—离合器开关;3—制动器触点(2);4—发动机制动器触点;5—驻车制动器触点;6—控制开关(例如巡航控制、中间转速控制、发动机转速和转矩降低);7—起动机开关(点火开关);8—涡轮增压器转速传感器;9—曲轴转速传感器(感应);10—凸轮轴转速传感器;11—燃料温度传感器;12—发动机温度传感器(冷却系统中);13—进气温度传感器;14—增压压力传感器;15—风扇转速传感器;16—空气滤清器压差传感器

B—接口

17—空调压缩机与操控单元;18—交流发电机;19—诊断接口 ;20—SCR 电控单元;21—空气压缩机;CAN—控制器局域网(机动车中的串行数据)(最多3条总线)

C—燃油供应系统(低压级)

31—燃油泵;32—带水位和压力传感器的燃油滤清器;33—冷却电控单元;34—带初滤器的燃油箱;35—油位传感器;36—限压阀

D—空气供给系统

37—废气再循环冷却器;38—控制阀门;39—带废气再循环阀和位置传感器的废气再循环定位器;40—冷启动时带旁路的中冷器;41—带位置传感器的涡轮增压器(本例为可变几何涡轮增压系统(VTG));42—增压压力执行机构

E—废气处理系统

43—废气温度传感器;44—氧化催化转化器;45—压差传感器;46—带催化剂涂层的微粒滤清器;47—烟度传感器;48—液位传感器;49—还原剂罐;50—还原剂供给泵;51—还原剂喷射器;52—NO$_x$传感器;53—SCR 催化转化器;54—NH$_3$传感器

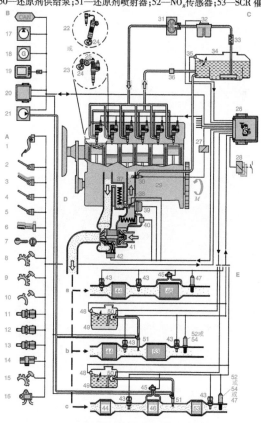

泵喷嘴和单体泵系统中的柴油机电子控制系统(EDC)(传感器、接口和发动机管理系统)的组件、供油系统、进气系统和排气系统的组件都很相似。其区别只在于整体系统中的高压级不同。

为了使图示清晰明了,并正确了解系统,仅将传感器和发电机这些需要在图中示出实际安装位置的部件图示在了实际的位置上,而其余部件并未按其实际位置示出。

与很多系统[例如变速器控制系统、牵引控制系统(TCS)、电子稳定程序(ESP)、油品质量传感器、转速表、雷达测距传感器、汽车管理系统、制动调节器和车队管理系统,最多涉及 30 个电控单元]之间的数据交换,可以通过"接口"部分的 CAN 总线进行。交流发电机(18)和空调系统(17)甚至也可以通过CAN 总线连接。

对于废气处理来说,给出了 3 个可选的组合系统(参见图 9-6 中的 a,b 或 c)。

第十章　泵喷嘴系统（UIS）

在泵喷嘴系统（UIS）中,燃油喷油泵、高压电磁阀和喷油器组成了一个独立的单元。泵和喷油器之间的高压油路很短,结构十分紧凑。与其他燃油喷射系统相比,由于压缩容积较低,因此压缩损失也较低,UIS 更容易传递更高的喷射压力。泵的类型不同,因此 UIS 中的峰值压力也不同。峰值压力范围为 $1.8 \times 10^8 \sim 2.2 \times 10^8$ Pa。

§ 10.1　安装与驱动

每个气缸都有自己相应的泵喷嘴（UI）。

泵喷嘴被直接安装在气缸盖上（见图 10-1）。对乘用车来说,有两种类型的泵喷嘴（分别为 UI-1 和 UI-2）。它们的功能相同,只是尺寸不同。在二气门发动机中,UI-1 是通过一个夹紧块以与发动机气缸盖约 20° 的角度固定的。在四气门发动机中,由于可用的空间较小,因此喷油器也要小一些（UI-2）。UI-2 是用耐疲劳螺栓被垂直固定在气缸盖中的。

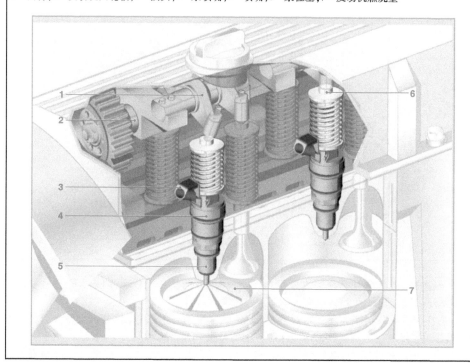

图 10-1　泵喷嘴的安装（商用车）

1—摇臂;2—发动机凸轮轴;3—插头;4—泵喷嘴;5—喷嘴;6—泵柱塞;7—发动机燃烧室

发动机凸轮轴（2）为每个泵喷嘴都布置有一个推动凸轮,通过摇臂（1）将特定的凸轮升程转移到泵柱塞（6）上。喷射曲线会受推动凸轮形状的影响。推动凸轮设定成合适的形状,从而可使泵柱塞在燃油吸入阶段(上升运动)的运行速度比燃油喷射阶段(下降运动)要慢。这一方面,可以防止空气被意外吸入;另一方面,可实现较高的供油速度。

在运行过程中,由于施加在凸轮轴上的作用力会导致凸轮轴中发生扭振,并且反过来影响喷射特性和喷油量的计量,因此,为了减少扭振,有必要将各泵传动轴的刚性设计得尽可能大(这适用于凸轮轴驱动、凸轮轴本身、摇臂和摇臂轴承)。

这个泵喷嘴被安装在发动机的气缸盖内,所以要承受非常高的温度。通过温度相对较低的燃油回流到低压级对泵喷嘴进行冷却。

§10.2 设 计

乘用车上供给 UI 的燃油是通过喷油器钢套中的 500 个激光钻孔通道输送的。燃油经过这些通道被过滤。通道的直径小于 0.1 mm。

泵喷嘴体总成起泵筒的作用。喷嘴(7)(见图 10-2)被安装在泵喷嘴的阀杆上。阀杆与泵喷嘴体总成通过止动螺母(13)相互连接。

图 10-2 发动机气缸盖上泵喷嘴的安装(商用车)
1—复位弹簧;2—插头;3—高压腔;4—电磁线圈;5—电磁阀体;6—电磁阀针;7—喷嘴;8—摇臂;9—推动凸轮;10—夹紧元件;11—回流口;12—进油口;13—止动螺母;14—换气阀

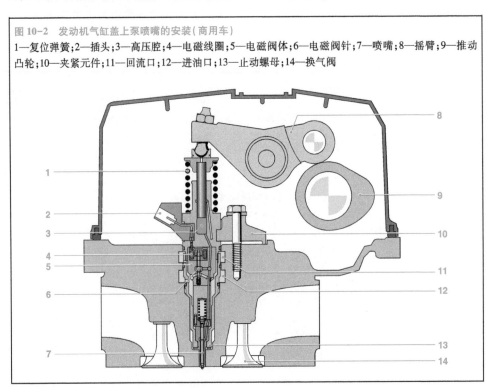

复位弹簧(1)将泵柱塞压紧在摇臂(8)上。摇杆压紧推动凸轮(9)。这能够保证泵柱塞、摇杆和推动凸轮在实际运行过程中始终能够保持接触。

在商用车的泵喷嘴中,电磁阀被安装在喷油嘴内。然而在乘用车的泵喷嘴中,由于喷油嘴的尺寸比较小,因此电磁阀被安装在泵体外部。

乘用车和商用车的喷油器设计可分别参见图 10-3 和图 10-4。

在四气门发动机中,泵喷嘴被垂直安装在气缸盖中。

图 10-3 乘用车泵喷嘴的设计(用于二气门发动机)

1—球头销;2—复位弹簧;3—泵柱塞;4—泵壳;5—插头;6—磁心;7—补偿弹簧;8—电磁阀针;9—衔铁;10—电磁阀线圈;11—回油口;12—密封件;13—进油通路(充当过滤器的激光钻孔);14—液压止动装置(阻尼单元);15—针座;16—密封盘;17—发动机燃烧室;18—喷嘴针阀;19—止动螺母;20—整体式喷嘴总成;21—发动机缸盖;22—针阀弹簧;23—蓄压器柱塞;24—蓄压器蓄压室;25—高压腔;26—电磁阀弹簧

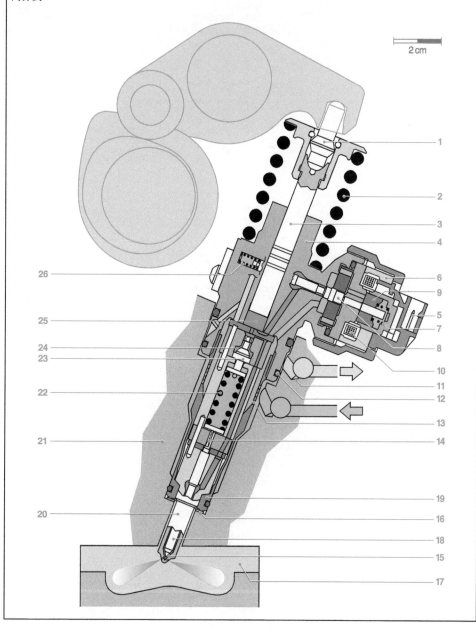

图 10-4　商用车泵喷嘴的设计

1—滑动片;2—复位弹簧;3—泵柱塞;4—泵壳;5—插头;6—高压腔;7—发动机缸盖;8—回油口;9—进油口;10—弹簧座圈;11—压力销;12—中间盘;13—整体式喷嘴总成;14—止动螺母;15—衔铁;16—电磁阀线圈;17—电磁阀针;18—电磁阀弹簧

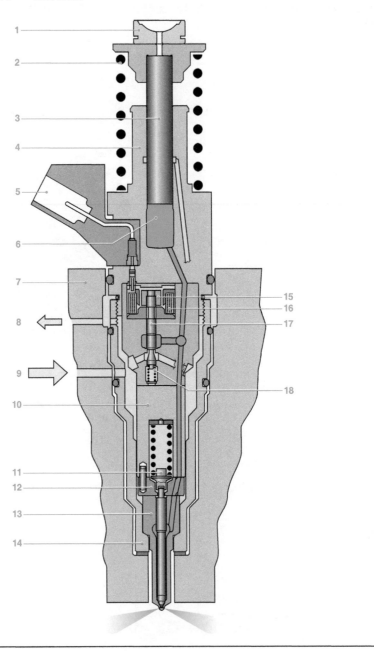

§10.3　乘用车泵喷嘴的操作方法

10.3.1　预喷

乘用车泵喷嘴液压机械型可控预喷装置受储压器柱塞和阻尼单元的影响。

（1）进气冲程[图10-5(a)]

当推动凸轮(3)旋转时,泵柱塞(4)在复位弹簧的作用下被迫向上运动。在持久压力条件下,燃油通过进油通路(1)从供油系统低压级流入喷油器。电磁阀打开,燃油流经打开的电磁阀阀座(11)进入高压室(5)。

（2）预行程[图10-5(b)]

推动凸轮持续旋转,使泵柱塞被迫向下运动。电磁阀打开,燃油在泵柱塞的驱动下流回供油系统低压级(2)。此外,随着燃油的回流,来自喷油器的热量也会散失,从而使喷油器得以冷却。

（3）供油冲程与喷油

在特定的时刻,ECU激励电磁线圈,因此电磁阀阀针被压入电磁阀阀座(11)内,高压室与低压级供油系统之间的连接关闭。这一瞬间被称为喷油周期开始(BIP)。然而,此时刻对应的并不是喷油实际开始时间,而是输油开始时间。

① 预喷油开始[图10-5(c)]

泵柱塞进一步的容积排量会导致高压室内的燃油压力升高。预喷时,喷嘴开启压力约为180 bar。当达到此压力时,喷嘴针阀(9)从阀座上升起,预喷动作开始。在此阶段,喷嘴针阀在升起过程中受到阻尼单元的液压限制(见"喷嘴针阀阻尼系统"部分)。

由于压力的作用,作用在蓄压器柱塞表面的有效液压压力较大,因此蓄压器柱塞(6)最初的时候保持在固定座上。

② 预喷油结束[图10-5(d)]

压力进一步增大导致蓄压器柱塞受到向下的作用力,然后从底座上升起,因此在高压室(5)与蓄压器蓄压室(7)之间建立了连接。高压室中的最终压力下降,蓄压器蓄压室中的压力升高,而且,压缩弹簧(8)的初始张力瞬时增大,由此造成喷嘴针阀关闭。这标志着预喷油过程结束。与喷嘴针阀相比,蓄压器柱塞未恢复至起始位置,因为当打开时,它作用于燃油压力的工作面大于喷嘴针阀。

大多数情况下,预喷油量约为1.5 mm³。这是由开启压力和蓄压器柱塞的升程决定的。

10.3.2　主喷射

主喷射要求喷嘴处具有较高的开启压力。这主要有两个原因:一方面,在预喷油过程中,蓄压器柱塞的行程增大了喷嘴弹簧的初始张力。另一方面,蓄压器冲程产生的作用力必须将燃油通过限流孔压出弹簧座圈室,进入供油系统低压级。因此,弹簧座圈室中的燃油受到较大压缩力(反压力)。由于反压力水平取决于弹簧座圈节流孔的大小,因此它可能有所不同(小尺寸节流孔压力增量高,预喷油和主喷射的喷嘴开启压力差异大)。这样,在预喷油过程中低开启压力(基于噪声等原因)与主喷射过程部分载荷点的最高开启压力(排放减少)之间,可能需要进行明智的折中处理。

预喷射与主喷射之间的时间间隔主要取决于蓄压器柱塞的行程(其中一部分由压缩弹簧的初始张力决定)和发动机转速,一般为0.2~0.6 ms。

（1）供油行程的连续性[图10-6(a)]

① 主喷射开始

泵柱塞持续运动导致高压室中的压力持续升高。当喷嘴开启压力达到300 bar左右时,喷嘴针阀从阀座上升起,燃油喷入发动机燃烧室(真正开始喷射)。由于泵柱塞的供油速度较高,在整个喷射过程中,压力持续增加。在供油行程和剩余行程之间的过渡阶段达到最大压力(见下文)。

② 主喷射结束

要终止主喷射过程,应关闭电磁线圈中的电流;电磁阀开启延迟时间较短,然后打开高压室与低压室之间的连接。压力下降,当降至喷嘴关闭压力以下时,喷嘴关闭,喷射过程终止。蓄压器柱塞随后返回至开始位置。

（2）剩余行程[图10-6(b)]

当泵柱塞向下运动时,残油流回低压级。在此过程中,热量再次从喷油器中散失。

图 10-5　乘用车泵喷嘴喷油的工作原理:预喷
(a)吸入行程;(b)预行程;(c)供油行程:预喷油开始;(d)供油行程:预喷油结束
1—进油口;2—回流口;3—推动凸轮;4—泵柱塞;5—高压室;6—蓄压器柱塞;7—蓄压器蓄压室;8—压缩弹簧;9—喷嘴针阀;10—电磁阀针;11—电磁阀阀座

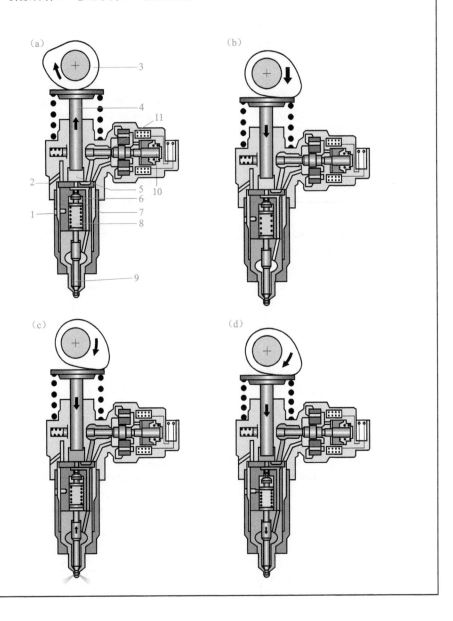

图10-6　乘用车泵喷嘴喷油的工作原理:主喷射

（a）供油行程:主喷射;（b）剩余行程

1—燃油入口;2—燃油回流口;3—推动凸轮;4—泵柱塞;5—高压室;6—蓄压器柱塞;7—蓄压器蓄压室;
8—弹簧座圈室;9—喷嘴针阀;10—电磁阀针;11—电磁阀阀座

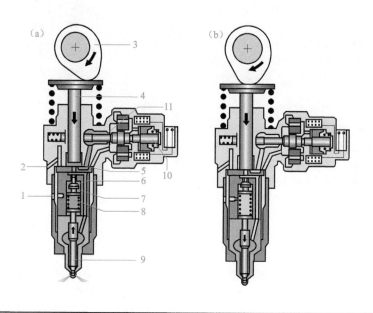

10.3.3　喷嘴针阀阻尼作用

在预喷油过程中，喷嘴针阀升程受到阻尼单元液压的限制，因此可精确计量所需少许喷油量（参见"预喷油"部分）。出于此目的，阀针升程仅限约为主喷射总体冲程的1/3。

阻尼单元由阻尼柱塞构成。该柱塞位于喷嘴针阀上方（图10-7,4）。喷嘴针阀最初打开时，阻尼柱塞（4）未达到阻尼板（3）孔内时无阻尼作用。此时，喷嘴针阀上方燃油产生液压缓冲作用（图10-8,2），因为燃油仅经由狭窄的泄漏间隙（1）被压入喷油嘴调压弹簧壳体内。因此，喷嘴针阀持续向上运动受限。

在主喷射过程中，喷嘴针阀阻尼作用是可以忽略的，因为当压力较高时，在喷嘴针阀上会产生高得多的开启力。

图10-7　预喷:无阻尼提升系统

1—喷油嘴调压弹簧壳体;2—弹簧座圈;3—阻尼板;4—阻尼柱塞;5—喷嘴针阀

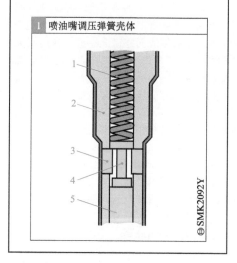

| 1 | 喷油嘴调压弹簧壳体 |

⊕ SMK2092Y

10.3.4 本质安全

独立式喷油泵系统在本质上是安全的,因为在发生故障的情况下,最差的情况是发生非受控喷射:

- 如果电磁阀保持开启状态,由于燃油回流至低压级,不可能产生压力,因此不可能发生喷射。

- 当电磁阀永久关闭时,燃油不会进入高压室,因为只有在电磁阀阀座打开时,才能向高压室注油。在此情况下最多只会发生单点喷射。

§10.4 商用车泵喷嘴的操作方法

在主喷射过程中,商用车泵喷嘴系统(图10-9)与乘用车系统的工作方式基本相同。在预喷油过程中,二者存在差异:商用车整体式喷射器系统在发动机转速较低及负荷范围较低的情况下提供了电控预喷可能性。这要通过驱动两次电磁阀实现。

§10.5 高压电磁阀

高压电磁阀控制压力的建立、喷射开始时刻以及喷射持续时间。

10.5.1 设计

(1)阀门

如图 10-10 所示,阀门本身由阀针(2)、阀体(12)和阀弹簧(1)组成。

阀体密封面(10)呈圆锥形,阀针(11)同样也具有一个圆锥形密封面。针阀和阀座表面的角度比阀体表面略微大一些。在阀门关闭的情况下,阀针顶着阀体,迫使其上升。阀体和阀针通过一条线连接(而不是一个面),因此能露出阀座。这种双圆锥形密封布置使得密封十分可靠、有效。然而,只有采用高精度加工才能使针阀和阀体相互完美匹配。

(2)磁体

磁体由两部分组成,分别是磁轭和可移动衔铁(16)。磁轭本身又由磁芯(15),一个电磁线圈(6),以及电气连接插头(8)组成。

衔铁固定或非正极连接在阀针上。磁轭和衔铁之间有初始或剩余气隙。

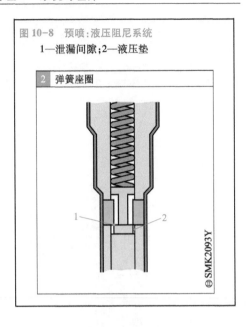

图 10-8 预喷:液压阻尼系统
1—泄漏间隙;2—液压垫

2 弹簧座圈

Ⓢ SMK2093Y

10.5.2 操作方法

(1)阀门开启

若不进行促动,即没有电流流过线圈,则电磁阀始终是开启的。由阀弹簧施加的力推动针阀向上运动,直至止动位。因此,在阀门座圈附近,阀针和阀体之间的阀通流横截面(9)打开。此时,泵的高压区(3)和低压区(4)相互连通。在这个初始位置,燃油可以流入、流出高压腔。

(2)阀门关闭

开始喷油时,ECU 促动电磁阀线圈。启动电流使磁路组件(磁芯、磁盘和衔铁)中产生磁通量。磁通量产生的磁力拉动电磁朝磁盘(14)方向移动,并使阀针向阀体方向移动。衔铁被吸入,直到阀针和阀体在密封座处相互接触,然后阀门关闭。

磁力不仅被用于吸入衔铁,而且必须同时克服阀弹簧施加的作用力,并通过弹簧力顶住衔铁。另外,磁力还必须使密封面相互之间保持接触,从而能够承受来自高压室的压力。

在电磁阀关闭的情况下,当泵体柱塞向下运动时,高压腔内压力升高,促使燃油喷射。为停止喷油,应将电磁阀线圈的电流切断。磁通量和磁力消失,弹簧力使阀针回到正常位置,直至止动位。阀座被打开,高压腔内的压力降低。

图 10-9　商用车泵喷嘴和单体泵的工作原理
工作状态:
(a)吸入行程;(b)预行程;(c)供油行程;(d)剩余行程
1—推动凸轮;2—泵柱塞;3—复位弹簧;4—插头;5—高压室;6—燃油回流口;7—电磁阀针;8—低压孔;
9—进油口;10—喷嘴弹簧;11—喷嘴针阀;12—电磁线圈;13—电磁阀座;I_S—线圈电流;h_M—电磁针阀升
程;p_E—喷油压力;h_N—喷嘴针阀升程

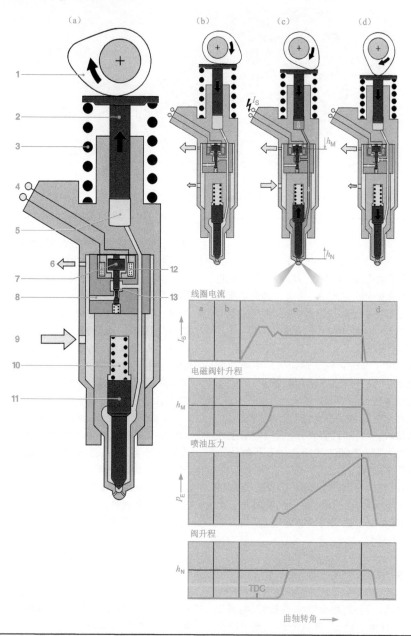

图 10-10　乘用车泵喷嘴高压电磁阀

1—阀弹簧；2—阀针；3—高压区；4—低压区；5—垫片；6—电磁线圈；7—止动件；8—插头；9—阀通流横截面；10—阀体密封面；11—阀针；12—整体式阀体；13—管接螺母；14—磁盘；15—磁芯；16—衔铁；17—补偿弹簧

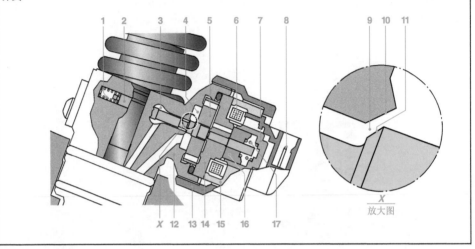

放大图

10.5.3　促动

为了使高压电磁阀关闭，可以通过一个相对较高的启动电流[见图 10-11(a)]进行促动。该电流具有一个陡上升沿。这可以确保电磁阀的转换时间较短，且可以确保精确计量喷油量。

当节气门关闭后，开启电流可以降低到保持电流[见图 10-11(c)]，以保持节气门关闭。这减少了电流导致的热损失。所需的保持电流越小，衔铁与磁盘的距离越近，因为小间隙会产生较大的磁力。

在开启电流和保持电流阶段之间有一个短暂的阶段。这段时间内将施加恒定的触发电流，以检测电磁阀的关闭点["BIP 检测"，阶段见图 10-11(b)]。

在喷射过程结束时，为了确保电磁阀的开启时刻设定的高速度，在接线端施加高电压，以快速抑制电磁阀内储存的能量[阶段见图 10-11(d)]。

柴油喷射历史

博世于 1922 年开始进行柴油发动机喷油系统的开发。当时，技术前兆是较好的：博世有内燃机方面的经验；其生产体系是非常先进的；最重要的是，可以利用生产润滑油泵时积累的开发经验和专业知识。然而，对于博世来说，这一步也是有风险的，因此仍有很多困难需要克服。燃油泵的量产始于 1927 年。当时，该产品的精密度水平是无与伦比的。这些产品很小、很轻，可使发动机实现较高速运转。从 1932 年起，这些直列式喷油泵就开始被应用于商用车中，从 1936 年起开始被应用于乘用车。自此，柴油发动机和喷油系统的技术水平一直持续上升。

1962 年，博世开发的带有自动正时装置的分配式喷油泵再一次推动了柴油发动机的发展。20 多年后，博世多年的深入开发工作随着电控柴油喷射系统的成功达到了顶点。

在正确的时刻追求更精确的燃油分时输出量计量并提高燃油压力是开发者始终面临的挑战。在喷油系统设计方面已有了很多创新(见图 10-12)。

在油耗和能源效率方面，压缩点火发动机仍是基准。

新型喷油系统有助于进一步挖掘其潜力。此外，也在不断改进发动机性能。因此，噪声和尾气排放持续降低。

图 10-11 高压电磁阀的促动顺序

(a) 启动电流(商用车 UIS/UPS:12~20 A;乘用车 UIS:20 A);(b) BIP 检测;(c) 保持电流(商用车 UIS/UPS:8~14 A;乘用车:12 A);(d) 快速抑制

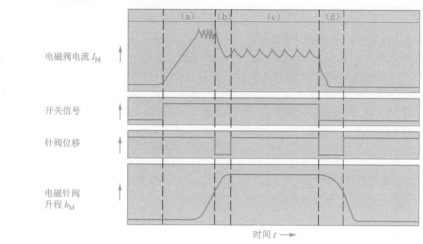

电磁阀电流 I_M

开关信号

针阀位移

电磁针阀升程 h_M

时间 t ⟶

图 10-12 喷油系统的改进

1927年
首次量产直列式喷油泵

1962年
第一台轴向柱塞式分配泵EP-VM问世

1986年
第一台电控轴向柱塞式分配泵问世

1994年
第一台用于商用车的泵喷嘴系统问世

1995年
第一台单体泵系统问世

1996年
第一台径向柱塞式分配泵问世

1997年
第一台蓄压式共轨燃油喷射系统问世

1998年
第一台用于乘用车的单体泵系统问世

第十一章　　单体泵系统

单体泵系统（UPS）被应用于商用车发动机和大型发动机中。对商用车发动机而言，单体泵（UP）的工作方式与泵喷嘴（UI）相同。然而，与泵喷嘴相比，不同的是在单体泵内喷嘴和喷油泵是分开的，两者通过一条短管线连接。

§11.1　安装与驱动

单体泵系统内的喷嘴和喷油器体总成一起被安装在气缸盖上；而在泵喷嘴系统中，喷嘴被直接安装在喷油器中。

该泵被固定在发动机缸体的一侧（见图11-1），并由发动机凸轮轴上的喷油凸轮通过一个滚柱挺杆（26）（见图11-2）直接驱动。因此，单体泵系统具有泵喷嘴不具备的优点。具体优点如下：

- 不需要重新设计气缸盖；
- 因为不需要摇杆，所以是刚性驱动；
- 因为泵很容易被拆除，所以车间操作很简单。

图 11-1　单体泵的安装
1—阶梯式喷嘴座；2—发动机燃烧室；3—单体泵；4—发动机凸轮轴；5—压力接头；6—高压油管；7—电磁阀；8—复位弹簧；9—滚柱挺杆

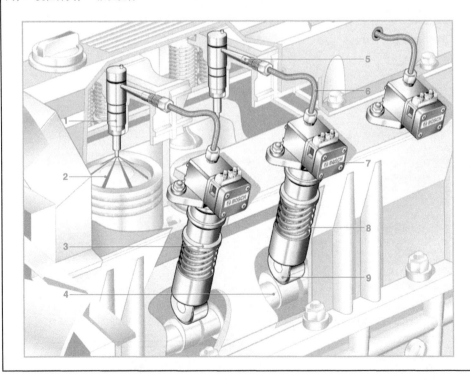

图 11-2　商用车单体泵的设计

1—阶梯式喷嘴座；2—压力接头；3—高压油管；4—连接件；5—提升限制器；6—电磁阀针；7—金属板；8—泵壳；9—高压腔；10—泵柱塞；11—发动机组；12—滚柱挺杆销；13—凸轮；14—弹簧座；15—电磁阀弹簧；16—带线圈和磁芯的阀体；17—衔铁片；18—中间板；19—密封件；20—供油口；21—燃油回流口；22—泵柱塞保阻挡装置；23—挺柱弹簧；24—挺柱体；25—弹簧座；26—滚柱挺杆；27—推杆滚柱

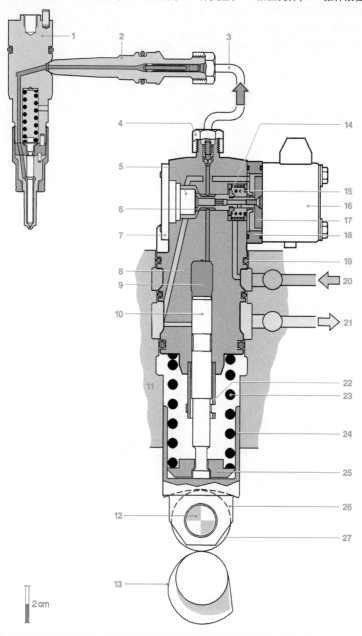

§11.2 结 构

与泵喷嘴不同,在单体泵内,高压泵和喷油器之间安装有高压管路。这些管路必须能够持久地承受最大泵压,并且能够承受在喷射暂停时出现的某种程度的高频压力振荡。因此,管路采用高强度无缝钢管制造。管路应尽可能短,而且发动机中各泵的管路长度必须相同。

§11.3 液流控制率成形

所述的泵喷嘴电磁阀的工作方式使得其会产生一个三角形的喷油曲线。因此,在一些单体泵系统中,可通过改进电磁阀设计产生一个靴形的喷油曲线。为此,电磁阀装配有一个移动提升限制器(图 11-4,1),被用来限制中间提升,从而促进了节流开关状态("靴形")。

电磁阀关闭后,电磁阀电流回到保持电流(c_2)之下的一个中间水平(见图 11-3 中的阶段 c_1),从而使阀针停留在提升限制器上。这能够产生节流间隙,从而可限制压力进一步增大。通过提高电流,阀门再次完全关闭,"靴形"阶段结束。

这一过程被称为液流控制率成形(CCRS)。

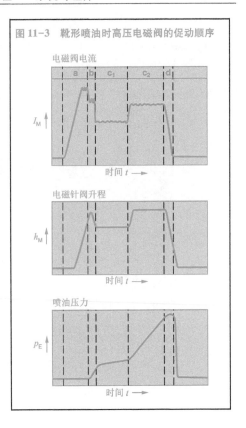

图 11-3 靴形喷油时高压电磁阀的促动顺序

电磁阀电流

I_M a   b c_1 c_2 d

时间 t →

电磁针阀升程

h_M

时间 t →

喷油压力

p_E

时间 t →

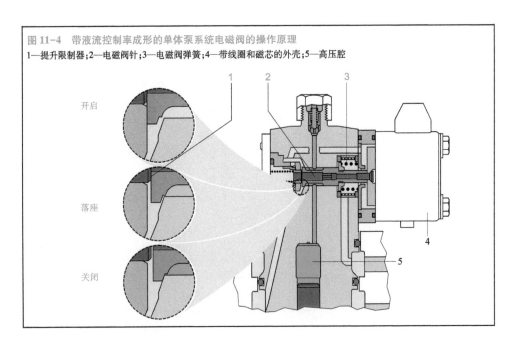

图 11-4 带液流控制率成形的单体泵系统电磁阀的操作原理

1—提升限制器;2—电磁阀针;3—电磁阀弹簧;4—带线圈和磁芯的外壳;5—高压腔

开启

落座

关闭

1   2   3

4

5

▲ 知识介绍

柴油机燃油喷射技术的维度

对柴油机燃油喷射的要求是非常高的。

商用车喷嘴阀针在其使用寿命过程中其喷嘴将会打开和关闭 10 亿多次。在高达 2 200 bar 的压力下，它不仅能够提供可靠的密封，而且必须承受其他各种应力。例如：

● 由于快速开启和关闭（在小轿车上，如果有预喷射和后喷射阶段，则快速开启和关闭的频率可高达每分钟 10 000 次）操作而产生的冲击力；

● 在燃油喷射过程中与高流量相关的应力；

● 燃烧室的压力和温度。

下图所示的事实与数字说明了现代化喷嘴的功能。

喷油室中的压力可高达 2 200 bar。这相当于大型行政级轿车重量作用于手指甲大小的表面上所产生的压力。

喷油持续时间为 1~2 ms。1 ms 内，扬声器中发出的声波只能传播 33 cm。

小轿车发动机的喷油量在 1 mm³（预喷）至 50 mm³（满载喷油量）范围内；商用车的喷油量为 3 mm³（预喷）至 350 mm³（满载）。1 mm³ 相当于半个针头的大小。350 mm³ 约等于 12 个大雨滴（30 mm³/滴）的大小。在 2 ms 内，这些燃油通过一个小于 0.25 mm² 的开口以 2 000 km/h 的速度完成压入喷射。

喷嘴针阀导向间隙为 0.002 mm（2 μm）。一根人类毛发的粗细相当于它的 30 倍（0.06 mm）（见图 11-5）。

在开发、材料选择、生产和测量设备方面，这些高精尖技术需要具备大量专业知识的人员。

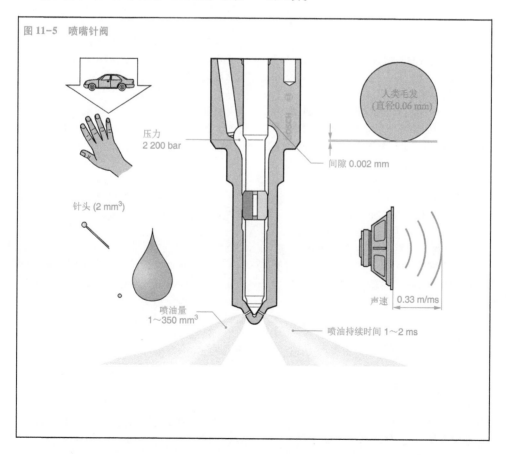

图 11-5　喷嘴针阀

第十二章　共轨系统概述

对柴油机燃油喷射系统的要求不断增多。更高的压力、更快的转换时间，以及根据发动机工况不同进行调整的流出速率曲线，都使得柴油机更加经济、清洁，且功率强大。因此，柴油机已经进入高性能豪华轿车的领域。

其中，一个先进的燃油喷射系统就是共轨燃油喷射系统（CR）。共轨燃油喷射系统的主要优点是能够在一个广泛的范围内改变喷射压力和喷射时间。

这是通过将压力产生（高压泵中）与燃油喷射系统分开实现的。油轨在这里起蓄压器的作用。

§12.1　应用领域

直喷柴油机的共轨式燃油喷射系统被用在下述车辆中：

（1）乘用车

从高经济性的三缸发动机［排量为800cc，输出功率为 30 kW（41hp），转矩为100 Nm，油耗为 3.5 L/100 km］到高性能豪华轿车上的八缸发动机［排量约为 4 L，输出功率为 180 kW（245 hp），转矩为 560 Nm］。

（2）轻型卡车

发动机输出功率可达每缸 30 kW。

（3）重型卡车、铁路机车和轮船

发动机输出功率可达每缸 200 kW。

共轨系统是一个高度灵活的系统，可被用于燃油喷射系统与发动机的匹配。实现这种调节应通过以下几个方面：

● 高达 1 600 bar 左右的喷射压力，将来可达 1 800 bar；

● 可根据工作状态调节喷射压力（200～1 800 bar）；

● 喷射开始时刻可变；

● 多次预喷射与二次喷射的可能性（甚至高度延迟的二次喷射）。

通过这种方式，共轨系统有助于提高比功率输出，降低油耗，减少噪声排放，减少柴油机的污染物排放。

目前共轨已成为现代高速乘用车直喷式发动机中应用最普遍的燃油喷射系统。

§12.2　设　　计

共轨系统由以下主要组件组成，见图12-1 和图 12-2。

● 低压级，由燃油供给系统的组件组成。

● 高压系统，由高压泵、油轨、喷油器和高压燃油管等组成。

● 柴油机电子控制单元（EDC），由系统模块组成，例如传感器、电子控制单元与促动器组成。

共轨系统的关键部件是喷油器。这些喷油器装有一个快动阀（电磁阀或压电式触发促动器）。这些阀可以打开或关闭喷油器，从而可实现对每个气缸喷油过程的控制。

所有喷油器都通过一个共用的油轨供给燃油。这就是"共轨"这个术语的由来。

共轨系统的主要特征之一就是根据发动机运行点的不同，系统压力是可变的。通过压力控制阀或计量单元可以调节压力。

共轨系统的模块化设计简化了系统的改装流程，可适应不同的发动机。

§12.3　工作原理

在共轨燃油喷射系统中，压力产生与燃油喷射的功能是分开的。压力的产生不受发动机转速与喷油量的影响。可由柴油机电子控制单元（EDC）控制每个组件。

12.3.1　压力产生

压力产生与燃油喷射通过蓄压器容积分开。高压燃油被输入到共轨系统的蓄压器容积中准备进行喷射。

发动机驱动的持续工作高压泵能够产生所需的喷射压力。油轨中的压力被保持。这

图 12-1 五缸柴油机共轨燃油喷射系统
1—回油管；2—连接喷油器的高压油管；3—喷油器；4—油轨；5—轨压传感器；6—连接油轨的高压油管；7—回油管；8—高压泵

1
2
3
4
5
6
7
8

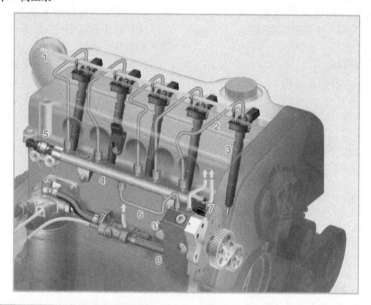

图 12-2 发动机控制单元和共轨燃油喷射系统的系统模块
1—高压泵；2—油轨；3—喷油器

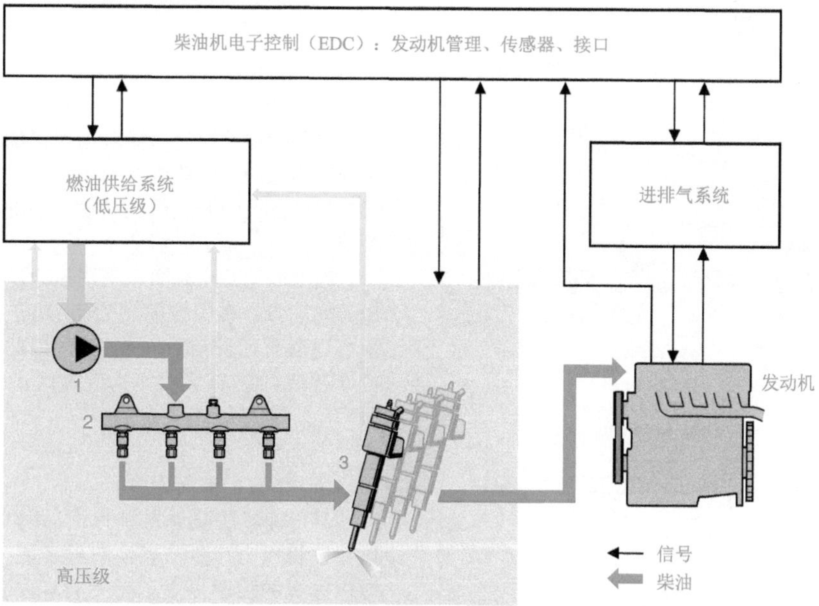

柴油机电子控制（EDC）：发动机管理、传感器、接口
燃油供给系统
（低压级）
进排气系统
1
2
3
发动机
信号
柴油
高压级

与发动机转速和喷油量无关。由于喷射模式几乎相同，与传统的燃油喷射系统相比，高压泵可设计得比以前小很多，其驱动系统的力矩也较低。这可使泵驱动装置的负载低得多。

高压泵是一种径向柱塞泵。在商用车上，有时会安装一个直列式喷油泵。

12.3.2 压力控制

应用的压力控制方法很大程度上取决于系统。

（1）高压侧的控制

在乘用车系统中，所需的轨道压力是通过高压力侧的压力控制阀［图12-3（a）中的4］进行控制的。多余的燃油将通过压力控制

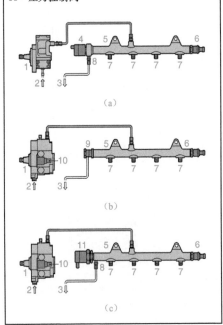

图12-3 共轨系统的高压控制示例
（a）通过乘用车使用的压力控制阀控制高压侧的压力；（b）通过用法兰将计量单元与高压泵相连控制吸油侧的压力（适用于乘用车和商用车）；（c）通过计量单元和带有压力控制阀的附加控制装置控制吸油侧的压力（适用于乘用车）
1—高压泵；2—进油口；3—回油口；4—压力控制阀；5—油轨；6—轨压传感器；7—喷油器接头；8—回油管接头；9—减压阀；10—计量单元；11—压力控制阀

阀流回到低压回路中。这种类型的控制循环可以使油轨压力随着工作点的变化而快速反应（例如发生负载变化时）。

在第一个共轨系统上对高压侧进行控制。最好将压力控制阀安装在油轨上，但是在一些应用中，这种压力控制阀一般会被直接安装在高压泵上。

（2）吸油侧的燃油输送控制

控制油轨压力的另一种方式是控制吸油侧的燃油输送［见图12-3（b）］。与高压泵通过法兰连接的计量单元（10）能够可靠确保将精确的燃油量输送到油轨中，以保持系统所需的喷射压力。出现故障时，减压阀可防止轨道压力超出最大压力值。

吸油侧的燃油输送控制减少了高压燃油量，降低了燃油泵的功率输入。在燃油消耗方面起到了积极的作用。同时，与在高压侧的控制方法相比，流回燃油箱的燃油温度也降低了。

（3）两个促动器系统

两个促动器系统［见图12-3（c）］将在吸油侧通过计量单元的压力控制和在高压侧通过压力控制阀进行控制相结合，因而也结合了高压侧控制与吸油侧燃油输送控制的优点（见"用于乘用车的共轨系统"一节）。

12.3.3 燃油喷射

喷油器直接将燃油喷入发动机燃烧室中。这些燃油是通过与油轨相连的较短高压油管输送的。发动机控制单元通过控制集成在喷油器上的开关阀控制喷油嘴的开启与关闭。

喷油器的开启时间和系统压力决定了输送的燃油量。在恒定的压力下，输送的燃油量与电磁阀的开启时间成正比，因此与发动机或者泵的转速无关（基于时间的燃油喷射）。

12.3.4 潜在的液压动力

与传统燃油喷射系统相比，共轨燃油喷射系统将压力产生与燃油喷射功能分开，为燃烧过程的控制提供了更大的自由度，可以在特性图范围内自由选择喷射压力。目前最

大的喷射压力是 1 600 bar，将来可能达到 1 800 bar。

共轨燃油喷射系统通过采用预喷射或者多次喷射进一步减少了有害气体的排放，燃烧的噪声也得以大幅降低。最多 5 次喷射循环的多次喷射可以通过多次触发快速开关阀来实现。喷嘴针阀的关闭是通过液压辅助实现的。这可以确保喷射快速停止。

12.3.5 控制与调节

（1）工作原理

发动机控制单元通过传感器检测加速踏板的位置和发动机及汽车目前的运行状况（见"柴油机电子控制单元（EDC）"一节）。采集的数据包括：

- 曲轴转速和曲轴转角；
- 油轨压力；
- 增压空气压力；
- 进气温度、冷却液温度和燃油温度；
- 进气量；
- 行驶速度等。

电子控制单元评估输入信号。燃烧时，其计算压力控制阀或计量单元、喷油器和其他促动器（如废气再循环阀、废气涡轮增压器促动器）的触发信号。

喷油器开关时间必须较短。这可以通过应用最佳的高压开关阀和一个特定的控制系统实现。

角度/时间系统根据来自曲轴传感器和凸轮轴传感器的数据对喷射时间和发动机状态进行比较（时间控制）。柴油机电子控制单元（EDC）可准确计量喷油量。此外，EDC 可以提供一些附加功能，从而可以改善发动机的响应性与便利性。

（2）基本功能

基本功能包括精确控制燃油喷射正时及在基准压力下精确控制燃油量。通过这种方式，可以确保柴油机低油耗和平稳的工作特性。

（3）燃油喷射计算的校正功能

以下校正功能被用来补偿燃油喷射系统与发动机之间的公差[见"柴油机电子控制单元（EDC）"]：

- 喷油器供油补偿；
- 供油校零；
- 燃油平衡控制；
- 平均供油调整。

（4）附加功能

附加的开/闭环控制功能降低了尾气排放和油耗，也确保了安全性与便捷性。下面是一些例子：

- 尾气再循环的控制；
- 升压控制；
- 巡航控制；
- 电子防盗控制。

在整车系统中集成的 EDC 实现了许多新的功能，例如与变速器控制系统或空调系统的数据交换。

对车辆进行维修时，通过诊断接口可以对储存的系统数据进行分析。

12.3.6 控制单元的配置

发动机控制单元的喷油器通常最多只能有 8 个输出级，而对于多于 8 个缸的发动机则装有两个发动机控制单元。这些控制单元通过内部高速 CAN 接口组成"主/从"网络，因此具有更高的微处理器处理能力。某些功能被固定分配到一个特殊控制单元（如燃油平衡控制）。其他功能根据情况需要可以被动态地分配至一个或其他控制单元（如探测传感器信号）。

▲ 知识介绍

柴油机在欧洲的快速发展

柴油机的应用

在汽车工业史的初期，采用火花点火式发动机（奥托循环）作为机动车的动力装置。1927 年，柴油机第一次被用在了卡车上。直到 1936 年，乘用车才开始使用柴油机作为动力装置。

由于柴油机的燃油经济性和使用寿命较长，所以被大量地用在卡车上；相反，在乘用车领域，柴油机的应用在很长时间内一直处于边缘地带。只有增压式直喷柴油机出现以后，柴油机给人们的印象才开始转变。其间，在欧洲最新注册的车辆中,柴油机乘用车的比例差不多已接近50%。

柴油机的特性

柴油机在欧洲得以快速发展的原因是什么?

● 燃油经济性

首先,与汽油机相比,柴油机的油耗仍然较低。这是因为柴油机的效率较高。其次,在大多数欧洲国家,柴油的燃油税较低。因此,对于行驶较多的用户来说,尽管柴油车的价格较高,但柴油车仍是更为经济的选择对象。

● 驾驶乐趣

几乎所有市售柴油车都采用增压式发动机。因此,即使在较低的转速下,也可以产生较高的气缸充气量。这样就可以喷入较多的燃油量,发动机进而可以输出更高的转矩。结果可以得到一个可以在高转矩、低转速下行驶时的转矩曲线。

虽然转矩并非发动机性能,却是发动机功率的决定性因素(见图12-4)。与非增压式汽油机相比,驾驶员可以通过较低性能的发动机获得更多的驾驶乐趣。新一代柴油机早已摆脱了昔日"慢吞吞"的形象。

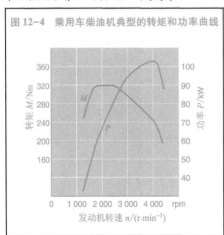

图12-4　乘用车柴油机典型的转矩和功率曲线

● 环境兼容性

在高负荷下行驶时柴油机产生黑烟的情况已成为历史。这一问题是通过改进燃油喷射系统和柴油机电子控制系统(EDC)而加以

解决的。这些系统能够根据发动机的工作点和环境条件非常精确地计量燃油量。这些技术也能够满足目前主要废气排放法规的要求。

氧化型催化转化器是柴油机的标准装备,可消除排气中的一氧化碳(CO)和碳氢化合物(HC)。将来,其他废气处理系统,例如微粒滤清器和 NO_x 蓄热式催化转化器将采用更严格的废气排放标准,甚至会采用美国的排放法规。

§12.4　乘用车的共轨系统

12.4.1　燃油供给

乘用车上的共轨系统采用电动燃油泵或者齿轮泵将燃油输送给高压泵。

(1)采用电动燃油泵的系统

可以将电动燃油泵安装在燃油箱内,也可以安装在燃油管中。电动燃油泵通过粗滤器吸入燃油,将其在 6 bar 的压力下输送至高压泵(见图12-7)。最大供油速率为 190 L/h。为了确保发动机快速启动,驾驶员一转动点火钥匙,电动燃油泵将立即开启。这样,当发动机启动时,低压回路将建立起足够的压力。

燃油滤清器(细滤器)被安装在高压泵的供油管上。

(2)采用齿轮泵的系统

齿轮泵通过法兰与高压泵连接,并由输入轴驱动。通过这种方法,齿轮泵只有在发动机启动后才开始供油。供油速率取决于发动机转速。当压力达 7 bar 时,最大供油速率可达 400 L/h。

燃油箱中装有一个燃油粗滤器,而细滤器则位于连接齿轮泵的供油管中。

(3)组合系统

也存在同时使用两种油泵的应用。电动燃油泵可以提高启动响应,特别是在热启动时,由于燃油温度较高,齿轮泵的供油速率较低,因此在油泵转速较低时,燃油供给量较少。

12.4.2　高压控制

第一代共轨系统的轨压是通过压力控制阀控制的。高压油泵(CP1 型)将提供最大供油量。这与所需的燃油量无关。然后，压力控制阀会将多余的燃油送回燃油箱。

第二代共轨系统在低压侧通过计量装置控制油轨压力（见图12-5和图12-6）。高压油泵（CP3和CP1H型）仅需要传输发动机实际需要的燃油量。这样就能降低高压油泵所需的能量，从而降低油耗。

图12-5　四缸发动机上的第二代共轨系统
1—装有预供给齿轮泵和计量装置的高压泵（CP3）；2—装有水分离器和加热器（可选）的燃油滤清器；3—油箱；4—粗滤器；5—油轨；6—轨压传感器；7—电磁阀喷油器；8—减压阀

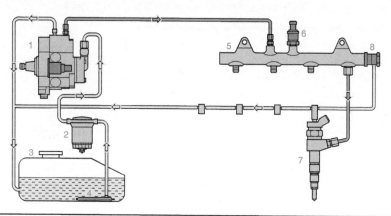

图12-6　V8发动机上的带两个促动器的第二代共轨系统
1—装有预供给齿轮泵和计量装置的高压泵（CP3）；2—装有水分离器和加热器（可选）的燃油滤清器；3—油箱；4—粗滤器；5—油轨；6—轨压传感器；7—电磁阀喷油器；8—压力控制阀；9—功能模块（分配器）

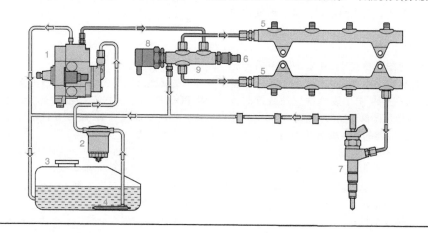

第三代共轨系统的特点是采用压电直列喷油器（见图12-7）。

如果压力仅在低压端可调，那么当负荷快速变化时，降低油轨的压力会需要很长的时间。因此，在负荷条件下，压力与动态变化的匹配也会非常缓慢。由于内部泄漏极少，装有压电直列喷油器的共轨系统尤其会出现这种情况。因此，一些共轨系统除安装高压油泵和计量单元之外,还安装有附加的压力控制阀(见图 12-7)。这种具有两个促动器的系统兼具低压侧控制和对高压侧控制动态响应的优点。

与只控制低压侧压力的系统相比,这种系统的另一个优点是在冷机状态下同样可以控制高压侧的压力。高压油泵可以输送比喷射燃油更多的燃油。油轨压力由压力控制阀控制。这样,可以通过压缩对燃油进行加热,因此不再需要附加的燃油加热器。

图 12-7　四缸发动机上的带两个促动器的第三代共轨系统
1—装有计量装置的高压泵(CP1H 型);2—装有水分离器和加热器(可选)的燃油滤清器;3—油箱;4—粗滤器;5—油轨;6—轨压传感器;7—压电直列喷油器;8—压力控制阀;9—电动燃油泵

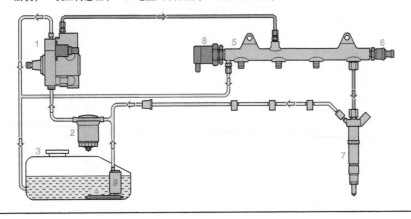

12.4.3　乘用车共轨系统示意图

图 12-8 所示为一台四缸柴油机乘用车配备的完整共轨系统的所有组件。根据不同车型及其应用,有些车型可能未装配其中的某些组/部件。

为了使图示更简单,并未将图中的传感器和设定点生成器 A 按它们实际的安装位置图示出来。然而,图中废气后处理装置的传感器 F、轨压传感器的安装位置和它们实际的安装位置是一样的。其安装位置可以帮助读者更好地了解整个系统。

不同部分之间的数据交换是通过"接口"B 部分中的 CAN 总线进行的,具体如下:

- 起动电动机;
- 交流发电机;
- 电子防盗装置;
- 变速器控制;
- 牵引控制系统(TSC);
- 电子稳定程序(EPS);

仪表盘(13)和空调系统(14)也与 CAN 总线连接。

说明了废气处理装置两种可能的组合系统(图 12-8 中的 a 或 b)。

▲ 知识介绍

柴油机燃油喷射系统概述

应用领域

柴油机以较高的燃油经济性而著称。自从 BOSCH 公司于 1927 年推出世界上首批批量生产的喷油泵以来,燃油喷射系统经历了一个持续发展的过程。

在各种不同的设计目的(图 12-9)下,柴油机具有广泛的应用,具体如下:

- 被用于驱动汽车电力发电机(最大功率约为 10 kW/缸);
- 被用作轿车和轻型卡车的高速发动机(最大功率约为 50 kW/缸);
- 被用作建筑工业机械和农业机械的发动机(最大功率约为 50 kW/缸);
- 被用作重型卡车、公共汽车和拖拉机的发动机(最大功率约为 80 kW/缸);

图 12-8　小轿车上的共轨柴油喷射系统

发动机、发动机管理、高压燃油喷射组件

17—高压油泵；18—计量装置；25—发动机 ECU；26—油轨；27—轨压传感器；28—压力控制阀(DRV2)；29—喷油器；30—预热塞；31—柴油机(DI)M 转矩输出；M—转矩

A 传感器和设定点生成器

1—踏板行程传感器；2—离合器开关；3—制动器触点(2)；4—车速控制器的控制单元(巡航控制)；5—预热塞和启动开关(点火开关)；6—行驶速度传感器；7—曲轴转速传感器(感应)；8—凸轮轴转速传感器(感应或者霍尔传感器)；9—发动机温度传感器(冷却液回路中)；10—进气温度传感器；11—增压压力传感器；12—热膜空气流量计(进气)

B 接口

13—仪表板与油耗显示和发动机转速显示等单元的接口；14—空调压缩机与控制单元的接口；15—故障诊断装置接口；16—预热控制单元与 CAN 控制器局域网的接口(车载串行数据总线)

C 供油系统(低压级)

19—带有溢流阀的燃油滤清器；20—带有粗滤器和电动燃油泵(预供给泵)的燃油箱；21—油位传感器

D 添加剂系统

22—添加剂计量装置；23—添加剂控制单元；24—添加剂容器

E 供气系统

32—废气再循环冷却器；33—增压压力促动器；34—涡轮增压器[增压器采用可变几何涡轮(VTG)]；35—控制活门；36—废气再循环促动器；37—真空泵

F 废气处理系统

38—LSU 型宽域型氧传感器；39—废气温度传感器；40—氧化型催化转化器；41—微粒过滤器；42—压差传感器；43—蓄热式氮氧化物(NO₂)催化转化器；44—宽域型氧传感器，可选装氮氧化物(NO₂)传感器

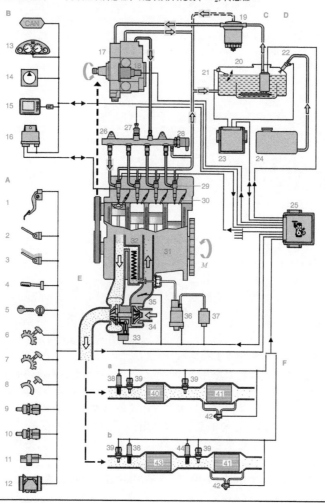

● 被用于驱动诸如应急动力发电机等固定设备(最大功率约为 160 kW/缸);

● 被用作铁路机车和船舶的发动机(最大功率为 1 000 kW/缸)。

要求

更为严格的噪音和废气排放法规和更经济油耗的期望始终对柴油机燃油喷射系统提出了较高要求。

燃油喷射系统能够在高压下向燃烧室精确喷射一定数量的计量燃油。以这种方式喷入缸内的燃油与缸内的空气有效地混合。缸内空气量由发动机的形式(直接或间接喷射)及其当时的工作状态决定。由于柴油机没有进气节流阀,其输出功率和转速由喷油量控制。

柴油机燃油喷射系统的机械控制装置逐渐被柴油机电控装置(EDC)取代。所有被用于轿车和商用车的新型柴油喷射系统都是电控系统。

图 12-9　BOSCH 公司柴油喷油系统的应用

M,MW,A,P,H,ZWM,CW—直列式喷油泵(尺寸由小到大);PF—独立喷油泵;VE—轴向柱塞泵;VR—径向柱塞泵;UIS—泵喷嘴系统;UPS—单体泵系统;CR—共轨系统

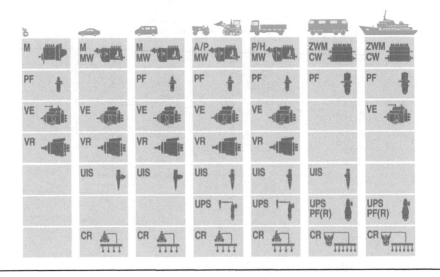

§12.5　商用车的共轨系统

12.5.1　供油

(1)预供油

轻型货车的共轨系统与乘用车共轨系统的区别很小。电子燃油泵或齿轮泵被用于预供油。在重型货车的共轨系统上,只使用齿轮泵将燃油输送到高压泵(相关内容可以参考"低压级供油"章节中的"齿轮燃油泵"一节)。预供给泵通常通过法兰连接被安装在高压泵上(见图 12-10 和图 12-11)。在许多应用中,预供给泵被安装在发动机上。

(2)燃油滤清

与乘用车相反,商用车共轨系统的燃油滤清器(细滤器)被安装在压力侧。因此,需要一个外部进油口,特别是在齿轮泵通过法兰与高压泵连接的情况下。

12.5.2　商用车共轨系统的系统示意图

图 12-12 所示为一台六缸商用车柴油机中共轨系统的所有组件。根据车型及其应用,有些组件可能未配备。

为了简化图示,只把传感器和设定点生成器图示在它们的实际安装位置上,因为其安装位置可以帮助读者对整个系统有更好的理解。

不同部分之间的数据交换是通过"接口"B部分中的CAN总线进行的。"接口"B部分包括,例如变速箱控制、牵引控制系统(TCS)、电子稳定程序(ESP)、油品传感器、行驶里程表、主动巡航控制(ACC)、制动调节器等多达30个ECU。交流发电机(18)和空调系统

(17)同样也可以与CAN总线相连。

图示了废气处理装置的3个系统,包括主要针对美国市场的柴油机微粒滤清器(DPF)系统、主要针对欧洲市场的选择性催化还原(SCR)系统,以及它们的组合系统。

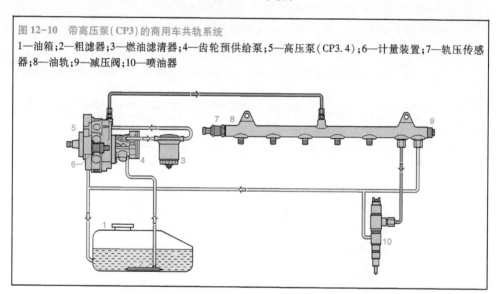

图12-10 带高压泵(CP3)的商用车共轨系统

1—油箱;2—粗滤器;3—燃油滤清器;4—齿轮预供给泵;5—高压泵(CP3.4);6—计量装置;7—轨压传感器;8—油轨;9—减压阀;10—喷油器

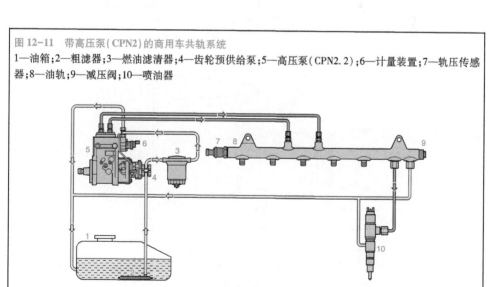

图12-11 带高压泵(CPN2)的商用车共轨系统

1—油箱;2—粗滤器;3—燃油滤清器;4—齿轮预供给泵;5—高压泵(CPN2.2);6—计量装置;7—轨压传感器;8—油轨;9—减压阀;10—喷油器

图 12-12 商用车共轨柴油喷射系统

发动机、发动机管理、高压燃油喷射组件

22—高压油泵;29—发动机 ECU;30—油轨;31—轨压传感器;32—喷油器;33—继电器;34—辅助装置(如减速器,用于发动机制动的排气瓣,以及起动电动机、风扇);35—柴油机(DI);36—预热塞(格栅加热器可选);M—转矩

A 传感器和设定点生成器

1—踏板行程传感器;2—离合器开关;3—制动器触点(2);4—发动机制动触点;5—驻车制动触点;6—操作开关(如车速控制器、中速调节开关、转速和转矩开关);7—起动机开关("点火开关");8—涡轮增压器速度传感器;9—曲轴速度传感器(感应);10—凸轮轴速度传感器;11—燃油温度传感器;12—发动机温度传感器(冷却液回路中);13—增压空气温度传感器;14—增压压力传感器;15—风扇转速传感器;16—空气滤清器压差传感器

B 接口

17—空调压缩机及其操作单元;18—交流发电机;19—故障诊断接口;20—选择性催化还原(SCR)控制单元;21—空气压缩机

CAN 控制器局域网(车载串行数据总线)(最多 3 条数据总线)

C 供油系统(低压级)

23—燃油预供给泵;24—带水位和压力传感器的燃油滤清器;25—控制单元冷却器;26—带粗滤器的燃油箱;27—减压阀;28—油位传感器

D 进气系统

37—废气再循环冷却器;38—节气门;39—含有废气再循环阀和位置传感器废气再循环定位装置;40—带冷起动旁路的中冷器;41—带位置传感器的废气涡轮增压器(在这种情况下,增压器采用可变几何涡轮);42—增压压力执行机构

E 废气处理系统

43—废气温度传感器;44—氧化型催化转化器;45—压差传感器;46—具有催化涂层的微粒过滤器;47—烟度传感器;48—油位传感器;49—还原剂箱;50—还原剂泵;51—还原剂喷射器;52—氮氧化物(NO_x)传感器;53—SCR 催化转化器;54—氨气(NH_3)传感器

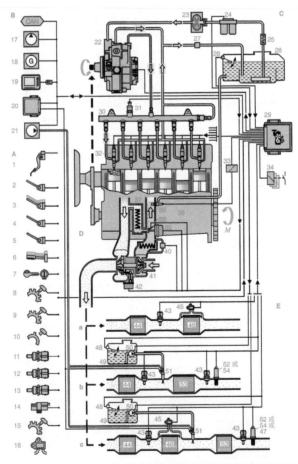

第十三章　共轨系统的高压部件

共轨系统的高压部件可分为3个部分：压力生成、压力存储和燃油计量。压力生成由高压油泵完成。压力被存储在装有轨压传感器、压力控制阀和减压阀的油轨中。喷油器的功能是进行喷油正时和计量喷射的燃油量。高压油路连接以上3部分。

§13.1　概　　述

不同时代共轨系统的主要区别在于高压泵和喷油器的设计及所要求的系统功能（见表13-1和图13-1）。

表13-1　共轨系统概述

共轨系统	最大压力/bar	喷油器	高压泵
第一代乘用车	1 350~1 450	电磁阀喷油器	CP1 由压力控制阀在高压侧进行控制
第一代商用车	1 400	电磁阀喷油器	CP2 由两个电磁阀控制吸入侧燃油传输
第二代乘用车和商用车	1 600	电磁阀喷油器	CP3,CP1H 由计量装置控制吸入侧燃油传输
第三代乘用车	1 600 （将来会达到1 800）	压电直列喷油器	CP3,CP1H 由计量装置控制吸入侧燃油传输
第三代商用车	1 800	电磁阀喷油器	CP3.3NH 计量装置

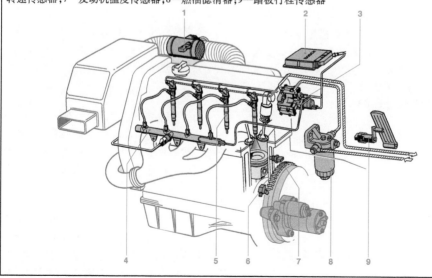

图13-1　共轨燃油喷射系统（以四缸柴油机为例）
1—热膜空气流量计；2—发动机电控单元（ECU）；3—高压泵；4—高压蓄能器（油轨）；5—喷油器；6—曲轴转速传感器；7—发动机温度传感器；8—燃油滤清器；9—踏板行程传感器

▲ 知识介绍

洁净度要求

清洁质量

为了大幅提升新组件(例如高压柴油喷射系统的共轨系统)的性能,要求极高的机加工精密度及更加严格的公差和配合。生产过程中的颗粒残留可能会导致严重磨损,甚至造成组件完全失效。因此,对清洁质量有较高的要求和严格的公差,而颗粒尺寸容许值持续降低。

在生产过程中,部件清洁质量目前由光学显微镜图像分析系统进行测定。该系统可提供有关颗粒尺寸分布的信息。此外,其他信息(如颗粒性质及其化学成分)被用于开发创新型清洗工艺。此类信息是通过电子显微镜获取的。

颗粒分析系统

BOSCH(博世)采用基于扫描式电子显微镜(SEM)的颗粒分析系统。在遵循产品原则的情况下对颗粒进行自动化分析。分析结果显示了颗粒粒度分布、化学成分及单个颗粒的图像。使用此信息系统可以确定颗粒的来源。分析完成后,可以采取措施避免、降低或冲洗某些类型的颗粒。因此,这些解决方案并不基于在生产中采用更多的清洁技术,而是基于在生产过程中避免和降低残留污物的相关技术。

自动化颗粒分析系统提供了洁净度分析工艺,可产生有关残留污物类型的重要信息。颗粒及其来源的精确识别对于开发新型清洗技术来说尤为重要。

▶ 颗粒分析系统的原理

颗粒分析过程的演化

颗粒	微粒
	最大 <1 μm
光学显微镜	电子显微镜

信息量增加 →

——颗粒数	——EDX 分析
——粒度分布	——颗粒数
	——粒度分布
	——高精密度(焦深)

电子光束及其特性(见图 13-2)

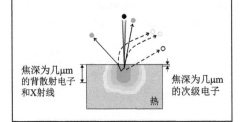

图 13-2 电子光束及其特性
- 初级电子光束 20 kV
- 发射至背散射电子(BSE)探测器的背散射电子(最高 20 keV)
- 发射至次级电子(SE)探测器的次级电子(几 keV)
- 发射至 X 射线能谱仪(EDX)的 X 射线(最高 10 keV)

焦深为几 μm 的背散射电子和X射线　　焦深为几 μm 的次级电子　　热

电子光束与采样之间交互作用的探测

次级电子(SE)探测器
采样表面次级电子被转换成图像信号
—表面外塑图像[反射电子显微镜(REM)图像]

背散射电子(BSE)探测器
背散射电子被转换为图像信号。
→相成分
→TOPO 模式外塑图像

X 射线能谱仪(EDX)
特有的 X 射线被转换成"能量色散"光谱。
→化学元素的确定

§13.2 喷 油 器

共轨柴油喷射系统的喷油器是通过较短的高压油管与油轨相连的。喷油器与燃烧室是通过铜垫片密封的。喷油器通过锥形锁套被固定在气缸盖内。共轨系统的喷油器是被垂直,还是被倾斜安装于直喷柴油机中,取决于喷嘴的设计。

共轨喷油系统的特点之一是燃油喷射压力的形成与发动机转速、喷油量无关。喷油开始时刻和喷油量由电子触发喷油器控制。喷油时间由电子柴油机控制系统(EDC)的转角或时间系统控制。这就需要使用传感器检测曲轴位置和凸轮轴位置(相位检测)。

为了降低废气排放并不断满足对柴油机降噪的要求,柴油机必须在缸内形成最佳的混合气,因此需要具有极少预喷油量和多次喷射能力的喷油器。

目前批量生产的喷油器可分为以下3种类型:
- 带有一块衔铁的电磁阀喷油器;
- 带有两块衔铁的电磁阀喷油器;
- 带有压电致动器的喷油器。

13.2.1　电磁阀喷油器

(1) 设计

可以把喷油器进一步细分为很多功能模块:
- 孔型喷嘴(参见"喷油嘴"一节);
- 液压伺服系统;
- 电磁阀。

来自共轨高压的燃油进入喷油器高压接头(13)[见图13-3(a)]后就分为两路。一路经过通道被输送到喷嘴,而另一路经过进油节流孔(14)被输送到阀门控制室(6)。阀门控制室通过一个被电磁阀打开的出油节流孔(12)与回油孔(1)相连。

(2) 工作原理

在发动机和高压泵运转的情况下,可把喷油器的功能分为以下4种工作状态:
- 喷油器关闭(在高压作用下);
- 喷油器开启(喷油开始);

图 13-3　电磁阀喷油器(功能示意图)

(a) 静止位置;(b) 喷油器打开;(c) 喷油器关闭

1—回油孔;2—电磁线圈;3—超行程弹簧;4—电磁线圈衔铁;5—阀球;6—阀门控制室;7—喷嘴弹簧;8—喷嘴针阀的压肩;9—腔室容积;10—喷油孔;11—电磁阀弹簧;12—出油节流孔;13—高压接头;14—进油节流孔;15—阀门柱塞(控制柱塞);16—喷嘴针阀

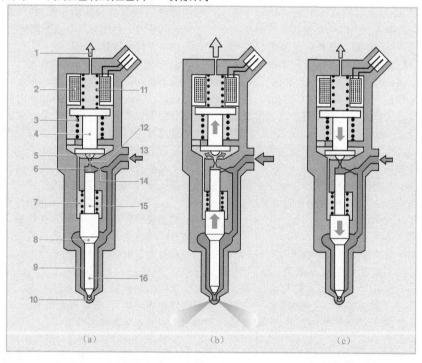

(a)　　　　(b)　　　　(c)

- 喷油器全开；
- 喷油器关闭（喷油结束）。

这些工作状态取决于施加在喷油器各个组件上的力的平衡。当发动机不工作，油轨中没有压力时，喷嘴弹簧将喷油器关闭。

① 喷油器关闭（静止位置）

当喷油器处于静止位置时，喷油器未被触发［见图 13-3(a)］。电磁阀弹簧(11)将阀球(5)压到出油节流孔(12)的密封座上。阀门控制室中的压力随即升高，直到与共轨的压力相等。向喷嘴的腔室容积(9)施加相同的压力。此时，共轨压力对控制柱塞(15)端面施加的作用力加上喷嘴弹簧(7)的弹簧力，始终大于施加在喷嘴针阀的压肩(8)上的开启力，因此喷嘴保持在关闭位置。

② 喷油器开启（喷油开始）

开始时，喷油器处在静止位置。电磁阀通过启动电流被触发，从而将电磁阀迅速打开［见图 13-3(b)］。通过在高电压和高电流下在 ECU 中控制电磁阀的触发，可实现快速开启所需的时间。

此时，被触发电磁阀上的磁力超过了电磁阀弹簧的作用力。衔铁将球阀从密封座上升起，并打开了出油节流孔。在很短的时间内，升高的启动电流就会降低到电磁铁中较低保持电流的水平。当出油节流孔打开时，燃油就从阀门控制室流入上方的孔腔，再从那里通过回油管流回到燃油箱。进油节流孔(14)防止了全面的压力补偿。结果是，阀门控制室内的压力下降。阀门控制室内的压力降至低于喷嘴室内燃油压力的水平，仍然与油轨中的压力相等。由于阀门控制室中的压力降低使得作用在控制柱塞上的力减小，喷嘴针阀开启，喷油开始。

③ 喷油器完全开启

喷油针阀的移动速度取决于通过出油节流孔和进油节流孔的燃油流量差。然后，控制柱塞到达其上止点位置并停留在油垫上（液压停止）。油垫是燃油在进油节流口和出油节流孔之间流动所产生的。此时，喷油器的喷嘴已经完全打开，燃油以接近油轨内压力的压力被喷入燃烧室。

喷油器内力的平衡与开启阶段相似。在给定系统压力的情况下，喷油量与电磁阀打开的时长成正比，而与发动机或者油泵的转速没有任何关系（基于时间的喷射系统）。

④ 喷油器关闭（喷油结束）

一旦电磁阀不再触发，阀弹簧就会迫使衔铁向下运动，球阀促使出油节流孔关闭［见图 13-3(c)］。出油节流孔的关闭导致控制腔内燃油压力再次升高到流经进油节流孔的油轨压力水平。这时应通过高压向控制柱塞施加较大的作用力。阀门控制室上的力和喷嘴弹簧力超出了作用在喷嘴针阀上的力，喷嘴针阀关闭。进油节流孔的流量决定了喷嘴针阀的关闭速度。当喷嘴针阀靠在其底座上时，喷油循环结束，喷嘴关闭。

由于电磁阀不能直接产生快速开启喷嘴针阀所需的力，因此可通过液压伺服系统这种间接的方式触发喷嘴针阀。所需的除喷油量之外的"控制容积"通过控制腔内的节流孔到达回油管。

除控制容积外，还有流经喷嘴针阀与止回阀柱塞导座的渗漏容积。控制容积和渗漏容积通过回油管和包括溢流阀、高压泵及压力控制阀在内的共用管路与燃油箱相连。

(3) 不同的特性图

① 带燃油量平缓曲线的特性图

喷油器的特性图有弹道和非弹道模式两种。如果车辆工作时电磁阀的触发时间足够长，则阀门柱塞或者喷嘴针阀单元就能到达液压限位器［见图 13-4(a)］。喷嘴针阀到达最大行程之前的部分被称为弹道模式。

燃油量特性图中的喷油量的弹道区域和非弹道区域，即在触发期间施加的喷油量［图 13-4(b)］是通过特性图中的弯折区分开的。

燃油量特性图的另一个特点就是在很短的触发时间内会出现平缓曲线。这段曲线是在开启时由于电磁衔铁回跳导致的。在这一区间内，喷油量与触发时间无关。这样就允许少量的喷油量被表示为稳定状态。只有在衔铁停止回跳之后，随着触发时间越来越长，喷油量曲线才会继续线性增长。

少量燃油的喷射（较短的触发时间）被用作预喷射，以抑制发动机噪声；而二次喷射能够在操作曲线的选择区间内促进碳烟的氧化。

图 13-4　带升程限制器的喷油器的针阀升程和喷油量特性图

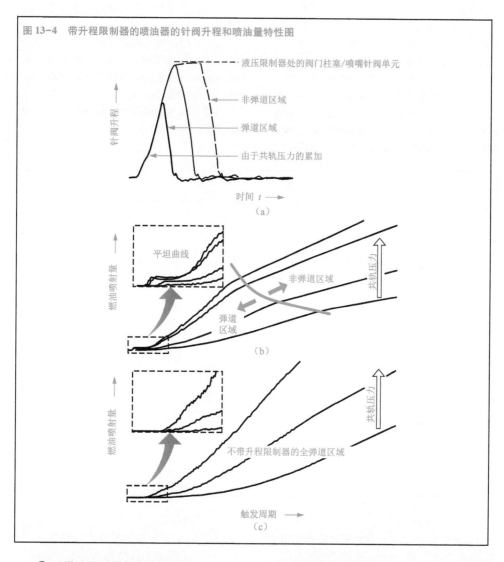

（a）

（b）

（c）

② 无燃油量平缓曲线的特性图

日趋严格的排放控制法规要求使用下列两种系统功能：喷油器输出补偿（IMA）和零油量标定（NMK），以及在预喷射、主喷射和二次喷射期间缩短时间间隔。对于没有平缓曲线区间的喷油器来说，IMA 能够对新的预喷射进行精确调节。NMK 能够矫正低压区间内喷油量随时间的偏离量。能够实现这两个功能的关键条件是喷油量必须保持定常线性增加，即在燃油量特性图上没有平缓曲线［见图 13-4（c）］。如果阀门柱塞或喷嘴针阀同时在没有提升限制器的情况下以标准模式运行，就能够使阀门柱塞工作在完全的弹道模式下并且喷油量曲线没有弯折。

（4）不同种类的喷油器

有两种不同工作原理的电磁阀喷油器：

● 带有一块衔铁的喷油器（单弹簧系统）；

● 带有两块衔铁的喷油器（双弹簧系统）。

关闭时若衔铁能够快速返回到其静止位置，则可确保燃油喷射的时间间隔较短。含有两块衔铁的喷油器能够通过超行程限制器很好地实现上述条件。在关闭过程中，通过强制锁定使衔铁向下移动。衔铁片从最低点上升的高度受限于超行程限制器。这样，衔铁就能更快地回到静止位置。通过脱离衔铁的质量以及调整设置参数能够使衔铁在关闭时较快地结束回跳。这样含有两块衔铁的喷油器就能更为容易地实现时间间隔较短的两次喷射。

（5）电磁阀喷油器的触发

当喷油器处于静止位置时，处于高压状态的电磁阀因未被触发而处于关闭状态。电磁阀开启时喷油器喷油。

可以将触发电磁阀的过程分为 5 个阶段（见图 13-5 和图 13-6）。

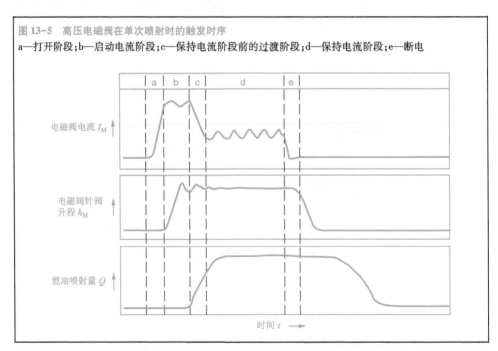

图 13-5　高压电磁阀在单次喷射时的触发时序
a—打开阶段；b—启动电流阶段；c—保持电流阶段前的过渡阶段；d—保持电流阶段；e—断电

① 打开阶段

在初始阶段，为了确保紧密度公差和喷油量的高度可再现性，开启电磁阀的电流曲线的特点是，其是一条陡的精确定义的侧翼，并且电流能快速增长到最大 20 A 左右。这是通过最高 50 V 的升压电压实现的。升压电压在控制器内产生并被储存在电容器中（升压电容器）。当升压电压作用于电磁阀时，电磁阀电流增大的速度是只使用电池电压时的数倍。

② 启动电流阶段

在启动电流阶段，电池电压作用于电磁阀，使其迅速开启。电流控制器将启动电流限制在 20 A 左右。

③ 保持电流阶段

为了减少 ECU 和喷油器的功率损失，在电流保持阶段电流会降到 13 A 左右。启动电流和保持电流降低时可用能量被储存在升压电容器中。

④ 断电

在切断电流以关闭电磁阀时，电路中剩余的能量也被储存到升压电容器中。

⑤ 升压斩波器再充电

再充电发生于集成在 ECU 中的升压斩波器中。在达到开启电磁阀所需的初始电压之前，启动阶段开始时，开启阶段获得的能量会被用于重新充电。

图 13-6　共轨系统:气缸组触发阶段的分段图
(a) 打开阶段;(b) 启动电流阶段;(c) 保持电流阶段前的过渡阶段;(d) 保持电流阶段;
(e) 断电;(f) 升压斩波器再充电
1—电池;2—电流控制器;3—高压电磁阀的电磁线圈;4—升压器开关;5—升压电容器;6—被用于能量回收和高速淬火的自振荡二极管;7—气缸选择开关;8—DC/DC 开关;9—DC/DC线圈;10—DC/DC 二极管;I—电流

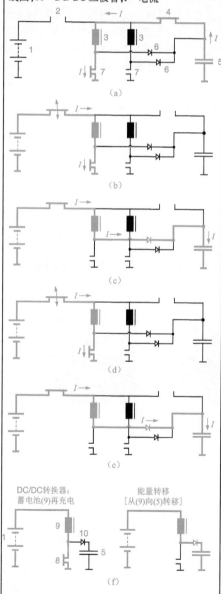

13.2.2　压电直列喷油器

（1）设计和要求

压电直列喷油器的设计可分为以下几个主要模块(可参见图 13-7):

图 13-7　压电直列喷油器的构造
1—回油口;2—高压接头;3—压电执行器模块;4—液力耦合器;5—伺服阀(控制阀);6—带喷嘴针阀的喷嘴模块;7—喷孔

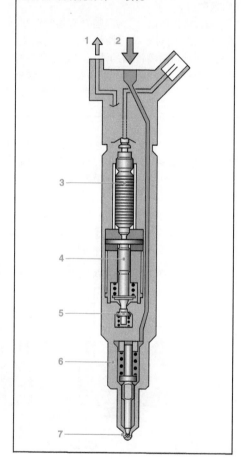

- 执行器模块(3);
- 液力耦合器(4);
- 控制阀或伺服阀(5);
- 喷嘴模块(6)。

喷油器的设计考虑到包括执行器、液力耦合器和控制阀在内的执行器链中很高的整体刚度要求。另一个设计特点是避免了作用在喷嘴针阀上的机械力。这种机械力导致在之前的电磁阀喷油器上采用推杆。与电磁阀喷油器系统相比,这种设计作为整体能够有效降低运动质量和摩擦,因此,与传统系统相比,能够增强喷油器的稳定性。

此外,这种喷油系统能够在非常短的时间间隔内实现多次喷油("零液压")。为了满足发动机工作点的要求,燃油计量操作的次数和参数配置说明每个喷油循环最多可进行(5)次喷射。

通过将伺服阀(5)与喷嘴针阀连接起来,可以实现针阀对于执行器操作的直接响应。触发电启动与喷嘴针阀的液压响应之间的延迟约为150 μs。这能够满足喷嘴针阀的快速运动与极少量可再生喷油量相互矛盾的要求。

基于上述原理,压电喷油器还含有从高压部分通往低压部分的细小的直接渗漏点。这样能提高整个系统的液压效率。

(2) 工作原理

① 共轨喷油系统中二位三通伺服阀的功能

压电直列喷油器的喷嘴针阀由一个伺服阀间接控制。所需的喷油量是通过伺服阀的触发时间控制的。当伺服阀处于未被触发的状态时,执行器处于起始位置,而伺服阀处于关闭状态[见图13-8(a)]。也就是说,高压部分与低压部分是相互分离的。

图 13-8 伺服阀的功能

(a) 初始状态;(b) 喷嘴针阀打开(旁路通道关闭,使用出油节流口和进油节流口的标准功能);(c) 喷嘴针阀关闭(旁路通道打开,使用两个进油节流口的功能)

1—伺服阀(控制阀);2—出油节流口;3—控制腔;4—进油节流口;5—喷嘴针阀;6—旁路通道

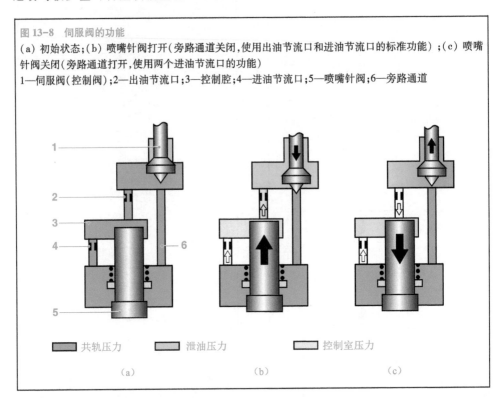

■ 共轨压力   ■ 泄油压力   □ 控制室压力

(a)   (b)   (c)

在控制腔(3)内的油轨压力作用下,喷嘴保持关闭状态。当压电致动器被触发时,伺服阀(1)开启并将旁路通道(6)关闭[见图13-8(b)]。出油节流口(2)和进油节流口(4)之间的流量比使控制腔内的压力降低,喷嘴针阀(5)打开。控制容积流经伺服阀(1)流至整个系统的低压回路。

为启动关闭过程,为执行器排气,伺服阀(1)将旁通通道打开。通过进油节流口和出油节流口(2)的换向重新充注控制腔,控制腔内的压力升高。当控制腔内的压力达到要求时,喷嘴针阀(5)开始移动,喷油过程结束。

与传统设计的喷油器相比,如推杆和两位两通阀,上述伺服阀的设计以及执行器系统更高的动力设计,使喷油时间大大缩短。这对降低尾气排放和提高柴油机的性能都非常有利。为了使发动机满足 EU4 标准要求,需要优化喷油器特性图,以实现对功能的修正[燃油输送补偿(IMA)和零流量标定(NMK)]。因此,可以任意选择预喷油量,而 IMA 可以通过使用全弹道模式使特性图中的喷油量分布范围最小化(见图 13-9)。

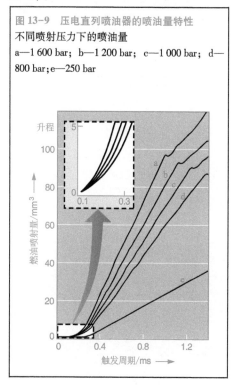

图 13-9 压电直列喷油器的喷油量特性
不同喷射压力下的喷油量
a—1 600 bar;b—1 200 bar;c—1 000 bar;d—
800 bar;e—250 bar

升程

燃油喷射量/mm³

触发周期/ms

② 液力耦合器的功能
压电直列喷油器中的另一个重要部件是液力耦合器(3)(见图 13-10)。其具有以下功能:

• 传递和放大执行器的行程。
• 补偿执行器和伺服阀之间的间隙(例如由于热膨胀引起)。
• 执行失效保护功能(即使电子分离失效,也能够安全地自动终止喷油)。

执行器模块和液力耦合器被浸于压力约为 10 bar 的柴油流中。当执行器未被触发时,液力耦合器中的压力与环境压力相等。温度造成的长度变化通过流经两个柱塞间导向间隙的少量渗漏燃油得到补偿。这样就可以始终保持执行器和开关阀之间的力偶。

为进行燃油喷射,需要向执行器施加一个 110~150 V 的电压,直至打破开关阀和执行器之间力的平衡。这会导致液力耦合器内的压力升高,少量的渗漏燃油从液力耦合器流出,经柱塞的导向间隙流入喷油器的低压回路。液力耦合器内压力的降低对于持续几毫秒的触发时间的喷油功能没有影响。

喷油结束时,需要对液力耦合器内失去的燃油量进行补充。在液力耦合器与喷油器低压回路之间的压差的作用下,燃油以相反的方向通过导向间隙流入液力耦合器。在下一个喷射循环开始之前,应调节导向间隙和低压级,以充注液力耦合器。

(3) 触发共轨压电直列喷油器
喷油器由发动机控制单元触发。发动机控制单元的输出级是专门为这种喷油器设计的。预先确定了一个基准触发电压作为设定工况点油轨压力的函数。在基准电压与控制电压有微小的偏差之前,会发出电压脉冲信号(见图 13-11)。压力升高成正比转换成压电执行器的行程。压电执行器的行程将通过液压转换使液力耦合器内的压力上升,直至开关阀的力平衡被打破,阀门随即打开。开关阀一到达末端位置,控制腔内作用在喷嘴针阀上的压力就开始下降,喷射结束,如图 13-11 所示。

图 13-10 液力耦合器的功能
1—低压油轨(带阀);2—执行器;3—液力耦合器(转换器)

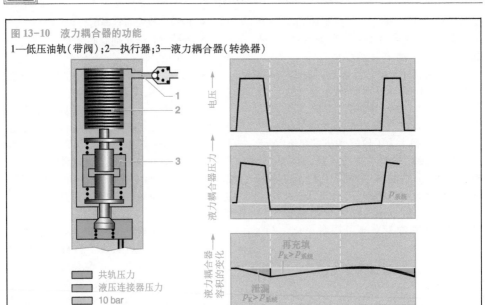

图 13-11 喷油时压电直列喷油器的触发时序
(a) 触发喷油器时的电压和电流曲线;(b) 阀升程曲线和液力耦合器压力;(c) 阀升程曲线和喷油速率

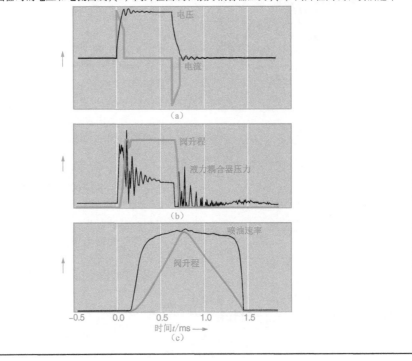

（4）压电直列喷油器的优点

- 能够实现多次喷油,且喷油开始时刻和喷油间隔时间可以灵活掌握;
- 预喷油量极少;
- 喷油器的尺寸小,质量轻(270 g,普通喷油器为490 g);
- 噪声低 [−3 dB(A)];
- 油耗较低(−3%);
- 废气排放较低(−20%);
- 发动机性能提升(+7%)。

▲ 知识介绍

压 电 效 应

1880 年,皮埃尔居里(Pierre Curie)和他的哥哥雅克居里(Jacques Curie)发现了压电效应。这一现象迄今为止仍鲜为人知,但在无数人的日常生活中是司空见惯的。例如,压电效应可使石英钟的指针走时准确。

某些晶体(例如石英和电石)具有压电性:在晶体表面,沿着某些轴线施加压缩力或伸长力,可诱发电荷。通过施加作用力转移彼此相对的晶体的正负离子,可使电极性升高[见图13-12(b)]。晶体内部所有电荷重心转移量可自动补偿,但在两个晶体端面之间会形成电场。压缩和拉伸晶体会产生反向电场。

另一方面,如果在晶体端面施加电压,则会产生逆相压电效应:电场中的正离子向负电极移动,而负离子向正电极移动。然后,取决于电场强度的方向,晶体会收缩或膨胀[见图13-12(c)]。

下列公式适用于压电场强 E_p:

$$E_p = \delta \Delta x/x$$

式中,$\Delta x/x$:相对压缩或拉伸量;δ:压电系数,数值为 $10^9 \sim 10^{11}$ V/cm

当施加电压 U 时,以下情况会导致长度 Δx 发生变化:$U/\delta = \Delta x$(以石英为例:当 $U = 10$ V 时,变形量约为 10^{-9} cm)。

图 13-12 压电效应

压电效应原理(用一个晶胞表示)

(a) 石英晶体 SiO_2。

(b) 压电效应:晶体被压缩时,负 O^{2-} 离子上移,正离子 Si^{4+} 下移:在晶体表面诱发电荷。

(c) 逆压电效应:施加电压后,O^{2-} 离子上移,Si^{4+} 离子下移:晶体收缩。

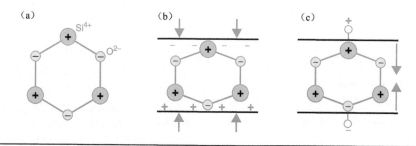

压电效应不仅适用于石英钟和压电直列喷油器,而且在很多其他工业领域有广泛的应用,既可以利用其直接效应,也可以利用其逆效应:

压电传感器被用于汽油发动机爆震控制。例如,采用压电传感器可检测作为燃烧爆震的一个特性的发动机高频振动。此外,将机械振动信号转变为电压信号也被用于电唱机或晶体传声器的晶体拾音器中。压电点火器(如在一个点火器中)引发的机械压力可产生电压,从而产生火花。

另一方面,如果在压电晶体上施加交流电压,则该晶体会产生与交流电压相同频率的机械振动。振荡晶体可被用作电子振荡电路的稳定装置,或被用作压电声源,以产生超声波。

在石英钟中,交流电压激励石英振荡,而交流电压的频率与石英的固有频率相同。这就是一个极端时间常量共振频率产生的方式。对于一个校准的石英钟来说,每年偏差量仅为1/1 000 s左右。

▲ 知识介绍

"电子学"这一术语从何而来?

"电子学"这个术语的起源可追溯到古希腊。对于古希腊人而言,"电子"就是琥珀。2 500 年以前,泰勒斯(Thales von Milet)发现琥珀与毛线或类似物体之间具有吸引力。

因此,电子就其本身而言,因其质量和电荷极小,因此运动速度极快。"电子学"这一术语直接源自"电子"这个词。

电子的质量对于1 g给定物质的影响极其微小,就如同重量为5 g的物质对于整个地球质量的影响一样微不足道。

"电子学"这个术语诞生于20世纪,但没有证据证明第一次引用该术语的确切时间。它可能是由电子管的发明者之一弗莱明爵士(Sir John Ambrose Fleming)于1902年左右提出的。

实际上,第一位"电子工程师"出现在19世纪。弗莱明爵士被列入1888年版《名人录》("Who's Who")中。该书出版于维多利亚女王统治年代,原书名为"Kelly's Handbook of Titled, Landed and Official Classes"。在"皇家授权证书持有者"标题下可以找到电子工程师这一职位。被列入该职位的人都获得了皇家授权证书。

电子工程师的职责是什么?他们负责确保宫廷中煤气灯的正常功能及其清洁工作。

那么,为什么冠以做这种工作的人这样华丽的头衔呢?因为在古希腊"电子"这个词具有闪耀、发光和闪烁等含义。

来源:
《电子学基本术语》("Grundbegriffe der Elektronik")——博世公司出版["Bosch Zünder"(博士公司新闻报纸)翻印],1988年。

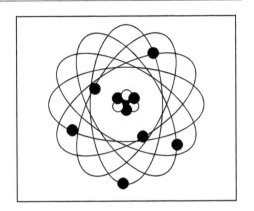

§13.3 高 压 泵

13.3.1 设计及要求

高压泵是低压级和高压级之间的接口。在发动机的所有工况下,高压泵负责在汽车的整个使用寿命期间提供充足的高压燃油。当发动机快速启动以及提高油轨压力时,高压泵还可提供燃油储备。

高压泵连续不断地产生高压储压器(燃油轨)中所需的恒定系统压力。该过程与燃油喷射无关。因此,与传统燃油喷射系统相比,在喷油过程中,未压缩燃油。

乘用车系统采用三柱塞径向活塞泵作为产生高压的高压泵,而商用车则采用两柱塞直列喷油泵作为高压泵。在柴油机上,高压泵更多地被安装在传统分配式喷油泵的安装位置。它由发动机通过联轴节、齿轮、链条或者齿形传动带驱动,因此其转速与发动机转速之比为一个固定的传动比。

高压泵内的泵柱塞对燃油进行压缩。高压泵每转发生3次供油行程,因此径向活塞泵会产生叠加供油行程(无间断供油),且驱动峰值转矩较低,泵驱动的载荷较均匀。

在乘用车系统中,转矩可达16 Nm,仅为同等级分配式喷油泵所需驱动转矩的1/9。因此,共轨喷油系统对泵驱动装置的驱动要求比普通喷油系统低。驱动喷油泵所需的动力随共轨压力和泵转速(供油量)的增加而增加。

排量为2L的柴油机,标称转速下牵引功率为3.8 kW,共轨压力为135 MPa(在机械效率约为90%的情况下)。与传统喷油系统相比,共轨系统较高的功率要求是由几方面原因导致的。主要原因是燃油泄漏和喷油器中的控制容积,还有一部分原因是在高压泵 CP1 中,燃油流经压力控制阀降至要求的系统油压值。

被用于乘用车的高压径向柱塞泵使用燃油进行润滑。商用车上的径向柱塞泵既可以用燃油进行润滑,也可以用机油进行润滑;而被用于商用车的两柱塞直列式喷油泵则采用机油润滑。采用机油润滑的高压泵对燃油的油品要求较低。

采用不同设计的高压泵被用于各种乘用车和商用车中。表 13-2 列出了 BOSCH 公司不同种类和系列的高压泵。它们的供油速度和供油压力各不相同。

表 13-2　BOSCH 公司共轨系统的高压泵

泵	压力/bar	润滑
CP1	1 350	燃油
CP12	1 350	燃油
CP1H	1 600	燃油
CP1H-OHW	1 100	燃油
CP3.2	1 600	燃油
CP3.2+	1 600	燃油
CP3.3	1 600	燃油
CP3.4	1 600	机油
CP3.4+	1 600	燃油
CP2	1 400	机油
CPN2.2	1 600	机油
CPN2.2+	1 600	机油
CPN2.4	1 600	机油
H——压力增大 +——供油速率较高 OHW——非公路用		

13.3.2　径向柱塞泵(CP1)

(1)设计

CP1 型高压泵的驱动轴(1)被安装在高压泵的中心轴承中(见图 13-13 中的 1)。泵油元件(3)与中心轴承呈径向布置,偏移

120°。偏心轮(2)被装在驱动轴(1)上,推动泵柱塞上下运动。

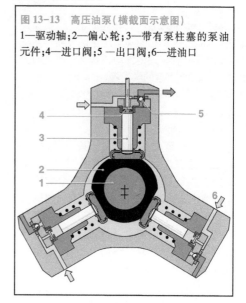

图 13-13　高压油泵(横截面示意图)
1—驱动轴;2—偏心轮;3—带有泵柱塞的泵油元件;4—进口阀;5 —出口阀;6—进油口

驱动滚筒使力在偏心轮轴和泵柱塞之间传递。偏心轮轴上还装有一个滑动环。柱塞底面上装有一个柱塞底板。

(2)工作原理

预供给泵(电子燃油泵或机械驱动齿轮泵)将燃油从燃油箱泵出,通过滤清器和水分离器进入高压泵的进油口(6)。乘用车系统的进油口位于乘用车系统的燃油泵中。齿轮泵与高压泵通过法兰连接。进油口后侧有安全阀。一旦预供给泵的供油压力超过安全阀的开启压力(0.5~1.5 bar),燃油就被压入高压泵的进口阀,进入高压泵的润滑和冷却回路。带有偏心轮的驱动轴使泵柱塞上下移动,以模拟偏心轮的升程。然后,燃油通过高压泵的进口阀进入分泵腔,泵柱塞向下运动(进气行程)。

当超过泵柱塞的下止点时,进口阀关闭。这样燃油就无法再从分泵腔中流出。然后压缩燃油,直至超过预供给泵的供油压力。只要压力达到油轨压力水平,出口阀(5)就会立即打开,被压缩的燃油将会流入高压回路。

泵柱塞将继续供油,直至达到上止点位置(供油行程)。此后,压力下降,出口阀关闭,剩余的燃油被减压,泵柱塞向下运动。

一旦分泵腔内的压力超过预供油压力，则进口阀将再次开启，泵油过程又重新开始。

（3）传动比

高压泵的供油量与其转速成正比。高压泵的转速取决于发动机转速。应在调节喷油系统与发动机的过程中确定发动机和高压泵之间的传动比，以限制多余的供油量。同时也全面满足了节气门全开（WOT）时对燃油的需要。因此，传动比通常为 1∶2 和 1∶3，具体视曲轴而定。

（4）供油率

由于高压泵是专为高供油量设计的，发动机在息速和部分低负荷的工作状态下，被压缩的燃油会有剩余。带 CP1 高压泵的第一代系统通常会使这部分多余的燃油经油轨上的压力控制阀流回油箱。当压缩的燃油膨胀时，压缩燃油产生的能量就损失掉了，从而导致总效率下降。燃油被压缩，然后膨胀，也会使燃油加热（见图 13-14）。

13.3.3　径向柱塞泵（CP1H）

（1）改型

通过控制燃油供给侧高压油泵的输油量可提高能效特性。流入泵油元件中的燃油是由一个无级变速电磁阀进行计量的（计量单元，ZME）。这个电磁阀能够使输送到油轨的燃油量与系统的需求量一致。这种燃油输送控制方式不仅能够降低对高压泵性能的要求，而且能够降低燃油的最高温度。这种为 CP1H 型高压泵的设计是从 CP3 型高压泵上借鉴而来的。

与 CP1 型高压泵相比，CP1H 型高压泵的设计压力高达 1 600 bar。这是通过加强驱动机构的强度，改进阀装置的设计，以及采取措施，以增加泵壳体的强度实现的。

计量单元（13）被安装在高压油泵上（见图 13-15）。

图 13-14　安装有压力控制阀的高压油泵（CP1）（3D 视图）
1—法兰；2—泵壳体；3—发动机缸盖；4—进口连接装置；5—高压入口；6—回油口；7—压力控制阀；8—管形销；9—轴封；10—偏心轮

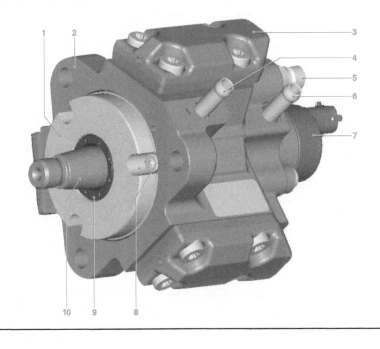

图 13-15　带有计量单元的高压油泵(CP1H)(部件分解图)

1—法兰;2—偏心轴;3—衬套;4—驱动辊;5—泵壳体;6—垫片;7—弹簧;8—发动机缸盖;9—回流接口;
10—溢流阀;11—进油接口;12—滤清器;13—计量单元;14—隔圈;15—泵柱塞

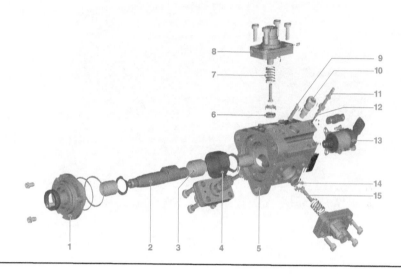

（2）计量单元(ZME)的设计

图 13-16 展示了计量单元的设计。由电磁力控制的柱塞根据其位置打开计量孔。

13.3.4　径向柱塞泵(CP3)

（1）改型

CP3 型高压泵通过计量单元(ZME)控制吸入侧的输油量。这一控制最先用于 CP3 型泵,而后也开始用于 CP1H 型泵。

CP3 型泵(见图 13-17)的设计原理与 CP1 型泵和 CP1H 型泵大体相同。主要的区别如下:

● 整体泵壳:这种结构降低了高压部分燃油泄漏点的数量,从而可以使燃油输送速度更快。

● 筒式挺杆:偏心轮驱动滚轴的横向运动产生的横向力并不是直接转移到泵柱塞,而是转移到壳体的筒形推杆上。这样,在负荷下,高压泵就具有更好的稳定性并能够承受较高的压力。据推测,其能承受的最高压力可达 1 800 bar。

图 13-16　计量单元的设计

1—电气插头;2—磁铁壳;3—轴承;4—带推杆的衔铁;5—线圈;6—油杯;7—残余气隙垫圈;8—磁芯;9—O 形环;10—带有控制槽的柱塞;11—弹簧;12—安全元件

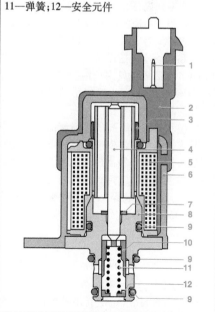

图 13-17   带有燃油计量单元和齿轮预供给泵的 CP3 型高压泵

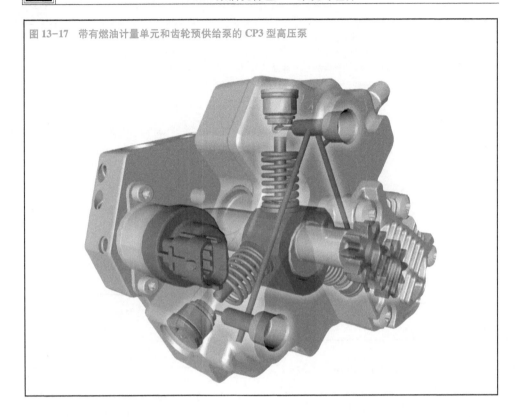

（2）变型

CP3 系列高压泵既用于乘用车，也用于商用车。根据所需的供油速度，CP3 系列高压泵具有多种型号。从 CP3.2 到 CP3.4，高压泵的尺寸和供油速度是递增的。采用机油润滑的 CP3.4 型高压泵只用于重型货车。在轻型货车和厢式货车上，一般使用的是专为乘用车设计的高压泵。

中型和重型货车高压泵系统的一个显著特点是将燃油滤清器安装在压力侧。燃油滤清器安装在齿轮泵和高压泵之间。在需要对其进行改变之前，其拥有较大的过滤存储容积。此外，即便齿轮泵通过法兰被安装在高压泵上，高压泵仍旧需要有一个进油的外部接口。

13.3.5 单列活塞泵（CP2）

（1）设计

采用机油润滑，可控制供油量的 CP2 型

高压油泵只用于商用车。CP2 型高压泵是一种直列式双柱塞泵。两个泵柱塞是相邻排列的（见图 13-18）。

一个具有较高传动比的齿轮泵被装在凸轮轴的延伸部分上。其功能是将油箱中的燃油泵出并输送到细滤器中。而后，燃油从细滤器经另一条油管进入被装在高压泵上部的计量单元。计量单元根据实际燃油需求量控制进入高压泵进行压缩的燃油量。其工作方式与最新一代共轨系统的高压泵相同。

通过 CP2 型高压泵上用法兰安装的或者侧向安装的入口供给润滑油。

驱动齿轮的传动比是 1∶2。因此，可以把 CP2 型高压泵与传统的直列式喷油泵安装在一起。

（2）工作原理

燃油进入泵油元件，经过压缩之后通过 CP2 型泵上的进/出阀被输送至油轨。

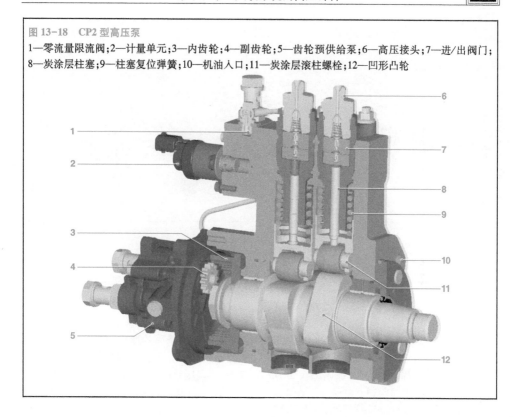

图 13-18 CP2 型高压泵
1—零流量限流阀;2—计量单元;3—内齿轮;4—副齿轮;5—齿轮预供给泵;6—高压接头;7—进/出阀门;
8—炭涂层柱塞;9—柱塞复位弹簧;10—机油入口;11—炭涂层滚柱螺栓;12—凹形凸轮

§13.4 油轨(高压蓄压器)

13.4.1 功能

高压蓄压器(油轨)的功能是使燃油保持高压状态。因此,蓄压器容积必须能够抑制由油泵和燃油喷射循环引发的燃油脉动所导致的压力波动。只有这样,才能够保证当喷油器开启时,油压保持恒定。一方面,蓄压器容积必须足够大,以满足上述要求;另一方面,蓄压器容积也必须足够小,以保证发动机启动时,燃油压力能够快速上升到足够高的水平。在设计阶段应进行仿真计算,以对其性能特征进行优化。

除了被用作高压蓄压器外,油轨还被用于分配进入喷油器的燃油量。

13.4.2 设计

为了满足各种各样发动机机架的要求,管型油轨有很多种设计(见图 13-19)可供选择。在其上可以安装轨压传感器(5)、卸压阀和压力控制阀(2)。

13.4.3 工作原理

高压泵输送的经过压缩的燃油经高压油管进入油轨进油口(4)。在此处,燃油被分配至各个喷油器(这就是"共轨"这一术语的由来)。

轨压传感器(5)对油压进行测量。压力控制阀(2)将油压控制在要求的压力范围内。卸压阀可以替代压力控制阀(2)。其功能是根据系统要求,将油轨压力限制在允许的最大压力范围之内。高度压缩的燃油经高压输油管进入喷油器。

油轨中的凹腔始终充满着高压燃油。可利用燃油在高压下的压缩性实现蓄压器效应。当燃油离开油轨,前往喷油器时,即使释放的燃油量很大,高压蓄压器内的压力实际上仍能够保持恒定。

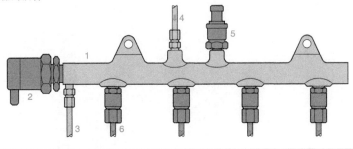

图 13-19　带有附件的共轨系统
1—油轨；2—压力控制阀；3—连接油轨和油箱的回油管；4—与高压油泵相连的进油口；5—轨压传感器；6—连接喷油器的油管

§13.5　高压传感器

13.5.1　应用

在汽车应用中，高压传感器被用于测量燃油和制动液的压力。

（1）柴油轨压传感器

在柴油发动机中，轨压传感器测量共轨蓄压型喷油系统的油轨压力。最大工作压力（标称值）p_{max} 为 160 MPa（1 600 bar）。燃油压力由一个闭环控制回路进行控制，且与负载发动机转速无关。燃油压力实际上可保持恒定。与设定点压力的任何偏差可通过一个压力控制阀进行补偿。

（2）汽油轨压传感器

从其名称可以看出，该传感器测量带汽油直喷功能 DI Motronic 系统中的油轨压力。压力是负荷和发动机转速的函数。压力值为 5~12 MPa（50~120 bar），在闭环轨压控制中被用作实际（测量）值。转速及负荷相关的设定点数值被存储在一个特性图中，并通过压力控制阀在油轨上进行调节。

（3）制动液压力传感器

这种高压传感器被安装在作为电子稳定程序（ESP）的这种行驶安全系统的液压调节器中，被用于测量制动液压力。该压力通常为 25 MPa（250 bar）。最大压力 p_{max} 可高达 35 MPa（350 bar）。压力测量和监控由 ECU 触发，ECU 还对反馈信号进行评估。

13.5.2　设计和工作原理

传感器的核心是一个钢膜片。其上的电阻应变片以桥接电路的形式气相沉积在桥接电路上（图 13-20 中的 3）。该传感器的压力测量范围取决于膜片厚度（较厚的膜片适用于较高的压力，而较薄的膜片适用于较低的压力）。当压力通过压力管接头（4）被施加到膜片的一个表面上时，桥接电阻的阻力会由于膜片变形（约 20 μm，在 1 500 bar）而发生变化。

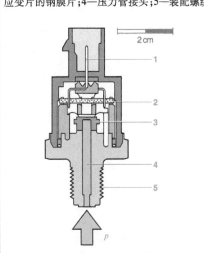

图 13-20　高压传感器
1—电气接头（插座）；2—评估回路；3—带电阻应变片的钢膜片；4—压力管接头；5—装配螺纹

电桥产生的0~80 mV的输出电压被传导到一个评估电路上,将电压放大到0~5 V。这被用作ECU的输入,指的是压力计算时存储的一条特征曲线(图13-21)。

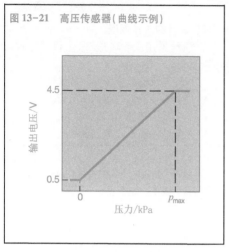

图 13-21 高压传感器(曲线示例)

§13.6 压力控制阀

13.6.1 功能

压力控制阀的功能是根据发动机的负荷情况调节并保持油轨的油压。

- 油轨压力过高时压力控制阀打开。此时部分燃油从油轨通过一个共用油路流回油箱。

- 油轨压力过低时压力控制阀关闭。这样就能将高压一侧与低压一侧隔离开。

13.6.2 设计

压力控制阀(见图13-22)带有一个安装凸缘。其与高压泵或者油轨相连。衔铁(3)将一个球阀(6)压紧在电磁阀罩(4)上,从而能够隔离高压级和低压级。这是通过阀弹簧(2)和电磁线圈(5)的共同作用将电磁衔铁(3)压下的。

燃油在整个电磁衔铁(3)周围流动,起到润滑和冷却的作用。

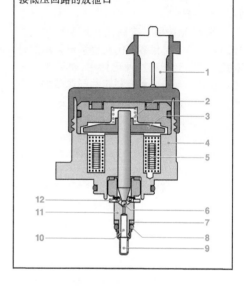

图 13-22 压力控制阀 DRV1(截面视图)
1—电气接头;2—阀弹簧;3—衔铁;4—阀罩;5—电磁线圈;6—球阀;7—支撑环;8—O形环;9—滤清器;10—高压输油管;11—阀体;12—连接低压回路的放泄口

13.6.3 工作原理

压力控制阀有两个闭合的控制回路:

- 一个是慢速的闭合电控回路,被用于调节油轨中可变的平均压力。

- 另一个是快速的液力控制回路,被用于平衡高频压力脉冲。

(1)压力控制阀未启用

油轨或高压泵出口处的高压通过高压输油管被施加在压力控制阀上。由于不断电的电磁阀不会产生作用力,所以高压力大于弹簧力,此时压力控制阀会根据供油量打开或大或小的开口。弹簧的尺寸应能保持100 bar左右的压力。

(2)压力控制阀启用

当高压回路中的压力需要增加时,电磁铁产生的磁力与弹簧力共同作用。压力控制阀启用,然后关闭,直到燃油高压与电磁铁和弹簧产生的合力再次达到平衡为止。在这个工作点,压力控制阀保持部分打开状态,并保持恒定压力。通过改变阀体的孔径可补偿高压泵产生的燃油流量变化和喷油器导致的油轨中燃油回流。电磁力与控制电流成正比。控制电流通过脉宽调制进行调节。1 kHz 的脉冲频率已经足够高,足以防止电枢的反向运动或油轨中的压力波动。

13.6.4 设计

DRV1 是被用于第一代共轨系统的压力控制阀。第二代和第三代共轨系统采用的是双执行器设计。在这种设计中,轨道压力是通过计量单元和压力控制阀共同调节的。在这种情况下,无论是采用 DRV2,还是 DRV3,都能产生更高的压力。这种控制策略能够降低燃油加热程度,从而不再需要燃油冷却器。

DRV2/3(见图 13-23)与 DRV1 的不同之处有以下几点:

- 对高压接口进行的是硬密封(对接边)。
- 对磁路进行了优化(减少能量消耗)。
- 灵活的安装方法(插接方向自由)。

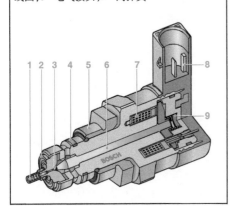

图 13-23 压力控制阀 DRV2
1—滤清器;2—对接边;3—球阀;4—O 形环;5—带弹性挡圈的接头螺栓;6—衔铁;7—电磁线圈;8—电气接头;9—阀弹簧

§13.7 减 压 阀

13.7.1 功能

减压阀与限压阀功能相同。目前最新的内部减压阀都具有集成的跛行回家功能。减压阀被用来限制油轨中的油压,当燃油压力超过某个限值时,通过排油泄压限制压力。跛行回家功能可确保油轨中保持一定的压力,以使车辆持续正常运转。

13.7.2 设计和工作原理

减压阀(见图 13-24)是一个机械组件。其由以下几部分组成:

- 带有螺纹的阀罩与油轨螺纹连接。
- 一个连接油箱的燃油回流管。
- 一个可移动柱塞(2)。
- 一个柱塞复位弹簧(5)。

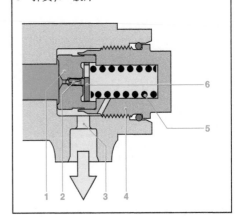

图 13-24 减压阀 DBV4
1—阀嵌座;2—阀柱塞;3—低压部分;4—阀罩;5—弹簧;6—膜片

在与油轨螺纹连接的阀罩末端开有一个孔,通过阀罩内靠在阀座上的柱塞末端的锥形接头对该孔进行密封。在正常的工作压力下,弹簧将柱塞压在阀座上,以保持油轨密封。只有在压力升高并超过最大系统压力时,在油轨压力的作用下柱塞才将弹簧顶起,此时开始泄压。燃油通过一段通道流入柱塞的中心孔中并最终通过共用管路流回油箱。阀门打开后,燃油能够从油轨流出,从而使油轨压力降低。

第十四章 喷 油 嘴

喷油嘴将燃油喷射到柴油机的燃烧室内。它是实现高效油气混合和燃烧效率的决定因素,因此对发动机特性、排放特性以及噪声具有根本性的影响。为了尽可能高效地执行喷油嘴的功能,在设计喷油嘴时必须使其与相应的燃油喷射系统和发动机相匹配。

喷油嘴是燃油喷射系统的核心部件,因此对其设计师有很高的专业技术知识要求。喷油嘴在以下几方面起着重要作用:

- 修正流量曲线(相对曲轴转角的精确的压力变化过程和燃油分配过程);
- 优化燃烧室内的燃油分配和雾化过程;
- 将燃油喷射系统与燃烧室隔离开。

由于喷油嘴有一部分暴露在燃烧室内,因此这部分将会承受来自发动机和燃油喷射系统恒定的机械脉动负荷和热负荷。流经喷油嘴的燃油也必须进行冷却。发动机过度运转或不喷射燃油时,喷油器的温度会急速上升。因此,喷油嘴必须具备足够的抗高温能力,以应对这些高温条件。

在基于直列式喷油泵(PE 型)、分配式喷油泵(VE/VR 型)、单体泵(UP 型)的燃油喷射系统中,喷油嘴和喷油器体组合在一起形成喷油器体组件(见图 14-1)并被安装在发动机上。在高压燃油喷射系统中,例如共轨(CR)、泵喷嘴(UI)系统中,喷油嘴是一个独立的完整单元,因而不需要喷油器体。

非直喷式发动机(IDI)采用轴针式喷油嘴,而直喷式发动机则采用孔式喷油嘴。

喷油嘴在油压作用下打开。喷油嘴开启、燃油喷射持续时间以及流量曲线(喷油模式)是燃油喷射量最基本的决定性因素。当燃油压力下降时,喷油嘴必须能够快速而可靠地关闭。关闭压力必须至少超过最大燃烧压力 40 bar,以避免不希望的后期喷油,或者燃烧室燃气进入喷油嘴。喷油嘴的设计必须

根据其要匹配的发动机型号针对以下方法确定:

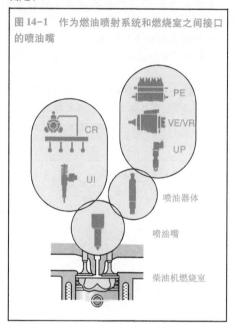

图 14-1 作为燃油喷射系统和燃烧室之间接口的喷油嘴

- 喷射方法(直喷式还是非直喷式);
- 燃烧室几何形状;
- 所需的喷射形状和方向;
- 所需的燃油射流形态和方向;
- 所需的相对于曲轴旋转的燃油喷射量。

标准化的尺寸和组合,满足了所需的适应程度和组件差异性最小化的要求。由于具有优良的性能以及较低的油耗,因此几乎所有的新型发动机都采用直喷式设计(因此也采用孔式喷油嘴)。

▲ 知识介绍

柴油机燃油喷射技术

柴油机燃油喷射技术是一种高端技术。

在一台商用车喷油嘴的使用寿命期内，其喷嘴针阀开启和关闭的次数超过 10 亿次，能在 2 050 bar 的高压条件下可靠密封，同时还能承受许多其他应力，例如：

- 快速打开或关闭时引发的振动冲击（在轿车中如果存在预喷射和后期喷射，振动冲击可能会达到 10 000 次/min）。
- 燃油喷射过程中与流动相关的应力较高。
- 燃烧室的压力和温度。

下面的实例和图示显示了现代喷油嘴的功能特性：

- 燃油喷射室的压力可以达到 2 050 bar。这个压力相当于一辆豪华轿车压在一个指甲盖大的面积上的重量所产生的压力。

- 喷射持续时间为 1~2 ms。在 1 ms 中，扬声器发出的声波仅能传播 33 cm 左右。
- 一个轿车发动机的喷油量在 1 mm² （预喷射）到 50 mm²（全负荷供油）之间；对于商用车这个数值为 3 mm²（预喷射）到 350 mm²（全负荷供油）之间；1 mm² 相当于半个针头大小，而 350 mm² 相当于 12 个大雨滴的大小（每个雨滴 30 mm²）。这些燃油需要以 2 000 km/h 的速度在仅 2 ms 内通过不足 0.25 mm² 的喷油孔。
- 针阀间隙为 0.002 mm（2 μm）。人类头发（0.06 mm）是这个间隙的 30 倍（见图 14-2）。

这些高精尖技术需要大量专业的开发人员以及材料、生产和测量技术支持。

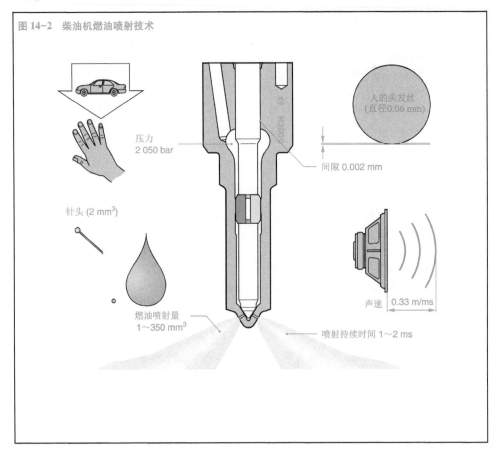

图 14-2　柴油机燃油喷射技术

人的头发丝
(直径0.06 mm)

压力
2 050 bar

间隙 0.002 mm

针头 (2 mm³)

燃油喷射量
1~350 mm³

声速　0.33 m/ms

喷射持续时间 1~2 ms

§14.1　轴针式喷油嘴

14.1.1　用途

轴针式喷油嘴被用于非直喷式（IDI）发动机,例如带有预燃室或涡流室的发动机。在这种类型的发动机中,燃油和空气的混合主要是在气缸内产生的涡流的作用下进行的。射流形态对这个混合过程也有辅助作用。由于直喷式发动机燃烧室内的峰值压力会顶开喷油嘴,因此轴针式喷油嘴不适用于直喷式发动机。有以下几种类型的轴针式喷油嘴可供使用:

- 标准轴针式喷油嘴;
- 节流轴针式喷油嘴;
- 扁平轴针式喷油嘴。

14.1.2　设计和工作原理

所有轴针式喷油嘴的基本设计都是大同小异的。它们之间的区别在于轴针（7）（见图14-3）的几何形状。喷油嘴体内部有一个喷嘴针阀（3）。针阀被弹簧力 F_F 和喷油嘴体的压力销压下,从而可将燃烧室与喷油嘴隔离。随着压力室（5）压力的上升,该压力作用在针阀压力肩（6）上,并产生向上的推力,将针阀顶起。此时轴针被提起并脱离喷油孔（8）,从而打开燃油喷入燃烧室的通道（喷油嘴开启,开启压力为 110～170 bar）。当压力下降时,喷油嘴再次关闭。因此,喷油嘴的开启和关闭都是由喷油嘴内的压力控制的。

14.1.3　不同的设计

（1）标准轴针式喷油嘴

如图14-3所示,标准轴针式喷油嘴的针阀（3）有一个与喷油孔（8）相匹配的具有较小间隙的喷嘴针阀（7）。通过改变针头的尺寸和几何形状,其产生的射流形态特性可以根据不同发动机的要求进行修改。

（2）节流轴针式喷油嘴

节流轴针式喷油嘴是轴针式喷油嘴的一种。其轴针的剖面形状可以产生一种特定的流量曲线。随着针阀的打开,首先会打开一个很窄的环形节流口,让极少量燃油通过（节流效应）。

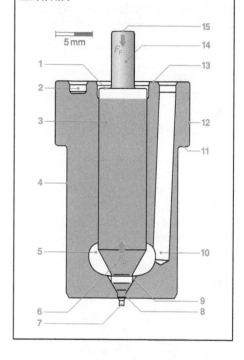

图 14-3　标准轴针式喷油嘴

1—行程限制轴肩；2—环形槽；3—喷嘴针阀；4—喷油器体；5—压力室；6—针阀压力肩；7—轴针；8—喷油孔；9—轴针座导入端；10—进油口；11—喷嘴体肩；12—喷嘴体环；13—密封面；14—压力顶杆；15—压力顶杆接触面；F_F—弹簧力；F_D—通过油压作用在针阀压力肩上的作用力

随着压力的升高,轴针会缩回,燃油通过的间隙尺寸也继续增大。只有轴针越来越接近上升行程的极限,才会喷射更高比例的燃油。通过这种方式改变流量曲线,由于燃烧室中的压力不会过快增大,能够形成"柔和"的燃烧过程,因此,燃烧噪声会在部分负荷范围内降低。这说明,与节流孔大小有关的轴针形状和喷油嘴体内的压力弹簧特性形成了期望的流量曲线。

（3）扁平轴针式喷油嘴

扁平轴针式喷油嘴（见图14-5）具有一个顶端带有扁平平面的轴针,并且随着喷油嘴开启（针阀升程刚刚开始）,会在环形节流孔中形成一个较宽的燃油通道。通过增加体积流率,可有效防止该处的沉淀物。因此,扁平轴针式喷油嘴积碳较少且分布更均匀。喷射孔和轴针之间的环形节流孔非常窄(<10 μm)。扁平平面频繁地与针阀轴线保持平行。通过设定平面的角度,体积流率 Q 可能会在流量曲线的平缓部分(见图 14-6)有所增加。这样,流量曲线中从初始阶段到全开阶段的曲线过渡将更加平滑,应对一些专门设计的轴针形状进行修改,以满足特殊的发动机需求,因此降低了部分负荷范围内的发动机噪声,并改善了发动机的平顺性。

14.1.4　热防护

温度高于 220 ℃ 也会促使喷油嘴积碳。热防护板或保护套(见图 14-4)通过将热量从燃烧室传导至气缸盖,有助于解决这一问题。

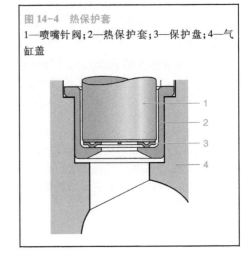

图 14-4　热保护套

1—喷嘴针阀;2—热保护套;3—保护盘;4—气缸盖

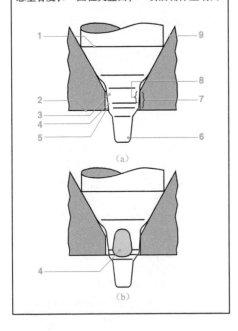

图 14-5　扁平轴针式喷油嘴

(a)侧视;(b)前视(相对侧视图旋转 90°)

1—轴针座端面;2—喷油嘴体基面;3—节流轴针;4—扁平平面;5—喷油嘴孔;6—轴针剖面;7—总重合度;8—圆柱交叠面;9—喷油嘴体座端面

(a)

(b)

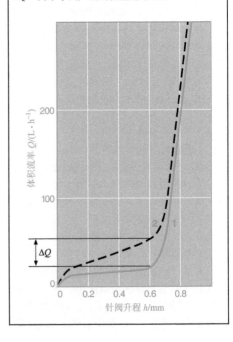

图 14-6　体积流量作为轴阀升程的函数,以及喷油嘴的设计

1—节流轴针式喷油嘴;

2—扁平轴针式喷油嘴(带有扁平平面的扁平轴针式喷油嘴);

ΔQ—由小平面产生的流量速率差值

§14.2　孔式喷油嘴

14.2.1　应用

孔式喷油嘴一般被用于直喷式发动机（DI）。孔式喷油嘴的安装位置通常是由发动机的设计决定的。喷油口的角度是根据燃烧室要求设置的（见图14-7）。孔式喷油嘴可被分为以下几种：

- 盲孔喷油嘴；
- 无压力室式（VCO）喷油嘴。

根据尺寸的不同，孔式喷油嘴可被分为以下类型：

- 针阀直径为4 mm的P型喷油嘴（盲孔喷油嘴和无压力室式喷油嘴）；
- 针阀直径为5 mm或6 mm的S型喷油嘴（被用于大型发动机的盲孔喷油嘴）。

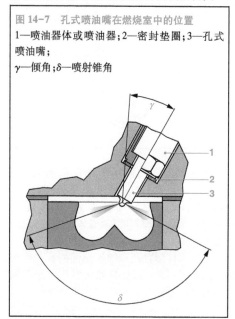

图14-7　孔式喷油嘴在燃烧室中的位置

1—喷油器体或喷油器；2—密封垫圈；3—孔式喷油嘴；

γ—倾角；δ—喷射锥角

在燃油共轨系统（CR）和整体式喷射器（UI）中，孔式喷油嘴是一个独立的整体单元，因此整合了喷油器体的功能。

孔式喷油嘴的开启压力为150~350 bar。

14.2.2　设计

喷油孔（6）（见图14-8）位于喷嘴锥头（7）的护套上。其数量和直径取决于：

- 要求的喷油量；
- 燃烧室的形状；
- 燃烧室内的空气涡流。

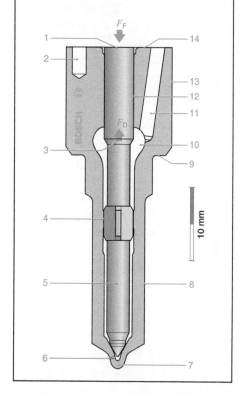

图14-8　盲孔喷油嘴

1—针阀升程限位肩；2—固定孔；3—压力肩；4—二级针阀导向；5—针阀杆；6—喷油孔；7—喷嘴锥头；8—喷嘴体；9—喷嘴体台肩；10—压力室；11—进油通道；12—针阀导向杆；13—喷嘴体裙部；14—密封面；F_F—弹簧力；F_D—燃油压力导致的压力肩上的作用力

喷油孔内端的直径应稍大于外端直径。其差值是根据端口锥度系数确定的。喷油孔的导边可借助水力侵蚀工艺（HE）做圆。这就涉及水力侵蚀液体的使用。该液体含有研磨微粒，并使高流速区（喷油孔内端边缘）变得平滑。盲孔喷油嘴和无压力室喷油嘴均可采用水力侵蚀工艺进行机械加工。其功能如下：

- 优化流动阻力系数；
- 预先防止因为燃油中的磨粒导致的边

缘侵蚀;

- 收紧流量公差。

喷油嘴的设计也是非常细致的。只有这样,才能与所使用的发动机相匹配。喷油嘴设计对于以下任务来说非常重要:

- 精确的喷油定量(喷油持续时间和相对曲轴转角的喷油量);
- 喷油形态调整(喷油束的数目,油束的形状,以及喷油束的雾化);
- 燃油在燃烧室内抛撒;
- 喷油系统与燃烧室的密封隔离。

压力室(10)(见图 14-8)通常采用电解加工(ECM)。将电解液通过电极导入预钻孔的喷油嘴体中,将材料从正极喷油嘴体上去除(阳极溶解)。

14.2.3 结构

喷嘴针阀座下部空腔内的燃油在燃烧后蒸发。这会使发动机产生较多的碳氢排放。因此,尽量减小死区容积或者"不利"容积是很重要的。

此外,针阀座的几何形状和喷嘴锥头的形状对喷油嘴的开启和关闭特性具有决定性的影响,进而会影响发动机产生的碳烟和 NO_x 的排放。

考虑到多种因素的影响,同时考虑到发动机和燃油喷射系统的需求,就产生了多种不同的喷油嘴设计变型。

两种基本的类型为:

- 盲孔喷油嘴;
- 无压力室式喷油嘴。

在盲孔喷油嘴中又有很多不同的变型。

(1)盲孔喷油嘴

盲孔喷油嘴中的喷油孔(6)(见图 14-8)被布置在盲孔周围。

如果喷油嘴采用圆形端部,则可以根据设计要求通过机械加工或电解加工的方式钻喷油孔。

如果喷油嘴采用锥形端部,则通常采用电解加工的方式钻喷油孔。

盲孔喷油嘴可以采用不同尺寸的圆柱形压力室或锥形压力室。

具有圆柱形盲孔和圆形端部的盲孔喷油嘴(见图 14-9)由一个圆柱体和一个半球体组成。由于喷油孔的数目、喷油孔的长度,以及喷孔锥角各异,这种喷油嘴的种类有很多。喷油嘴的端部是半球形的,与盲孔的形状相结合,保证了喷油孔长度的统一。

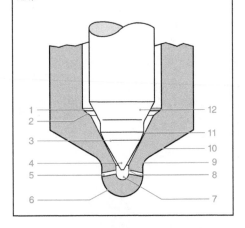

图 14-9 带圆柱体盲孔的喷嘴和圆形顶端的喷嘴锥头

1—台肩;2—轴针座导入端;3—针阀座平面;4—针尖;5—喷油孔;6—圆形顶端;7—圆柱形盲孔(死区容积);8—喷油孔前缘;9—孔颈半径;10—喷嘴锥角;11—喷嘴体座面;12—阻尼锥

圆柱形盲孔和圆锥形端部的盲孔[见图 14-10,(a)]只适用于喷油孔长度为 0.6 mm 的喷油嘴。锥尖形状增加了尖部的强度,从而使孔颈半径(3)和喷油嘴体座面(4)之间的壁厚增加。

具有圆锥形盲孔和圆锥端部的盲孔喷油嘴[见图 14-10,(b)],其死区容积小于带圆柱形盲孔的喷油嘴。盲孔的容积处于无压力室喷油嘴和带圆柱形盲孔的盲孔喷油嘴之间。为了使整个尖部的壁厚均匀,应将尖部加工成圆锥形,以与盲孔的形状相匹配。

盲孔喷油嘴的进一步改进型是微型盲孔喷油嘴[见图 14-10,(c)]。其盲孔容积比传统盲孔喷油嘴小 30% 左右。这种类型的喷油嘴特别适用于针阀提升速度相对较慢、阀座限位相对较长的共轨燃油喷射系统。目前微型盲孔喷油嘴达到了共轨燃油喷射系统中喷油嘴开启时的最小死区容积和燃料均匀抛撒的最佳折中。

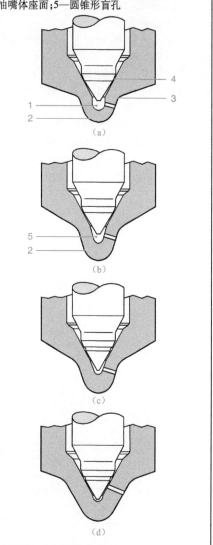

图14-10　喷嘴锥头
(a) 圆柱形盲孔和锥尖；(b) 圆锥形盲孔和锥尖；(c) 微型盲孔；(d) 无压力室喷油嘴
1—圆柱形盲孔；2—锥尖；3—孔颈半径；4—喷油嘴体座面；5—圆锥形盲孔

(2) 无压力室喷油嘴

为了使死区容积降到最低，将 HC 排放减小到最低程度。当喷油嘴关闭时，喷油孔或多或少会被针阀盖住，因此盲孔和燃烧室不直接相连〔见图14-10,(d)〕。盲孔容积大大小于盲孔喷

油嘴的容积。与盲孔喷油嘴相比，无压力室喷油嘴的应力明显小于盲孔喷油嘴，因此喷油孔长度只能是 1 mm。喷嘴尖头为圆锥形。喷油孔一般是通过电蚀的方法制成的。

特殊喷油嘴几何形状、二级针阀导向以及复杂的针头形状都可被用于改进盲孔喷油嘴和无压力室喷油嘴燃料喷雾抛撒及混合气形成。

14.2.4　热防护

孔式喷油嘴的最大耐热能力为 300℃ 左右 (材料的热阻)。热保护套适用于工作特别恶劣的条件。大型发动机可配备具有均匀冷却功能的喷油嘴。

14.2.5　对排放的影响

喷油嘴的形状对发动机的废气排放特性具有直接影响。

● 喷油孔几何形状(1)(见图14-11)可影响微粒和 NO_x 的排放。

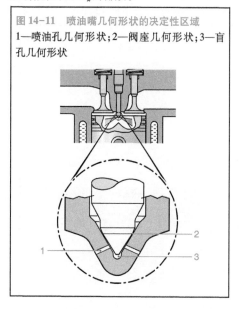

图14-11　喷油嘴几何形状的决定性区域
1—喷油孔几何形状；2—阀座几何形状；3—盲孔几何形状

● 阀座几何特性(2)会因为其对控制容积(即燃油喷射初期的喷射容积)的影响而影响发动机噪声。优化喷油孔和阀座几何形状的目的是在大规模生产中使喷油嘴的尺寸误差非常小。

● 如前所述，盲孔几何形状(3)会影响HC 排放。设计者可以选择和组合不同的喷

油嘴特性,以实现适合于特定发动机和车辆的最优设计。

因此,喷油嘴的专门化设计是非常必要的,要与适用的车辆、发动机以及燃油喷射系统相匹配。进行维修时,使用正品 OEM 零件同等重要。只有这样,才能保证发动机性能不会受到影响,废气排放不会增加。

14.2.6 喷雾形状

一般来说,乘用车发动机的喷射油束形状比较长而细,因为发动机在燃烧室内产生大量的涡流;而商用车发动机中则没有涡流作用。因此,其喷射油束形状更宽、更短。在有大量涡流的地方,各油束不得混合,否则燃油会喷射到已燃烧区域,即缺少空气的区域。这会产生大量的碳烟。

乘用车孔式喷油嘴的喷油孔多达 6 个,而商用车则多达 10 个。未来的发展目标是增加喷油孔数量,减小喷油孔直径(<0.12 mm),以实现更好的燃油抛撒(见图 14-12)。

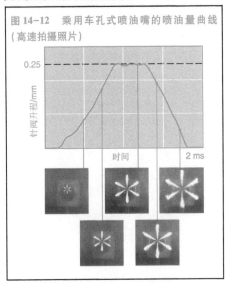

图 14-12　乘用车孔式喷油嘴的喷油量曲线
(高速拍摄照片)

§14.3　喷油嘴未来的发展趋势

鉴于新型高性能发动机和功能先进的燃油喷射系统(例如多次喷射)的快速发展,不断开发喷油嘴是很必要的。此外,喷油嘴设计的很多方面为将来柴油机特性的进一步改

善和创新提供了空间。最重要的目标有以下几个方面:

- 尽量减少未经处理废气的排放,以降低或者完全避免成本很高的废气方式(例如微粒过滤器);
- 最大限度地降低油耗;
- 优化发动机噪声。

在未来喷油嘴(图 14-13)及其各种相应的开发工具(图 14-14)的发展中,仍有许多不同的领域值得关注和研究。新材料的不断开发也提高了喷油嘴的耐久性。多次喷射的采用对喷油嘴的设计也是有利的。

其他燃料(例如定制燃料)由于具有不同的黏度和流量响应,也会影响喷油嘴的形状。

这些变化在一定程度上将依赖于新的生产工艺,例如被用于喷油孔的激光钻孔技术。

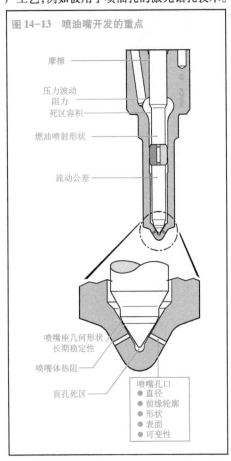

图 14-13　喷油嘴开发的重点

摩擦
压力波动
阻力
死区容积
燃油喷射形状
流动公差
喷嘴座几何形状
长期稳定性
喷嘴体热阻
盲孔死区

喷嘴孔口
- 直径
- 前缘轮廓
- 形状
- 表面
- 可变性

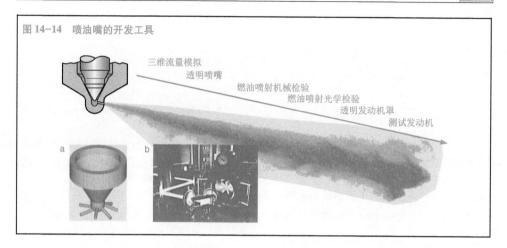

图 14-14　喷油嘴的开发工具

三维流量模拟
透明喷嘴
燃油喷射机械检验
燃油喷射光学检验
透明发动机罩
测试发动机

a　　b

▲ 知识介绍

高精密技术

在许多人的印象中,柴油机是一种重型机械,而不是一种高精密机器。然而,现代柴油喷射系统却是由一些具有极高精度和极高应力的组件制成的。

喷油嘴是燃油喷射系统和发动机之间的接口。在发动机的整个寿命期内,喷油嘴必须能够精确、可靠地打开或关闭。当其关闭后,绝不能出现任何泄漏,否则会增加油耗,进而对废气排放产生不利影响,甚至可能导致发动机损坏。

在现代燃油喷射系统[例如 VR(VP44),CR,UPS 和 UIS]设计(高达 2 050 bar)中,为了保证喷油嘴在高压下密封可靠,必须对其进行专门设计和非常精密的制造。为了更好地说明,在此举几个例子:

● 为了保证喷油嘴体密封面(1)能够可靠密封,其尺寸公差为 0.001 mm(1 μm)。这意味着必须精确到大约 4 000 金属原子层。

● 针阀导向间隙(2)为 0.002~0.004 mm(2~4 μm)。其尺寸误差小于 0.001 mm(1 μm)。

喷油嘴中的喷油孔是通过电蚀技术加工而成的。这种技术通过工件和电极之间产生的高温火花放电产生的蒸气腐蚀金属。通过高精度电极和精确设置的参数,可以加工出精度极高的直径只有 0.12 mm 的喷油孔。这意味着喷油孔的最小直径只相当于一根头发直径(0.06 mm)的两倍。为了实现更好的喷射特性,喷油孔前缘由特殊的研磨流体加工完成(水力侵蚀工艺)。

微小公差需要使用要求非常特殊且超高精度的测量设备进行测量,例如:

● 光学三维坐标测量机,被用于测量喷油孔;

● 激光干涉仪,被用于检查喷油嘴密封面的平滑度。

因此,柴油机燃油喷射组件属于"大批量、高科技"制造(见图 14-15)。

图 14-15　高精度制造

1—喷油嘴体密封面;2—喷嘴针阀和喷油嘴体之间的导向间隙;3—喷油孔

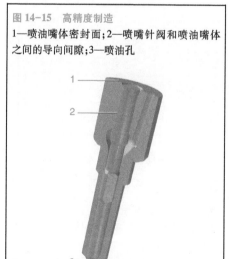

第十五章 喷油器体

§15.1 概　述

喷油器体及与其匹配的喷油嘴共同组成了喷油器体总成。每一个发动机气缸的气缸盖上都安装有一个喷油器体总成（见图15-1）。这些组件组成了燃油喷射系统的重要部件，并形成了发动机性能、废气排放和噪声特性。

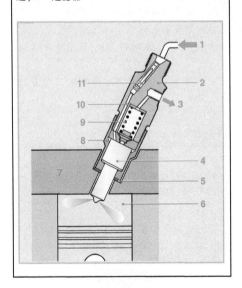

图15-1 直喷柴油机中喷油器体总成的示意图
1—供油管；2—喷油器壳体；3—回油管；4—喷嘴；5—密封衬垫；6—柴油机燃烧室；7—气缸盖；8—喷嘴固定螺母；9—阀弹簧；10—压力通道；11—过滤器

为了使喷油器体能够正常、良好地工作，在设计时必须使喷油器体与所使用的发动机匹配。

喷油器体中的喷嘴（4）将燃油喷射到柴油机的燃烧室（6）内。喷油器体包括以下基本组件：

● 阀弹簧（9），限制针阀运动，以关闭喷嘴；

● 喷嘴固定螺母（8），保持针阀处于中心位置；

● 过滤器（11），防止污物进入喷油嘴；

● 供油管和回油管之间的连接管路，通过压力通道（10）连接。

根据设计情况，喷油器体还可能包括密封圈和隔圈。标准化的尺寸和组合提供了所需的适应性程度和最低的组件差异性。

直喷与间接喷射式发动机喷油器体的设计基本相同，但是由于现代柴油机几乎全部采用直喷，因此本文中喷油器体总成的图示主要针对直喷式发动机。然而，这些说明同样也适用于间接柴油喷射，但是要注意近来在直喷式发动机中多采用轴针式喷嘴，而不是孔式喷嘴。

喷油器体可以与一系列喷嘴组合使用（见图15-2）。这取决于所要求的喷射形状，有如下几种选择：

● 标准喷油器体（单弹簧喷油器体）；

● 双弹簧喷油器体（不适用于单体泵系统）。

阶梯式喷油器体是上述设计的一种变型，特别适用于空间有限的情况。

另外，还取决于所使用的燃油喷射系统。喷油器体可能适用于或可能不适用于带针阀运动传感器的情况。

针阀运动传感器向发动机控制单元发出喷射开始精确时间的信号。

可以用法兰、夹具、套筒螺母或外部螺纹将喷油器体连接到气缸体上，而燃油管接头则位于中心或侧面。

溢油后流经喷油嘴针阀的燃油起到润滑作用。在许多喷油器体的设计中，这些燃油流经回油管后流回油箱。

有些喷油器体不带溢油功能，即没有燃油回油管。弹簧腔内的燃油在高喷射容积和高发动机转速时有阻尼效应，因此形成了类似于双弹簧喷油器的喷射形状。

图 15-2   BOSCH 喷油器体指定代码

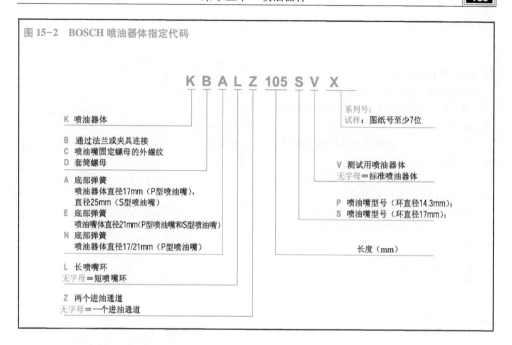

K B A L Z 105 S V X

K 喷油器体

B 通过法兰或夹具连接
C 喷油嘴固定螺母的外螺纹
D 套筒螺母

A 底部弹簧
   喷油器体直径17mm（P型喷油嘴），
   直径25mm（S型喷油嘴）
E 底部弹簧
   喷油嘴体直径21mm（P型喷油嘴和S型喷油嘴）
N 底部弹簧
   喷油器体直径17/21mm（P型喷油嘴）

L 长喷嘴环
无字母＝短喷嘴环

Z 两个进油通道
无字母＝一个进油通道

系列号：
试样：图纸号至少7位

V 测试用喷油器体
无字母＝标准喷油器体

P 喷油嘴型号（环直径14.3mm）；
S 喷油嘴型号（环直径17mm）；

长度（mm）

喷油器体总成示例见图 15-3。

图 15-3   喷油器体总成示例

（a）适用于商用车的阶梯式喷油器体；（b）适用于各种发动机型号的标准喷油器体；（c）适用于乘用车的双弹簧喷油器体；（d）适用于多种发动机型号的标准喷油器体；（e）适用于商用车的不带燃油泄漏接头的阶梯式喷油器体；（f）适用于商用车的阶梯式喷油器体；（g）适用于多种发动机型号的阶梯式喷油器体；（h）适用于乘用车的双弹簧喷油器体；（i）适用于多种发动机型号的阶梯式喷油器体；（j）适用于多种间接喷射式发动机型号的带轴针式喷嘴的标准喷油器体

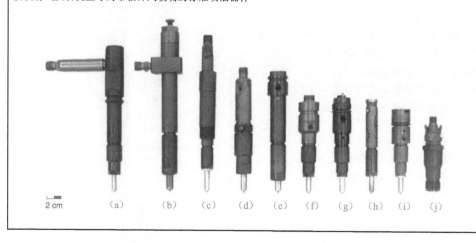

2 cm   （a）   （b）   （c）   （d）   （e）   （f）   （g）   （h）   （i）   （j）

在共轨系统和整体式喷油泵高压燃油喷射系统中，喷嘴与喷油器是一个整体，因此不需要喷油器体总成。

对于单缸输出超过 75 kW 的大尺寸发动

机,有专用的且需要进行冷却的喷油器总成。

§15.2 标准喷油器体

15.2.1 结构与使用

标准喷油器具有以下主要特性:

- 圆柱外部直径为 17 mm, 21 mm, 25 mm 和 26 mm;
- 带有适用于直喷式发动机的无扭转孔型喷油嘴;
- 允许各种组合方式的标准化独立零件(弹簧、压力销、喷嘴固定螺母)。

喷油器体总成由喷油器体和喷嘴组成(见图 15-4,带孔式喷嘴)。喷油嘴体由以下组件组成:

- 喷油器壳体(3);
- 中间盘(5);
- 喷嘴固定螺母(4);
- 压力销(18);
- 压缩弹簧(17);
- 垫片(15);
- 定位销(20)。

喷嘴通过喷嘴固定螺母被固定于喷油器体的中心。当固定螺母和喷油器壳体通过螺纹被拧在一起时,中间盘压住喷油器体总成的密封面。中间盘充当针阀升程的限位挡块,并通过定位销使喷嘴置于喷油器体的中心位置。

压力销使压力弹簧位于中心并通过喷嘴针阀压力销导向。

喷油器体中的压力通道(16)通过中间盘中的通道与喷油嘴的进油通道相连接,从而使喷油嘴与喷油泵的高压管路相连。如有必要,可以在喷嘴器体内部安装一个棱角式过滤器。这可以阻止灰尘进入燃油中。

15.2.2 工作原理

喷油器体内部的压缩弹簧通过压力销作用于针阀。弹簧张力可通过垫片进行调节。因此,弹力取决于喷嘴的开启压力。

如图 15-4 所示,燃油流经棱角式过滤器(12)进入喷油器壳体(3)内的压力通道(16),通过中间盘(5),最后经过喷嘴体到达针阀周围的喷嘴体密封面(8)。在喷油过程中,油压将针阀(7)

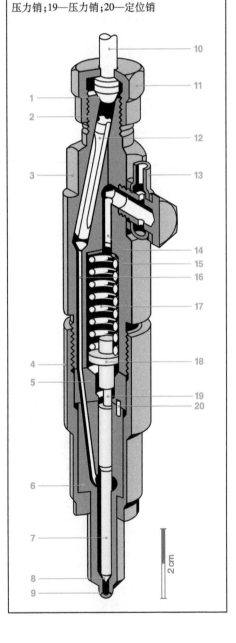

图 15-4　直喷式发动机标准喷油器体总成
1—密封锥体;2—用于中央压力接头的螺纹;3—喷油器壳体;4—喷嘴固定螺母;5—中间盘;6—喷嘴体;7—针阀;8—喷嘴体密封面;9—喷油孔;10—燃油进油口;11—套筒螺母;12—棱角式过滤器;13—溢油接头;14—溢油口;15—垫片;16—压力通道;17—压缩弹簧;18—压力销;19—压力销;20—定位销

向上顶起（轴针式喷嘴 110～170 bar，孔式喷嘴 150～350 bar）。燃油通过喷油孔（9）进入燃烧室。当油压降低到压缩弹簧（17）能够使针阀回位并回到顶住喷嘴座的位置时，喷油过程结束。因此，喷油开始时间是通过油压控制的。喷油量实质上取决于喷嘴开启时间的长短。

为了限制预喷射的针阀升程，一些设计中采用了一种针阀减振器（见图 15-5）。

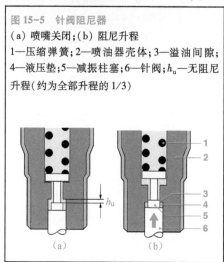

图 15-5　针阀阻尼器

（a）喷嘴关闭；（b）阻尼升程

1—压缩弹簧；2—喷油器壳体；3—溢油间隙；4—液压垫；5—减振柱塞；6—针阀；h_u—无阻尼升程（约为全部升程的 1/3）

§15.3　阶梯式喷油器体

结构与使用：

在多气门商用车发动机中，尤其是由于空间有限的原因而不得不垂直安装喷油器时，使用了阶梯式喷油器总成，如图 15-6 所示。

阶梯式喷油器体的设计与工作原理与标准喷油器体相同。本质的区别在于燃油管的连接方式。在标准喷油器体中是通过螺纹连接于喷油器体顶端的中央，而在阶梯式喷油器体中是通过出油接头（10）与喷油器体（11）相连的。这种布置方式通常可实现很短的喷射油路，而且由于油路中死区容积很小，因此可达到理想的喷射压力。

阶梯式喷油器体可以或不与溢油口（9）共线生产。

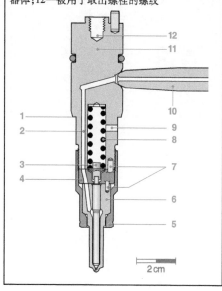

图 15-6　阶梯式喷油器体总成

1—阶梯；2—压力通道；3—压力销；4—中间盘；5—喷嘴固定螺母；6—喷嘴体；7—定位销；8—压力弹簧；9—溢油口；10—出油接头；11—喷油器体；12—被用于取出螺栓的螺纹

2 cm

§15.4　双弹簧喷油器体

15.4.1　用途

双弹簧喷油器体是一种精密的标准喷油器体。其具有同样的外部尺寸。这种喷油器体将喷油量曲线（见图 15-8）分段，从而实现"柔和"燃烧。因此，发动机更安静，尤其是在怠速和部分负荷下。双弹簧喷油器体主要被用于直喷式发动机。

15.4.2　结构和工作原理

双弹簧喷油器体（见图 15-7）有两个压力弹簧。它们前后一个接一个地被放置。最初，只有一根压力弹簧（3）作用于针阀（13）上，由此决定了开启压力。第二个弹簧（6）被安置在限制柱塞升程，直至油孔关闭的止动套筒上。喷油过程中，针阀首先沿柱塞升程运动，使进油孔关闭，柱塞行程为 h_1（即直喷式发动机的为 0.03～0.06 mm，间接喷射式发动机的为 0.01 mm），从而使少量燃油进入燃烧室。

图 15-7 双弹簧喷油器体总成

1—喷油器体；2—垫片；3—压力弹簧1；4—压力销；5—导向垫圈；6—压力弹簧；7—压力销；8—弹簧座；9—中间盘；10—止动套筒；11—喷嘴体；12—喷嘴固定螺母；13—针阀；h_1—使油孔关闭的柱塞行程；h_2—主升程

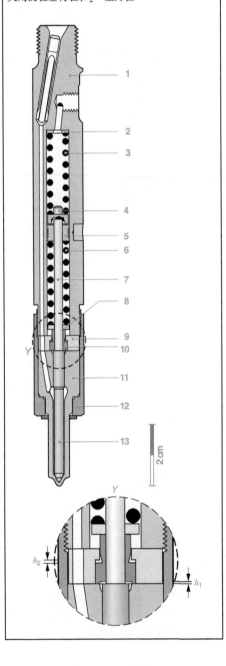

图 15-8 针阀升程曲线的比较

（a）标准喷油器体(单弹簧)；(b) 双弹簧喷油器体

h_1—使油孔关闭的柱塞行程；h_2—主升程

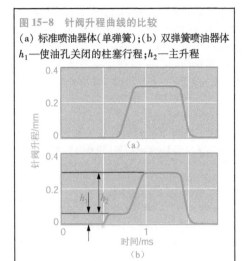

随着喷油器体内压力的升高，止动套筒克服了所有压力弹簧（压力弹簧3和压力弹簧6）的压力。针阀随后完成主升程（h_1+h_2，$0.2\sim0.4\,mm$），主喷射的燃油量被喷出。

§15.5 带针阀运动传感器的喷油器体

15.5.1 应用

供油开始是优化柴油机性能的一个关键变量。通过确定该变量可以根据发动机负荷和转速在闭环控制回路中调节供油开始时间。在带有分配泵和直列式喷油泵的系统中，这是通过带针阀运动传感器的喷嘴实现的。针阀开始向上运动时传感器会发出一个信号（见图15-9）。

图 15-9 针阀运动传感器的信号

（a）针阀升程曲线；(b) 对应的线圈信号电压曲线

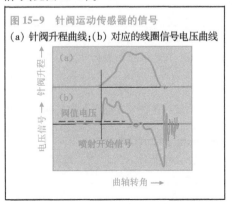

15.5.2　结构和工作原理

一个大约为 30 mA 的电流流经探测线圈（11）（见图 15-10）。这将产生一个磁场。伸出的压力销（12）在导销内部滑动。穿透深度（X）决定了探测线圈内的磁通量。借助线圈内磁通量的变化，针阀的运动将引起探测线圈中产生一个与速度相关的电压信号（见图 15-9）。这个信号由电控单元中的分析电路处理。当这个信号超过阈值电压时，将被分析电路解读，指示喷油开始。

图 15-10　适用于直喷式发动机的带针阀运动传感器的双弹簧喷油器体
1—喷油器体；2—针阀运动传感器；3—压力弹簧；4—导向垫圈；5—压力弹簧；6—压力销；7—喷嘴固定螺母；8—分析电路的接头；9—引导销；10—触片；11—探测线圈；12—压力销；13—弹簧座；X—穿透深度

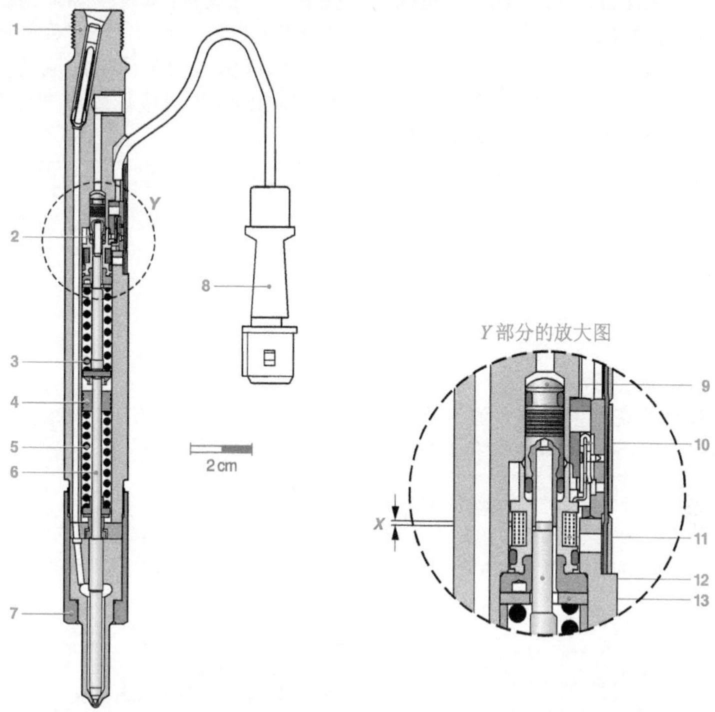

Y 部分的放大图

2 cm

第十六章　高压油管

　　不考虑基本系统原理，即直列式喷油泵、分配式喷油泵和单体泵系统，高压油路及其接头将喷油泵和各缸中的喷油器体总成连接起来。在共轨燃油喷射系统中，它们起连接高压泵和油轨以及油轨和喷嘴的作用。在泵喷嘴系统中，不需要高压油管。

§ 16.1　高压油管接头

　　高压油管接头须在最高初始压力下提供可靠密封，以防燃油泄漏。通常使用以下几种类型的接头：

- 密封锥和管接螺母；
- 高强度插入式接头；
- 垂直接头。

16.1.1　密封锥和管接螺母

　　上述所有喷油系统都使用密封锥和管接螺母（见图16-1）。这种连接布置的优点有：

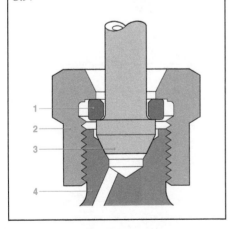

图16-1　带密封锥和管接螺母的高压油管接头
1—止推垫圈；2—管接螺母；3—连接高压油管的密封锥面；4—连接喷油泵或喷油器体的压力接头

- 很容易匹配各喷油系统；
- 接头可以多次断开并重新连接；

　　● 密封锥可由基础材料制造。
　　在高压油路的末端是压缩的管接头密封锥（3）。管接螺母（2）将锥体压进高压油管接头（4），以形成密封。有些型号配备辅助止推垫圈（1）。这使得从管接螺母到密封锥的受力分布更均匀一致。不得严格限制锥体的开口直径，因为这会阻碍燃油流动。通常按照DIN 73365标准制造压缩密封锥（见图16-2）。

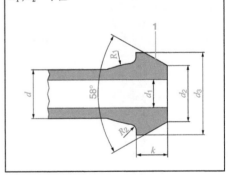

图16-2　压缩密封锥（主要尺寸）
1—密封面；d—油管外径；d_1—油管内径；d_2—锥体内径；d_3—锥体外径；k—锥体长度；R_1，R_2—半径

16.1.2　高强度插入式接头

　　高强度插入式接头（见图16-3）被用于重型商用车的单体泵和共轨燃油喷射系统中。有了插入式接头就不需要将油管布置在气缸盖四周，使其与喷油器体或喷嘴连接。这样就实现了更短的油管，有利于节省空间且易于安装。

　　螺纹接头（8）将高压油管接头（3）直接压到喷油器体（1）或喷嘴中。组件还包括被用来去除燃油中杂质的免维护棱角式过滤器（5）。在它的另一端，油管通过密封锥和管接螺母（6）与高压油管（7）相连。

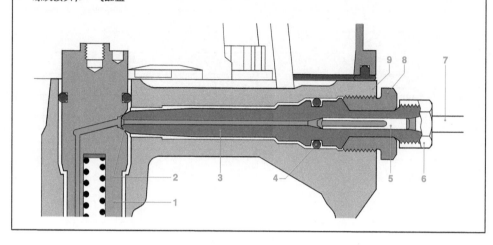

图16-3 高压接头图例
1—喷油器体；2—密封锥；3—高压油管接头；4—密封圈；5—棱角式过滤器；6—管接螺母；7—高压油管；
8—螺纹接头；9—气缸盖

16.1.3 垂直接头

垂直接头（见图16-4）可被用于一些乘用车中。这种接头适用于安装空间较受限的情况。这种接头包括进油通道（9）和回油通道（7）。一个螺栓（1）将垂直接头压到喷油器体（5）上，从而形成了一个密封连接。

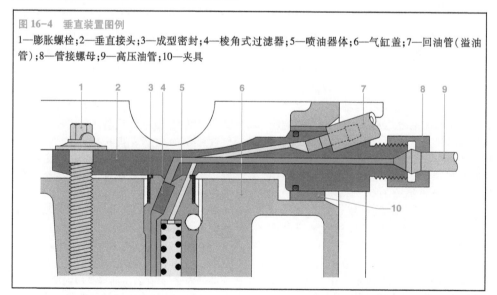

图16-4 垂直装置图例
1—膨胀螺栓；2—垂直接头；3—成型密封；4—棱角式过滤器；5—喷油器体；6—气缸盖；7—回油管（溢油管）；8—管接螺母；9—高压油管；10—夹具

§16.2 高压油管

高压油管必须能承受系统的最高压力和很大的压力变化。这些油管都是精密制造的无缝钢管。它们采用镇静钢，有着非常一致的微观结构。这些高压油管取决于喷油泵的尺寸,它们的尺寸各异(见表 16-1)。

表 16-1 主要高压油管的主要尺寸(mm)

d	d_1	1.4	1.5	1.6	1.8	2.0	2.2	2.5	2.8	3.0	3.6	4.0	4.5	5.0	6.0	7.0	8.0	9.0
		壁面厚度 s																
4		1.3	1.25	**1.2**														
5		1.8	1.75	1.7	1.6													
6			**2.25**	**2.2**	**2.1**	2	1.9	**1.75**	**1.6**	**1.5**								
8						3	2.9	**2.75**	2.6	**2.5**	2.2	**2**						
10								**3.75**	3.6	**3.5**	3.2	3	2.75	2.5				
12										**4.5**	4.2	**4**	3.75	**3.5**				
14												**5**	4.75	**4.5**	**4**		3	
17														6	**5.5**	5	**4.5**	
19																		5
22																	**7**	

d—油管外径
d_1—油管内径
壁厚以黑体显示,在适当的时候可供选择
高压输油管的尺寸通常表示为:$d \times s \times l$
l—油管长度

所有高压油管的布置都应避免突转弯头,弯曲半径不应小于 50 mm。

高压油管的长度、内径和管壁厚度都会影响喷射过程。例如,高压油管的长度会影响与喷油速度相关的喷油率,而内径与节流损失和压缩效应相关。这也会影响喷油量。出于这些原因要求高压油管的尺寸必须严格遵守规定。在维护和修理期间绝不能安装其他尺寸的油管。应该把有缺陷的高压油管更换为 OEM 产品。在维护和修理期间,同样应防范污垢进入系统。在任何情况下,这都适用于针对喷油系统的所有维修工作。

在喷油系统的开发中一般优先考虑的是尽可能使高压油管的长度最小化。较短的高压油管可使喷油系统获得更好的性能。

喷射的同时会形成压力波。这些压力波是最终被末端反射前以声速传播的脉冲。这种现象的强度随发动机转速的提高而提高。工程师们利用这一现象提高喷油压力。这种工艺过程要求必须规定油路长度,从而能够使发动机和喷油系统精确匹配。

所有气缸都由一条单独的、统一长度的高压油管供油。这些高压油管或多或少有一定的弯曲角度,以补偿从喷油泵或油轨和单个气缸到出油口之间距离的不同。

根据材料和峰谷高度的定义,决定高压油管压缩——脉冲疲劳强度最主要的因素是油管内壁的表面质量。预应力高压油管(对于 1 400 bar 及以上的应用)能够满足特殊的性能要求。在被安装到发动机之前,这些定制的油管将承受极高的压力(高达 3 800 bar)。然后压力突然解除。这个过程会压缩油管内壁的材料,从而提高内强度。

汽车发动机的高压油管通常用夹紧托架以特定的间隔进行安装。这意味着外部振动对油管来说几乎可被忽略不计。

被用于试验台的高压油管的尺寸应规定

更精确的公差规范。

▲ 知识介绍

高压系统中的空蚀

空蚀可能会损坏高压喷射系统（见图 16-5）。该过程以如下形式发生：

图 16-5　VE 喷油泵中分配头的空蚀

当燃油以极高速度进入密封区域时（例

如在泵壳体或高压油管中），局部压力变化发生在限流处和管路弯曲处。当流动特性未达到最佳状态时，在有限的时间内，这些区域会形成低压区。这促进了气泡的形成。

这些气泡在后面的高压阶段向内破裂。如果壁面正好邻近受影响的区域，随着时间的推移，集中的高能量就会在表面上产生穴蚀。这就是所谓的空蚀（见图 16-6）。

由于气泡是通过流体的流动传输的，空蚀不一定发生在形成气泡的地方。实际上，穴蚀损坏通常发生在涡流区。

导致这些临时局部低压区的原因众多且不同。典型的因素有：

- 排油过程；
- 隔断阀；
- 移动间隙间的泵吸；
- 油道和油管内的真空波。

尝试用改进材料质量和表面硬化的方法处理空蚀损坏没有什么效果。完全防止气泡的形成被证明是不可能的。最终目标是限制气泡的产生和改善流动性质，以限制气泡的负面影响。

图 16-6　气泡的向内破裂
（a）形成了一个气泡；（b）气泡溃灭；（c）溃灭的气泡形成一个具有高能量的锐边；（d）向内破裂的气泡在表面上留下凹穴

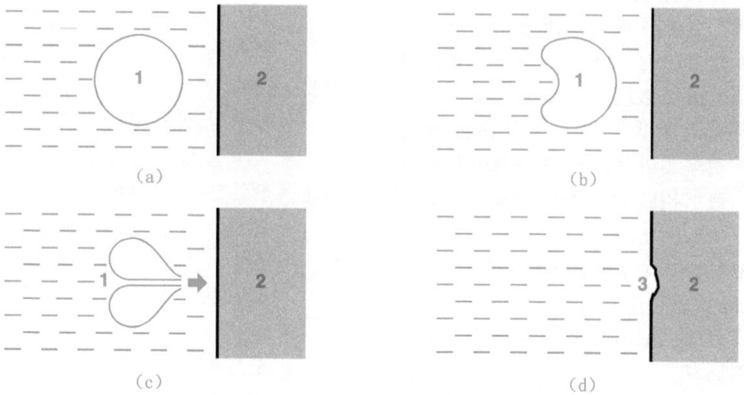

（a）

（b）

（c）

（d）

第十七章　起动辅助系统

天气越冷越不容易起动柴油机,这是因为泄漏和热损失降低了冷态气缸里的压缩压力和压缩空气的温度。冷机起动有一个外界温度极限。在该温度下如果没有起动辅助系统的辅助是无法起动的。

与汽油相比,柴油是很容易燃烧的。这就是暖态预燃室和涡流室柴油机以及直喷式柴油机能在低至 0 ℃ 的外界温度下自行起动的原因。

发动机在起动转速下可以使柴油达到 250 ℃ 的自燃温度。冷态预燃室和涡流室柴油机在周围温度低于 40 ℃ 和 20 ℃ 时需要辅助起动,而直喷式发动机只有在低于 0 ℃ 的情况下才需要采取起动辅助措施。

§17.1　概　　述

17.1.1　乘用车和轻型商用车的起动辅助系统

预热系统被用于乘用车和轻型商用车。这些系统提高了起动舒适度并可使发动机平稳运转,在起动后和暖机预热阶段,可实现最低排放。

预热系统由铠装元件式电热塞、开关和发动机管理系统的预热软件组成。传统预热系统使用标称电压为 11 V 的电热塞。该电压是由汽车系统电压激活的。新型低电压预热系统需要标称电压低于 11 V 的电热塞,通过电子预热控制单元可使这种电热塞的热输出与发动机的要求相匹配。预热系统元件如图 17-1 所示。

在预燃室和涡流室柴油机(间接喷射式)中,加长了电热塞并使其可伸入预燃烧室中,而在直喷式柴油机中电热塞延伸进入发动机气缸的主燃烧室。

空燃混合气直接经过电热塞尖后被加热。在压缩循环中结合进气空气的加热使温度达到点火温度。

在单缸排量超过 1 L 的(商用车)柴油机中,预热系统通常被点火起动系统取代。

图 17-1　预热系统元件

17.1.2　要求

目前的柴油机驾驶员对舒适性更苛刻的要求进一步促进了当前预热系统的发展。现在,驾驶员再也不能忍受冷起动时伴随的"柴油机短时无响应"。

更严格的排放限制和更高的发动机功率要求促进了低压缩比发动机的开发。这些发动机的冷起动和冷运行性能是成问题的,但是通过更高的预热温度和更长的预热时间,这些问题得到了解决。

由于电气负载/用电设备数量的剧烈增长,电气元件的低功耗在将来会变得越来越重要。

总体来说,预热系统应满足以下要求:

• 尽可能快的预热速率(1 000 ℃/s),甚至在汽车系统电压下降的情况下;

• 预热系统的使用寿命较长(与发动机的使用寿命相当);

• 延长数分钟的中间加热和后加热;

• 与发动机热输出要求相适应;

• 低压缩比发动机持续加热到 1 150 ℃;

• 降低了汽车电路系统的负荷;

• 兼容欧-IV 和 US-07 标准;

• 车载诊断装置符合 OBD II 和 EOBD 标准。

§17.2 预热系统

17.2.1 预热阶段

预热过程包括5个阶段。

- 预热时,电热塞被加热到工作温度。
- 备用加热时,预热系统在一定时期内保持起动所需的电热塞温度。
- 发动机起动时使用电热塞进行辅助。
- 起动机停止后开始后预热阶段。
- 由于发动机过度运转,因此对发动机进行冷却后或为了支持微粒滤清器再生,对电热塞进行中间加热。

17.2.2 传统预热系统

(1)设计和构造

传统预热系统包括以下组件:

- 标称电压为11 V的金属电热塞;
- 一个电热塞继电器控制单元;
- 一个被集成在发动机控制单元(柴油机电子控制系统)中的预热功能软件模块。

(2)工作原理

柴油机电子控制系统中的预热软件根据电热塞启动开关和软件中的参数开始和结束预热过程。在预热、备用加热和后加热阶段中,预热控制单元通过一个继电器以汽车系统电压激活电热塞。电热塞标称电压为11 V。热输出取决于当前汽车系统电压和电热塞热敏电阻(PTC)。因此,电热塞具有自调节功能。结合发动机预热管理软件中取决于发动机负荷的保险开关功能,可以安全地防止电热塞过热。后加热时间与发动机要求相适应,延长了电热塞的使用寿命,且提高了其冷态运行特性。

(3)Duraterm铠装元件式电热塞

① 设计与特性

预热元件由密封在气密塞体(3)(见图17-2)内的管状加热元件组成。管状加热元件由热气体和耐蚀元件铠装组成。铠装元件(4)将灯丝围住。灯丝周围是压缩的氧化镁填充粉末(6)。灯丝由两个电阻串联组成——发热灯丝(7)位于护套和调节灯丝(5)的顶端。

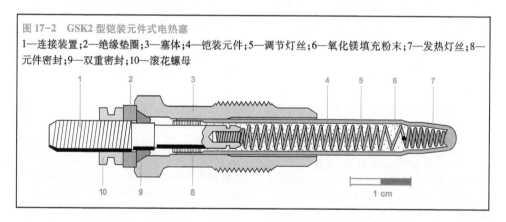

图17-2 GSK2型铠装元件式电热塞

1—连接装置;2—绝缘垫圈;3—塞体;4—铠装元件;5—调节灯丝;6—氧化镁填充粉末;7—发热灯丝;8—元件密封;9—双重密封;10—滚花螺母

1 cm

鉴于发热灯丝的阻抗与温度无关,调节灯丝具有一个正温度系数(PTC)。在最新一代电热塞(GSK2型)中,其阻抗随温度的增加比以前的设计(S-RSK型)更快。因此,GSK2型电热塞能够更快地使柴油燃烧达到所要求的温度(4 s达到850 ℃),但具有较低的稳态温度。这意味着该温度保持在电热塞的临界水平以下。因此,在发动机起动后3 min内,电热塞仍继续工作。这种后加热功能可使发动机在怠速阶段效率更高,噪声更低,排放水平更低。

发热灯丝被焊接在铠装元件的端帽部,被用于接地。调节灯丝与接线柱相连,从而建立起与汽车电子系统的连接。

② 功能

当向电热塞施加电压时,最初,发热灯丝的大部分电能转化为热能,电热塞尖的温度急剧上升。调节灯丝的电压——其阻抗也一样——经过一段时间延迟后增加。电流消耗以及电热塞的总发热量减少,温度接近稳态。加热特性如图17-3所示。

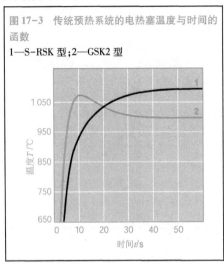

图17-3　传统预热系统的电热塞温度与时间的函数

1—S-RSK型;2—GSK2型

17.2.3　低压预热系统

(1)设计与构造

根据应用,低压预热系统包括以下组件:

● 低于11 V的低压配置的Rapiterm铠装式陶瓷电热塞或HighSpeed金属铠装式电热塞;

● 一个电子预热控制单元;

● 一个被集成在发动机控制单元(柴油机电子控制系统EDC)中的预热功能软件模块。

(2)工作原理

预热控制单元通过预热、备用加热、起动、后加热和中间加热过程中使加热温度与发动机的要求相匹配的方式激活电热塞。在预热时,为了尽快达到发动机起动所需的温度,电热塞在该阶段在高于标称电压的激励电压的作用下短暂工作。然后在起动备用加热时激励电压降低至标称电压。

在电热塞启动辅助期间,激活电压再次上升,从而可以补偿由于冷进气引起的电热塞的冷却。这种情况在后加热和中间加热阶段也同样存在。所需的电压通过脉冲宽度调制由汽车系统电压产生。在这里,相应的PWM(脉冲宽度调制)值来自特性图。该特性

图在应用中适用于相应的发动机。该特性图被存储于EDC软件的预热模块中,且包括以下参数:

● 转速;

● 喷油量(即负荷);

● 起动机断开后的时间(目前定义了3个后加热阶段。在该阶段可以调节电热塞的温度);

● 冷却液温度。

特性图控制的激活可靠地防止了所有发动机工作状态下电热塞的热过载。

EDC中实施的加热功能包括一个反复加热情况下的过热保护设备。这是通过一个能量整合模型实现的。加热时,电热塞中集成了引入的能量。在电热塞停止工作后,通过辐射从电热塞中散失的能量和放热散失的热量应从引入的能量中减去。这样就可以估算电热塞当前的温度。如果温度降到低于EDC内存储的临界值的水平,就可以再次通过激励电压加热电热塞。

可以作为冷却液温度的函数进行调节的加热温度能够延长电热塞的使用寿命,同时保持极佳的冷起动和冷态运行特性。这些是通过降低电热塞温度实现的(当冷却介质是"热的"时)。例如在TDI发动机中,大约从-10 ℃起,上述特性还可以通过缩短后加热时间实现。因此,预热系统的应用可以与汽车生产商的要求相匹配。

类似于-28 ℃及以下温度下的汽油发动机,通过使用HighSpeed金属电热塞,加速了这些预热系统的快速启动,通过使用Rapiterm电热塞,实现了这些预热系统的立即启动,如图17-4所示。

17.2.4　HighSpeed金属铠装电热塞

图17-5所示为标称电压为4.4 V的HighSpeed金属铠装元件式电热塞(加热1.8 s时激励电压为11 V,然后降至标称电压)。

HighSpeed电热塞的基本设计和工作原理与Duraterm是一样的。加热灯丝和调节灯丝是为较低的标称电压和高预热率而设计的。

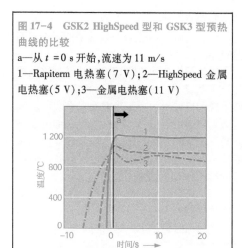

图 17-4　GSK2 HighSpeed 型和 GSK3 型预热曲线的比较

a—从 $t = 0$ s 开始，流速为 11 m/s

1—Rapiterm 电热塞（7 V）；2—HighSpeed 金属电热塞（5 V）；3—金属电热塞（11 V）

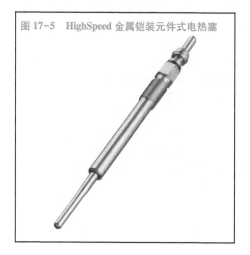

图 17-5　HighSpeed 金属铠装元件式电热塞

为了适应四气门发动机有限的空间，将 HighSpeed 金属铠装元件式电热塞设计成细长的形状。将发热元件（直径 4/3.3 mm）的前部设计成锥形，可使发热灯丝与铠装元件离得更近。因此，在电压激励模式下可以产生高达 1 000 ℃/3 s 的预热速度，最大加热温度超过 1 000 ℃。在启动备用加热和后加热模式时，温度约为 980 ℃。这些功能特性与压缩比 $\varepsilon \geqslant 18$ 的柴油机相匹配。

17.2.5　Rapiterm 铠装式电热塞

Rapiterm 铠装式电热塞是新型的、由高温电阻、导电率可调的陶瓷复合材料制成的发热元件。由于陶瓷复合材料具有很高的氧化稳定性和抗热震性，所以由这些材料制成的发热元件允许最高加热温度为 1 300 ℃的立即启动，以及在 1 150 ℃时持续数分钟的后加热和中间加热。这些发热元件的低能耗和长使用寿命等特性使其优于其他铠装元件式电热塞。

这是通过以下因素实现的：

- 复合材料的特性；
- 低压电热塞的配置；
- 表面加热区域；
- 通过预热控制单元和 EDC 组合形成的优化激励。

BOSCH 公司为满足压缩比 $\varepsilon \leqslant 16$ 的低压缩比发动机的特定要求，开发了这种 Rapiterm 电热塞，如图 17-6 所示。

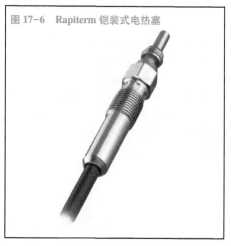

图 17-6　Rapiterm 铠装式电热塞

17.2.6　低压缩比柴油机的减排

在现代柴油机中，通过将压缩比由 $\varepsilon = 18$ 降至 $\varepsilon = 16$，从而能够在降低 NO_x 和碳烟排放的同时提高比功率。然而，在这些发动机中冷起动和冷态运行性能存在问题。为了在冷起动和冷运行时获得最小排气烟度值并改善运行的平顺性，要求电热塞的温度高于 1 150 ℃，而传统的发动机只需要 850 ℃就够了。在冷起动阶段，这些低排放值（蓝烟和碳烟排放）只能靠持续数分钟的后加热来维持。与传统预热系统相比，BOSCH 公司的 Rapiterm 预热系统使排气烟度最多减少了 60%。电热塞表面温度对排气烟度的影响如图 17-7 所示。

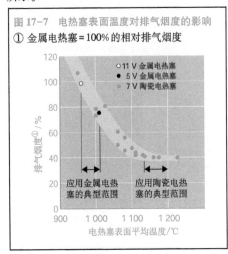

图 17-7   电热塞表面温度对排气烟度的影响
① 金属电热塞=100% 的相对排气烟度

○ 11 V 金属电热塞
● 5 V 金属电热塞
● 7 V 陶瓷电热塞

应用金属电热塞的典型范围

应用陶瓷电热塞的典型范围

排气烟度① /%

电热塞表面平均温度/℃

17.2.7 预热控制单元

预热控制单元通过功率继电器或功率晶体管控制电热塞。预热控制单元从发动机管理模块或温度传感器接收其启动信号。

独立的预热控制单元承担所有的控制和显示功能。预热过程通过这些系统中的温度传感器控制。如果喷油量超过了临界值,一个负载开关将中断后加热过程。这可防止电热塞过热。同时,这些系统被 EDC 控制的预热控制单元取代。

(1) EDC 控制的 11 V 电热塞的继电器预热控制单元

预热控制单元按照 EDC 规格通过继电器用汽车系统电压激活 11 V 电热塞。因此,预热系统的热输出取决于当前汽车系统电压和电热塞热敏电阻(PTC 特性)。带有继电器预热控制单元的预热系统具有应用成本低的特点。检测到火花塞缺陷和继电器故障并通过诊断标记向 EDC 发信号。

(2) EDC 控制的被用于低压电热塞的晶体管预热控制单元

允许通过低压电热塞的特定电压对这种新型电子预热控制单元进行控制。要求的有效电压由汽车系统电压通过脉冲宽度调制(PWM)产生。在此,相关的 PWM 值来自发动机特性图。该图被储存于 EDC 软件的预热模块中。通过这种方式,预热系统的热输出可以完美地适应发动机的要求。电热塞的交错激励使冷起动和后加热阶段汽车系统电压的最大负荷降低。

预热控制单元将自诊断和电热塞监控设备一体化。预热系统发生的故障被报告给 EDC ECU 并被储存于此。EDC 内存储的错误代码使得维修人员能快速识别并弄清电热塞、预热控制单元或主熔丝发生故障的原因。

第十八章　最大程度降低发动机内部的排放

当空燃混合气燃烧时,主要的副产品有 NO_x、碳烟、CO 和 HC 等污染物。未处理的排气中含有的污染物数量主要取决于发动机的运行状况(废气处理前燃烧后的废气)。除了燃烧室形状和空气流动路径(机械增压/涡轮增压、废气再循环、涡流控制)外,燃油喷射系统对最大程度降低排放起着关键性的作用。

欧洲新排放标准的引入对乘用车柴油机的燃烧过程的要求比以前要严格得多。为了最好地权衡相互冲突的因素,例如 NO_x 排放和低燃烧噪声,必须在精确的时间以精确的喷油量进行预喷射和主喷射。这只能通过燃油喷射系统的电子控制实现。EDC 可以实现更好的供油控制,并可对喷油开始时间进行更精确的调节,还可根据工作点优化燃烧过程,降低油耗,降低污染物排放。

将来,更严格的标准和客户对舒适性和可操控性的更高要求,只能通过采用现代燃油喷射系统的柴油机来实现,例如泵喷嘴系统/单体泵系统或共轨燃油喷射系统。

仅通过对发动机内部的改装来应对排放限值的持续降低将不再可能,还需要附加的废气处理方法。

在欧洲执行欧 5 标准时,绝对需要安装一个微粒过滤器,以满足更低的微粒排放限制标准。

柴油机燃油喷射系统如图 18-1 所示。

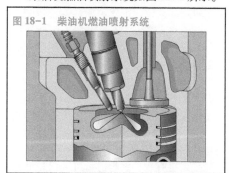

图 18-1　柴油机燃油喷射系统

正在开发新型的更为灵活的高压燃油喷射系统,以应对极低的美国 NO_x 第二层限制(自 2004 年起生效),以取消将 NO_x 从废气中分离的复杂系统。

§18.1　燃烧过程

当涉及可能达到的性能、燃油消耗和排放时,燃烧过程及其调节对柴油机是非常重要的。

发动机的性能受限于黑烟排放值(满负荷时允许的最大排气烟度)和允许的最高排气温度。废气涡轮增压器的材料特性决定了进气涡轮处的排气温度极限值。

可以把柴油机的燃烧分为 3 个阶段:
- 点火延迟,即喷射开始至点火开始的时间;
- 预混燃烧;
- 扩散燃烧(控制混合物燃烧)。

在第一个阶段,为限制燃烧噪声,需要进行点火延迟,因此需要少量的喷油。燃烧开始后,需要顺利形成混合物,以满足低碳烟和低 NO_x 排放的要求。

以下因素对燃烧阶段有决定性的影响:
- 燃烧室内的压力和温度状态;
- 充气的质量、成分和运动;
- 喷油压力过程。

这些参数首先可以根据发动机特定参数加以调节,其次可通过变化的运行参数加以调节。

下列固定的发动机特定参数对于给定的气缸排量来说是很重要的:
- 压缩比;
- 行程/缸径比;
- 活塞顶凹坑形状;
- 进气道几何形状;
- 进气门和排气门气门正时。

燃油喷射系统在燃烧过程中起着关键性

的作用,因其通过决定喷射点和喷油量曲线决定了 50% 质量分数的燃烧和混合物成分。后两项参数依次是控制排放和效率的关键因素。

除燃油喷射系统外,气流系统也日益成

为开发重点,因为要达到更严格的 NO_x 排放标准就要求必须有很高的废气再循环率。

图 18-2 所示为影响燃烧过程的主要的发动机特性变量和取决于运行工况的影响变量。

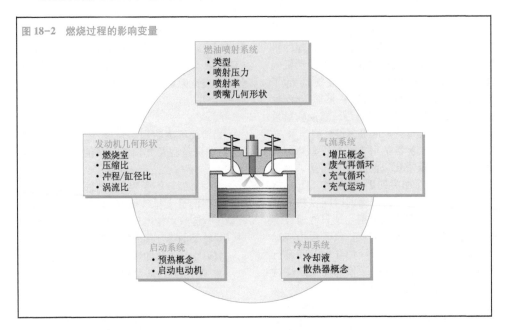

图 18-2　燃烧过程的影响变量

燃油喷射系统
- 类型
- 喷射压力
- 喷射率
- 喷嘴几何形状

发动机几何形状
- 燃烧室
- 压缩比
- 冲程/缸径比
- 涡流比

气流系统
- 增压概念
- 废气再循环
- 充气循环
- 充气运动

启动系统
- 预热概念
- 启动电动机

冷却系统
- 冷却液
- 散热器概念

18.1.1　燃油喷射系统

在进气侧,混合气的形成受到气缸内充气运动的影响。这依次取决于进气管几何形状和燃烧室形状。随着喷油压力的上升,混合气形成的功能逐渐转移到燃油喷射系统,因此有必要开发低涡流燃烧技术。

在喷油侧,由于燃油准备良好,带有气流优化几何结构的极小喷嘴孔促进了良好的混合气形成;同时也缩短了点火延迟期,并且只喷射少量的燃油。在接下来的扩散燃烧中,优化的雾化使得废气再循环(EGR)具有较高的兼容性,因此会产生更少的 NO_x 和碳烟。

18.1.2　气流系统

除了燃油喷射系统,还应对气流系统予以更多的重视,因为满足更严格的 NO_x 排放限值需要燃烧过程的废气循环兼容性较高。这将 NO_x 的成分减到最低,因此微粒过滤器(目前安装数量越来越大)能处理所产生的微

粒排放数量。因此,需要一个系统。这个系统能在各个气缸一致精确的高废气再循环率下和可能的最低进气温度下结合相对较高的增压空气压力。

(1)气缸充气

对发动机采取的其他措施会影响来自外围系统的气缸充气,最终会影响排气中的污染物浓度。

最大程度减少污染物的最重要措施是采用废气再循环系统。废气再循环系统使废气再循环到进气歧管中,从而增加了惰性气体的比例,因此使燃烧峰值温度降低,同时也减少了氮氧化物的生成(参见"废气再循环"一节)。

(2)废气涡轮增压

虽然涡轮增压的主要目的是增加特定性能,但通过燃烧室内更大的充气质量增加了系统特性图中 EGR 的兼容性。这可使 NO_x/碳烟的平衡更有利。因为通过可变涡轮叶片

可使增压空气压力多样化,因此可变几何涡轮增压系统是必不可少的。这种可变性使得利用低排气背压的较大涡轮成为可能,而不是使用废气门涡轮增压器。减小压缩比,即将活塞顶凹处做得更大,意味着在全负荷时自由喷射长度更大,空气循环效率更高;同时最终压缩温度更低,燃烧时峰值温度降低,NO_x 形成减少。

18.1.3　燃烧温度

燃烧温度和过量空气系数对 NO_x 的形成有很大的影响。高温和过量空气($\lambda>1$)促进了氮氧化物的形成。在不均匀扩散燃烧中,局部出现稀薄区域是不可避免的,因此加快了氮氧化物的形成。优化燃烧过程的目标是通过增加惰性气体的成分(EGR)降低燃烧室内的峰值温度;同时优化混合气的形成,以减少碳烟的缓慢增长。在恶劣燃烧状态和低温下,火焰前锋趋向于提前熄火。这种情况主要发生在冷机和低负荷工况下,会导致不完全燃烧的产物 CO 和 HC 大量增加。为了避免这种情况发生,当发动机在冷机运行时,应绕开 EGR 冷却器。

当发动机在正常运行温度下运行时,为了减少 NO_x 排放,通常要求 EGR 冷却器具有很强的冷却能力。

氮氧化物是在过量空气和高温富氧下形成的,因此必须降低局部峰值温度和局部过量空气系数。这只能通过在扩散燃烧阶段,在高喷油速率下延迟喷射开始时间来实现。达到上止点前立即开始燃烧,这基本上避免了可能提高温度的任何燃烧产物的压缩。高喷油速率导致 50% 质量分数的燃油迅速烧掉以及较高的 EGR 兼容性。燃烧室的高温促进了 NO_x 的形成。

§18.2　影响污染物排放的其他因素

18.2.1　发动机转速

较高的发动机转速意味着较大的摩擦损失和辅助设备更高的功率输入(例如水泵)。因此,发动机的效率随发动机转速的升高而下降。

如果在高转速下产生了特定的性能,则比在低转速下达到相同的性能需要消耗更多的燃油量,也会产生更多的污染物排放。

(1)氮氧化物(NO_x)

因为高转速时在燃烧室内可供形成 NO_x 的时间较短,因此 NO_x 排放随着发动机转速的升高而降低。此外,必须考虑燃烧室内的残余空气含量,因为这会使峰值温度降低。由于残余气体含量通常会随发动机转速的提高而减少,该效果会与上述影响效果背道而驰。

(2)碳氢化合物(HC)和一氧化碳(CO)

随着发动机转速的升高,HC 和 CO 排放会随混合物准备时间和燃烧时间的缩短而增加。随着活塞速度的上升,燃烧室压力在膨胀阶段下降得更快。这将导致更差的燃烧工况。尤其是在低负荷时,燃烧效率将受影响。另一方面,随着发动机转速的升高,充气运动和涡流将使燃烧率增加。燃烧时间缩短,这至少部分补偿了恶劣的边缘条件。

(3)碳烟

通常,碳烟随着发动机转速的升高而降低,因为充气运动更强烈,因此会更好地形成混合物。

18.2.2　转矩

随着转矩的增加,燃烧室的温度也会增加。这将改善燃烧工况。因此,未处理的 NO_x 排放增加,不完全燃烧的产物(例如 CO 和 HC)排放却开始减少。接近全负荷时,由于氧气不足,会导致过量空气系数较低,碳烟和 CO 排放量增加。

(1)碳烟

局部温度高于 1 500 K 时,碳氢化合物分子的热裂解会导致局部氧气不足,从而导致碳烟出现。结果,增强的空气循环效率会导致碳烟形成更少,或者允许更大的燃油喷射量,因此在同等碳烟条件下提高了排放性能。

18.2.3　燃油

另一个提高排放值的决定性因素是燃油质量的改进。例如,自从采用低硫或无硫燃油后,道路交通中的 SO_2 排放降低到了可忽略不计的数值。

考虑到传统的燃烧,柴油应该具有最高

可能的十六烷值,即最优化的点火质量。这缩短了点火延迟时间,而且对降低燃烧噪声有利。燃油也应具有较好的润滑性、较低的含水量,以及杂质含量,以确保燃油喷射系统在其使用寿命内的正常功能。

由于发动机性能不断提高,对燃油的要求也提高了。各种添加剂增大了十六烷值,增强了燃油的润滑性和流动性,以防止燃油系统腐蚀。

18.2.4 油耗

CO_2 的排放量与油耗成比例,因此只能通过降低油耗实现 CO_2 排放的减少。

为应对更严格的排放法规而采取的减少 NO_x 排放措施,例如增加废气再循环率,会导致更低的燃烧率;反过来,这也延迟了燃烧进入膨胀阶段的时间。50%质量分数燃尽点也移向膨胀阶段。通常更恶劣的燃烧条件会导致发动机效率下降。如果不采用降低油耗的措施,例如优化摩擦,油耗就会增多,就像采用欧Ⅲ标准时一样。

§18.3 均质燃烧过程的开发

目前正在开发新的均质燃烧过程,以满足未来的 NO_x 限制(欧洲:欧Ⅳ/欧Ⅴ;美国:Tier2,Bin5)。与传统的燃烧过程相比,在降低 NO_x 排放方面它们有着巨大的潜力。

目的是喷射最大的燃油量,或者是全部油量,在点火延迟期间减少或完全避免扩散

燃烧过程。努力实现缸内充气的均匀化(空气、燃油、来自废气再循环的废气),使局部过量空气系数的差异最小化。这基本上阻止了 NO_x 和碳烟的形成。

在第一阶段[部分均质压燃(pHCCI)],在传统柴油机的限定转速和负荷范围内,部分均质压燃是可以实现的。这主要是通过在较高的废气再循环率的情况下调节喷油策略,以控制点火延迟和燃烧率来实现的。随后进一步发展阶段的主要目的是在扩展的特性图区域内达到完全预混合燃烧[均质压燃(HCCI)]。这需要对系统和组件进行优化,比如燃烧室和喷嘴的形状。

与传统燃烧过程相比,这些燃烧过程的缺点是 HC 和 CO 排放量高出很多,因为由于预混合,油气混合气将被挤压并穿过燃烧室壁面。这产生了与汽油机类似的燃烧室壁面激冷效应。较高的废气再循环率还会导致体积淬火的减少,因此造成不完全燃烧产物的增加。

随着负荷、喷油量、燃烧室温度和压力的增加,均质压燃逐渐出现了很多问题。在这些情况下,不应改变标准燃烧过程,因此必须能够控制两种工作模式。均质压燃需要更多的开发工作和控制方案,以处理工作模式切换、废气再循环率对燃烧噪声和稳定性以及增加的 HC 和 CO 排放的最细微波动的敏感度。

均质燃烧过程的传统柴油燃烧和开发理念如图 18-3 所示。

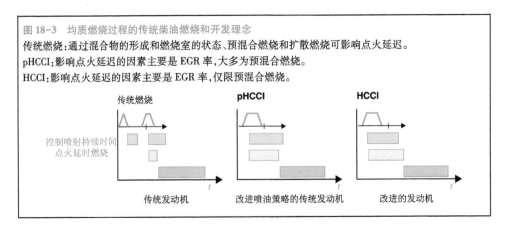

图18-3 均质燃烧过程的传统柴油燃烧和开发理念

传统燃烧:通过混合物的形成和燃烧室的状态、预混合燃烧和扩散燃烧可影响点火延迟。

pHCCI:影响点火延迟的因素主要是 EGR 率,大多为预混合燃烧。

HCCI:影响点火延迟的因素主要是 EGR 率,仅限预混合燃烧。

传统燃烧	pHCCI	HCCI
控制喷射持续时间 点火延时燃烧		
传统发动机	改进喷油策略的传统发动机	改进的发动机

§18.4　柴油喷射

柴油发动机的燃烧过程在很大程度上取决于油气混合气的制备方法，同时也与发动机性能、油耗、废气成分和燃烧噪声等因素有关。某些燃油喷射参数对于混合气形成质量来说是决定性因素。这些参数主要包括：

- 喷油开始；
- 排油速率特性曲线和喷油持续时间；
- 喷油压力；
- 喷油次数。

在柴油发动机中，通过对发动机内部结构采取多种对策，例如燃烧过程控制，可使废气排放量和噪声排放量大大减少。

直到 20 世纪 80 年代，才开始通过机械方法控制汽车发动机的喷油量和喷射开始时间。然而，根据当时的排量限值，需要对喷油参数进行高精度调节，例如预喷、主喷、喷油量、喷油压力和喷油开始时间。这些参数都需要与发动机工作状态进行匹配。然而，这只有使用电子控制单元才能实现，因为该单元可计算喷油参数，例如温度系数、发动机转速、载荷、海拔高度等。柴油机电子控制装置（EDC）已成为柴油发动机普遍采用的电子控制单元。

由于未来废气排放标准将变得更加严格，因此必须进一步采取最小化污染物排放的措施。可以通过泵喷嘴系统实现极高的喷油压力，从而使排放量及燃烧噪声持续降低。同样，通过调节与油压升高无关的流量率曲线，共轨燃油系统也可以实现这一点。

18.4.1　混合气分配

（1）过量空气系数 λ

过量空气系数 λ（Lambda）被用于表示油气混合气实际偏离化学计量[①]质量比的程度。它是进气质量与化学计量燃烧量所需空气质量之比：

$$\lambda = \frac{空气质量}{燃油质量 \cdot 化学计量比}$$

$\lambda = 1$：进气质量等于燃烧所有喷射燃油理论上所需的空气质量。

$\lambda < 1$：进气质量小于所需量，因此混合气浓。

$\lambda > 1$：进气质量大于所需量，因此混合气稀。

带多孔喷嘴直喷式发动机的燃烧过程见图 18-4。

图 18-4　带多孔喷嘴直喷式发动机的燃烧过程 从开始自燃时计量时间。

(a) 200 μs；(b) 400 μs；(c) 522 μs；(d) 1 200 μs

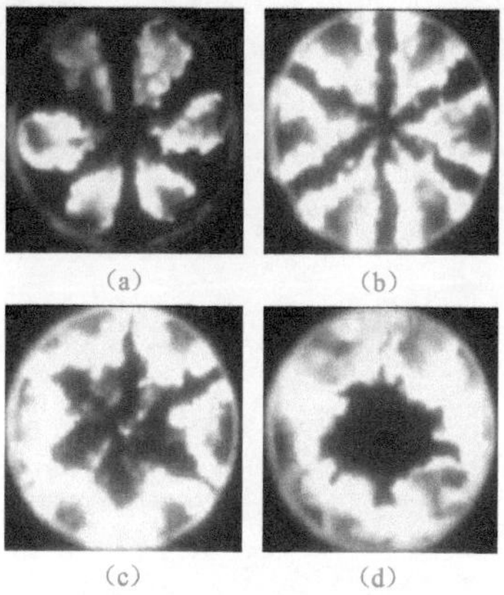

(a)　　　　(b)

(c)　　　　(d)

特种发动机带有玻璃衬管和反射镜，可被用来观察燃油喷射过程和燃烧过程（见图 18-4）。

（2）柴油机的过量空气系数

混合气浓的区域主要负责煤烟燃烧。为了防止形成过多混合气偏浓的区域，与汽油发动机相比，柴油发动机必须在空气质量总体过量的条件下运行。

涡轮增压式柴油发动机在满负荷时，过量空气系数的范围为 $\lambda = 1.15$ 至 $\lambda = 2.0$；急速时及在空载条件下，增加至 $\lambda > 10$。

这些过量空气系数表示气缸中燃油与空气总质量之比。然而，由于 λ 系数的空间波动幅度较大，因此它主要表示自动点火及污染物产生情况。

柴油发动机在不均匀混合物产生和自动点火的情况下工作。在燃烧前或燃烧过程

①　化学计量比表示完全燃烧 1kg 燃油所需的空气质量（kg），m_L / m_K。

对于柴油来说，该值约为 14.5。

中,喷射的燃油与充入的空气不可能实现完全的不均匀混合。在柴油机的不均匀混合物中,局部过量空气系数可以涵盖喷射器旁边喷射核心区 $\lambda = 0$(纯净燃油)到喷射边缘区 $\lambda = \infty$(纯净空气)的整个范围。在单颗粒燃料滴外部区域(蒸气包壳)周围,局部 λ 系数为 $0.3 \sim 1.5$(见图 18-5 和图 18-6)。由此可以推断,优化后喷雾(大量极小液滴)、高过量空气系数及空气充量的"计量"会产生大量局部稀薄区域。这些区域具有易燃的 λ 系数。在燃烧过程中,这将使得碳烟量相对较少。因此,EGR 相容性得以改善,NO_x 排放减少。

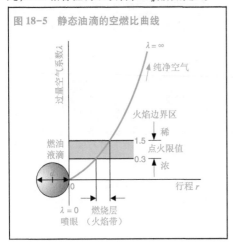

图 18-5　静态油滴的空燃比曲线

图 18-6　移动油滴的空燃比曲线

(a) 相对速度低;(b) 相对速度高

1—火焰带;2—蒸气包壳;3—燃油液滴;4—气流

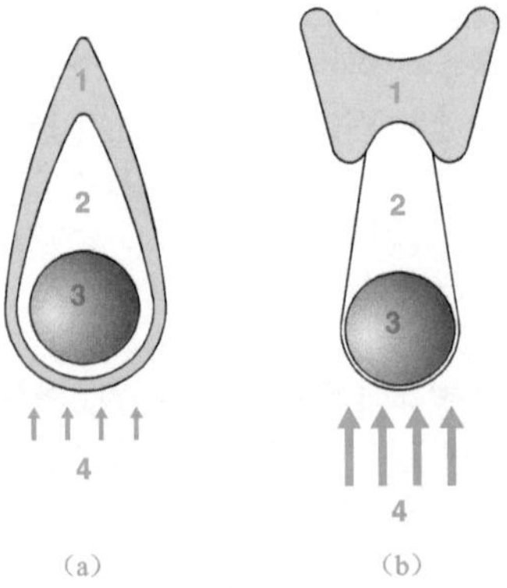

通过泵喷嘴系统(UIS)高达 2 200 bar 的喷油压力,可以优化燃油雾化。共轨系统(CRS)在最高为 1 800 bar 的喷油压力下运行。这将导致气缸中燃油喷雾与空气之间的相对速度较高,从而造成燃油喷雾的散射条件。

为了降低发动机的重量和成本,所设定的目标是通过给定的发动机容量获得最大功率。要实现这一点,发动机就必须在高载荷且过量空气尽可能低的条件下运行。另外,过量空气的缺乏增加了碳烟排放量。因此,通过精确计量喷油量,使其作为发动机转速的系数与可用空气质量相匹配,可限制碳烟产生。

如果大气压力(例如在高海拔地区)较低,则也需要调整喷油量,以使其与较少可用空气量相匹配。

18.4.2　喷油开始和供油开始

(1) 喷油开始

燃油喷入燃烧室内的时间点对油气混合气开始燃烧的时间点有决定性影响,因此也决定了排放水平、油耗及燃烧噪声。因此,在优化发动机运行特性方面,喷油开始时间点是非常重要的参数。

喷油开始时间指的是曲轴相对于曲轴上止点(TDC)的旋转度数。此时,喷嘴打开,然后燃油被喷入发动机燃烧室中。

在该力矩下,活塞相对于上止点的位置将影响燃烧室内部空气流量及空气密度和温度。因此,空气与燃油的混合程度也取决于喷射开始时间点。这样,喷射开始时间点影响着各个废气排量,例如碳烟、氮氧化物(NO_x)、未燃的碳氢化合物(HC)及一氧化碳(CO)。

喷射开始时间设定值根据发动机载荷、转速和温度的不同而有所不同,并且考虑到其对油耗、污染物排放及噪声的影响,针对每种发动机确定了最优值。然后,将这些值存储到喷射开始特性图(见图 18-7)中。在整个特性图中,可以控制与载荷相关的喷油开始时间的可变性。

与凸轮控制系统相比,共轨系统在喷油

量、喷油时间及喷油压力的选择方面提供了更

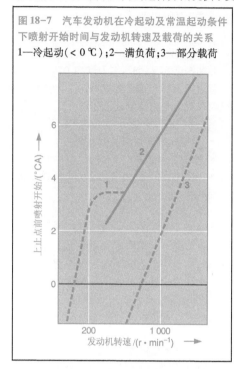

图18-7 汽车发动机在冷起动及常温起动条件下喷射开始时间与发动机转速及载荷的关系
1—冷起动(<0℃);2—满负荷;3—部分载荷

大的自由空间。因此,它可以通过分离式高压泵产生燃油压力,通过发动机管理系统优化每个工况点,并通过电磁阀或压电元件控制燃油喷射过程。

喷射开始时间标准值

在柴油发动机数据图上,低油耗时,最佳燃烧开始时间范围为曲轴转角在上止点前0°~8°。因此,根据法定废气排量限制,喷射开始时间点如下:

乘用车直喷式发动机:

• 空载时:上止点前2°曲轴转角至上止点后4°曲轴转角。

• 部分载荷时:上止点前6°曲轴转角至上止点后4°曲轴转角。

• 满负荷时:上止点前6°~15°曲轴转角。

商用车直喷式发动机(未配备废气再循环系统):

• 空载时:上止点前4°~12°曲轴转角。

• 满负荷时:上止点前3°~6°曲轴转角

至上止点后2°曲轴转角。

当发动机处于冷态时,乘用车和商用车发动机的喷射开始时间点均提前3°~10°。

满负荷时,燃烧时间在40°~60°曲轴转角范围内。

喷射开始时间提前

临近活塞上止点(TDC)时会出现最高压缩温度(最终压缩温度)。如果在TDC前,燃烧开始时间较长,那么燃烧压力将急剧上升,并对活塞冲程产生一个减速力。在此过程中,热量损失降低了发动机效率,因此导致油耗增加。此外,由于压缩压力急剧上升,燃烧噪声也随之增大。

喷射开始时间提前增加了燃烧室内的温度。因此,NO_x排放上升,但HC排量较低(见图18-8)。

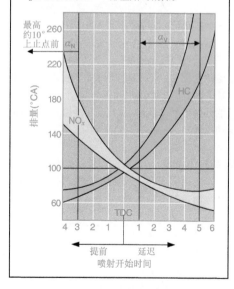

图18-8 一台未配备废气再循环系统的商用车,其喷射开始时间与NO_x和HC排量分配模式对比图

应用示例:

α_N 空载时最佳喷射开始时间:空载时,HC排量较低,而NO_x排放始终较低。

α_v 满负荷时最佳喷射开始时间:满负荷时,NO_x排放较低,而HC排量始终偏低。

最小化蓝烟和白烟水平要求在发动机冷却时提前开始喷射和/或预喷射。

喷射开始时间延迟

在低载荷条件下,喷射过程延迟启动可能导致不完全燃烧。因此,由于燃烧室内的温度骤然下降,会导致未完全燃烧的碳氢化合物(HC)和一氧化碳(CO)排出(见图18-8)。

调整喷射开始时间,以适应特定发动机时,一方面要权衡特定油耗与碳氢化合物排量之间的部分冲突,另一方面还要考虑碳烟(黑烟)与 NO$_x$ 排放之间的平衡,从而保证各值都处于极其严格的公差范围内。

(2)供油开始

除喷射开始时间点外,供油开始时间是另一个需要考虑的方面。供油开始时间指喷油泵开始向喷油器供油的时间点。

在以前的喷油系统中,由于发动机必须配备直列式或分配式喷油泵,因此供油开始时间是一个非常重要的参数。供油开始时,应确定喷油泵与发动机之间的相对时间,因为与实际喷射开始时间相比,比较容易确定此相对时间。由于供油开始时间与喷油开始时间之间存在一定的关系(喷油滞后[①]),因此可以实现这一点。

压力波从高压泵传输至喷油嘴的行程所用时间导致喷油滞后。因此,喷油滞后取决于油管长度。在不同的发动机转速条件下,以曲轴转角(曲轴旋转度数)测定的喷油滞后点各不相同。发动机转速较高时,发动机出现严重的点火延迟[②]现象。这与曲轴位置(曲轴转角度数)相关。对这两种影响,必须予以弥补。因此,这就是喷油系统必须具有调节供油开始时间/喷油起点的能力,以适应不同发动机转速、载荷和温度的原因。

18.4.3　喷油量

可使用以下公式计算发动机气缸每个动力冲程所需的燃油质量 m_e:

$$m_e = \frac{P \cdot b_e \cdot 33.33}{n \cdot z}[\text{mg}/\,\text{冲程}]$$

式中:

P——发动机动力(kW);

b_e——发动机燃油消耗率[g/(kW·h)];

n——发动机转速(r/min);

z——发动机缸数。

相应燃油量(喷油量),Q_h(mm^3/冲程或 mm^3/喷油循环)可通过下式得出:

$$Q_h = \frac{P \cdot b_e \cdot 11\,000}{30 \cdot n \cdot z \cdot \rho}[\text{mm}^3/\,\text{冲程}]$$

燃油密度 ρ(g/cm^3)与温度相关。

假定发动机在恒定效率($\eta \sim 1/b_e$)时,发动机功率输出与喷油量成正比。

喷油系统喷射的燃油质量取决于以下变量:

- 喷嘴燃油计量阀的横截面;
- 喷油持续时间;
- 喷油压力与燃烧室内压力之间的差值随时间的变化;
- 燃油密度。

柴油是可压缩的。也就是说,燃油在高压下可以压缩。这使得喷油量增加。特性图中喷油量的设定值与实际值的偏差将影响发动机性能和污染物排放量。高精度喷油系统由柴油机电子控制系统进行控制,且可以较高的精确度计量需要喷射的燃油量。

18.4.4　喷油持续时间

流量率曲线的主要参数之一是喷油持续时间。在此期间,喷嘴打开,燃油流入燃烧室。此参数规定为曲轴或凸轮轴转角度数,或以 mm 为单位。不同的柴油燃烧过程要求不同的喷射持续时间,如下列示例所示(额定输出条件下大致的数据):

- 乘用车直喷(DI)发动机为 32°～38° 曲轴转角;
- 乘用车间接喷射式发动机:35°～40° 曲轴转角;
- 商用车直喷式发动机:25°～36° 曲轴转角。

在喷油持续时间内,30° 的曲轴转角相当于 15° 凸轮轴转角。这使得喷油泵转速[③]达 2 000 r/min,相当于 1.25 ms 的喷油持续时间。

为了最大程度降低油耗与排放量,定义

---

① 从供油开始到喷油开始扫过的时间或曲轴转角。

② 从喷油开始到开始点火扫过的时间或曲轴转角。

③ 相当于四冲程发动机转速的一半。

喷油持续时间时,其必须与运行时间点和喷油开始时间相关(见图18-9~图18-12)。

变化而变化,因此每次喷射的喷油量相同。

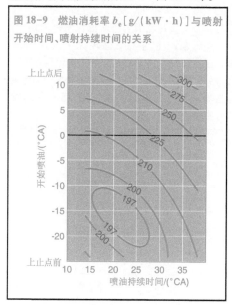

图 18-9 燃油消耗率 b_e[g/(kW·h)]与喷射开始时间、喷射持续时间的关系

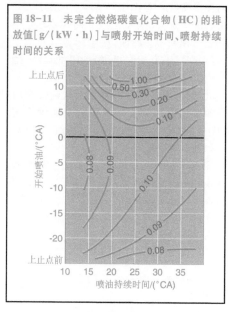

图 18-11 未完全燃烧碳氢化合物(HC)的排放值[g/(kW·h)]与喷射开始时间、喷射持续时间的关系

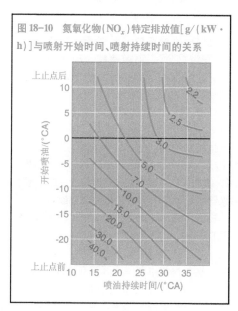

图 18-10 氮氧化物(NO$_x$)特定排放值[g/(kW·h)]与喷射开始时间、喷射持续时间的关系

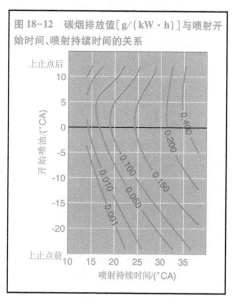

图 18-12 碳烟排放值[g/(kW·h)]与喷射开始时间、喷射持续时间的关系

发动机:

六缸商用车柴油发动机(配备高压共轨式喷油系统)

工作条件:$n=1\,400$ r/min,50%满负荷。

在本例中,喷射持续时间随喷油压力的

18.4.5 流量率曲线

流量率曲线是喷油过程中喷入燃烧室的燃油流量和时间关系的曲线图。

(1)凸轮控制式燃油喷射系统的流量率曲线

在凸轮控制式燃油喷射系统中,喷油泵

在整个喷射过程中持续增加压力。因此，泵速直接影响供油速率，从而影响喷油压力。

喷油口控制式分配泵及直列式喷油泵不允许进行预喷射。然而，由于配备双弹簧喷油器体，在喷油开始时，可降低喷油速率，因此可以改善燃烧噪声。

此外，采用电磁阀控制分配式喷油泵时也可以实现预喷射。乘用车用泵喷嘴系统（UIS）安装有液压机械式预喷射系统，但其只在有限的时间内可控。

压力产生装置及供油系统通过凸轮控制系统中的凸轮及喷油泵互相连接。这将对喷油特性产生如下影响：

● 喷油压力随发动机转速和喷油量的升高而升高，直到达到最大压力为止（见图 18-13）；

图 18-13　传统喷油系统的喷油压力曲线
1—发动机转速高；2—发动机转速中等；3—发动机转速低

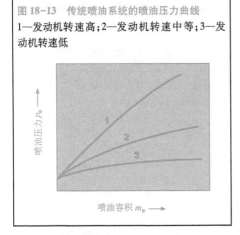

● 喷油开始时，喷油压力升高，但在喷射（供油结束时开始）结束前，喷油压力重新降至喷嘴关闭压力的水平。

这样做的结果是：

● 在低压时，喷油量较少。

● 流量率曲线呈近似于三角形的形状。

在部分载荷条件下且发动机转速较低时，此三角形曲线促进了燃烧，因为它实现了速率小幅上升，从而降低了燃烧噪声；然而，在满负荷时，三角形曲线不如正方形曲线。正方形曲线可实现更好的空气循环效率。

在间接喷射式发动机（配备预燃室或涡流室）中，节流轴针式喷嘴被用于产生单射流，

并确定流量率曲线。这种类型的喷嘴控制作为针阀升程函数的出油口截面。该喷嘴使压力逐步增大，从而使燃烧更安静。

（2）高压共轨喷射系统的流量率曲线

高压泵产生与喷射循环无关的油轨压力。在喷射过程中，喷油压力几乎恒定（见图 18-14）。在系统压力被给定的情况下，喷油量与喷油器打开的时长成正比，而与发动机转速或泵的转速（基于时间的喷射）无关。

图 18-14　高压共轨喷射系统的喷射模式

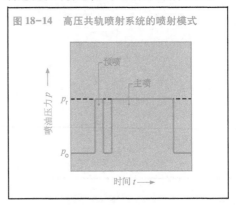

这使得流量率曲线近似于一个正方形。其中，在满负荷时，喷射持续时间较短，喷射速率几乎恒定且较高，因此允许较高的比输出功率。

然而，由于在喷射开始时速率较高，在点火延迟期间喷射大量燃油，因此会对燃烧噪声产生不利影响。这将导致在预混合燃烧过程中压力升高。由于最多可能排除两个预喷射事件，因此可以对燃烧室进行预处理。这缩短了点火延迟时间，同时将噪声排放减至最低。

由于电控单元触发了喷油器，因此，在发动机应用中，可以针对各个发动机工况点自由确定喷射开始时间、喷射持续时间和喷油压力。这些参数由柴油电子控制系统（EDC）进行控制。EDC 通过喷油器油量修正（IMA）平衡各个喷油器的喷油量差异。

通过现代压电式共轨燃油喷射系统可以进行一些预喷射和二次喷射。实际上，在一个动力循环中，最多可以喷射 5 次。

（3）喷射功能

根据发动机的预期应用，下列喷射功能

是必要的(见图18-15):

图 18-15　燃油喷射模式

针对 NO$_x$ 低水平的调整要求在接近 TDC 时开始喷油。

供油时间点显然在开始喷油之前:喷油滞后取决于燃油喷射系统。

1—预喷;2—主喷;3—较陡的压力梯度(高压共轨系统);4—"靴形"压力升高(带有 2 段式开口电磁阀针阀的 UPS(CCRS)。双弹簧喷油器体可以实现针阀升程靴形曲线(而非压力曲线);5—渐进压力梯度(传统燃油喷射系统);6—稳定压力(直列式和分配式喷油泵);7—急剧压降(UIS 和 UPS,采用共轨系统时压降略微平缓);8—提前二次喷射;9—延迟后喷射;p_s—峰值压力;p_0—喷嘴开口压力;b—主喷射阶段燃烧持续时间;v—预喷射阶段的燃烧持续时间;IL—主喷射点火延迟

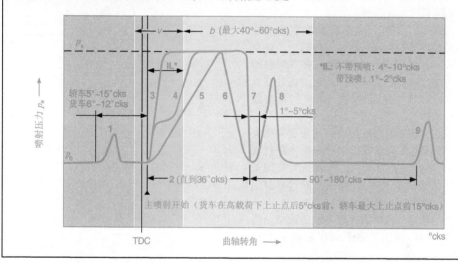

图 18-16　预喷射对燃烧压力分布模式的影响

a—不进行预喷射;b—进行预喷射;h_{Pi}—预喷射过程中的阀针升程;h_{MI}—主喷射过程中的阀针升程

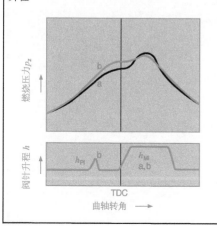

- 预喷射(1)降低了燃烧噪声和 NO$_x$ 排放,尤其是直喷式发动机。

- 主喷射中正压梯度(3)降低了未配备废气再循环系统的发动机的 NO$_x$ 排放量。

- 主喷射中双级压力梯度(4)降低了未配备废气再循环系统的发动机的 NO$_x$ 和碳烟排放量。

- 配备废气再循环系统的发动机运行时,主喷射过程中的恒定高压降低了碳烟排放量。

- 提前二次喷射(8)降低了碳烟排放量。

- 延迟二次喷射(9)。

(4)预喷射

如果在燃烧阶段燃烧少量燃油(约1 mg),则在主喷射时间点时,气缸中的压力和温度均升高。由于在预混合燃烧过程中燃

油比例降低,因此缩短了主喷射点火延迟的时间,且有利于降低燃烧噪声;同时,燃烧的分散燃油量增加。由于气缸内温度显著升高,碳烟和 NO$_x$ 排放也相应地增加。

另一方面,在冷起动时及低负载阶段,燃烧室温度较高是有利的。这样可以使燃烧更稳定并降低 HC 和 CO 的排放量。

权衡燃烧噪声与 NO$_x$ 排放的较好折中方法是根据运行工作点调整预喷射和主喷射之间的时间间隔,并计量预喷射燃油量。

(5)延迟二次喷射

延迟二次喷射时,燃油未燃烧,但由于废气残热而使燃油蒸发。曲轴转角高达上止点后 200° 的膨胀或排气冲程期间,在主喷射阶段后发生二次喷射。将精确计量的燃油喷入废气中。在排气冲程,燃油与废气的最终混合物经由排油口进入废气系统。

延迟二次喷射过程主要被用于提供碳氢化合物,通过在氧化型催化转化器中进行氧化,还可使废气温度升高。这种措施被用于再生下游废气处理系统,例如微粒过滤器或 NO$_x$ 蓄压型催化转化器。

由于延迟二次喷射过程可能造成发动机被柴油稀释,因此需要发动机制造商进行说明。

(6)提前二次喷射

在高压共轨系统中,二次喷射可能会在主喷射过程完成后立即发生,同时燃烧过程依然进行。这样,碳烟颗粒得到再次燃烧,碳烟排放量可降低 20% ~ 70%。

(7)燃油喷射系统的时间特性

图 18-17 给出了一个关于径向活塞分配泵(VP 44)的例子。凸轮环上的凸轮启动供油过程,然后燃油从喷嘴排出。这说明分配泵与喷嘴之间的压力和喷射模式有很大不同。二者取决于控制喷射的组件(凸轮、泵、高压燃油管和喷嘴)特征。因此,燃油喷射系统必须与发动机精确匹配。

所有燃油喷射系统的特性都是类似的。在这些系统中,由一个泵柱塞(直列式喷油泵、整体式喷油泵和单体泵)生成压力。

(8)传统喷油系统中的破坏性容量

"不利的燃油量"这一术语是指燃油喷射

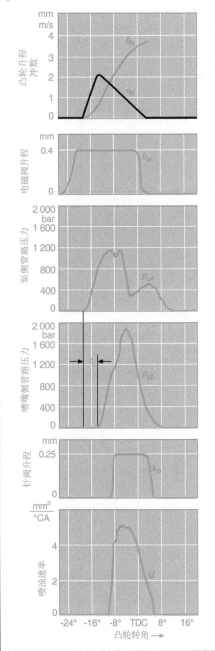

图 18-17　根据各凸轮轴转角从凸轮节距到喷射模式交互作用关联链曲线

无预喷射且满负荷时,径向活塞分配式喷射泵(VP 44)的示例

t_L—燃油流经油管的时间

系统中高压侧的燃油量。它是由喷油泵高压侧、高压燃油管和喷油器体的容积组成的。每次喷射燃油时,不利燃油量的压力增大,然后减小。因此,发生压缩损耗,致使喷射滞后延迟。油管内的燃油体积由压力波产生的动态过程施以压缩力。

不利的燃油量越大,燃油喷射系统的液压效率就越低。因此,在研发燃油喷射系统时,一个重要考虑因素是尽可能减少不利的燃油量。整体式喷油器系统具有最小的不利燃油量。

为了确保对发动机进行均衡控制,所有气缸的不利燃油量都必须相等。

18.4.6　喷油压力

燃油喷射过程利用燃油系统中的压力促使燃油量流经喷油器喷口。燃油系统压力较高会导致喷油器喷嘴喷出的燃油流量较高。燃油雾化是燃烧室内部燃油扰流口处各湍流射流相互冲突造成的。因此,燃油和空气之间的相对流速越高,或空气密度越高,燃油雾化度就越精细。由于高压燃油管较长,喷嘴处的喷油压力可能高于喷油泵的压力,因为高压燃油管的长度也与反射压力波相互匹配。

（1）直喷（DI）发动机

在配备的直喷柴油发动机中,由于燃烧室内部空气只靠惯性质量矩（即空气"试图"保持进入气缸时的流速。这造成了涡流）动,因此流速相对较低。活塞冲程因限流迫使空气进入活塞顶凹坑,而使气缸内的涡流加剧,而涡流直径较小。然而,在一般情况下,直喷式发动机的气流运动少于间接喷射式发动机。

由于空气流量低,燃油必须在高压时进行喷射。目前,对于汽车发动机来说,现代直喷系统可以产生 1 000～2 050 bar 的负负荷峰值压力,而商用车则为 1 000～2 200 bar。然而,只有在发动机转速较高时才可实现峰值压力,除非采用高压共轨系统。

在低烟工况（即低颗粒排放）下获得理想的转矩曲线参数的决定性因素是相对较高的喷油压力。这与满负荷下发动机转速偏低时的

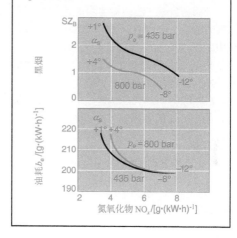

图 18-18　喷油压力和喷油开始时间对油耗、碳烟、氮氧化物排放量的影响

直喷式发动机:发动机转速 1 200 r/min,平均压力为 16.2 bar

p_e—喷油压力; α_s—TDC 后喷油开始时间; SZ_B—黑烟量

燃烧过程相匹配。由于在发动机转速较低时,气缸中的空气密度相对较低,因此必须限制喷油压力,以避免燃油在气缸壁上沉积。转速高于 2 000 r/min 时,可以实现最大充气压力,而且,喷油压力可能会升至最高。

为了获得理想的发动机效率,燃油必须在一个与发动机转速相关的上止点两侧的特定转角范围内喷射。因此,当发动机转速（额定输出）较高时,要求喷油压力升高,以缩短喷射持续时间。

（2）间接喷射式（IDI）发动机

在配备分体式燃烧室的柴油发动机上,通过升高燃烧压力可将预燃室或涡燃室中的混合气排出,然后进入主燃烧室。当空气流速较高时,可在涡流燃烧室、涡流燃烧室和主燃烧室之间的连接通道中实施这一过程。

18.4.7　喷嘴与喷油器体总成的设计

（1）二次喷射

意外的二次喷射将对废气质量产生极不良的影响。当喷嘴关闭后马上重新打开时会发生二次喷射。在燃烧过程后期阶段,二次喷射允许状况不佳的燃油喷入气缸内。这些

燃油未完全燃烧,或根本未燃烧,最终被释放到废气中作为未燃烧的碳氢化合物。通过在关闭压力足够高及供油管静压较低的情况下迅速关闭喷油器体总成,可以避免这种不良情况。

（2）死区容积

针阀密封座气缸侧喷嘴中的死区容积对二次喷射也会产生类似影响。沉积在这些区域中的燃油流入燃烧室进行完成燃烧,有一部分会逸/溢入排气管中。此外,这种燃油的成分还会提高废气中未燃烧碳氢化合物的水平（见图18-19）。无压力室（Sac-less）喷嘴具有最小的死区容积。其中,喷孔被钻入针阀密封座中。

图 18-19　喷油器设计对碳氢化合物排放量的影响

a—无压力室（Sac-less）喷嘴;b—带微型盲孔的喷油器;1—1 L/缸的发动机;2—2 L/缸的发动机

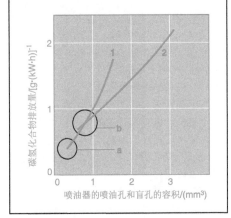

涡流燃烧室中。喷射方法是使预热塞伸出喷口很小一部分。喷射方向精确对准燃烧室。喷射方向的任何偏差均会造成燃烧空气利用率变差,由此造成碳烟和碳氢化合物排放量增加。

图 18-20　喷嘴锥头

（a）无压力室（Sac-less）喷嘴;（b）带微盲孔的喷油器;1—死区容积

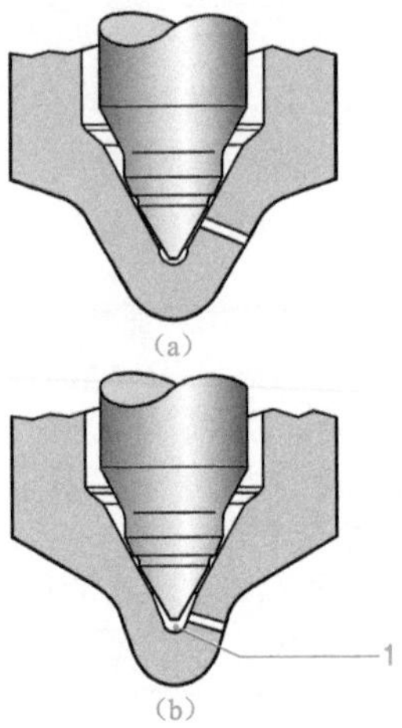

（3）喷射方向

① 直喷式（DI）发动机

直喷式柴油发动机通常具有孔型喷嘴,在最中心处钻有 4~10 个喷孔（最常见的情况是 6~8 个喷孔）。喷射方向非常精确地对准燃烧室。这是因为即使仅偏离理想喷射方向 2°,也会导致碳烟排量和油耗明显增加。

② 间接喷射式（IDI）发动机

间接喷射式发动机采用仅带有一个单喷口的针状喷嘴。该喷嘴将燃油喷入预燃室或

§18.5　废气再循环

18.5.1　概念

废气再循环（EGR）是被用于柴油机的一种降低发动机内部 NO_x 排放量的高效措施。有以下两种形式:

● 内部 EGR,取决于气门正时和残余气体。

● 外部 EGR,通过附加管路和控制阀连接到燃烧室。

NO_x 的减少主要基于以下原因:

● 废气质量流量的减少。

● 燃烧速率的下降,以及由燃烧室内残余气体增加导致的局部峰值温度的下降。

● 部分氧气压力或局部过量空气系数降低。

由于形成 NO_x 需要局部高温（>2 000 K）和足够高的局部氧压,上述措施会随废气再

循环率的升高导致 NO_x 的大量减少。减少燃烧室内的反应成分也会导致黑烟的增加。这限制了 EGR 的数量。

EGR 的数量还会影响点火延迟时间。如果废气再循环率在较低的部分负荷范围内足够大，则点火延迟的时长会使柴油机典型的扩散燃烧成分大量减少，而且燃烧只在大量的燃油和空气混合后开始。这种局部均质化被用于新的或未来的（p）HCCI 燃烧应用，以实现在低的部分负荷范围的极低的 NO_x 和低微粒燃烧。

18.5.2　高压废气再循环

（1）工作原理

现在投入生产的 EGR 系统是高压 EGR（见图 18-21）。这意味着废气进入涡轮增压器上游并且经过一个搅拌器进入发动机进气管上游。EGR 容积取决于涡轮机上游排气背压、进气歧管压力之间的压力差以及气动或电子控制的 EGR 阀的位置。

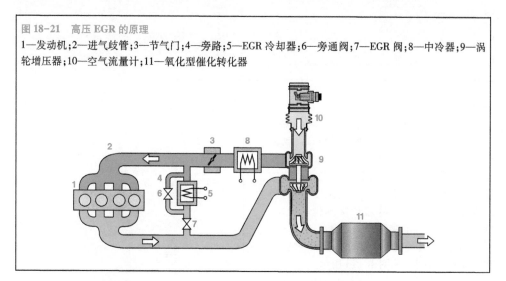

图 18-21　高压 EGR 的原理
1—发动机；2—进气歧管；3—节气门；4—旁路；5—EGR 冷却器；6—旁通阀；7—EGR 阀；8—中冷器；9—涡轮增压器；10—空气流量计；11—氧化型催化转化器

在乘用车发动机中，与排放相关的特性图区域内驱动压力下降对大多数负荷点是足够的。只有在最低负荷点时，通常需要限制进气歧管侧的气流，以达到足够高的废气再循环率。

在卡车发动机中，适当的措施，例如可变几何涡轮（VTG）机械增压，文丘里混合器或翼形阀，通常被用来实现 EGR。这是由于与排放相关的工况扩展到全负荷以及涡轮增压效率增强引起的。

（2）EGR 控制

现在乘用车上标准的 EGR 率控制是通过测量空气质量实现的，而且能通过结合 λ 闭环控制使其变得更精确。在卡车上，可通过将压差信号传至测量用文丘里管来控制废气再循环率。

18.5.3　低压 EGR

将来，除高压 EGR 外，还可以采用低压 EGR（见图 18-22）。再循环的废气会进入涡轮机下游，从废气处理系统中流出，喷射到压缩机上游的空气侧。

其优点有：

● EGR 在各独立气缸之间统一分配优化。

● 废气和新鲜空气的均质混合气在通过压缩机和中冷器后实现了更强的冷却效果。

● 由于全部质量流量的废气会经过涡轮机，因此提高了可能的增压空气压力，且将可能的增压空气压力与 EGR 率完全分离。

另一方面，由于在动态操作中会产生更大体积的废气污染，因此低压 EGR 不如高压 EGR 有利。

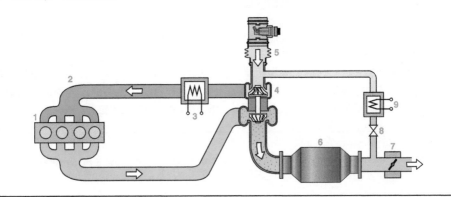

图18-22　低压EGR的原理

1—发动机;2—进气歧管;3—中冷器;4—涡轮增压器;5—空气流量计;6—氧化型催化转化器;7—节气门;8—EGR阀;9—EGR冷却器

18.5.4　废气的冷却

为了增强EGR效果,再循环的废气量在一个热交换器中被发动机冷却液冷却。这提高了进气歧管内气体的密度,使最终压缩温度更低。通常,较高的局部过量空气系数的影响相互抵消。由于最终压缩温度较低,因此使充气密度增大,峰值温度降低。然而,EGR兼容性的提高同时产生了更高的废气再循环率,以及更低的NO_x排放。EGR对排放和油耗的影响可参见图18-23所示。

由于在很低的负荷点时,柴油机的废气温度就已经较高,因此在高EGR率时为了减少NO_x排放,需要冷却再循环的废气。这会导致不稳定燃烧,会使HC和CO排放显著上升。可通过开关控制的EGR冷却器提高燃烧室温度,稳定燃烧,以及减少未处理的HC和提高废气温度。尤其是当发生在乘用车排放测试的冷起动阶段时,这期间氧化型催化转化器尚未达到其启动温度。这还可帮助氧化型催化转化器以快得多的速度达到工作温度。

18.5.5　展望

（1）带可变气门正时的EGR

使用可变气门正时的内部EGR将可实现最佳的动态运行特性。可想象的情景是,例如,通过提前发出"关闭排气道"信号,或在进气阶段打开排气阀,或在排气行程打开进气阀,可增加气缸内的残余废气量,从而可以通过控制阀动装置逐个调节一个工作循环到另一个工作循环的EGR率。然而,代价是再循

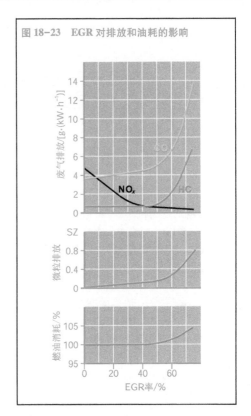

图18-23　EGR对排放和油耗的影响

环废气将会很多,在很大程度上会限制可能的 EGR 率。

（2）NO_x 排放的最小化概念

为符合未来乘用车和商用车的排放限制,在柴油机废气方面提出了高要求。降低未处理 NO_x 排放的关键措施仍然是废气再循环。因此,在燃烧过程 EGR 兼容性提高的同时,EGR 率将继续升高。对每个气缸的 EGR 控制都必须快速且精确,以达到非常低的排放和最佳的驾驶性能。通过可变气门正时和与低压 EGR 对内部 EGR 进行联合控制是一个较为理想的解决方案。

§18.6　曲轴箱强制通风

18.6.1　窜气

曲轴箱通风气体（窜气）是在内燃机中燃烧所产生的。气体从燃烧室流出,经过气缸壁与活塞之间的间隙、活塞环开口间隙、活塞与活塞环之间的间隙（间隙尺寸与设计有关）,经过气门座进入曲轴箱。与发动机废气有关的曲轴箱窜气,可能含有许多碳氢化合物浓缩物。除完全和不完全燃烧的产物、水（水蒸气）、烟、残碳之外,窜气气体还包括细小液滴形式的机油。

特别是在涡轮增压柴油机和火花点火直喷式发动机中,窜气气体中的机油和碳烟会在中冷器中,气门上,下游的碳烟过滤器或微粒过滤器中形成积碳（来自机油中无机添加剂的积灰）,最终可能会影响发动机的运行。

最大程度减少由于曲轴箱窜气的机油漏油引起的机油消耗的方法是,用油气分离器回收机油,并只进行气体通风。

18.6.2　通风

在闭环通风系统中,来自曲轴箱的未处理的气体流经一个由附加组件组成的通风系统（例如油气分离器、压力控制装置、单向阀）进入燃烧空气进口中,然后从这里流回燃烧室。在开环通风系统中,经过处理的气体被直接排放到大气中。然而,除少数例外情况外,现在法规已开始限制开环系统的使用。

闭环曲轴箱通风系统如图 18-24 所示。窜气中夹带的机油滴谱如图 18-25 所示。

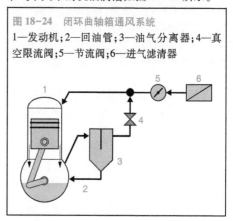

图 18-24　闭环曲轴箱通风系统
1—发动机；2—回油管；3—油气分离器；4—真空限流阀；5—节流阀；6—进气滤清器

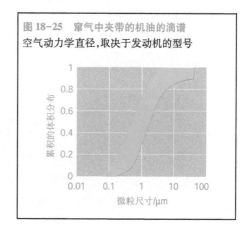

图 18-25　窜气中夹带的机油的滴谱
空气动力学直径,取决于发动机的型号

（纵轴）累积的体积分布
（横轴）微粒尺寸/μm

第十九章　废气处理

过去,柴油机排放主要通过采取发动机内部措施使之达到最低程度。然而,许多柴油机轿车产生的未经处理排放将会超出欧洲、美国和日本未来的排放限值。要求的排放值最小化率想必只有通过内部措施和发动机后处理措施的有效结合才能实现。因此,除了对汽油机长期的试验和测试外,正在进行大量的关于柴油机废气处理系统的开发工作。

20世纪80年代,为减少 NO_x,HC和CO形成氮(N_2),汽油机上采用了三元催化转化器。三元催化转换器在 $\lambda = 1$ 的工况下工作。

在借助过量空气工作的柴油机中,三元催化转换器只能被用来减少 NO_x 的排放。这是因为在稀薄的柴油机废气中,三元催化转换器中的HC和CO更容易与废气中的氧反应,而不是与 NO_x 反应。

通过氧化催化剂除去柴油机废气中HC和CO的排放相对来说较简单。然而,如果废气中含氧,则除去 NO_x 就复杂多了。总之,除去 NO_x 存储催化器或SCR催化转换器(选择性催化还原)中的氮是可能的。

柴油机内部混合气的形成会产生比汽油机多很多的碳烟排放。目前,在乘用车上的趋势是在发动机下游借助微粒过滤器去除碳烟,并把精力集中在降低 NO_x 和抑制噪声的发动机内部措施上。在卡车上,通常通过发动机下游的选择性催化还原反应系统降低 NO_x 排放。

图19-1为通过废气管理系统使排放最小化的示意图。

图 19-1　通过废气管理系统使排放最小化

A—柴油颗粒过滤器(DPF)控制;B—柴油颗粒过滤器和 NO_x 储存催化还原剂控制,只应用于乘用车

1—发动机 ECU;2—空气流量计;3—喷油嘴;4—油轨;5—高压泵;6—加速踏板;7—涡轮增压器;8—柴油机氧化催化剂;9— NO_x 储存催化器;10—微粒过滤器;11—消声器

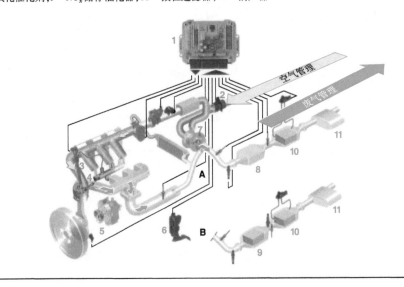

§19.1　NO_x存储催化器

带 NO_x 存储催化器的排气系统如图 19-2 所示。

NO_x 存储催化器(NSC)分两个阶段减少氮氧化物：

- 加载阶段：在稀薄废气中催化剂的储存组件内进行持续的 NO_x 储存。
- 再生阶段：在浓废气中进行周期性 NO_x 去除和转化。

取决于工作点，加载阶段持续 30~300 s，存储器再生持续 2~10 s。

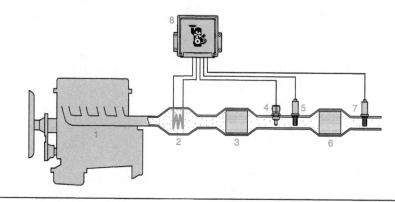

图 19-2　带有 NO_x 存储催化器的排气系统

1—柴油机；2—排气加热器(可选)；3—氧化催化器；4—温度传感器；5—宽带氧传感器；6—NO_x 存储催化器；7—NO_x 传感器；8—发动机控制单元

19.1.1　NO_x 存储

NO_x 存储催化器外层涂有一种极易与 NO_2 结合的化合物。然而，这是一个化学的可逆键合，例如氧化物碱性碳酸盐和碱金属。由于温度响应，硝酸钡是被使用的主要化学物质。

由于只有 NO_2 能被直接储存，而 NO 不能，废气中的 NO 组分在上游的铂涂层表面或集成的氧化催化器中氧化形成 NO_2。废气中浓缩的带自由基的 NO_2 在储存阶段减少后，该反应分几个阶段发生。额外的 NO 随后氧化，形成 NO_2。

在 NO_x 储存催化器中，NO_2 与催化剂表面上的化合物(例如，作为存储材料的 $BaCO_3$)与来自稀薄柴油排气中的 O_2 反应，生成硝酸盐：

$$BaCO_2 + 2NO_2 + 1/2O_2 \Leftrightarrow Ba(NO_3)_2 + CO_2$$

NO_x 储存催化器以这种方式储存氮氧化物。储存在 250 ℃~450 ℃ 的废气温度范围(取决于材料)内时是最优的。如果低于这个温度范围，NO 氧化生成 NO_2 的速度将极慢；若高于该温度范围，则 NO_2 不稳定。存储式催化转换器在低温时也有一定的储存能力(表面储存)。足以储存启动过程中低温下产生的氮氧化物。

由于氮氧化物存储量(饱和度)的增加，所以继续键合其他氮氧化物的能力降低。流过催化转换器的氮氧化物的体积随时间增加。当催化转换器被充气达到存储阶段需要结束的程度时有以下两种检测方法：

- 基于模型的流程计算存储的 NO_x 的体积，考虑转换器的状态，推导出剩余储存能力。
- 用一个 NO_x 存储催化器下游的 NO_x 传感器测量废气中 NO_x 的浓度，由此确定目前的存储等级。

19.1.2　NO_x 的去除与转化

存储阶段的最后，催化转换器必须能再生，即必须从存储化合物中去除储存的氮氧

化物并转化成 N_2 和 CO_2。NO_x 的去除和转化过程是分别进行的。为此,必须调节废气中空气不足的状况。使用的还原剂是废气中的物质,即 CO,H_2 和各种 HC。下文中所述的去除步骤使用 CO 作为还原剂,通过 CO 还原硝酸盐[例如 $Ba(NO_3)_2$]生成 H_2 和含钡的碳酸盐:$Ba(NO_3)_2 + 3CO \rightarrow BaCO_3 + 2NO + 2CO_2$

这样,就产生了 CO_2 和 NO。通过三元催化转换器采用的熟知的方法,使用 CO,铑涂层将碳氧化物还原成 NO_2 和 N_2:

$$2NO + 2CO \rightarrow N_2 + 2CO_2$$

当去除阶段结束时有两种检测方法:

• 基于模型的流程计算 NO_x 存储催化器中残留的氮氧化物量。

• 催化转换器下游的氧传感器测量废气中的过量氧气。当去除阶段结束时,电压变化显示出从“稀”到“浓”的变化情况。

在柴油机上,浓运行工况($\lambda < 1$)可以通过延迟喷射点和进气空气节流进行调节。在该过程中,发动机以较低的效率工作。为了最大程度降低所有附加的油耗,与储存阶段相比,再生阶段应尽可能短。必须确保从稀模式切换到浓模式时车辆仍然完全可驾驶,而且转矩、响应和噪声仍然保持不变。

19.1.3 脱硫

NO_x 储存催化器面临的一个问题是对硫的敏感度。燃油和润滑油中含有的硫化物氧化生成 SO_2。催化转换器中使用的被用来生成硝酸盐($BaCO_3$)的涂层与硫酸盐具有亲和性。也就是说,SO_2 比 NO_x 更易从废气中去除,并且通过生成硫酸盐与存储材料结合。当储存正常再生时,硫酸盐键合不是单独进行的。因此,储存的硫酸盐的量在使用寿命期内持续增长。这减少了 NO_x 的储存空间,而且减少了 NO_x 的转化。为了保证足够的 NO_x 存储能力,催化转换器必须定期脱硫(脱硫再生)。如果每千克燃油含有 10 mg 硫(“无硫燃油”),则必须每 5 000 km 左右再生一次。

在脱硫过程中,催化转换器被加热到超过 650 ℃ 的温度达 5 min 以上,并用浓废气($\lambda < 1$)吹扫。为提高温度,采用了同样的措施进行柴油颗粒过滤器(DPF)的再生。然而,

与 DPF 再生相反,通过控制燃烧过程,O_2 被完全从废气中去除。在这种情况下,硫酸钡转换回碳酸钡。

选择合适的脱硫过程控制(λ 在 1 左右振荡)必须确保去除的 SO_2 不会由于废气中氧气的持续不足而还原为 H_2S。在浓度很低时 H_2S 就已经具有很强的毒性,而其强烈的臭味很易被察觉。

脱硫的控制情况也必须避免催化剂的过度老化。尽管高温(>750 ℃)加速了脱硫过程,但是它们同样加速了催化剂的老化。因此,最佳的催化剂脱硫过程必须在限定的温度和过量空气系数范围内进行,而且不应对驾驶性产生过多的影响。

燃油中较高的硫含量将加速催化剂老化,因为脱硫进行得更频繁,而且会增加油耗。最后,储存催化器的使用与否取决于加油站是否有脱硫燃油可供使用。

§19.2 NO_x 的选择性催化还原

19.2.1 概述

与 NSC 过程(NO_x 存储催化)相反,选择性催化还原(SCR 过程)持续进行。该过程现在已被投放到卡车车型的生产中。它提供了最大程度减少 NO_x 排放和降低油耗的可能。另一方面,在 NSC 过程中 NO_x 的去除和转化造成了更高的油耗。

在大型熔炉中,选择性催化还原反应成为一种经过反复试验的可靠的废气脱氮方法。该方法基于在氧气存在的情况下使用选择性还原剂还原某些氮氧化物(NO_x)。在这里,“选择性”指还原剂优先选择与氮氧化物中含有的氧进行氧化,而不选择废气中存在的更大数量的分子氧进行氧化。在这种情况下,氨(NH_3)被证明是一种高选择性的还原剂。

带有 NO_x 选择性催化反应的废气处理系统如图 19-3 所示。

在轿车环境中,由于该化学品的毒性,所需 NH_3 的量将引发安全问题。然而,NH_3 可以从无毒的载体中产生,例如尿素或氨基甲酸铵。尿素被证明是一种理想的催化剂载体。

作为肥料和饲料的尿素（NH₂）₂CO 是以工业规模生产的。其与地下水具有生物兼容性，并且对环境来说具有化学稳定性。尿素极易溶于水，因此可以作为易计量的尿素/水溶液添加到废气中。

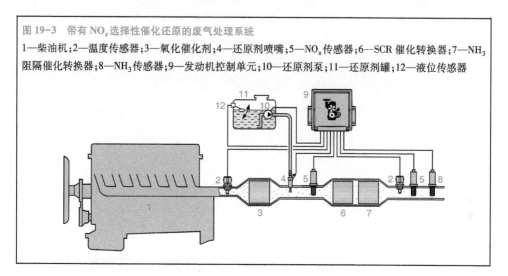

图 19-3　带有 NO_x 选择性催化还原的废气处理系统
1—柴油机；2—温度传感器；3—氧化催化剂；4—还原剂喷嘴；5—NO_x 传感器；6—SCR 催化转换器；7—NH_3 阻隔催化转换器；8—NH_3 传感器；9—发动机控制单元；10—还原剂泵；11—还原剂罐；12—液位传感器

质量分数为 32.5% 的尿素溶液，其凝固点最低为 -11 ℃：共晶溶液形成，但冰冻时不分离。

为精确计量废气中的还原剂，开发了 DENOXTRONIC 1 系统。该系统抗冻。可以加热主要组件，以确保计量功能在冷起动后立即启用。

尿素/水溶液的市售商标为 AdBlue——起初在停车场，后来在高速公路加油站有售。第一家官方的 AdBlue 加注站于 2003 年年底在斯图加特（德国）开业。

AdBlue 符合规定溶液特性标准的 DIN 70070 标准草案。

19.2.2　化学反应

尿素在实际选择性催化还原（SCR）反应开始前先形成氨。这通过两个反应步骤进行，合称水解反应。首先，在热分解反应中形成 NH_3 和异氰酸盐。

$(NH_2)_2CO \rightarrow NH_3 + HNCO$（热分解）

随后，异氰酸盐与水发生水解反应，生成 NH_3 和 CO_2。

$HNCO + H_2O \rightarrow NH_3 + CO_2$（水解）

为了防止固体沉淀，第二步反应必须通过选择合适的催化剂和足够高的温度（250 ℃ 时开始）快速进行。现代 SCR 反应器还承担着水解催化剂的功能，因此可以取消以前需要的上游水解催化剂。在 SCR 催化转换器中根据以下方程通过热水解产生氨：

$4NO + 4NH_3 + O_2 \rightarrow 4N_2 + 6H_2O$（方程 1）

$NO + NO_2 + 2NH_3 \rightarrow 2N_2 + 3H_2O$（方程 2）

$6NO_2 + 8NH_3 \rightarrow 7N_2 + 12H_2O$（方程 3）

在低温（<300 ℃）下，主要通过方程 2 进行转化。因此，在低温时需要将 NO_2：NO 的比例设置为 1：1 左右，以在低温下实现良好的转化。在这些情况下，可在 170 ℃～200 ℃ 的温度下开始反应（方程 2）。

氧化 NO，以形成 NO_x，发生在上游的氧化催化剂中。这对于达到最佳效率是必要的。

如果分配的还原剂大于用 NO_x 进行还原反应中转化的量，就可能会导致 NH_3 泄漏。NH_3 是一种嗅觉阈值很低（15 ppm）的气体。这可能对环境不利，但这是可以避免的。通过在 SCR 催化转换器的下游放置附加的氧化催化剂可以除去 NH_3。这种阻隔催化转换器氧化所有的氨，形成 N_2 和 H_2O。此外，慎重使用经计量的 AdBlue 也很重要。

一个关键的应用参数是料比率 α。其被

图 19-4　欧洲瞬态循环中的 NO$_x$ 排放比较

—未添加尿素/水溶液：10.9 g/(kW·h)

—混合有 32.5% 尿素/水溶液：1.0 g/(kW·h)

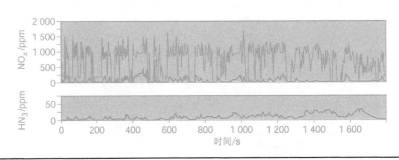

定义为作为排气中存在的 NO$_x$ 的一个因数的计量 NH$_3$ 的摩尔比。在理想的工作条件(无 NH$_3$ 泄漏，无二次反应，无 NH$_3$ 氧化)下，α 与 NO$_x$ 还原速率成正比：当 $\alpha = 1$ 时，在理论上 NO$_x$ 还原速率可达 100%。然而在实际情况下，在固定和移动作业的情况下在 NH$_3$ 泄漏< 20 ppm 时，NO$_x$ 还原速率可达 90%，而所需要的 AdBlue 的量差不多相当于所使用柴油量的 5%。

还原剂所需的量取决于 NO$_x$ 的比排放量[NO$_x$(g)/柴油(kg)]。选择性催化还原(SCR)过程可以平衡通过添加 AdBlue 达到最佳效率的燃烧过程中产生的未处理废气中较高的 NO$_x$ 排放。

通过布置上游的水解反应，现代 SCR 催化转换器只有在温度高于 250 ℃ 左右时才能实现 50% 以上的 NO$_x$ 转化率。在 250 ℃ ~ 450 ℃ 的温度区域内可以达到最佳转化率。现在的催化转换器研究主要致力于扩大工作温度范围，特别是低温下的优化活动。

19.2.3　DENOXTRONIC 1

(1)系统概述

DENOXTRONIC1 系统的模块化设计如图 19-5 所示。

模块化 DENOXTRONIC 1 系统被用于计量还原剂，包含以下模块：

● 输送模块：以要求的压力向计量模块配送尿素/水溶液。

● 计量模块：精确计量尿素/水溶液的数量并加注压缩空气。

● 计量管：在排气管内雾化并分配尿素/水溶液。

● 控制单元：通过控制器局域网(CAN)与发动机电子控制单元(ECU)交换数据。该单元被安装在输送模块中。

压缩空气由车载设备提供，以在排气系统中增强还原剂溶液的雾化。

(2)输送模块

在输送模块中，还原剂流经初滤器流到带有一个一体式压力衰减器和溢流阀的隔膜泵中。然后在 3.5 bar 的最高压力下，溶液通过主过滤器流到计量模块中。不断监控压力和温度。必要时打开放气阀。该放气阀为电子式开关，且与储存罐相连。经过这样的调节后，还原剂最终流入计量模块中。

来自车载储气罐的压缩空气通过独立的管路进入输送模块。空气控制阀和空气压力传感器确保了中央阻气阀上游的恒定进气压力。中央阻气阀的运行处于超临界状态。压力控制确保从输送模块到计量模块的空气流量恒定。这是精确计量的关键因素。位于中央阻气阀下游的第二个空气压力传感器可提供附加的安全性。

输送模块通常被安装在汽车底盘上。

(3)计量模块

在计量模块中尿素/水溶液可通过时钟电磁阀精确计量。正常的时钟频率为 4 Hz。

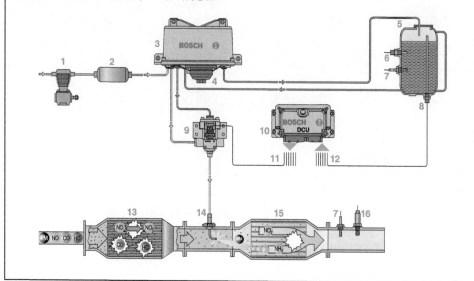

图 19-5　DENOXTRONIC 1 系统的模块化设计

1—压缩机；2—储气罐；3—输送模块；4—滤清器；5—AdBlue 罐；6—AdBlue 质量传感器；7—温度传感器；8—液位传感器；9—计量模块；10—电子控制单元；11—执行器；12—传感器；13—柴油机氧化催化剂；14—计量管；15—SCR 催化转换器；16—废气传感器

如果系统动力仍然充足，则可在不同的控制范围内实现精确计量。计量的尿素/水溶液随后流入文丘里管。压缩空气也通过一个单向阀进入文丘里管，然后形成一个载体气流将尿素/水溶液以气溶胶和薄膜的形式传输至计量管。

计量模块被安装在尽可能靠近计量点的位置，以达到较高的系统动力。

（4）计量管

计量管代表计量模块和排气系统之间的接口。它在排气管中使最佳混合气形成并进行均质混合气分配。标准情况下，有 8 个直径为 0.5 mm 的孔对称分布在计量管圆周上。载体气流以高速流过这些孔，将残留的尿素/水溶液雾化成快速蒸发的小液滴。

将液滴加速到很高的速度，以到达排气管的所有部分。

（5）控制单元 DCU

控制单元位于输送模块中。其读取内部和外部传感器发出的信号，触发内部和外部的执行器，并执行控制和监视功能。控制单元每个组件都被监视，并检查所有输入的真

实性。其主要功能是根据预设的计量策略计算所需的投加量。控制单元还监视系统组件的温度，并在低温时通过主动触发加热系统保证运行的安全性。

除内部传感器外，其他检测的参数还有罐的液位高度、罐的温度，以及催化转换器中的废气温度。计划的未来施工阶段还包括其他排气组件和排气监测装置。

通过 CAN 总线与发动机控制单元进行通信。通过 ISO-K 或 CAN 接口进行故障诊断。

19.2.4　DENOXTRONIC 计量策略

对最优投加量进行的基于模型的计算要求在 NH_3 泄漏最小时优化 NO_x 还原，即通过催化系统进行 NH_3 渗透。例如，在发动机试验台上测定的量，被校正为催化转换器温度和储存在催化转换器的 NH_3 数量的系数。

计量策略概况如图 19-6 所示。

（1）标准模型

标准模型如图 19-7 所示。

无论是通过试验台测得，还是通过先验假设计算得到，还原剂的剂量数都被作为喷油

图19-6 计量策略概况

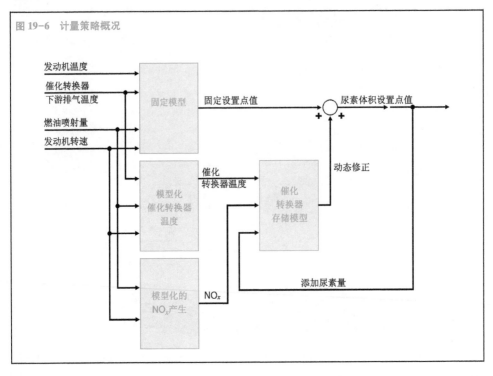

图19-7 标准模型

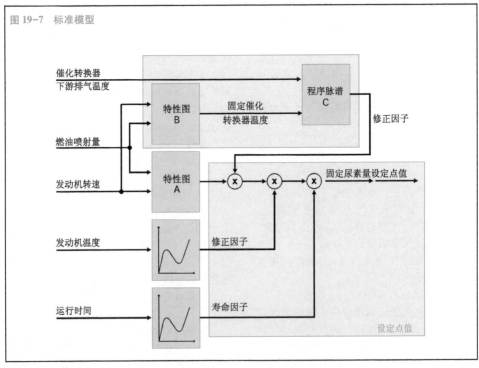

量和发动机转速的函数而被储存在特性图 A
中。系统输入校正参数，如发动机温度（考虑
到工作温度对 NO_x 产生的影响）和系统工作
的小时数（考虑到老化）。

催化转换器的固定温度（被储存在特性
图 B 中）和在催化转换器下游测量的废气温
度之间的差值被用来决定在两个固定工作点
切换时第三个特性图 C 中还原剂计量的校正
系数。该校正系数使 NH_3 的泄漏最小化。

（2）存储区扩展

在 NH_3 存储能力较高的催化转换器中，
它被特别推荐用以模仿瞬态过程和实际储存
的 NH_3 数量。SCR 催化转换器的 NH_3 储存能
力随温度的升高而下降。除此之外，可能还
会在瞬态模式时出现 NH_3 泄漏现象，特别是
当废气温度升高的时候。

为了避免这种影响，催化转换器的温度
和产生的 NO_x 的量可通过特性图和延迟装置
估算。作为温度和存储 NH_3 数量函数的催化
转换器的效率被储存在特性图中。催化剂系
数与催化剂中存在的 NO_x 的乘积等价于转化
的还原剂的数量。添加的和转化的还原剂的
差值将产生一个储存在催化剂中氨数量的
（正或负）系数。应不断对系数进行计算。如
果在催化剂中储存的 NH_3 的数量超过了取决
于温度的固定临界值，计量数将减小，以防止
NH_3 泄漏。如果储存的 NH_3 的数量下降到临
界值以下，则计量数将上升，以优化 NO_x 的
转化。

§19.3　柴油颗粒过滤器（DPF）

柴油机排出的碳烟微粒可被柴油机微粒
过滤器有效地从废气中除去。目前，乘用车
中使用的微粒过滤器由多孔陶瓷制成。现在
正在开发由烧结金属制成的微粒过滤器。

19.3.1　陶瓷微粒过滤器

陶瓷微粒过滤器（见图 19-8）由碳化硅
或堇青石制成的蜂窝结构组成。该结构有大
量平行的、大部分为方形的管道。通道壁面
的典型厚度为 300~400 μm。通道尺寸由晶
胞密度确定［每平方英寸的通道数（cpsi）；典
型值为 100~300 cpsi］。

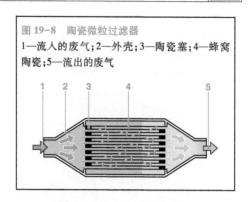

图 19-8　陶瓷微粒过滤器
1—流入的废气；2—外壳；3—陶瓷塞；4—蜂窝陶瓷；5—流出的废气

相邻的通道在末端被陶瓷塞封闭，以迫
使废气穿透多孔的陶瓷壁。随着碳烟微粒流
过壁面，它们通过扩散作用被输送到附着的
孔壁内（陶瓷壁内），即深层过滤。随着过滤
器中的碳烟逐渐饱和，在通道管道壁上形成
一个碳烟层（在进气道的对面）。这为后续的
工作阶段提供了高效表面过滤。然而，必须
阻止过度的饱和（参见标题为"再生"的章
节）。

与深层过滤相反，壁流式过滤器将微粒
存储在陶瓷壁表面（表面过滤）。

除了方形进出通道对称布置的过滤器
外，现在还有一种"八角平面基底"陶瓷有售
（见图 19-9）。这种过滤器有较大的八角形
入口通道和较小的出口通道。较大的入口通
道极大地提高了微粒过滤器对烟尘、发动机
油燃烧产生的不易燃残留物，以及添加剂烟
尘的存储能力（查看"添加剂系统"章节）。八
角面过滤器将很快被投入市场。

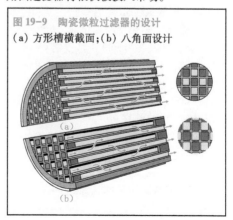

图 19-9　陶瓷微粒过滤器的设计
（a）方形槽横截面；（b）八角面设计

19.3.2　烧结金属制成的微粒过滤器

在烧结金属过滤器中，过滤器表面具有由填满烧结金属粉末的网格构成的金属载体结构。该过滤器设计的几何形状比较特殊：过滤器表面形成同轴的、楔形的过滤槽，废气由此流过。后侧的板条关闭后，废气必须流经过滤槽的壁面。碳烟微粒以与陶瓷基片类似的方式沉淀在孔壁上（见图19-10）。

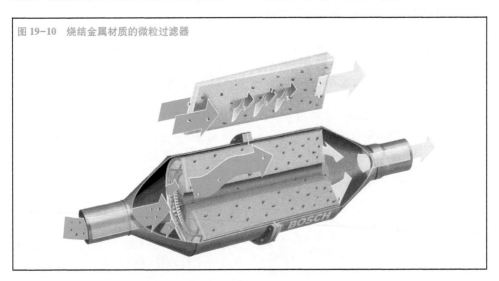

图 19-10　烧结金属材质的微粒过滤器

烧结金属材质微粒过滤器和陶瓷过滤器达到相关所有粒谱范围（10 nm ~ 1 μm）的95%以上。

19.3.3　再生

与微粒过滤器的材料（陶瓷或烧结金属）无关，该材料必须不时地与沉淀微粒游离，即它必须再生。过滤器中增加的沉积碳烟数量逐渐增大了排气背压。这影响了发动机效率和加速动力。

再生必须每500 km左右执行一次；根据未处理的碳烟排放和过滤器尺寸，该数字会有很大波动（300 ~ 800 km）。再生需要10 ~ 15 min。添加剂系统再生的时间稍微少些。它同样也取决于发动机的工作状态。

过滤器通过烧掉过滤器收集的碳烟再生。通过废气中持续存在的氧气可以在高于大约600℃时将碳微粒成分氧化，形成无毒的CO_2。如此高的温度只出现在发动机以额定功率输出运行的情况下。在正常的车辆运行时，这种情况是极其罕见的，因此必须采取措施，以降低碳烟的燃尽温度和/或提高排气温度。

碳烟在300℃ ~ 450℃的低温下氧化时使用NO_2作为氧化剂。在工业中，这种方法被用于连续再生捕集系统。

与陶瓷过滤器相比，烧结金属过滤器的优点是其导热性能更好。当碳烟在过滤器中被点燃后，产生的反应热更容易传到相邻的区域。碳烟层被均匀地燃尽。这避免了在最差情况下可能发生在陶瓷过滤器中的非再生碳烟区域。

（1）添加剂系统

通过使用添加剂（柴油中使用铈或铁化合物），600℃的碳烟氧化可以降至450℃ ~ 500℃，但即使在车辆运行时排气系统中通常也达不到这个温度。结果是碳烟没有连续被燃尽。因此，在微粒过滤器的碳烟饱和度高于特定水平时，主动再生被触发（参见"饱和度检测"一节）。为了达到这个目标，发动机的燃烧控制被修改，从而使排气温度升高到碳烟的燃尽温度。通过延迟喷油点这是有可能实现的（参见"提高排气温度的发动机内部措施"一节）。

再生后燃油中的添加剂作为残渣（灰尘）留存在过滤器中。这种灰尘和机油中的灰尘或燃油残渣会逐渐阻塞过滤器，因此排气背压升高。在灰尘饱和度相同的情况下，流经烧结金属过滤器的压力损失低于陶瓷过滤器的压力损失。

为了降低升高的背压压力，必须通过尽可能增大入口通道的横截面增加烧结金属过滤器与陶瓷金属过滤器的灰尘储存能力。在车辆使用寿命期间，这为过滤器提供了足够的容纳所有燃尽产生的灰尘残渣的空间。

对于传统的陶瓷过滤器来说，如果采用基于添加剂的再生，则车辆每行驶 12 万 km 左右，就应拆下过滤器进行机械清理。

（2）催化型柴油颗粒过滤器

带有氧化型催化转换器的排气系统和带有附加系统的微粒过滤器，如图 19-11 所示。

图 19-11　带有氧化型催化转换器的排气系统和带有添加剂系统的微粒过滤器

1—添加剂控制单元；2—发动机控制单元；3—添加剂泵；4—液位传感器；5—添加剂箱；6—添加剂计量单元；7—油箱；8—柴油机；9—氧化催化剂；10—微粒过滤器；11—温度传感器；12—压差传感器；13—碳烟传感器

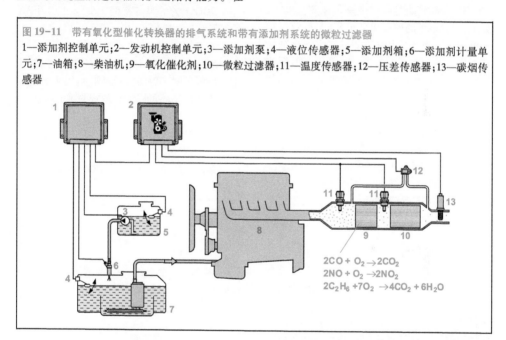

$$2CO + O_2 \rightarrow 2CO_2$$
$$2NO + O_2 \rightarrow 2NO_2$$
$$2C_2H_6 + 7O_2 \rightarrow 4CO_2 + 6H_2O$$

通过在过滤器表面覆盖贵金属（主要是铂），也可以改善碳烟微粒的燃尽过程。然而，效果不如使用添加剂好。

催化型柴油颗粒过滤器需要进一步采用再生的措施，以提高排气温度。这与添加剂系统采取的措施相似。然而与添加剂系统相比，催化涂层的优点是过滤器中不会出现添加剂灰尘。

催化涂层具有以下功能：

- 氧化 CO 和 HC。
- 氧化 NO 形成 NO_2。
- 氧化 CO 形成 CO_2

① 氧化 CO 和 HC

与在氧化型催化转换器中一样，其也氧化 CO 和 HC。在高 CO 和 HC 排放时，能量释放是很重要的（参见"柴油机氧化催化剂"一节）。温度升高直接作用于点燃碳烟所需的高温点。这避免了使用上游催化燃烧器可能产生的热损失。

② 氧化 NO 形成 NO_2

NO 在催化涂层上被氧化，从而形成 NO_2。NO_2 是一种比 O_2 更活跃的氧化剂。因此，它能在较低温度下氧化碳烟（CRT© 效应）。在该反应中，NO_2 又被还原为 NO。由于穿过过滤器壁的排气流动速度较低，产生的所有 NO 都有可能沿流动的反方向扩散，并在进一步的氧化还原循环中氧化碳烟。

③ 氧化 CO 形成 CO_2

在碳烟氧化期间的另一种现象是，在低

再生温度下氧化 CO，形成 CO_2。通过局部热量的产生，加剧了碳烟燃尽。

(3) CRT 系统

卡车发动机会比小轿车发动机更频繁地接近最大功率，也就是说相比之下会产生更高的 NO_x 排放。因此，在卡车上，可以根据 CRT（连续再生捕集）原理对微粒过滤器进行连续再生。

根据这一原理，碳烟与 NO_2 在低至 300 ℃~450 ℃ 的温度下燃烧。在此温度下，如果 NO_2/碳烟的质量比高于 8∶1，则该过程是可靠的。为了适用该过程，氧化催化剂被布置在微粒过滤器的上游，以氧化 NO，形成 NO_2。在大多数情况下，这为在正常运行的货车上使用 CRT 系统的再生提供了理想条件。这种方法也被称为"被动再生"，因为在无须主动措施的情况下碳烟可连续燃烧。

该过程的效率已在货车车队试验中得到验证。然而，还有其他再生过程可供卡车使用。

对于通常在低负荷范围内工作的小轿车来说，利用 CRT 效应对微粒过滤器进行完全再生是不可能的。

19.3.4　系统配置

与使用的微粒过滤过程无关，再生过程需要一个控制和监控系统。该系统检测过滤器的状态（状态功能），即检测饱和度，定义再生策略，并监控过滤器。此外，该系统通过干预燃油喷射和进气系统控制再生。当运行添加剂系统时，还有检测油箱液位和计量添加剂的功能。对于所有系统的基本配置几乎完全相同。

除柴油颗粒过滤器外，DPF 系统还包括其他组件和传感器。

● 柴油机氧化催化器（DOC）

柴油机氧化催化器的主要功能是使 HC 和 CO 的排放最小化。在 DPF 应用中，它也被用作"催化燃烧器"：通过在 DOC 中氧化特定的残留碳氢化合物（延迟的二次喷射），废气中达到了所需的再生温度。在 CRT 系统中，还需借助 DOC 将 NO 氧化成 NO_2。

● 压差传感器

压差传感器测量经过微粒过滤器的压降。该数据随后被用来计算过滤器的饱和度。压差还被用来计算发动机的排气背压，将其限制在最大允许值内。根据情况，可以在 DPF 上游安装一个绝对压力传感器，以代替压差传感器。

● DPF 上游的温度传感器

在再生模式中，DPF 上游的温度是决定过滤器中碳烟燃尽的重要参数。

● DOC 上游的温度传感器

DOC 上游的温度有助于决定 DOC 中 HC 的可转化性（点火）。

● 氧传感器

氧传感器不是 DPF 系统的直接组件，但是它增强了对 DPF 的系统响应，因为通过精确的废气再循环可以实现特定的排放特性。

19.3.5　控制单元功能

(1) 饱和度检测

柴油机微粒过滤系统控制功能如图 19-12 所示。

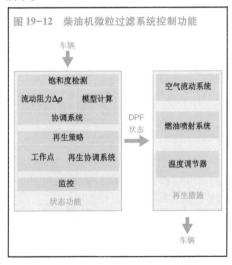

图 19-12　柴油机微粒过滤系统控制功能

同时使用两个过程进行饱和度检测。微粒过滤器中的流动阻力通过流经微粒过滤器的压降和体积流量被算出。这可对过滤器渗透率和碳烟质量进行测量。

此外，可用一个模型计算储存在 DPF 中的碳烟质量。发动机（未处理）的碳烟质量流集中在该模型中。对系统动力的修正，如废气中残留的氧气成分等,以及通过 NO_2 的连续微粒氧化都被考虑在内。加热再生期间,控制单元中的碳烟燃尽的计算应考虑 DPF 温度和氧质量流两方面的因素。

通过在两个过程中确定的碳烟质量借助一个再生协调系统计算碳烟质量,成为再生策略中的关键因素。

(2)再生策略

随着过滤器中碳烟质量的增加,必须在适当的时候触发再生策略。随着过滤器饱和度的增加,过滤器中碳烟燃尽期间的放热量和峰值温度也会增加。为了防止高温破坏过滤器,再生策略必须在达到临界饱和状态前被触发。取决于过滤器的材料,每升过滤器容积 5~10 g 碳烟被作为临界饱和质量。

一个好的策略是,当工况良好时进行提前再生(例如行驶在高速公路上时),或当工况较差时延迟再生。

再生策略规定何时进行何种再生措施。这取决于过滤器中的碳烟质量和发动机及车辆的运行状态。这些参数作为状态值被发送至其他发动机控制单元。

(3)监控

压差传感器帮助监控过滤器是否可能阻塞、破损或被拆除。此外,还监测 DPF 系统。除标准监测外,还监测下游压差传感器探测数值的可信度。在动态运行中,还通过一个信号曲线求值电路监控排气系统与压力传感器之间的供给管。在冷起动时,使用其他 EDC 温度传感器检查 DOC 和 DPF 上游温度传感器的可信性。

(4)燃油喷射和进气系统的再生策略

当收到再生请求信号时,燃油喷射和进气系统通过斜坡信号切换为其他设定参数。驾驶员不会察觉到转矩或噪声方面的变化。为使废气达到所需再生温度的干预措施取决于工作点(参见"提高排气温度的发动机内部措施"一节)。

(5)排气温度控制器

在不利的环境状态下和整个过滤器的使用寿命期内,对排气温度进行控制可保证可靠的再生。控制器被设计为级联式,以反映再生措施中的划分情况(参见"提高排气温度的发动机内部措施"一节)。

废气温度控制器如图 19-13 所示。

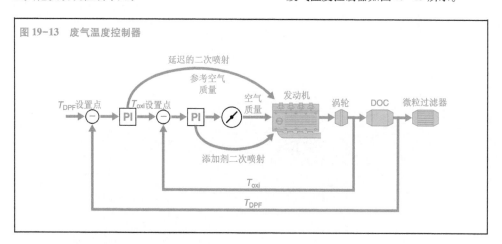

图 19-13 废气温度控制器

19.3.6 提高排气温度的发动机内部措施

在标准柴油机运行时,只能在高速和满负荷时达到再生所需的 550 ℃~650 ℃ 的温度。

为了提高排气温度,在发动机内部采用的主要措施是较先进的,例如"燃尽"或"添加剂"二次喷射、延迟主喷射和进气节流等措施。根据发动机的工作点,再生中会触发一项或多项措施。在一些工作点,通过延迟二次喷射对这些措施进行补充。由于 DOC 中燃油的氧化不再在燃烧室(催化燃烧装置)内转化,因此将会导致排气温度进一步升高。

图 19-14 和图 19-15 所示为典型的排气温度和再生要求的包含发动机转速和负荷因素的发动机措施。使用上述组合措施,当残留气体的氧气量低于 5% 时,DOC 下游温度仅设定为 600 ℃。由于碳烟在较低的氧气浓度时燃尽非常慢,因此残留气体的氧气量很重要。

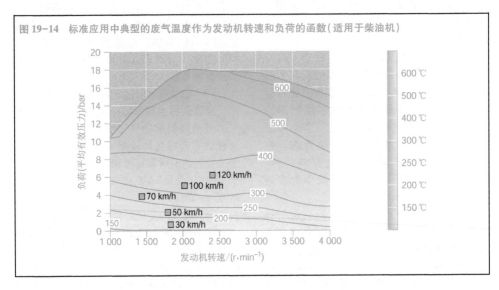

图 19-14　标准应用中典型的废气温度作为发动机转速和负荷的函数(适用于柴油机)

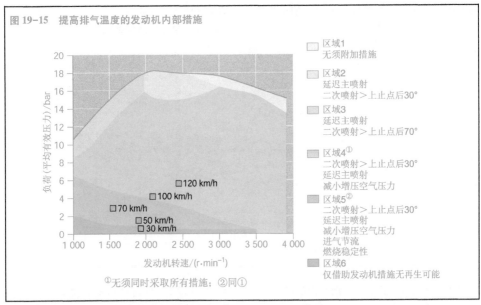

图 19-15　提高排气温度的发动机内部措施

区域1
无须附加措施

区域2
延迟主喷射
二次喷射 > 上止点后30°

区域3
延迟主喷射
二次喷射 > 上止点后70°

区域4[①]
二次喷射 > 上止点后30°
延迟主喷射
减小增压空气压力

区域5[②]
二次喷射 > 上止点后30°
延迟主喷射
减小增压空气压力
进气节流
燃烧稳定性

区域6
仅借助发动机措施无再生可能

①无须同时采取所有措施;②同①

在整个特性图中,在再生期间停止了废气再循环,以避免燃烧空气中未燃碳氢化合物的比例较高;同时这为空气流量控制提供了一个稳定的单控制器方案。

特性图大体上被分为升温措施特征不同的 6 个区域。

区域1：由于排气温度在基本应用时会超过600℃，因此无须在发动机上采取措施。

区域2：首先，主喷射的喷射开始时间被延迟；其次，增加了二次喷射。在这里，二次喷射仍然是燃烧过程的一部分，并有利于产生转矩。

区域3：由于机械增压较低及大量的燃油，该区域的过量空气系数 $\lambda<1.4$。一个增加的，即提前的二次喷射将导致局部过量空气系数极低。由此带来黑烟排放剧烈上升。因此，采用延迟二次喷射。

区域4：通过降低增压空气压力，触发二次喷射，以及延迟主喷射的结合，达到所需的温度升高。独立措施的部分必须考虑对排放、油耗和噪声进行优化。在大多数情况下，不需要同时采取所有的措施。

区域5：与一般运行相比，该区域需要大幅度的温度升高。因此，除上述措施外还必须通过节流阀减少空气流量。需要进一步使燃烧过程稳定的措施，例如增加预喷射的燃油量，调节预喷射和主喷射的时间间隔。

区域6：仅在这个小区域内，催化转换器下游温度大于600℃时不可能实现稳定的再生。

§19.4 柴油机氧化催化器（DOC）

19.4.1 作用

柴油机氧化催化器可实现多种废气处理功能：
- 减少 CO 和 HC 排放；
- 降低微粒质量；
- 氧化 NO，形成 NO_2；
- 被用作催化燃烧器。

（1）减少 CO 和 HC 排放

在 DOC 中，CO 和 HC 被氧化生成 CO_2 和 H_2O。从特定的极限温度，即起燃温度开始，DOC 中的氧化几乎是完全的。取决于废气的成分、流速和催化剂成分，起燃温度发生在170℃~200℃的情况下。从该温度起，在20℃~30℃的温度间隔内，转化率提高到90%以上。

（2）降低微粒质量

柴油机排出的微粒有一部分是由碳氢化合物组成的。它随着温度的升高从微粒芯中解除吸附。在 DOC 中通过氧化这些碳氢化合物，微粒质量可以减少15%~30%。

（3）氧化 NO，形成 NO_2

DOC 的一个主要功能是氧化 NO，形成 NO_2。

NO_x 中较高的 NO_2 组分对下游元件的数量是至关重要的（微粒过滤器，NSC，SCR）。

在未处理的发动机排气中，在大多数工作点，NO_2 只占 NO_x 的 1/10 左右。在氧气存在的情况下，NO_2 与 NO 的比例取决于温度的平衡。在低温时（<250℃）该平衡取决于 NO_2。然而当高于450℃时，NO 变成了首选的热力学成分。DOC 的功能是在低温时通过诱导热力学平衡提高 NO_2 和 NO 的比例，当在该温度范围内 NO_2 的浓度剧烈上升时，取决于催化涂层和废气成分。上述功能在高于180℃~230℃的情况下是可以实现的。按照热力学平衡，随着温度的升高，NO_2 浓度持续下降。

（4）催化燃烧器

氧化催化器还可被用作催化加热器（催化燃烧器）。CO 和 HC 被氧化时释放出的反应热被用来提高 DOC 下游的排气温度。为此，需要使 CO 和 HC 排气温度升高，因此，专门使用了发动机二次喷射或发动机下游的喷油器。

在微粒过滤器再生期间，催化燃烧器被用来提高排气温度。

在氧化期间释放热量的近似值为每1%体积的 CO 温度升高90℃左右。由于温度升高得很快，在催化转换器中出现了一系列很陡的温度梯度。在最差情况下，CO 和 HC 的转化和放热只发生在催化转换器的前部。陶瓷载体和催化转化器中的应力被限制在温度升高200℃~250℃的情况下。CO 和 HC 转化率随温度的变化情况如图19-16所示。

19.4.2 设计

（1）结构设计

氧化催化器具有一个由陶瓷或金属制成的载体结构，而氧化混合物则是由氧化铝（Al_2O_3）、氧化铈（Ⅳ）、氧化锆（ZrO_2）以及活性贵金属催化剂，如铂（Pt）、钯（Pd）和铑（Rh）

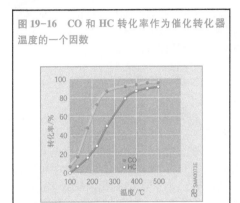

图 19-16　CO 和 HC 转化率作为催化转化器温度的一个因数

等组成的。

涂层的主要作用是为贵金属提供较大的反应面积,以及减缓催化剂在较高温度下的烧结。这种烧结作用可能会使催化剂活性不可逆下降。涂层的多孔结构也必须能耐受这种烧结过程。

涂层中使用贵金属的量用 g/ft³ 表示,通常为 50～90 g/ft³(1.8～3.2 g/L)。由于只有表面原子才有化学活性,因此,研发目标就是要制造出一种稳定的贵金属颗粒,并且尽可能使颗粒尺寸最小(以纳米为量级),以尽可能减少贵金属的用量。

催化转换器不同的结构设计以及对催化剂组分的不同选择都会改变主要特性,例如起燃温度、转化率、温度稳定性,对有毒物质的耐受性,以及制造成本等。

(2)内部结构

催化转换器的主要参数为通道密度[由 cpsi 表示(每平方英寸通道数量)]、单个通道的壁厚,以及催化转换器的外部尺寸(横截面积和长度)。通道密度和单通道壁厚决定了升温响应、排气背压和机械稳定性。

(3)设计

催化剂用量 $V_{催化}$ 被定义为排气体积流量的一个因数,而体积流量与发动机排量($V_{排量}$)成比例。氧化催化剂通常的设计数据为 $V_{催化}/V_{排量}$ = 0.6～0.8。

排气体积流量与催化剂用量的比值被称为流速(单位 h^{-1})。一个氧化催化器的典型数据为 150 000～250 000 h^{-1}。

19.4.3　工作条件

除了使用正确的催化剂外,决定排气处理效率的另一个因素是催化转换器的工作条件。这些工作条件可以通过发动机管理系统在很大范围内加以调整。

如果工作温度过高,就会发生烧结过程。发生烧结时,贵金属颗粒会集结成较大颗粒,使表面积减小,导致活性降低。排气温度管理系统的功能是通过避免排气温度过高,以延长催化转换器的使用寿命。

第二十章 柴油机电子控制系统(EDC)

柴油机电子控制系统可以根据不同的情况调节柴油机的喷油参数。这是现代柴油机能满足各种需求的唯一手段。EDC又被分为3个子系统:传感器和功率期望值发电机、控制单元和执行器。

§20.1 系统概述

20.1.1 要求

现代柴油机技术领域发展的主要目标是降低油耗,降低尾气排放(NO_x,CO,HC以及颗粒物),同时提高发动机性能及转矩。最近几年,对上述目标的开发使得直喷柴油发动机技术迅猛发展。这项技术使用比带有涡流室或预燃室系统的间接喷射式发动机更高的喷油压力。由于使用了更有效率的燃料空气混合方法,并减少了涡流燃烧室/预燃室和主燃烧室内的流动损失,直喷柴油机的燃油消耗量比间接喷射式低10%~20%。

另外,柴油机的发展方向也日益受到现代汽车对舒适性和便利性更高要求的影响。噪声水平也越来越受到重视。

因此,对燃油喷射系统和发动机管理系统的要求越来越高,特别是对以下方面的要求更为严格:

- 喷油压力高;
- 排油率曲线控制;
- 预喷射,如有可能,进行二次喷射;
- 喷油量、压缩空气压力和喷油开始时间随工况调节;
- 被用于启动的与温度相关的多余燃油量;
- 与发动机负荷无关的急速控制;
- 废气再循环控制(小汽车);
- 巡航控制;
- 收紧系统使用寿命内喷油持续时间和喷油量和高精度维修的公差(长期性能)。

为了适应不同的发动机工况并确定形成高质量混合气,发动机转速传统机械控制使用了多种调节机构。尽管如此,这些调节机构仍被限制为简单的基于发动机的控制回路,且有一些无法考虑的重要影响变量,或不能很快响应的影响变量。

随着需求的不断增加,原先使用电控执行机构轴的简单控制系统逐步发展成为现在的EDC,如图20-1所示。EDC是一种复杂的电子控制系统,可以实时处理大量数据。它是整个车辆电子控制系统(线控驾驶)的一部分。随着电子元件进一步的集成,控制系统电路的尺寸将会变得非常小。

20.1.2 工作原理

近年来,随着微控制器性能突飞猛进的发展,EDC已经可以满足上述要求。

总之,与以前驾驶装备简单控制系统的车辆不同,驾驶装备EDC车辆的驾驶员不再利用油门踏板或拉线直接控制喷油量。喷油量实际上取决于一系列参数。这些参数包括:

- 驾驶员对车辆的响应(油门踏板位置);
- 发动机工作状态;
- 发动机温度;
- 其他系统的干预(如TCS);
- 尾气排放级别的影响等。

控制单元根据所有这些影响变量计算喷油量。喷油开始时间也是可调的。这就需要一套可以检测到不良状态并根据情况采取应对措施(转矩限制,急速范围内跛行回家模式)的全面监控系统。因此,EDC整合了多个控制回路。

EDC允许各系统间的数据交换,如牵引控制系统(TCS)、电子换挡控制(ETC)或电子稳定程序(ESP)。因此,发动机控制系统可以被整合到车辆整体控制网络中,这样就可以实现很多新功能,如自动变速器换挡时降低发动机转矩,调节发动机转矩以平衡车轮,通过发动机防盗系统停止喷油功能等。

图 20-1　EDC 的主要组件

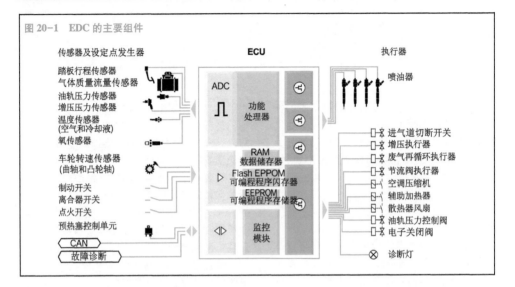

| 传感器及设定点发生器 | ECU | 执行器 |

传感器及设定点发生器
踏板行程传感器
气体质量流量传感器
油轨压力传感器
增压力传感器
温度传感器
(空气和冷却液)
氧传感器

车轮转速传感器
(曲轴和凸轮轴)

制动开关
离合器开关
点火开关
预热塞控制单元
CAN
故障诊断

ECU
ADC
功能处理器
RAM
数据储存器
Flash EPPOM
可编程程序闪存器
EEPROM
可编程程序存储器
监控模块

执行器
喷油器
进气道切断开关
增压执行器
废气再循环执行器
节流阀执行器
空调压缩机
辅助加热器
散热器风扇
油轨压力控制阀
电子关闭阀
诊断灯

EDC 也已完全被集成到车辆诊断系统中。其满足 OBD（车载诊断系统）和 EOBD（欧洲车载诊断系统）的要求。

20.1.3　系统模块

EDC 可被分成 3 个系统模块（见图 20-1）：

● 传感器及设定点发生器负责检测发动机工况（例如发动机转速）和设定点数值（例如开关位置）。其将物理变量转化成电信号。

● 电子控制单元根据特定的开环或闭环控制算法处理传感器和设定点发生器发送的信号。它通过电子输出信号控制执行器。另外，控制单元也是与其他系统和车载诊断系统连接的一个接口。

● 执行机构将电输出信号从控制单元转化成机械参数（例如，被用于喷油系统的电磁阀）。

▲ 知识介绍

"电子"这一术语从何而来？

"电子"这个术语的起源可追溯到古希腊。对于古希腊人而言，"电子"就是琥珀。2 500 年前，泰勒斯（Thales von Milet）发现琥珀与毛线或类似物体之间具有吸引力。

因此，电子就其本身而言，因其质量和电荷极小，因此运动速度极快。"电子学"这一术语直接源自"电子"这个词。

电子的质量对于 1 g 给定物质的影响极其微小，就如同 5 g 质量的物质对于整个地球质量的影响一样微不足道。

"电子学"这个术语诞生于 20 世纪，但没有证据证明第一次引用该术语的确切时间。它可能是由电子管的发明者之一弗莱明爵士（Sir John Ambrose Fleming）于 1902 年左右提出的。

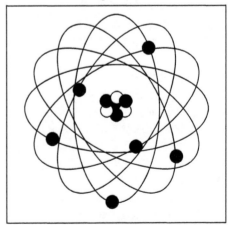

实际上，第一位"电子工程师"出现在 19 世纪。弗莱明爵士被列入 1888 年版《名人录》（"Who's Who"）中。该书出版于维多利亚女王统治年代，原书名为"*Kelly's Handbook of*

Titled, Landed and Official Classes"。在"皇家授权证书持有者"标题下可以找到电子工程师这一职位。被列入该职位的人都获得了皇家授权证书。

电子工程师的职责是什么？他们负责确保宫廷中煤气灯的正常功能及其清洁工作。

那么，为什么冠以做这种工作的人这样华丽的头衔呢？因为在古希腊"电子"这个词具有闪耀、发光和闪烁等含义。

来源：

《电子学基本术语》（"*Grundbegriffe der Elektronik*"）——博世公司出版（"*Bosch Zünder*"（博士公司新闻报纸）翻印），1988年。

§20.2 直列式喷油泵

直列式喷油泵组件概览，如图 20 - 2 所示。

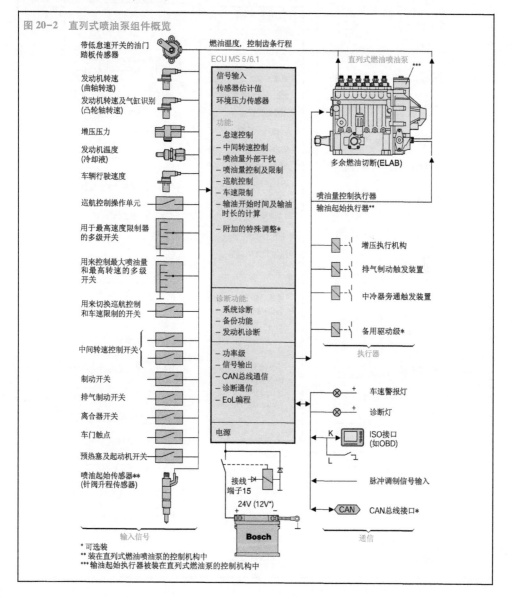

图 20-2 直列式喷油泵组件概览

* 可选装
** 装在直列式燃油喷油泵的控制机构中
*** 输油起始执行器被装在直列式燃油泵的控制机构中

§ 20.3 回油孔式喷油泵和轴向
活塞分配式喷油泵

泵概览如图 20-3 所示。

回油孔式喷油泵和轴向活塞分配式喷油

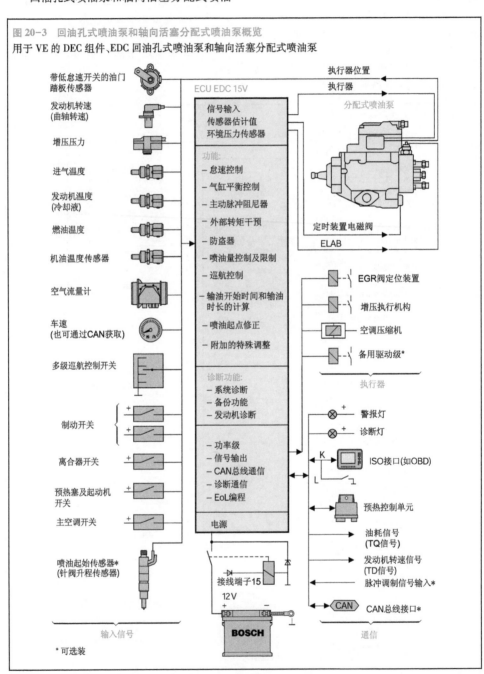

图 20-3 回油孔式喷油泵和轴向活塞分配式喷油泵概览

用于 VE 的 DEC 组件、EDC 回油孔式喷油泵和轴向活塞分配式喷油泵

§20.4　电磁阀控制的轴向和径向活塞分配式喷油泵

用于 VE 的 DEC 组件——EDC 电磁控制

分配式喷油泵概览如图 20-4 所示。

用于 VE 的 DEC 组件——MV，VR 电磁阀控制的分配泵。

图 20-4　用于 VE 的 DEC 组件——MV，VR 电磁阀控制的分配泵概览

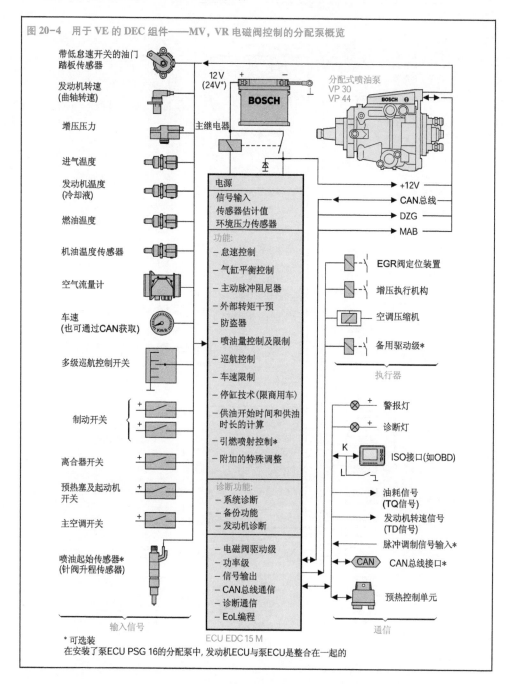

带低怠速开关的油门踏板传感器

发动机转速(曲轴转速)

增压压力

进气温度

发动机温度(冷却液)

燃油温度

机油温度传感器

空气流量计

车速(也可通过CAN获取)

多级巡航控制开关

制动开关

离合器开关

预热塞及起动机开关

主空调开关

喷油起始传感器*(针阀升程传感器)

输入信号

12V(24V*)

主继电器

BOSCH

分配式喷油泵 VP 30 VP 44 BOSCH

电源
信号输入
传感器估计值
环境压力传感器

功能：
- 怠速控制
- 气缸平衡控制
- 主动脉冲阻尼器
- 外部转矩干预
- 防盗器
- 喷油量控制及限制
- 巡航控制
- 车速限制
- 停缸技术(限商用车)
- 供油开始时间和供油时长的计算
- 引燃喷射控制*
- 附加的特殊调整

诊断功能：
- 系统诊断
- 备份功能
- 发动机诊断

- 电磁阀驱动级
- 功率级
- 信号输出
- CAN总线通信
- 诊断通信
- EoL编程

ECU EDC 15 M

+12V
CAN总线
DZG
MAB

EGR阀定位装置
增压执行机构
空调压缩机
备用驱动级*
执行器

警报灯
诊断灯
ISO接口(如OBD)
油耗信号(TQ信号)
发动机转速信号(TD信号)
脉冲调制信号输入*
CAN总线接口*
预热控制单元
通信

* 可选装
在安装了泵ECU PSG 16的分配泵中，发动机ECU与泵ECU是整合在一起的

§20.5　乘用车泵喷嘴系统(UIS)　　图 20-5 所示。

乘用车泵喷嘴系统的 DEC 组件概览,如

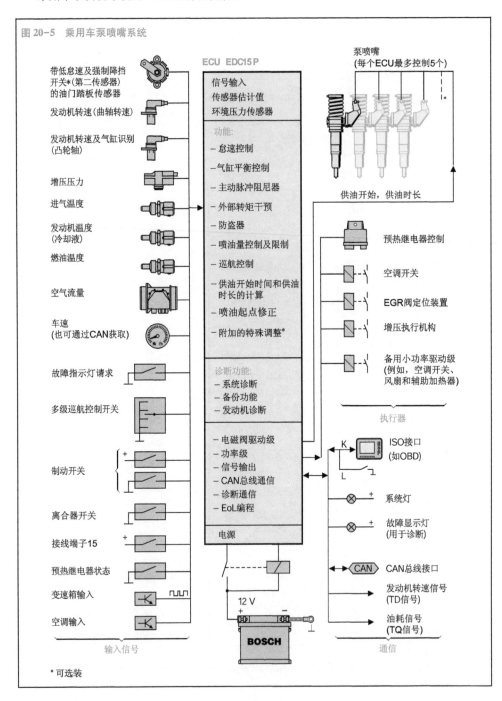

图 20-5　乘用车泵喷嘴系统

* 可选装

§20.6　商用车泵喷嘴系统（UIS）和单体泵系统（UPS）

商用车泵喷嘴系统（UIS）及单体泵系统

（UPS）的 EDC 组件概览，如图 20-6 所示。

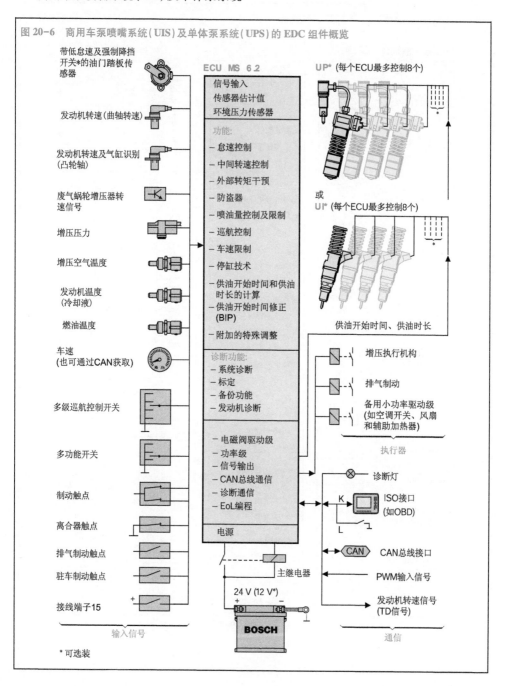

图 20-6　商用车泵喷嘴系统（UIS）及单体泵系统（UPS）的 EDC 组件概览

§20.7 乘用车中的共轨系统(CRS)

乘用车共轨系统(CRS)EDC组件概览如 图20-7所示。

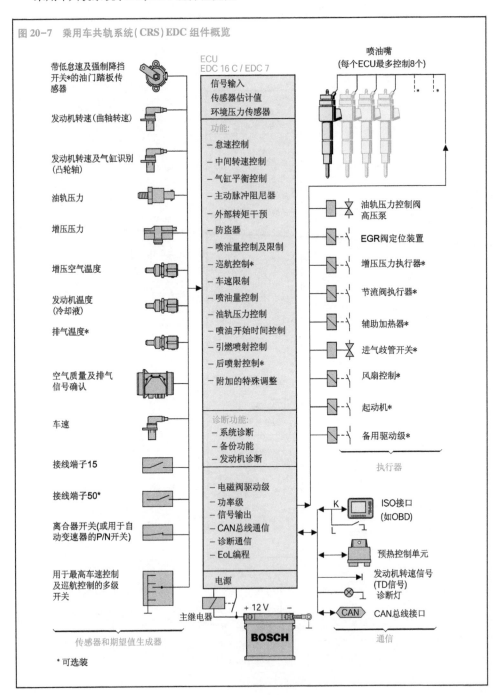

图20-7 乘用车共轨系统(CRS)EDC组件概览

* 可选装

§20.8　商用车共轨系统（CRS）

商用车共轨系统（CRS）EDC 组件概览如

图 20-8 所示。

图 20-8　商用车共轨系统（CRS）EDC 组件概览

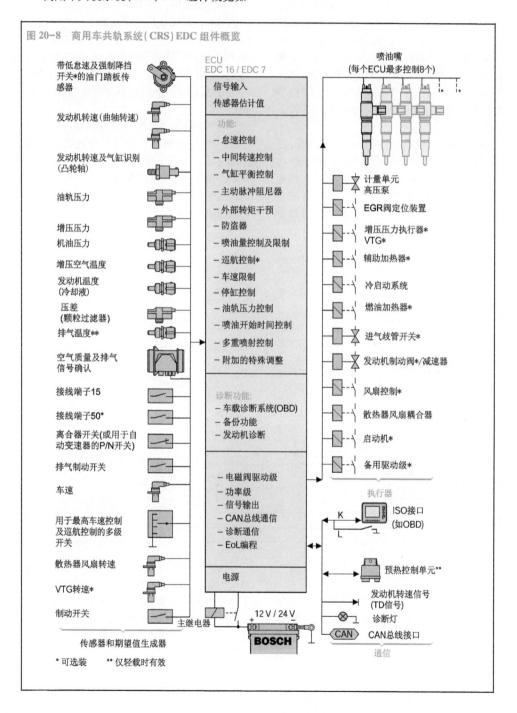

§20.9 数据处理

柴油机电控系统(EDC)的主要功能是控制喷油量和喷油正时。共轨燃油喷射系统还可以控制喷油压力。此外,在所有的电控系统中,发动机电控单元(ECU)可控制多个执行器。为了使所有组件都能高效工作,每一辆车,每一台发动机,都必须与EDC的功能精确匹配。只有这样,才能优化各组件之间的协作。

控制单元分析从传感器发送的信号,并将它们限制在合理的电压水平内。对于一些输入信号,还要检查其可信性。利用这些输入数据和存储的特性图,微处理器计算出喷油正时和喷油持续时间。根据发动机活塞行程,这些信息随即被转换成信号特征值。这个计算程序被称为"ECU软件"。

对控制精确性和柴油机响应速度的高要求使得对计算效率的要求也较高。输出信号触发输出级,为执行器提供足够的能量(例如:燃油喷射系统的高压电磁阀、废气再循环阀定位装置和增压执行器)。除此之外,其他一些辅助设备(点火继电器和空调系统)也被触发。

电磁阀输出级诊断功能检测错误信号特征值。此外,车辆各系统还会通过接口相互交换信号。作为安全策略的一部分,发动机ECU会监控整个燃油喷射系统。

电流调节器如图20-9所示。EDC的基本流程如图20-10所示。

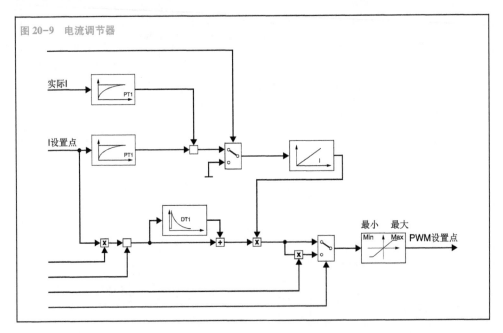

图 20-9 电流调节器

§20.10 喷油控制系统

各种可能被整合到EDC控制单元的控制功能见表20-1。图20-11所示为各控制模块参与燃油喷射计算的顺序,其中有一些是特殊功能。当进行改装设备安装时,这些功能可以被激活。

为了使发动机在所有的工况下都能获得最佳的燃烧效果,ECU应精确计算所有工况下的喷油量。计算时,必须考虑一些参数。在一些电磁阀控制的分配泵中,控制喷油量和喷油开始时间的电磁阀是被一个单独的泵ECU触发的。

图 20-10　EDC 的基本工作流程

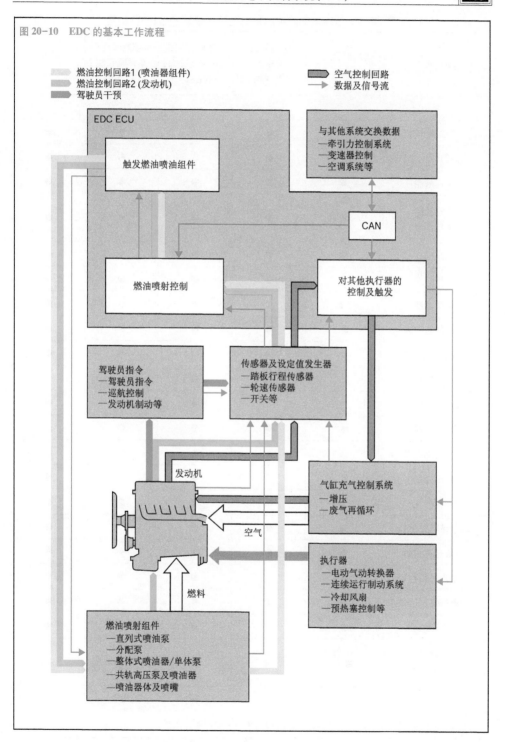

表 20-1　道路车辆的柴油机电子控制系统变型：功能概览

喷油系统	直列式喷油泵 PE	回油孔式分配泵 VE-EDC	电磁阀控制式分配泵 VE-M, VR-M	泵喷嘴系统和单体泵系统 UIS,UPS	共轨系统 CR
功能					
喷油量限制	●	●	●	●	●
外部转矩干预	●[3]	●	●	●	●
车速限制	●	●	●	●	●
车速控制（巡航控制）	●	●	●	●	●
海拔高度补偿	●	●	●	●	●
增压压力控制	●	●	●	●	●
怠速控制	●	●	●	●	●
中间转速控制	●[3]	●	●	●	●
主动脉冲阻尼器	●[2]	●	●	●	●
BIP 控制	—	—	●	●	—
进气道开关	—	—	●	●[2]	●
电子防盗器	●[2]	●	●	●	●
受控引燃喷射	—	—	—	●[2]	●
预热控制	●[2]	●	●	●[2]	●
空调开关	●[2]	●	●	●	●
冷却液辅助加热	●[2]	●	●	—	●
气缸平衡控制	●[2]	●	●	●	●
喷油量补偿控制	●[2]	—	●	●	●
风扇（风机）开关	—	●	●	●	●
EGR 控制	●[2]	●	●	●[2]	●
带传感器的喷油开始时间控制	●[1,3]	●	●	—	—
停缸技术	—	—	●[3]	●[3]	●[3]

注：1—仅限直列式控制套筒喷油器；2—仅限乘用车；3—仅限商用车。

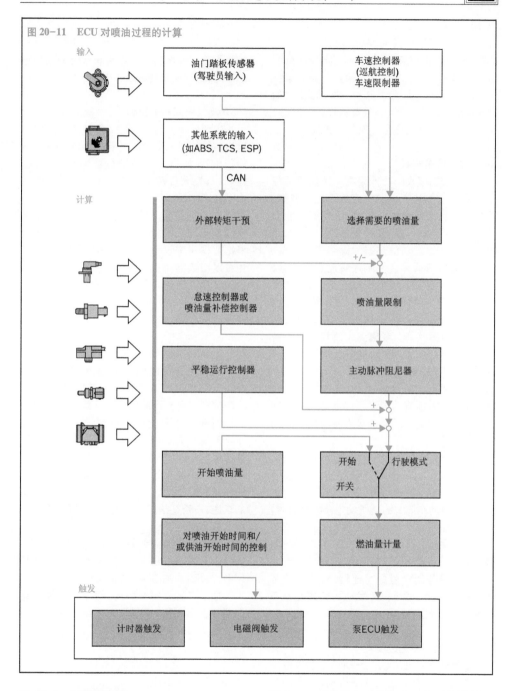

图 20-11　ECU 对喷油过程的计算

20.10.1　开始喷油量

在开始喷油前,将喷油量作为冷却液温度和曲柄转速的函数进行计算。开始喷油量信号是在转动点火开关的那一刻产生的(见图 20-11,选择"启动"模式),直到曲轴转速达到预设的最小转速为止。

驾驶员无法控制开始喷油量。

20.10.2 驾驶模式

当车辆正常行驶时,喷油量是油门踏板位置(油门踏板传感器)和发动机转速(见图20-11,选择"驾驶"模式)的函数。要根据特性图进行计算,还要参考其他一些因素(例如燃料温度和进气温度)。只有这样,才能使发动机的输出尽可能符合驾驶员的意愿。

20.10.3 怠速控制

怠速控制模块的功能是在不踩油门踏板的情况下,在怠速下调节一定的设定点转速。根据发动机特定的工作模式,该功能可能会有所不同。例如,当发动机处于冷态时,怠速转速通常会比发动机热态时设定得高一些。还有一些特殊情况会使怠速转速更高一些,例如当车辆电子系统电压过低时,当空调运转时,或是车辆惯性滑行时。当车辆在拥堵路况下行驶时以及红灯停车时,发动机会长时间处于怠速状态。考虑到排放和燃油经济性要求,怠速转速应越低越好。当然这会对运行平顺性和车辆起步不利。

调节规定的怠速转速时,怠速控制必须能满足转速大幅波动的要求。这是因为发动机驱动的辅助设备所需的输入功率将会大幅度变化。

例如,当电子系统的电压过低时,发电机消耗的功率比电压较高时消耗的功率要多得多。另外,也必须把空调压缩机、转向助力泵以及柴油喷油系统中的高压发生器考虑在内。除了这些外部负载力矩之外,发动机内部摩擦力矩还与发动机温度有很大关系,且发动机内部摩擦力矩必须通过怠速控制进行补偿。

为了调节到希望的怠速转速,控制器持续调节喷油量,直到实际发动机转速与预期转速一致为止。

20.10.4 最高转速控制

最高转速控制可确保发动机不会以过高的转速运转。为了防止发动机损坏,发动机制造商规定了允许的最大转速,仅允许在极短的时间内超出允许的最高转速。

如果超出了额定功率工作点,最高转速调节器可持续减少喷油量,直到完全停止喷油时刚刚超过最大转速点为止。为了防止发动机喘振,采用一个过渡模块,以使停止喷油过程不会太过突然。标称性能点与最大转速越接近,这种控制越难以实现。

20.10.5 中间转速控制

中间转速控制(ZDR)一般被用于带动力输出装置的商用车和轻型卡车(如起重机)或特种车辆(如带发电机的救护车)中。在操作控制中,发动机转速被调节成与负载无关的中间转速。

车辆静止时,中间转速控制是通过巡航操作单元激活的。按下按钮时,控制系统会根据数据库中设置的转速进行控制。另外,还可以用该操作单元预选特定发动机转速。中间转速控制还被用于带有自动变速器(如手自一体变速器)的乘用车中,以在换挡期间控制转速。

20.10.6 车速控制器(巡航控制)

巡航控制可以使车辆以恒定的速度行驶。无须驾驶员踩下油门踏板时,其就可以将车速控制在预设的速度上。驾驶员可以通过控制杆或方向盘上的按键设定所需的车速。喷油量会增加或减少,直到车速达到预设速度。

在一些巡航控制应用中,当驾驶员踩下油门踏板时,车速会持续增加,超过当前设定的车速;而松开油门踏板时,巡航控制系统会将车速降低至预设的速度。

当启用巡航控制系统时,如果驾驶员踩下离合器或制动踏板,则巡航控制终止。在一些应用中,也可通过油门踏板终止巡航控制。

如果巡航控制被关闭,驾驶员只需要将控制杆拨到恢复位置就可以重新设定车速。

通过驾驶员的操控也可以逐步改变设置的车速。

20.10.7 限速装置

(1)可变限速装置

即使在驾驶员持续踩下油门踏板的情况下,车辆限速装置(FGB,也称之为限速器)也可以将最大车速限制在设定值的范围内。在一些非常安静的车辆中,很难听到发动机运转的声音,这时限速装置就能防止驾驶员无意地超速。

限速装置可以根据选定的最大车速将喷油量控制在一定范围内。拨动控制杆或按下强制降挡开关可以取消这种限速。驾驶员只需要把控制杆拨动到设定位置就可以恢复原来的限速设置。

通过驾驶员的操控也可以逐步改变设置的车速。

(2) 固定限速装置

很多国家对某些等级的车辆(如重型卡车)实施了最高车速强制限制。汽车制造商也为这些重型车辆安装了不可拆卸的限速装置。

在有些特种车辆上,驾驶员可以根据需要选择固定范围限速或是程序设定限速(如当工人站在垃圾车装卸台上时)。

20.10.8 主动阻尼控制器

发动机转矩的突然变化会造成传动系统的激振,而这种振动会导致不平稳加速,使车内的乘客感到不适(见图20-12,a)。主动阻尼控制器(ARD)的功能抑制这种不平稳加速。

可采用以下两种方法:

• 当驾驶员需要发动机转矩突然增加时(通过油门踏板),一个精确匹配的振动过滤装置可减轻传动系统的激振(见图20-12中的1)。

• 转速信号被用于监控传动系统的振动,然后有一套主动控制系统进行控制。为了抑制传动系统的振动(见图20-12中的2),主动控制系统会在转速升高时降低喷油量或在转速降低时增加喷油量。

20.10.9 平顺运行控制(SRC)/燃油喷射补偿控制(MAR)

假设喷油时间恒定,所有发动机也就不会产生相同的转矩。这是由缸盖密封垫、气缸摩擦和液压喷油组件的差异导致的。转矩输出的这种差异会导致发动机运行不平顺,以及尾气排放增加。

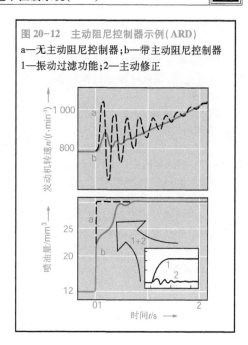

图20-12　主动阻尼控制器示例(ARD)
a—无主动阻尼控制器;b—带主动阻尼控制器
1—振动过滤功能;2—主动修正

平顺运行控制(SRC)或燃油平衡控制(MAR)可以根据发动机转速的波动检测到这些差异,并通过调节各缸喷油量平衡这种差异。在这种情况下,将指定缸喷油后转速与平均转速相比较。如果特定气缸的转速过低,就增加此缸喷油量;如果转速过高,就减少该缸喷油量(见图20-13)。

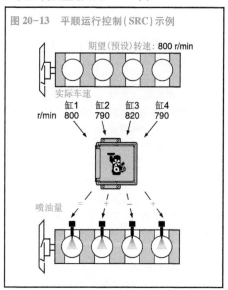

图20-13　平顺运行控制(SRC)示例

平顺运行控制是一种非常实用的功能。其主要目的就是确保发动机在接近怠速时能平顺运行。喷油量补偿功能不仅可以改善怠速时的舒适性，而且可以通过控制各缸实际喷油量改善排放。

在商用车领域，平顺运行系统也被称为AZG(自适应气缸平衡系统)。

20.10.10 喷油量限制

虽然驾驶员需要继续喷油，或从物理学的角度来说可以继续喷油，但不会总是喷油。这种情况是由多种原因导致的。在这些情况下持续喷油会造成下列后果：

- 过多的尾气排放；
- 过多的烟尘；
- 过高的转矩或发动机转速导致机械过载；
- 排气、冷却液、机油或涡轮增压器高温导致热过载；
- 触发时间过长导致电磁阀热过载。

为了避免这些负面影响的出现，使用了一些输入变量(如进气量、发动机转速和冷却液温度)计算出具体的限制参数。控制的结果就是在还可以输出最大转矩的同时，最大喷油得到了限制。

20.10.11 发动机制动功能

当对一辆货车施加发动机制动时，喷油量应降为零或喷射怠速喷油量。为此，ECU会检测发动机制动开关的位置。

20.10.12 海拔高度补偿

随着海拔高度的增加，大气压力会逐渐降低，因此气缸进气量中的助燃空气也会随之减少。这就意味着喷油量也必须相应地减少，否则将会由于不完全燃烧而冒黑烟。为了实现这种海拔高度补偿功能，ECU通过大气压力传感器测量大气压力。这就使喷油量可以在高海拔地区相应减少。大气压力的测量对增压压力控制和转矩控制也有一定的作用。

20.10.13 停缸技术

如果发动机高速运转时所需转矩不大，则这时所需的喷油量很小。在这种情况下，停缸技术可以起到减小转矩的作用。这种技术可以关闭一半的喷油器(商用车 UIS，UPS 和 CRS)，而其余的喷油器会喷出相应较多的油量。这些油量可以得到更精确的计量。

开启或关闭喷油器时，ECU 会根据特定软件的算法平稳过渡，从而不会明显感觉到转矩变化。

20.10.14 喷油器供油补偿

为了使喷油系统能够达到较高的精度且能使其在车辆寿命期内正常工作，在共轨(CR)和 UIS/UPS 系统内增加了一些新的功能。

采用喷油器喷油补偿(IMA)后，在生产制造过程中，制造商对每一个喷油器都进行了一系列的测量。这些测量数据以数据矩阵码的形式被标在喷油器上。以压电直列式喷油器为例，还检测了升程响应方面的数据。在车辆制造过程中，这些数据会被传输到ECU 中。发动机运行期间，可将这些数据用来补偿计量偏差以及开关响应。

20.10.15 零供油量标定

在车辆寿命期内对微量预喷射的有效控制对车辆的舒适性(降低噪声)和排放等级均有重要影响，因此必须采取措施对喷油器的油量偏差进行补偿。因此，在第二代和第三代共轨系统中，在超限的情况下，一个气缸中喷射的油量较少。这时轮速传感器会检测到发动机转速少量动态增加引起的转矩增加。虽然驾驶员感觉不到这种转矩增加，但它和喷油量有着直接的联系。在很大的发动机转速范围内，每个气缸都在不断重复这个过程。一种自学习算法可检测到预喷油量的微小变化，并相应调整所有预喷油事件的喷油器触发时间。

20.10.16 平均供油量调节

如果实际喷油量与预设值有偏差，则必须正确调节废气再循环和增压空气压力。平均供油量调节就是根据氧传感器和空气流量计的信号确定各缸平均供油量的，然后根据设置值和实际值计算出修正值（参见"乘用车柴油发动机氧传感器的闭环控制"）。

平均供油量调节自学习功能保证了在车辆使用寿命期内尾气排放值能够始终保持在较低的水平。

20.10.17　压力波修正

喷油事件会导致喷嘴和共轨系统的管路产生压力波。这种压力脉冲对后续喷油过程（预喷射/主喷射/二次喷射）中的喷油量产生影响。后续喷油事件的偏差会受到很多因素的影响，如前次喷油量、喷油时间间隔、油轨压力和燃油温度。控制单元可以通过将这些参数综合到适当的补偿算法中，以计算出修正值。

但是，这种修正功能所需的应用资源极高，而相应的好处则是可以灵活调节预喷射和主喷射之间的时间检测，例如可以优化燃烧。

▲ 知识介绍

喷油器供油补偿

功能描述

喷油器供油补偿（IMA）是一个为提高燃油计量精度和喷油器效率而设计的软件功能模块。其特点是：在共轨系统中，在适用于每个喷油器的整个特性图范围内，根据预设值对喷油量进行单独修正，如图 20-14 和图 20-15 所示。这可以降低系统公差并减少尾气排放范围。喷油器供油补偿功能所需的补偿值反映出了各个制造厂在测试过程中的不同设定

图 20-15　根据预设点喷油量、油轨压力及修正值计算喷油持续时间

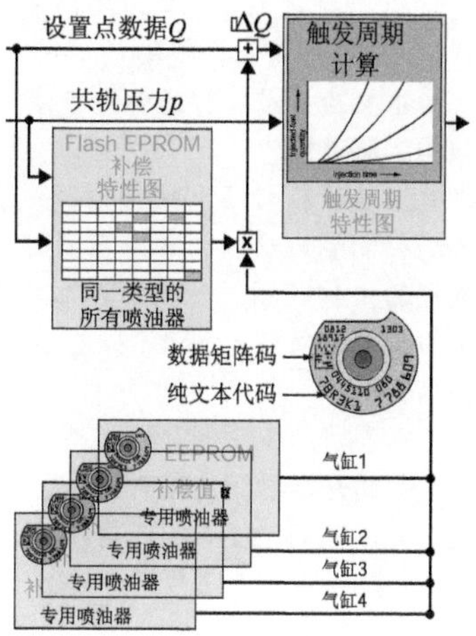

值，并且在每个喷油器上都以编码的形式标记了这一补偿值。

发动机的整个工作环境都是通过利用补偿值计算喷油修正量的修正特性图进行修正的。在车辆组装的最后阶段，进行喷油器安装和气缸分配的 EDC 补偿值通过 EOL 编程被用于电子控制单元的编程中。在汽车修理厂更换新喷油器时，要对补偿值进行重新编程，如图 20-16 所示。

图 20-14　无 IMA 的 EMI（喷油量指示器）的特性曲线

不同喷油器的特性曲线作为油轨压力的函数 IMA 减小了曲线分布范围

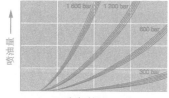

图 20-16　在工厂内对 BOSCH 喷油器进行出厂设置的示意图

此功能的必要性

对喷油器制造公差进一步限制所需的技术资源正在呈几何级数增长，且成本也变得越来越高。为了提高效率，增加发动机中喷油量的计量精度，并减少尾气排放，喷油器供油补偿功能不失为一种可行的解决方法。

试验中的测量值

生产线末端试验对每个喷油器的一系列工况点都进行测量。这些工况点代表了特定喷油器类型的工作范围。计算这些工况点实际喷油量与设定点数值的偏差（补偿值）并标记在喷油嘴头上。

20.10.18　喷油开始时间的控制

喷油开始时间对动力输出、油耗、噪声以及排放都有很大影响。期望的喷油开始时间取决于发动机转速、喷油量以及ECU中存储的特性图，还可能根据环境温度或冷却液温度进行适当的调节。

制造过程和水泵安装过程产生的误差加上电磁阀在运行过程中的磨损都可能导致电磁阀开启时刻的少许变化。这些变化会时刻对喷油开始时间产生影响。随着时间的推移，喷嘴和基座的配合会发生变化，燃油的密度和温度也会影响喷油开始时间。必须考虑到这些影响，并采用有效的控制策略进行补偿。只有这样，才能满足现有的排放法规要求。

采用了以下闭环控制（见表20-2）。

表 20-2　喷油开始时间控制

闭环控制	利用针阀传感器控制	供油开始时间控制	BIP 控制
喷油系统			
直列式喷油泵	●	—	—
回油孔式分配泵	●	—	—
电磁阀控制的分配式喷油泵	●	●	—
共轨	—	—	—
泵喷嘴/单体泵系统	—	—	●

自从高压触发器的应用使得喷油开始时间的精度得到极大提高后，在共轨系统中就再也不需要喷油开始时间控制了。

（1）使用针阀运动传感器的闭环控制

电磁感应式针阀传感器被安装在一个喷嘴上（参考喷嘴，通常是第一缸的喷嘴）。当开启（或关闭）针阀时，传感器会传输一个脉冲（见图20-17）。ECU使用针阀开启信号确认喷油开始时间。也就是说，在闭环控制中，实际喷油开始时间可以与期望时间精准一致。

针阀运动传感器的未处理信号在被转换成可被标记为参考缸喷油开始时间的高精度方波信号前，要先进行放大和干扰抑制。

ECU控制喷油开始时间执行机构（对直列式喷油泵来说是液压机构，而对分配式喷油泵来说是正时电磁阀）。这样，实际喷油时间就可以始终与期望值/设定值一致了。

只有当燃料已经喷入并且发动机转速稳定时，才可以评估喷油开始信号。当汽车启动或超限运转（不进行喷油）时，针阀运动传感器无法提供可以进行评估的信号。这就是说，由于没有喷油开始时间的确认信号，因此喷油开始控制循环不能闭合。

直列式喷油泵

在直列式喷油泵中，有一个特殊的数字电流控制器，通过将电流与喷油开始时间控制器的设定值保持一致，可提高控制的精确度和快速响应能力。

为了在开环控制操作中也能保证喷油开始

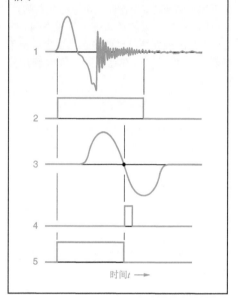

图 20-17　根据针阀传感器调节信号

1—来自针阀传感器的未经处理的信号（NBF）；2—由 NBF 信号产生的信号；3—来自感应式转速传感器的未经处理的信号；4—由发动机转速原始信号产生的信号；5—计算出的喷油起始信号

时间的精确性，应校准控制套筒执行器机构总的供油开始电磁阀，以补偿公差的影响。电流控制器补偿随温度变化的电磁绕组电阻的影响。所有这些措施都是为了确保出自于喷油开始特性图的电流设定值能够使喷油开始时间电磁阀的行程正确，喷油开始时间正确。

（2）使用增量角/时间系统信号（IWZ）的供油开始时间控制

对于电磁阀控制的分配式喷油泵（VP30，VP44）来说，即使不使用针阀运动传感器，供油开始时间也是非常精确的。这种高精度的控制是通过在分配式喷油泵的正时设备上运用定位控制实现的。这种闭环控制的作用就是控制供油开始时间，所以也被称为供油开始时间控制。供油开始时间和喷油开始时间之间有确定的关系。这些数据被储存在发动机 ECU 的所谓压力波传播时间图中。

来自曲轴转速传感器的信号和来自泵内部的增量角/时间系统（IWZ 信号）信号被用

作定时装置，定位控制的输入变量。

IWZ 信号是在泵内通过与驱动轴相连的触发轮（2）上的转速/转角传感器（1）产生的。当该传感器与定时装置（4）一起移动时，传感器位置一旦发生改变，齿隙（3）的位置就会与曲轴转速传感器产生的 TDC 脉冲发生相对改变。油泵 ECU 持续记录齿隙间的角度、齿隙产生的同步脉冲，以及 TDC 脉冲，并对存储的参考值进行比较。两者的角度差表示供油定时装置（4）的实际位置，并且这个差值会不断地与预设值/期望值进行比较。如果供油定时装置（4）的位置有偏差，则定时装置电磁阀的触发信号将会改变，直到实际值与预设值相符为止（见图 20-18）。

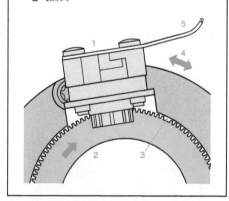

图 20-18　被用于 IWZ 信号的转速/转角传感器

1—喷油泵内的转速/转角传感器；2—触发轮；3—触发轮齿隙；4—随供油定时装置移动；5—电气插头

由于考虑到所有气缸，因此这种形式的供油开始时间控制的优点取决于系统的快速响应能力。这套系统还有更大的优势，就是当发动机超速工作时其也可以正常工作。这意味着在下一次喷油前，可以对供油定时装置进行预设。

即使是在对喷油开始时间精确性要求更高的系统中，也可以靠在供油起始控制系统中加入针阀升程传感器来获得有选择性的喷油开始时间控制。

（3）BIP 控制

BIP 控制被用在电磁阀控制的泵喷嘴系

统(UIS)和单体泵系统(UPS)中。供油开始或 BIP(喷油开始时间)被定义为电磁阀关闭的时刻。从此时刻开始,液压泵高压缸开始建立油压。当压力超出喷嘴开启压力时,喷嘴开启,喷油开始。燃料计量是从供油开始时间起一直到电磁阀触发结束为止的。这段时间被称为供油期。

供油开始时间和喷油开始时间之间有直接联系,所以对于喷油开始时间的精确控制来说只需要供油开始时间的信息。

为了避免应用附加的传感器技术(如针阀运动传感器),电磁阀电流电子评估装置也被用来检测供油开始时间。在预期的电磁阀关闭瞬间前后,采用了恒定电压触发(BIP 窗口,见图20-19,1)。ECU 记录并评估了由于电磁阀的感应效应而在图中反映出的曲线的特征。每一次喷油时,电磁阀实际关闭时间与理论设定值之间的偏差都会被记录和储存,并被用于计算下一次喷油时的补偿值。

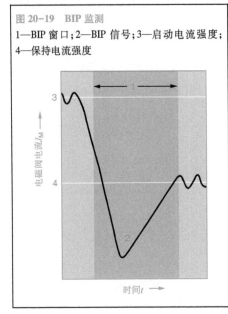

图 20-19 BIP 监测
1—BIP 窗口;2—BIP 信号;3—启动电流强度;
4—保持电流强度

纵轴:电磁阀电流 I_M
横轴:时间 t

如果 ECU 检测不到 BIP 信号,就会转换到开环控制。

20.10.19 停机

自动点火原理指的是,为了使柴油机停机,只需切断燃料供给。

对于装备了 EDC(柴油机电子控制系统)的柴油机,只需要 ECU 输出"油量为 0"的信号(表示电磁阀不再被触发或控制齿条移回零供油设置),就可以使柴油机停机。柴油机上还附带有很多冗余(辅助)停机方法(如端口受控和回油孔式分配泵上的电力切断阀)。

UIS 和 UPS 系统从本质上是安全的。其可能发生的最坏情况也就是偶尔发生一次不必要的喷油。所以,在这里并不需要辅助停机方法。

§20.11 其他特殊的功能调整

除了上文提到的功能,EDC 还具有很多其他功能。

20.11.1 行车记录仪

在商用车中,行车记录仪被用来记录发动机的运行状态(如行驶里程、行驶温度、负载及发动机转速)。这些数据被用来绘制发动机运行概况图。可以据此计算出车辆的保养间隔。

20.11.2 竞速卡车的特殊应用设计

在卡车比赛中,最大车速可能会超过160 km/h,但不能超过 162 km/h。另外,应尽可能达到最大车速。这就对车辆限速装置的特殊调整功能提出了要求。竞速卡车如图 20-20 所示。

图 20-20 竞速卡车

20.11.3 针对非公路用车的调整

这些车辆包括柴油机车、有轨车、工程机

械、农业机械和船舶。与道路交通工具不同，在这些应用中，柴油机通常都会满负荷工作(90%满负荷运转而其他交通工具为30%)，因此必须降低这些柴油机的动力输出，以确保足够的使用寿命。

行驶里程通常被作为道路车辆的保养间隔标准，但在诸如农业机械及工程机械中通常没有这种数据，即使有，也没有什么意义。因此，行驶记录数据在这里就发挥了作用。

▲ 知识介绍

竞速卡车

竞速卡车的发动机和燃油喷射系统被调校得更加适用于比赛的特殊要求。例如，一辆采油车发动机的动力输出约为300 kW(410制动马力)，而竞赛用车的动力输出要高出3.7倍，达到1 100 kW(1 500马力)。这意味着发动机转速越高，气缸充气量越大，因此短时间内的喷油量也会更多。

在比赛中，发动机的过量空气系数为1。这意味着发动机需要燃烧更多的燃料，因此就需要更大的柱塞偶件及特殊的喷嘴，甚至即便安装了喷油凸轮，也必须具有更尖的形状。

与量产车一样，竞赛用车电控系统的任务是对车辆进行精确控制。速度调节被解除后，要精准保持最高速度就必须对控制系统进行特殊的调节。在所有其他方面，竞赛用车的柴油机电控系统(EDC)与量产车型是一样的。

§20.12　乘用车柴油机 λ 闭环控制

20.12.1　应用

立法者不断制定更加严格的针对柴油乘用车的尾气排放限制。除了继续采用各种手段优化燃烧外，其他与尾气排放相关的开环或闭环控制功能也越来越受到重视。λ 闭环控制在减少柴油机排放方面有很大的潜力。

安装在排气管中的宽带 λ 氧传感器(见图20-21)被用于测量尾气中的残留氧含量。

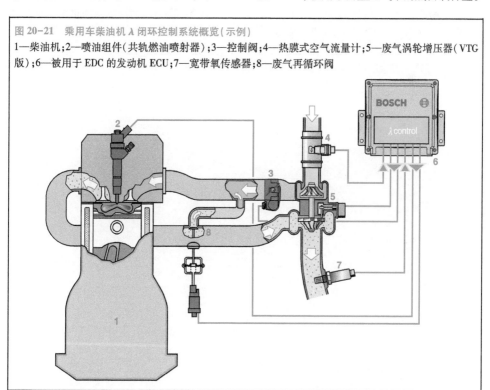

图20-21　乘用车柴油机 λ 闭环控制系统概览(示例)

1—柴油机;2—喷油组件(共轨燃油喷射器);3—控制阀;4—热膜式空气流量计;5—废气涡轮增压器(VTG版);6—被用于 EDC 的发动机 ECU;7—宽带氧传感器;8—废气再循环阀

这一数据是空燃比的指标(过量空气系数 λ)。发动机运转时会调节 λ 氧传感器信号。这就使得传感器在使用寿命期内都有很高的信号精度。λ 氧传感器信号被用作一系列 λ 功能的基础。这些功能将在下文中进行详述。

λ 闭环控制回路还可被用于 NO_x 蓄热式催化转化器的再生。

λ 闭环控制是为所有安装有 EDC16 及后续发动机控制单元的乘用车喷油系统而设计的。

20.12.2 基本功能

(1)压力补偿

未经处理的氧传感器信号取决于尾气中的氧浓度以及传感器安装点处的尾气压力,因此必须补偿压力对氧传感器信号的影响。

压力补偿功能需要结合两个特性图:一个是排气压力特性图;另一个则是氧传感器输出信号与压力的关系图。这两个特性图被用于根据特殊工况点修正传感器输出信号。

(2)调节

在超限模式(油门拖带)下,氧传感器根据尾气含氧量与新鲜空气含氧量(大约21%)的偏差进行调节。最后,系统就"学习"了可以在所有工况点对氧传感器数据进行修正的修正值。这样 λ 氧传感器就可以在整个使用寿命内输出准确的经过漂移补偿的 λ 输出信号。

20.12.3 基于过量空气系数 λ 的废气再循环控制

与基于空气质量的废气再循环相比,检测尾气中的氧含量可以使汽车制造商生产出满足更严格排放公差的车辆。采用这种方法,汽车尾气还可以再减少 10%~20%。

平均供油量调节

为产生与排放相关的闭环控制设定值,平均供油量调节提供了精确的喷油量信号。修正废气再循环装置对尾气排放有很大的作用。平均供油量调节在发动机低负荷范围内实施,被用来确定所有气缸喷油量的平均偏差。

图 20-22 所示为平均供油量调节的基本结构及其对废气相关闭环控制的影响。

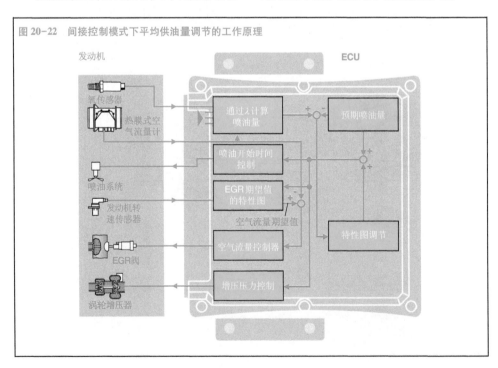

图 20-22　间接控制模式下平均供油量调节的工作原理

氧传感器信号与空气流量信号被用来计算实际喷油量，计算结果将与期望喷油量进行比较。这两个值的差值被存储在调节特性图的"自学习区域"。这个步骤保证了在动态改变时，当工况点变化需要喷油量修正时，可以立即进行修正。

这些修正量被存储在 ECU 的 EEPROM 中，并且从发动机启动开始就立即可用。

从根本上讲，平均供油量调整共有两种模式。它们的主要区别在于对喷油量偏差的检测方法。

① 工作模式：间接控制

在间接控制模式（见图 20-22）下，精确

的喷油设定值被用作不同排气相关基准特性图的输入变量。在燃料计量过程中，不进行喷油量修正。

② 工作模式：直接控制

在直接控制模式下，在燃料计量过程中利用油量偏差修正喷油量。这样，实际喷油量更符合期望的喷油量。在这种情况下，这基本上就是一个闭合的油量控制回路。

20.12.4　全负荷排烟限制

图 20-23 所示为使用氧传感器的满负荷排烟限制控制结构框图。目标是确定不会产生超出给定烟尘排放值的最大喷油量。

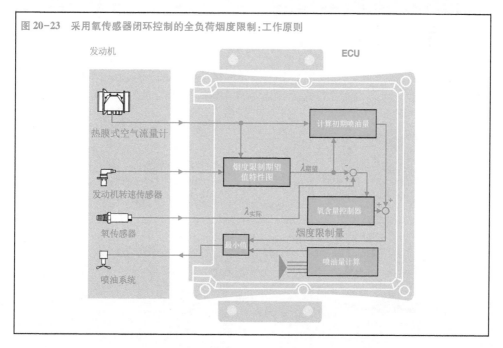

图 20-23　采用氧传感器闭环控制的全负荷烟度限制：工作原则

来自空气流量计和发动机转速传感器的信号与排烟限制特性图一起被使用，可确定空燃比期望值 $\lambda_{期望}$；反过来，这些数据也可以和空气流量数据一起被用来计算最大允许喷油量的预控值。

这种采用氧传感器闭环控制的模式已经被用于量产中。λ 控制器根据期望的空燃比 $\lambda_{期望}$ 和实际空燃比 $\lambda_{实际}$ 的偏差计算喷油量修正值。最大满负荷喷油量为引导控制喷油量

和修正量之和。

由于采用了引导控制，这种控制体系有了更高的动态响应能力，并且因为附加了 λ 控制回路，进一步提高了精度。

20.12.5　不良燃烧的检测

氧传感器信号有助于检测超限模式下不良燃烧的发生。当氧传感器信号低于计算的阈值时，可检测到不良燃烧。在这种情况下，

可以关闭控制阀或 EGR 阀,以使发动机停机。不良燃烧检测是发动机的一个附加的安全功能。

20.12.6 总结

基于 λ 的废气再循环系统可大大降低由于制造误差和老化漂移导致的车辆排放值分布。这是通过平均供油量调整实现的。

平均供油量调整为排气闭环控制所需设定值的形成提供了精确的喷油量信号。这使这些控制回路的精度得以提高。废气再循环修正在这里起到了重要的作用。

此外,λ 闭环控制的应用使得满负荷排烟量的计量精度更高,并可检测超限(油门拖带)模式下不良燃烧的功能。

此外,氧传感器的高精度信号可被用于 λ 闭环控制回路中进行 NO_x 催化转换器的再生。

▲ 知识介绍

闭环及开环控制

应用

在各种车载系统中,闭环和开环控制应用是非常重要的。

在很多情况下都会用到(开环)控制这个术语。其不仅被用在控制的过程中,而且被用于实施控制的整个系统中。凡是需要用到控制的地方都能见到它(因此,通常使用"控制单元"这个泛称,虽然系统可能会实施闭环控制功能)。

闭环控制

闭环控制是一个过程。在此过程中不断检测一个参数(受控变量 x),并与另一个参数(参考变量 w_1)进行比较,然后在调节过程中根据比较结果调整参考变量。比较过程总是在闭合回路(闭环控制回路)中进行。

闭环控制的功能是将控制变量的数值调整成参考变量规定的数值,即使可能会存在干扰影响。

闭环控制回路(见图 20-24,a)是一种带有不连续动作的闭合环路控制回路。受控变量 x 通过负反馈的形式在回路配置中作用。与开环控制相反,闭环控制考虑到所有控制回路内可能产生的干扰值(z_1, z_2)的影响。

图 20-24 所示为车辆的闭环系统示例:

- λ 闭环控制;
- 怠速控制;
- ABS/TSC/ESP 控制;
- 空调(车内温度)。

图 20-24 闭环和开环控制的应用
a—闭环控制;b—开环控制;c—数字闭环控制框图;w—参考变量;x—受控变量(闭环);x_A—受控变量(开环);y—操作变量;z_1,z_2—干扰值;T—取样时间;*—数字信号值;A—模拟;D—数字

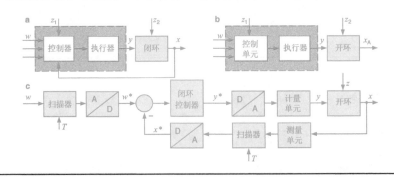

开环控制

开环控制就是在一个系统中利用一个或多个参数作为输入变量,通过系统内在规律影响其他参数的过程。开环控制的一个特点

是贯穿单个传输单元或开环控制回路的开环工作序列。

　　开环控制回路(见图 20-24,b)是对在回路结构中互相作用的各种单元的排列。它可被作为高级系统内的一个实体,通过各种方式与其他系统相互作用。开环控制只能应对控制单元测量到的干扰值(如 z_1)的影响,而对其他干扰值(如 z_2)并无影响。例如,以下是汽车中一个开环控制系统的示例:

- 电子变速控制(ETC);
- 喷油器供油补偿和被用于计算喷油量的压力波校正

§ 20.13　转矩控制的 EDC 系统

　　发动机管理系统现在正被逐步整合到整个车辆系统中。通过 CAN 总线、车辆动力学系统(如 CTS)、舒适与便利系统(如巡航控制)都可能会影响到柴油机电控系统。除此之外,也必须将发动机管理系统中的以及计算得出的大量数据通过 CAN 总线传递到其他 ECU 中去。

　　为了使柴油机电控系统(EDC)能高效地与其他 ECU 协同工作并对各种情况做出快速有效的响应,对新一代控制系统进行重大改进是非常必要的。通过这些改进,就得到了转矩控制 EDC 系统,也被称为 EDC16。其主要特点就是改变了汽车中最常见的参数的模块接口。

20.13.1　发动机参数

　　从本质上来说,内燃机的输出可以通过 3 个参数来定义:功率 P,转速 n,以及转矩 M。

　　图 20-25 所示比较了两台柴油机随转速变化的典型转矩和功率曲线。从根本上讲,以下公式适用:

$$P = 2\pi \cdot n \cdot M$$

　　换句话说,用转矩做参考(指令)变量足已。可以根据上面的公式计算发动机功率。由于无法直接测量输出的功率,因此转矩被证明是适用于发动机管理的参考(指令)变量。

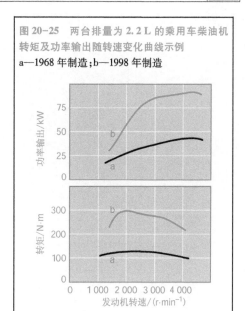

图 20-25　两台排量为 2.2 L 的乘用车柴油机转矩及功率输出随转速变化曲线示例
a—1968 年制造;b—1998 年制造

20.13.2　转矩控制

　　加速时,驾驶员使用油门踏板(传感器)直接达到设定的发动机转矩需求。同时,与驾驶员的需求无关,车辆系统会限制别的需要转矩的部件(如空调、发电机)而满足驾驶员增加转矩的需求。根据这些转矩输入的需求,发动机管理系统会计算发动机产生的输出转矩值,并据此控制燃料喷射和空气系统执行机构。采用这种方法有如下优势:

- 非独立系统(例如增压压力、燃油喷射、预热)可以直接影响发动机管理系统。这使发动机管理系统可以在处理外部需求的同时能在更高的层面(如尾气排放、燃油经济性)对发动机进行优化。
- 柴油机和汽油机中,对于很多与发动机管理没有直接关系的系统,可以使用相同的设计。
- 可以快速扩展系统。

20.13.3　发动机管理流程

　　图 20-26 所示列出了发动机 ECU 内部处理设定点输入的过程。为了能高效地完成任务,发动机管理的控制功能需要很多来自车辆其他 ECU 的传感器信号和信息。

图 20-26 被用于转矩控制柴油喷射的发动机管理流程

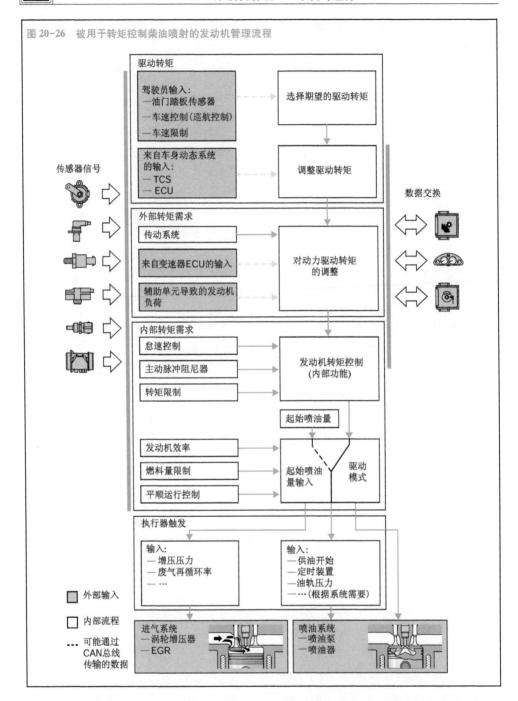

（1）驱动转矩

在发动机管理中，驾驶员的输入（也就是来自油门踏板传感器的信号）被作为驱动转矩的请求。也以同样的方式处理来自循环控制和车速限制器的输入信号。

选择期望的驱动转矩之后，当车轮有抱

死的危险时,车辆动力系统(TCS,ESP)将增大期望的转矩值,而当车轮有打滑倾向时则进行相应减少。

（2）更多的外部转矩需求

必须考虑传动系统转矩自适应（传动系统传动比）。这主要通过特定挡位的传动比定义。如果是自动变速箱,则通过变矩器的效率定义。对于搭载自动变速箱的车辆,变速器控制系统限制了实际换挡时的转矩需求。除了降低变速箱负载外,降低转矩可以提升车辆的舒适性和平顺性。此外,还确定了其他发动机动力部件（如空调压缩机、发电机以及伺服泵）所需的转矩。这些转矩需求可由组件自行计算或也可由发动机管理系统计算。

计算是根据组件功率和发动机转速进行的。发动机管理系统会将各种转矩需求相加。所以,尽管在发动机运行时有各种来自辅助单元的功率需求,但是车辆的操控性仍保持不变。

（3）内部转矩需求

目前主要涉及急速控制和主动脉冲阻尼。

例如,如果情况需要,为了避免机械损坏或是喷油过量而冒黑烟,转矩限制系统会降低内部转矩需求。

与前面提到的发动机管理系统不同,转矩限制不仅能被用来限制喷油量,而且可以根据期望的效果控制特殊的相关物理量。

还要考虑发动机损耗（如摩擦损失、高压泵的驱动）。转矩是发动机对外界影响的量度。尽管如此,发动机管理系统只能利用正确的喷油量、正确的喷油时间点,以及作用在进气系统的必要边缘条件（如增压压力、废气再循环率）产生这种影响。所需喷油量还是根据当前的燃烧效率决定的。计算出的喷油量由一个保护模块（如过热保护）限制。如有必要,也可以通过平顺运行控制(SRC)对喷油量做出调整。在启动发动机时,喷油量不由外部输入（如驾驶员输入）决定,而是由单独的"开始喷油量控制"模块控制。

（4）执行器的触发

最后,喷油量期望值可被用来产生油泵和/或喷嘴的触发数据,并可被用来确定进气系统的最优工作点。

§20.14 对其余执行器的控制和触发

除了喷油组件本身外,EDC还负责控制和触发很多执行器。这些执行器被用于气缸充气控制、发动机冷却控制或柴油机起动辅助系统的控制。和喷油系统使用闭环控制一样,应考虑来自其他系统（如TCS）的输入。

根据车型、应用领域以及喷油类型的不同应使用不同的执行器。本章介绍其中的几个例子。关于其他执行器的介绍,请参见"执行器"一节。

执行器有以下几种触发方法：

• 直接由发动机ECU在输出级利用适当的信号触发（如EGR阀）。

• 如果电流较高（如对风扇的控制）,则ECU就会触发继电器。

• 发动机ECU发送信号至其他ECU。该信号随后可被用于触发或控制其余的促动器（如预热控制）。

将所有发动机控制功能都整合到EDC的ECU中有很多好处。这样不仅可以在发动机控制时考虑到喷油量和喷油定时,还能兼顾到发动机的其他功能,如EGR和增压压力控制。这使发动机在控制方面取得了很大的进步。此外,发动机ECU在进行其他功能（如在柴油机预热时,考虑到发动机及进气温度）的控制时,也能综合考虑更多的信息。

20.14.1 冷却液辅助加热

高性能柴油机的效率是很高的,但在某些情况下,它不能产生足够的废热,以被用于车辆内部的加热。解决这个问题的一个办法就是安装冷却液辅助加热装置。依靠发电机提供的能量,该系统被多级触发。如同在EDC中一样,其由发动机ECU控制。

20.14.2 进气歧管断开装置

在发动机转速较低或急速下,瓣阀(6)将会关闭某个进气歧管(5)。这时,其中的新鲜空气只能流经湍流管(2)。这将改善低转速下的空气湍流,进而提高燃烧效率。进气歧管(5)在高转速时被打开,使发动机的容积效率提高,进而提高动力输出(见图20-27)。

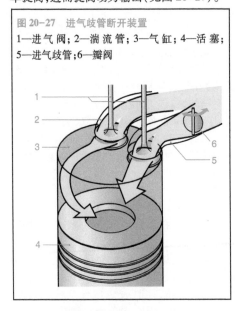

图 20-27　进气歧管断开装置
1—进气阀;2—湍流管;3—气缸;4—活塞;5—进气歧管;6—瓣阀

20.14.3　增压压力控制

增压压力控制被用于涡轮废气增压器中。它可以改善发动机满负荷时的转矩曲线,并有利于在部分负荷下优化排气循环和再充气循环。最优的(期望的)增压压力是发动机转速、喷油量、冷却液温度、燃油温度以及环境空气压力的函数。将由增压压力传感器测得的实际压力值与期望值进行对比,如果两者有偏差,则ECU或者控制旁通阀的电气转换器,或者控制VTG(可变涡轮角度)废气涡轮增压器的导向叶片(另见"执行器"一节)。

20.14.4　风扇的触发

当发动机温度超过设定值时,发动机ECU就会触发冷却风扇。关闭发动机后,冷却风扇还会继续转动一小段时间。持续时间是先前行驶循环期间被用于发动机的冷却液温度和载荷的函数。

20.14.5　废气再循环(EGR)

为了减少NO_x的排放,废气通过一个通道被导入发动机的进气歧管中。可通过一个EGR阀改变管道的横截面。EGR阀由电气转换器或电动执行器控制。

由于排气温度很高,并且含有很多污染物,所以想要精确计量流回发动机的废气流量非常困难。因此,一般都通过间接的方式利用装在进气管内的空气流量计进行控制。ECU对空气流量计的输出信号和通过运用大量数据(如发动机转速)计算得到的理论空气需求量进行比较。与理论空气需求量相比,测量到的进气量越低,再循环废气的比例就越高。

§20.15　替代功能

如果单个输入信号失效,ECU就无法得到计算所需的信息。在这种情况下,可以采用替代功能。下面举两个例子加以说明。

例1:计算喷油量时需要油温数据,但如果油温传感器失灵,则ECU会用替代值进行计算。为了避免产生过多的黑烟,这样做是必需的,虽然在某些情况下这样做会降低发动机的功率。

例2:如果凸轮轴传感器失效,则ECU会用曲轴传感器信号代替。这取决于不同的汽车制造商,有很多方法可以通过曲轴传感器信号确定第一个缸何时处于压缩循环。利用替代功能会使发动机重新启动的时间略长一些。

不同汽车制造商的替代功能也是不同的,因此可以实现很多车辆特定的功能。

当故障发生时,诊断功能会存储所有故障数据。然后,可以在修理厂中访问这些数据[另见"车载自动诊断(OBD)"]。

§20.16　与其他系统的数据交换

20.16.1　油耗信号

发动机ECU(见图20-28,3)计算出油耗,然后通过CAN总线将油耗数据发送到仪表板或独立的车载计算机(6),这样驾驶员就可以了解当前的油耗信息和/或油箱剩余油量的续驶里程。老系统使用脉冲宽度调制(PWM)作为油耗信号。

图 20-28　柴油机电控系统中参与数据交换的组件
1—ESP 的 ECU（带 ABS 及 TCS）；2—被用于换挡控制的 ECU；3—发动机 ECU（EDC）；4—空调 ECU；5—预热控制单元；6—带车载计算机的仪表板；7—防盗器 ECU；8—起动机；9—发电机；10—空调压缩机

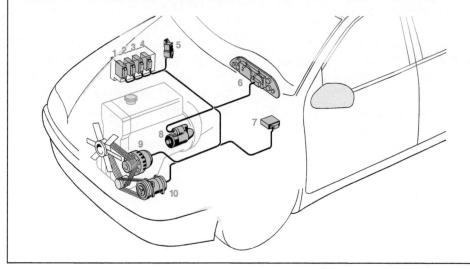

20.16.2　起动机控制

起动机（8）是由发动机 ECU 触发的。这确保了驾驶员无法在发动机运转的时候使起动机运转。只有起动机运行足够长时间以后，发动机转速才能达到可以稳定运转的转速。通过这一功能，可以使起动机变得更轻，成本更低。

20.16.3　预热控制单元

预热控制单元（GZS,5）接收来自发动机 ECU 的信息，以控制预热开始时间和预热时长。它会根据情况触发电热塞、监控预热过程，并向发动机 ECU 报告所有故障（诊断功能）。发动机 ECU 通常还会触发预热指示器。

20.16.4　电子防盗器

为了防止擅自起动或停车，在某个特殊的防盗器 ECU（7）解锁发动机 ECU 之前，是无法启动发动机的。

驾驶员可以通过遥控或使用预热塞开关和起动机开关（"点火"键）向防盗器 ECU 发送信号。然后，防盗器 ECU 就会解锁发动机 ECU，以使发动机可以起动并正常运行。

20.16.5　外部转矩干预

如果发生外部转矩干预，其他（外部）ECU（如换挡控制或 TCS）也会影响喷油量。外部转矩干预系统通知发动机 ECU 应改变发动机转矩，以及如果需要改变，改变多少（这决定了喷油量）。

20.16.6　发电机控制

通过标准串行接口，EDC 可以对发电机（9）进行远程监控。可以控制调节器电压，同样也可以关闭整个发电机总成。例如，当电池电压较低时，可以提高怠速，以改善发动机的充电曲线。通过这个接口还可以对发电机进行简单的故障诊断。

20.16.7　空调

为了使车内温度保持舒适，当环境温度较高时，空调系统（A/C）会启动空调压缩机（10）对车内空气进行降温。根据发动机工况的不同，压缩机可能会消耗 30% 的发动机输出功率。

当驾驶员踩下油门踏板（换句话说，驾驶员希望获得最大的转矩）时，发动机 ECU 会立即切断压缩机,以将发动机的所有功率都用来驱动车轮。由于压缩机只是被短暂关闭,因此不会对车内温度造成明显的影响。

§20.17 串行数据传输(CAN)

当代汽车装备的电子系统日益增多。为了使车辆运行效率更高,除了满足系统间广泛数据交换的需要外,数据量和传输速度也随之快速增加。

尽管CAN(控制器局域网络)是一个专为汽车应用而设计的线性总线系统(见图20-29),但它还是被应用到了其他行业(如楼宇自动化)。

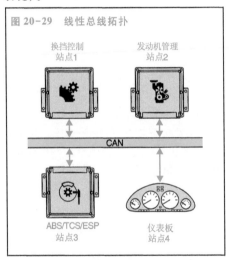

图20-29　线性总线拓扑

换挡控制
站点1

发动机管理
站点2

CAN

ABS/TCS/ESP
站点3

仪表板
站点4

在总线中,数据以串行方式传递。所有CAN站点都与该总线连接,并且通过ECU中的总线接口及CAN总线接收和发送数据。由于CAN总线可以交换大量数据,所以车辆内部需要的线路数量明显减少。在传统系统中,数据交换一般都要通过单独布置的点对点数据交换来进行。

20.17.1　在汽车中的应用

CAN总线在汽车中的应用主要有4个领域,且每种应用都有不同的要求。下面将一一讲述。

(1)复合式应用

复合式应用适用于控制车身电子设备

和舒适组件中控制开、闭环的部件。这些系统主要包括车内温度调节控制、中控锁和座椅调节装置。数据传输速率通常为100~125 kbaud[1]。

(2)移动通信应用

在移动通信领域,CAN网络包括导航系统、电话和音频装置以及汽车中央显示屏和操控单元。应用网络的目的是尽可能使所有的操控序列标准化,并尽量使信息显示集中。只有这样,才能最大限度地减少驾驶员注意力的分散。通过这一应用,大量的数据会以125 kbaud的传输速率传输。但是,音频和视频数据还不能通过本应用被直接传输。

(3)诊断应用

使用CAN诊断应用的目标是利用已有的网络对接入的ECU进行诊断。目前使用特殊K线的诊断形式(ISO 9141)将作废。诊断应用也需要传输大量数据。计划数据的传输速率为250~500 kbaud。

(4)实时应用

实时应用主要被用于车辆移动的开、闭环控制中。在这里,如发动机管理、换挡控制及电子稳定程序(ESP)这样的电子设备通过CAN总线相互联网。一般来说,传输速率只有达到125 kbaud~1 Mbaud,才能保证实时响应的需要。

20.17.2　总线配置

总线配置指给定系统中组件间的布局设计和相互作用。与其他逻辑结构(环形总线或星形总线)相比,CAN总线的线性拓扑结构故障率较低。如果一个站点发生故障,则其他的站点仍可以访问其他的站点。与总线相连的站点可以是ECU、显示设备、传感器或执行器。它们借助多主站原理工作。在此原理下,所有相关站点在总线访问方面都具有相同的优先级。没必要进行更高一级的管理。

20.17.3　基于内容的寻址方式

CAN总线系统并不根据各站点的特征分别寻址,而是根据各节点的信息内容进行寻址。

---

[1]　1 kbaud = 1 kbit/s(低速 CAN)

它分配给每一条"消息（message）"一个固定的"标识符"（消息名），以识别有问题的消息内容。这个标识符的长度为 11 bits（标准形式）或 29 bits（扩展形式）。

在基于内容的寻址方式下，每一个站点都必须自行决定是否对消息感兴趣（"消息过滤"，见图 20-30）。这项功能可通过一个特殊的 CAN 模块（Full-CAN）完成。这样可以减轻 ECU 中央微控制器的负载，而基本的 CAN 模块只"读取"所有信息。用基于内容的寻址方式代替分配固定地址的寻址方式，使得整个系统的灵活性增强。这样更易于安装和操控设备变体。如果其中一个 ECU 需要的新信息已经被上传到总线中，那么只要从总线上调取就可以了。同样，如果站点是接收器，那么也可以在不调节已有站点的情况下连接（安装）新的站点。

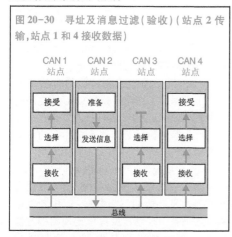

图 20-30　寻址及消息过滤（验收）（站点 2 传输，站点 1 和 4 接收数据）

20.17.4　总线仲裁

标识符不仅说明了数据内容，而且定义了消息的优先级。以二进制数形式表示的标识符，其数值越小，优先级越高；反之，亦然。消息的优先级与消息内容的更新速度以及对安全的重要程度有关。总线中永远不可能出现两条（或多条）优先级相同的消息。

只要总线未被占用，则每个站点都可以发送消息。使用逐位发送标识符仲裁的方式可以避免总线访问冲突（见图 20-31）。借此，具有最高优先级的消息将获得第一个访问的权利立即发送出去，且不得出现数据位

丢失的情况（非破坏性协议）。

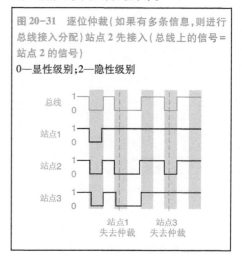

图 20-31　逐位仲裁（如果有多条信息，则进行总线接入分配）站点 2 先接入（总线上的信号＝站点 2 的信号）

0—显性级别；2—隐性级别

CAN 协议基于显性逻辑状态（逻辑 0）和隐性逻辑状态（逻辑 1）。"Wired And"仲裁原则允许一个站点发送的显性信息将其他站点的隐性信息覆盖。标识符最小（即具有最高优先级）的站点可以最先访问总线。

发送低优先级信息的发送器将自动变成接收机，而当总线再次空闲时尝试重复发送。

为了使所有的信息都有机会发送到总线上，总线速度必须与总线中参与的站点数目相匹配。对于那些持续波动的信号（例如发动机转速），需确定一个周期时间。

20.17.5　消息格式

CAN 允许两种格式。这两种格式唯一的区别是标识符的长度不同。标准格式标识符的长度为 11 bits。扩展格式标识符的长度为 29 bits。两种格式相互兼容，并可以同时被用于网络中。数据帧包括 7 个连续的字段（见图 20-32），而总长度不得超过 130 bits（标准格式）或 150 bits（扩展格式）。

空闲时，总线是隐性的。当出现显性信息时，"起始帧"标志着消息的起始，并应与其他站点进行同步。

"仲裁域"包含消息的标识符（前面已说明）和一个附加的控制位。当正在发送仲裁域时，发送器同时发送每一个位的校验位，以

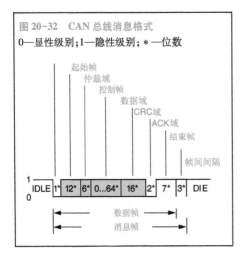

图 20-32　CAN 总线消息格式
0—显性级别；1—隐性级别；＊—位数

起始帧
仲裁域
控制帧
数据域
CRC域
ACK域
结束帧
帧间间隔

| IDLE | 1* | 12* | 6* | 0...64* | 16* | 2* | 7* | 3* | DIE |

数据帧
消息帧

确保传输的合法性，或检验是否别的站点有更高优先级的信息已达总线处等待发送。标识符后的控制位是 RTR（远程发送请求位）。其可确定信息是要发送至接收站的数据帧（带数据的消息），还是来自发送站的远程帧（数据请求）。

"控制域"具有 IDE 位（识别符扩展位）。此位被用来区分消息是标准格式（IDE =0）还是扩展格式（IDE = 1）。其后跟一保留位，以备将来扩展。此帧剩余的 4 位被用来定义下一个数据域的字节数。这样，接收器就可以据此确定数据何时能被发送完毕。

"数据域"包含了实际要发送的消息。它由 0~8 个字节组成。使用一条数据长度为 0 的消息同步发送过程。可以将很多信号都传输到一条消息（如发动机温度、发动机转速）中。

"CRC 域"（循环冗余校验）包含帧校验字，被用于检测可能发生的传输干扰。

"ACK 域"包含一个确认信号。接收器用此信号，以确认数据是否已被完整接收。此域由 ACK 槽和隐性 ACK 分隔符组成。ACK 槽也通过隐性方式被传送，并且当信息被正确接收后由接收器标记为显性。在这里，在信息过滤或验收时信息对于特定的接收器来说是否重要是无关紧要的，只需对正确的接收进行确认即可。

"结束帧"包含 7 个隐性位，被用来标记消息的结束。

"帧间间隔"由 3 位组成。它的作用是隔开隐性信息。也就是说，在一个站点开始访问总线前，总线始终保持隐性空闲状态。

通常来说，一个发送站通过发送数据帧初始化数据传输，而接收站也可以通过向发送站发送"远程帧"调用数据。

20.17.6　检错

CAN 协议中整合了很多被用于检错的控制机制。

在"CRC 域"中，接收站将收到的 CRC 序列与通过消息计算出的序列进行比较。

"帧校验"通过校验帧结构识别帧差错。

CAN 协议中包含很多由所有站点校验的固定格式的位域。

"ACK 校验"是接收站对数据接收完毕的确认。如果没有"ACK 校验"，则说明检测到了传输错误。

"监视"是发送器监视总线级，并将已发送和已校验的数据进行比较。

"位填充"是通过编码校验的方法实现的。位填充保证了在起始帧和 CRC 域之间的每一个数据帧或远程帧之间都最多有 5 个连续相同优先级的位元。当这 5 个相同的位被连续发送后，发送器会插入一个反优先级位元。应用"位填充"原则可以检测到行错误。

如果一个站点检测到错误，则会发动含有 6 个连续显性位的"错误帧"，以中断数据传送。这是基于故意违反位填充规则的方法完成的。目的是阻止其他站点接收错误信息。

有故障的站点可能会因为误发"错误帧"而影响总线的正常通信，并中断无错误信息的传输。为了避免类似情况的发生，CAN 具有判断功能。该功能可以识别哪些是偶发错误，哪些是持续发生的错误，且 CAN 能够识别有故障的站点。这利用的是对错误情况进行分析的统计学方法。

20.17.7　标准化

ISO（国际标准化组织）和 SAE（美国汽车工程师学会）共同制定了车用数据交换的

CAN 标准，具体如下：

低速网络应用≤125 kbit/s：ISO 11519-2。

高速网络应用>125 kbit/s：ISO 11898 和 SAEJ 22584（乘用车）和 SAEJ 1939（卡车和公共汽车）。

另外，正在制定被用于 CAN 诊断的 ISO 标准（ISO 15765—草案）。

§20.18　轿车发动机的适用性调整[①]

适用性调整指的是对发动机进行调整，以使它可以满足特定车辆或特定用途的使用要求。主要是对喷油系统，特别是柴油机电控单元（EDC）的适用性调整。

现在所有的新型轿车柴油机都是直喷式（DI）的。它们都必须符合 2000 年开始强制执行的欧Ⅲ排放标准或其他类似标准。只有应用复杂的电子控制系统才能使发动机满足这些排放标准并达到人们对排放水平的期望。这样的系统必须能够监控数千个参数（一台现代柴油机大概有 6 000 个）。这些参数大致有以下几类：

● 独立参数值（如触发特定功能的温度阈值）。

● 二维或多维数据图形式的参数值范围（如喷油时间点 t_E 作为发动机转速 n、喷油量 m_e 和开始供油时间 FB 的函数）。

柴油机电控系统的优化潜力是非常大的。现在制约这些优化工作的主要是测试众多功能和它们相互关系所需的人力成本和工作成本。

20.18.1　调整阶段

发动机适用性调整分为以下 3 个阶段：

（1）硬件调整

在对轿车进行发动机适用性调整时，可能需要调整的硬件包括燃烧室、喷油泵和喷油器。这些硬件的调整方式主要是要满足性能和排放值的要求。硬件的调整最初需要在固定的发动机试验台架上进行。如果可以在台架上进行发动机动态测试，则可以通过动态测试进一步优化发动机和喷油系统。

（2）软件调整

硬件被调整完以后，控制单元的软件也需要在混合气配制优化以及燃烧控制方面进行相应的配置和调整，例如计算喷油开始时间、废气再循环和增压压力特性图并进行编程。和硬件调整一样，这些工作也是在台架上进行的。

（3）车辆适用性调整

当制定好初始车辆试验的基础后，就要开始进行针对所有与发动机响应和动态特征有关参数的调整了。第三阶段的调整涉及对特定车辆的基本调整，主要是在现场对发动机进行调整（见图 20-33）。

图 20-33　利用计算机工具进行标定已经成为标准

控制功能的标定过程如图 20-34 所示。

3 个阶段间的相互作用

由于调整阶段相互之间会产生作用，因此需要采用递推方法（重复过程），而且有必要尽快在汽车发动机和台架上同时实施所有这 3 个阶段。

例如，发动机低负荷下采用极高废气再循环率的目的是降低 NO_x 的排放。在动态条件下，这可能会导致发动机的"加速响应"较差。为了获得良好的加速特性，必须重新调整软件调整阶段设定的静态排放值设置。反过来，这样的调整又可能会使发动机的排放水平在某些工况下恶化，而需要在别的工况下进行补偿。

在上面所举的例子中，不同目标之间存在一个基本的冲突：一方面必须满足严格的法规要求（如法定排放值限制），而另一方面则是对舒适性和性能（如发动机响应、噪声

---

① 有些调整过程指的是标定。

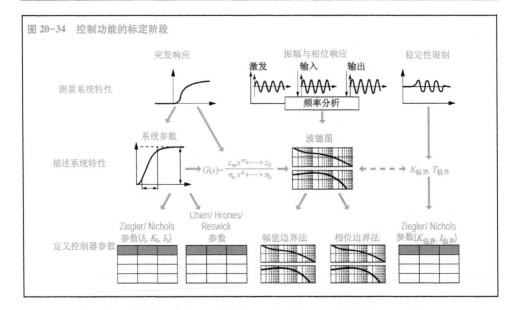

图 20-34　控制功能的标定阶段

等)的要求日益提高。后者得出了相反的结论。对不同目标进行权衡为汽车制造商提供了通过一些树立其特色品牌标识特点的机会。

20.18.2　根据不同环境做出的调整

必须调节各种控制器和参数,以适应不同的环境条件。以怠速控制为例,每一个齿轮都有若干个参数,而这些参数又因下面几种情况而有所不同:

- 车辆处于静止状态,还是运动状态;
- 发动机处于热态,还是冷态;
- 离合器是否接合。

这意味着仅仅为了这一项功能,就需要多达 50 个参数集。

EDC 还提供了极限环境条件下的调整功能。这些功能需要通过特殊目标的特定试验进行验证。这些极限环境包括:

- 在最低-25 ℃的温度下进行低温测试(如在瑞典进行的冬季测试);
- 在温度超过 40 ℃的条件下进行高温测试(如在亚利桑那州进行夏季测试);
- 高海拔/低气压测试(如在阿尔卑斯山进行测试);
- 高温加海拔组合测试或低温加海拔组

合测试,如在山路上牵引拖车行驶(如在西班牙的内华达山脉或是阿尔卑斯山进行测试)。

对冷起动来说,根据发动机冷却液温度对喷油量和供油开始时间进行特定调整。另外,也要把电热塞打开。在高海拔地区发动机处于冷态时,可用的牵引转矩较小。对于某些应用来说,EDC 会短时间延迟涡轮增压器的运行,否则发动机的大部分转矩输出将会被用光。特别是对于带有自动变速箱的车型,这会使车辆无法起步,因为驱动轮上可用的转矩可能会不足。

在对装有涡轮增压器的发动机进行海拔补偿时,应根据大气压力限制所需的涡轮增压器压力,否则涡轮增压器可能会因超速而损坏。

20.18.3　其他调整

(1)安全功能

与决定排放等级、动力输出以及人性化方面的功能一样,还有很多安全功能需要被调整(如对传感器和执行器失效的响应)。

这些安全功能的主要作用是使车辆恢复安全运行状态和/或使发动机安全运转(如防止发动机损坏)。发动机试验台架监测页面(示例)如图 20-35 所示。

（2）通信

还有很多功能需要在车辆的发动机控制单元及其他控制单元之间进行通信（如牵引力控制、ESP、自动挡车型的换挡控制以及电子防盗系统）。因此，车辆采用了一种特殊的通信编码方法（输入、输出变量）。如有必要，则需计算附加的测量数据并用适当的方式进行编码。

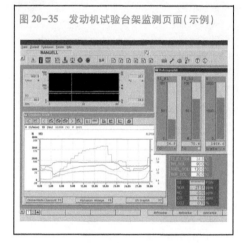

图 20-35　发动机试验台架监测页面（示例）

20.18.4　调整实例

自从 1986 年开始使用 EDC 系统以来，尤其是对舒适性的优化取得了很大的进展。车辆上应用了很多软件功能（例如控制功能），针对不同的车型需要对这些功能分别进行调整。下面是一些示例。

（1）怠速控制

这项功能的作用是在未踩下油门踏板时控制发动机转速。怠速控制必须在发动机的所有工况下都能绝对可靠地运行。因此，需要对这项控制功能进行全面的调试。例如对各挡位下惯性滑行的调整是必不可少的，特别是要考虑与常用的双质量飞轮的相互作用。这种类型的飞轮会给整个传动系统带来高度复杂的旋转振动影响。

调整的第一个阶段是分析定义（如记录控制系统的响应，通过算法对控制系统进行描述和控制单数的定义）。

接下来是全面路试。环形跑道（测试跑道）为路试提供了在无限长的平整路面上行驶的可能性。特别是在采用主动阻尼吸收器的情况下，各目标间的冲突可能会激化，因为这项功能可以避免为应对发动机转速或负载突然变化而采取的快速补偿。

除传动系统外，发动机支架也有重要作用。为了减少各部件间可能发生的冲突，有些应用中采用了特性可变的由 EDC 控制的发动机支架。这些支架可以在发动机怠速运转时变软，而在发动机承受负载时变硬。

（2）平顺运行控制

发动机平顺运行控制的作用就是确保所有缸的喷油量相同，以提高发动机的平顺性，同时降低排放。在某些情况下，当温度很高或很低时，由于带驱动的附件（如发电机、助力转向泵或空调压缩机）阻尼特性的变化可能会引起故障。根据发动机转速周期性波动的频率，发动机平顺控制系统会通过调整某一缸的输油量抑制这种波动。不过，在某些条件下，这项控制会使发动机运行更加剧烈或使排放恶化。因此，这项控制功能必须经过所有工况下的严格测试。

（3）增压控制器

几乎所有现有的柴油机都装备有涡轮增压器。这其中大多数发动机的增压压力都是由 EDC 系统控制的。它的作用是在优化响应特性（快速产生增压压力）的同时，通过限制多大的增压压力和随之发生的气缸压力增加确保发动机正常工作。

（4）废气再循环 EGR

目前，废气再循环 EGR 是直喷式柴油机的标准装备。如前所述，它们都是发动机进气量的决定因素。为了减少烟尘和 NO_x 的排放，在所有工况下，都需要精确控制混合气的参数。这些参数最初都是在发动机台架上通过静态测试优化得到的。控制系统的任务就是在动态条件下，在不影响发动机响应特性的前提下，保持这些参数。

§ 20.19　商用车发动机的适用性调整[①]

由于柴油机在经济性和耐久性方面具有较强的优势，因此被广泛应用在商用车中。

---

① 有些调整过程指的是标定。

现在,所有的新型柴油机都采用直喷式(DI)技术。

20.19.1 优化目标

对商用车发动机的以下特性进行了优化:

(1)转矩

目标是要在任何工况下都能获得最大转矩,甚至在非常艰难的情况下(如驶过陡峭斜坡或采用动力输出轴传动时)也能牵引重载的车辆。当然,在实现这些目标的同时,还必须考虑发动机的限制参数(如最高允许气缸压力和排气温度)以及烟度排放限值。

(2)油耗

对商用车来说,油耗经济性是决定性因素。所以,油耗指标对商用车的重要程度要远大于对小汽车的重要程度。因此,最大程度降低油耗(或 CO_2 排放量)是发动机调整的重要方面。

(3)耐久性

用户期望现代商用车发动机能够正常运行上百万公里[1]。

(4)污染物排放

从 2000 年 10 月开始,要求欧盟新登记的商用车要达到欧Ⅲ排放标准。所以,发动机必须被调整到 NO_x、颗粒物、HC 排放以及排气透明度都完全达到标准的状态。

(5)舒适性/便利性

还必须考虑舒适性和便利性方面的需求,如发动机响应特性、静音程度、运行平顺性和启动特性。

20.19.2 调整阶段

调整的目标就是尽可能使发动机完全符合上述各项要求,也就是要尽可能平衡好有冲突的目标。这就需要同时对发动机及喷油系统的硬件和控制模块的软件进行调整。

商用车在硬件、软件及车辆适应性调整等方面与小汽车发动机的调整不同(见图 20-36)。

(1)硬件调整

硬件调整包括对发动机及喷油系统内所有重要部件的调整。发动机重要部件包括燃烧室、涡轮增压器及进气系统(如产生涡流的

部件)。如果有必要,还应该包括废气再循环系统。喷油系统的重要部件包括喷油泵、高压油管及喷油器。硬件调整是在发动机台架上完成的。

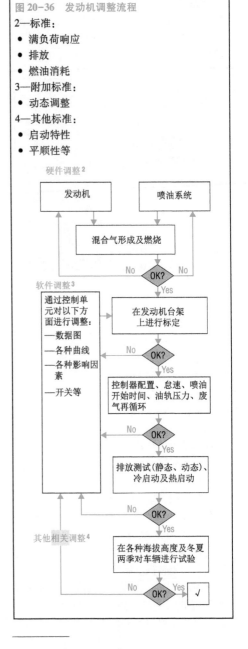

图 20-36 发动机调整流程

2—标准:
- 满负荷响应
- 排放
- 燃油消耗

3—附加标准:
- 动态调整

4—其他标准:
- 启动特性
- 平顺性等

---

① 1 公里 = 1 000 米。

（2）软件调整

将硬件调整完以后，还必须对控制单元的软件进行相应的配置。软件中存储的是大量的发动机和喷油器参数（见图 20-37）。软件调整工作也是在发动机台架上完成的。一个应用软件控制单元和发动机一起被连接到安装了专用软件的计算机上，并通过它对发动机进行软件调整。

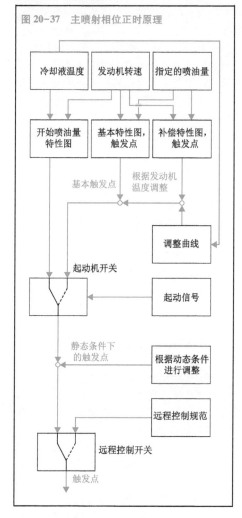

图 20-37　主喷射相位正时原理

以下是软件调整的具体任务：
- 在静态工况下，标定发动机的基本特性图；
- 控制功能配置；
- 标定补偿特性图；

- 在动态工况下优化发动机特性图。

首先，要在发动机测试台上，在静态运行条件下，对一些特定的系统参数进行调整，如喷油开始时间、喷油压力、废气再循环及增压压力。如果有可能，还要调整预喷射和后喷射。参考目标标准（如排放水平、燃料消耗等）对测试结果进行分析评估。再根据评估结果，计算和编写（见图 20-38）出合适的参数值、数据曲线和数据图。由于参数数量正在不断增加，因此实现参数的自动配置是一个持续的目标。

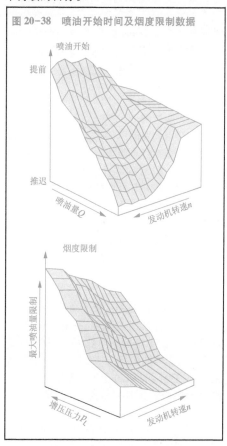

图 20-38　喷油开始时间及烟度限制数据

在对基本数据图进行调整之后，所谓的补偿特性图还应考虑某些变量，如环境温度、大气压力、发动机冷却液温度和燃油温度对主要参数的影响。另外，还需要调整已有的控制功能（如共轨喷油系统中的油轨压力控制及增压压力控制）。在静态工况下建立的数据最后还需要在动态条件下进行优化。

（3）车辆适用性调整

车辆适用性调整的过程就是将从台架上得到的发动机基本设定数据调整到满足特定车辆实际使用要求的状态，并尽可能测试在各种工况和各种环境下的运行状态是否能满足要求。

虽然由于应用类型的不同，评估标准会有所不同，但对轿车来说，各基本功能（如怠速控制、发动机响应及起动特性）的测试和调整方式基本上是相同的。例如，当要对一台大巴车发动机进行调整时，舒适性和低噪声是调整的主要目标；而如果要对一台长时间工作的卡车发动机进行调整，则重载时的经济性和可靠性将是重点。

20.19.3　调整实例

（1）怠速控制

当对商用车发动机的怠速控制功能进行调整时，一般会把调整重点放在负载响应及最小下冲上。只有这样，才能确保车辆在重载时能顺利起步并有良好的可操控性。

传动系统作为一种控制系统，其特性与工作温度和传动比密切相关。所以，发动机管理模块内置了多组参数，被用于怠速控制。当这些参数被确定后，还应考虑传动系统自身发生的变化。

（2）动力输出轴驱动

很多商用车都安装了动力输出轴驱动装置。它们被用来驱动起重机、升降台及泵等。驱动这些机械通常需要柴油机在较高恒定转速下不受负载影响地运行。EDC 使用"中间速度控制功能"控制柴油机的运转。同时，控制功能参数也会被调整到能满足传动装置的要求。

（3）发动机响应特性

在调整的过程中，发动机响应特性，即油门踏板位置被转换成喷油量信号及发动机转矩输出的方式，在很大程度上是通过控制单元的配置无限变化的。这最终取决于应用进行的编程是两极调速①、全程调速②，还是混合调速控制功能的发动机响应。

（4）通信

在商用车中，EDC 控制单元通常是多个电控单元网络的一部分。车辆、传动系统、制动系统及发动机控制单元间的数据交换是通过电子数据总线（通常是 CAN）完成的。在所有的系统都被安装到车上之前，是无法对整个车辆做全面的测试和优化的。所以，在台架上进行的基本设置过程通常只针对发动机管理模块。

典型的控制单元间相互作用的例子是自动变速器的换挡过程。变速箱控制单元通过数据总线发送一个请求，使换挡操作发生在最佳时间点，以降低喷油量。发动机控制单元接收这条请求后会降低喷油量（在驾驶员未输入的情况下），因此换挡控制单元能够摘挡。如果有必要，变速箱控制单元会请求发动机增加转速，以挂入新的挡位。一旦完成这个操作，喷油量控制权又会回到驾驶员手中。

（5）电磁兼容性

商用车上装备了大量的电子系统并且广泛使用电子通信装置（如电话、双工电台、GPS 导航系统）。因此，对发动机管理系统和其他与之相连的系统进行电磁兼容性（EMC）优化，可使整个系统能够抵御外部干扰和干扰信号的发出。当然，这些优化工作大部分是在控制单元和传感器的开发过程中进行的。车内实际的线路尺寸（走线长度、屏蔽类型）以及布线都会对防止干扰的产生以及测试产生较大的影响，因此在电磁兼容性测试室内对整车进行优化是非常必要的。

（6）故障诊断

商用车系统所需的故障诊断能力也是非常强大的。可靠的故障诊断系统可以最大限度地确保车辆的可用性。

发动机控制单元持续检测所有相连的传感器和执行器发出的信号，以确保它们都在设定的限值内；同时，还要监测接触不良、对地短路和对蓄电池电压短路及其他信号的可信性。合理的信号范围及可信性标准是开发人员事先定义的。在轿车发动机中，这些限制一方面要设定得足够宽松，以免在极端情

---

① 仅控制最高和最低速度或最高速度。

② 多种速度或增速控制。

况下发生假警报；另一方面，又要设定得足够狭窄，使它可以准确报警。另外，必须制定故障响应流程。这项流程规定，如果检测到故障，发动机是否以及以何种方式继续运转。最后，必须将检测到的故障存储到故障存储器中，以便维修技术人员能快速定位故障并解决问题。

▲ 知识介绍

发动机试验台架

在喷油系统的开发过程中需要进行发动机台架（见图20-39）试验。利用发动机试验台架，可以方便地检修发动机各组件。

通过调节各种供给流体（如进气空气、燃油、冷却液）获得了可重复的测试结果。

除在静态工况下进行测量外，对快速负载和发动机转速变化的动态试验的要求也越来越高。为此，发明了带电力测功机（18）的发动机试验台。这些电力测功机不但能减速，而且能驱动测试车辆（如模拟车辆下山时发动机的超速工况）。利用适当的模拟软件就可以在发动机测试台架上进行强制排放控制测试，而不用在搭载发动机的测试车上进行试验。

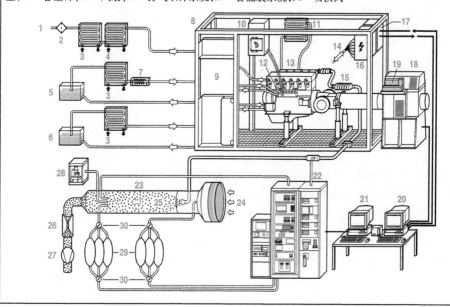

图20-39　发动机试验台架的基本布局

1—进气空气；2—滤清器；3—冷水入口；4—热水入口；5—燃料；6—冷却液；7—加热器；8—快速转换系统；9—供给液传输模块；10—发动机控制单元（EDC）；11—中冷器；12—喷油系统；13—发动机；14—控制及传感器信号；15—催化转换器；16—电源；17—测量数据接口；18—电力测功机；19—加速踏板位置传感器；20—试验台计算机；21—索引系统（快速同步获得的测量数据）；22—尾气分析仪（气体排放物分析仪、烟度计、傅里叶变换红外光谱仪、质谱测量仪、微粒计数器）；23—稀释通道；24—稀释空气；25—混合室；26—容量计；27—风扇；28—排气取样系统；29—智能袋系统；30—切换阀

试验台计算机（20）负责监控发动机和测试设备的运转情况。此外，它还负责数据的记录和存储。在自动化软件的帮助下，发动机的标定工作（如数据图的测量）得以高效进行。

使用合适的快速转换系统，带有待测发动机的托盘，在20 min内就可以完成转换。这使得试验台架的设备利用率得到提高。

§20.20 标定工具

传统标定工具(被用于小轿车和商用车)包括以下几种(见图 20-40):

- "透明"发动机(通常为单缸发动机,机身上开有一个被用于观察燃烧过程的透明小窗);
- 发动机试验台架;

图 20-40 INCA 标定工具的硬件设备

(a) 用于温度传感器的温度扫描接口模块;(b) 用于模拟信号和温度传感器的双扫描接口模块;(c) Lambda Meter 宽带氧传感器接口模块;(d) Baro-Scan 压力测试模块;(e) AD-Scan 模数/转换接口模块;(f) CAN 总线连接卡;(g) KIC2 诊断接口的标定模块

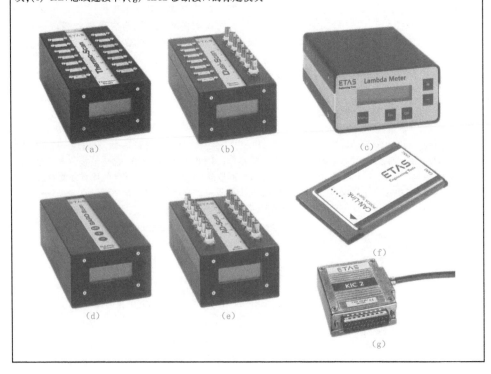

- 电磁兼容性测试室;
- 大量特殊设备,如测量噪声水平的传声器,以及被用来测量机械应力的应变仪。

使用计算机对软、硬件进行模拟正在变得越来越重要。现在大量的调试工作已经开始利用计算机的标定工具了。开发者可以借助这些程序调整发动机管理软件。INCA(标定和采集成系统)是一种标定程序(见图 20-41)。它内含多种工具,主要组成部分如下:

- 包括所有测量和调试功能的核心系统。
- 包括测量数据分析软件、调试数据管理软件及 EPROM 编程工具在内的离线工具

(标准、规范)。

将在下面的典型标定过程中对标定工具的使用及功能进行介绍。

软件标定过程

(1) 期望特性的定义

期望特性(如动态响应、噪声输出及尾气成分)是由发动机制造商和(尾气排放)法规定义的。标定的目标是调整发动机的特性,使之符合各项要求。这需要在测试台架和车辆上进行测试。

(2) 准备工作

标定过程中应使用特定的发动机电子控

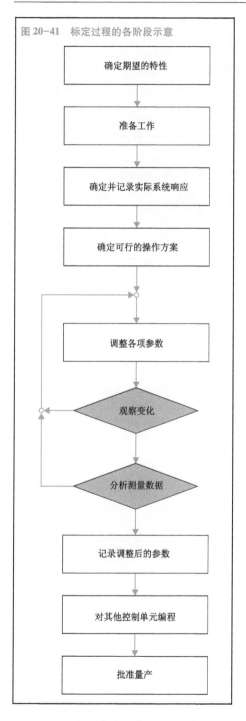

图 20-41　标定过程的各阶段示意

确定期望的特性

准备工作

确定并记录实际系统响应

确定可行的操作方案

调整各项参数

观察变化

分析测量数据

记录调整后的参数

对其他控制单元编程

批准量产

用于正常运行的参数是允许更改的。准备工作中最重要的方面就是选择和建立最合适的硬件和/或软件接口。

附加测试设备(温度计、流量计)可记录特殊试验的其他物理变量。

(3) 确定并记录实际系统响应

对特定测量数据的记录使用了 INCA 的核心系统。可以将相关数据显示在屏幕上并通过数字图表进行分析。

测量数据既可以在测量后查看,也可以实时查看。这样,开发人员就可以据此研究发动机对各种变化(如废气再循环率)的响应。也可以将数据记录下来,随后进行瞬变过程(如发动机启动)分析。

(4) 确定可行的操作方案

在控制单元软件文档(数据框架)的辅助下,可以确定哪些参数最适合改变系统特性。

(5) 更改已选参数

控制单元中存储的各种参数可以通过数值(表)或图表(曲线)的方式在计算机上被显示出来,并可进行更改。每当参数改变时,都可以观察到系统的反应。

发动机运转时可以改变所有参数,且可以立即看到并测定这些改变对发动机的影响。

想要在短时或瞬时过程中改变参数,难度是非常大的。在这种情况下,需要把测试过程中的所有数据记录下来,经过数据分析后,再确定调整方案。

调整以后,还要进行进一步的测试,以更深入地分析并验证所做的调整是否成功。

(6) 分析测量数据

对测量数据的分析和文件编制主要是由离线工具 MDA(测量数据分析器)实施的。这个阶段的标定过程的主要任务就是对调整前、后发动机的性能进行对比并进行文档编制。文档编制不仅包括所做的改进,还包括出现的问题和故障。

文件编制工作是非常重要的,因为发动机的优化需要很多人在不同的时间完成。

(7) 记录调整后的参数

已更改的参数也会被比较并记录。这项

制单元。与量产车型上使用的电子控制单元相比,这些特定的电子控制单元中存储的被工作一般由离线工具 ADM(应用数据管理器)完成。有时这个工具也被称为 CDM(标定数据管理器)。

不同技术人员得到的标定数据在被比较之后,会被合并到一个数据记录内。

(8) 对附加控制单元进行编程

新的参数设定在进一步的标定过程中也可以在发动机其他控制单元上得到应用。这就需要重新对这些控制单元的存储器进行编程。这里就需要用到 INCA 核心系统工具 PROF(EPROM 闪存编程工具)。

根据标定工具和设计创新的程度,可以实现前文提到的多个循环步骤。

软件标定页面(示例)如图 20-42 所示。

图 20-42   软件标定页面(示例)

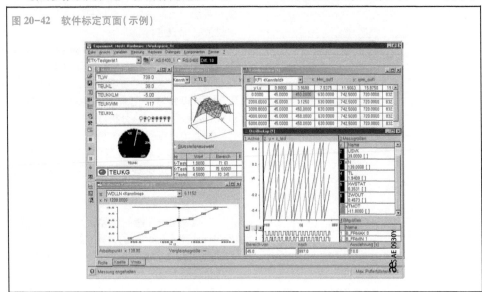

第二十一章 电子控制单元(ECU)

数字技术为车辆电子系统在开、闭环控制方面提供了广阔的发展前景。大量参数的引入有力地支持了对各种系统的优化工作。控制单元处理器从传感器接收信号,之后将得到的控制信号发送给执行机构。控制程序,也就是"软件",被存储在一个特殊的存储器中,并由微控制器调用执行。

控制单元及其相关组件被称为"硬件"。EDC 控制单元内存储了进行发动机管理所需的所有开环和闭环控制算法。

§21.1 工作条件

在以下方面对 ECU 有极高的要求:

● 极端的环境温度(正常情况下为 $-40\ ℃ \sim 125\ ℃$);

● 剧烈的温度波动;

● 能耐受像机油、燃油等材料的腐蚀影响;

● 潮湿环境;

● 机械应力,如发动机振动。

ECU 在启动电压不足(冷起动等)或充电电压过大(车载电子系统电涌)时都要能正常工作。

另外,电子系统还要满足 EMC(电磁兼容性)的其他要求。电磁抗干扰标准和高频信号干扰发射限制尤为严格。

§21.2 设计与结构

带有电子组件(见图 21-1)的印刷电路板被安装在一个金属盒中,并通过多级插头与传感器(4)、执行器及电源相连。由于直接触发执行器的大功率激励级(6)也被集成到 ECU 盒中,因此确保 ECU 良好散热也是设计中的重点。

图 21-1 带压电直列喷油器的共轨系统的 ECU 设计

1—带稳压功能的开关电源;2—Flash-EPROM;3—备用电容(被用于产生高压);4—空气压力传感器;5—高压电源;6—大功率激励级;7—被用于触发激励级的 ASIC;8—高压电荷载子;9—连接器;10—桥式激励级;11—多级开关激励级;其他组件(如微控制器)被安装在 PCB 的下侧

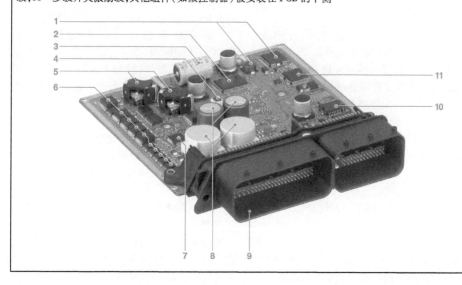

如果 ECU 被直接安装在发动机上,通常会通过一个集成的散热槽将热量传给不停地流动的燃油。

这种 ECU 冷却器只被用在商用车上。采用更加紧凑的、安装在发动机上的混合型散热装置的 ECU 可以耐受更高的温度负荷。

大多数电子组件采用 SMD(表面安装设备)技术,所以可以使用一种特殊的减重减容设计,而只在一些电力组件和插头连接处使用传统电线。

§21.3 数 据 处 理

21.3.1 输入信号

作为外围组件,执行器和传感器是车辆与作为数据处理单元的 ECU 间通信的接口。传感器发出的电信号通过电线和接头被传送到控制单元中。这些信号可被分为以下几个类型:

(1) 模拟输入信号

在给定的范围内,模拟输入信号几乎可以代表任意电压值,如测量到的作为模拟测量值的各种物理量:进气量、电池电压、进气歧管压力和增压压力、冷却温度及进气温度。ECU 的模数转换器(ADC)会把信号数据转换成中央处理单元所需的数字形式。这些模拟信号的最大分辨率为 5 mV。转换后的信号范围会扩大 1 000 倍左右,为 0~5 V。

(2) 数字输入信号

数字输入信号只有两种状态,分别是"高"和"低"(分别为逻辑 1 和逻辑 0)。典型的数字输入信号有开关信号或数字传感器信号,如霍尔传感器或磁阻传感器输出的发动机转速脉冲信号。微处理器可以直接处理这些信号。

(3) 脉冲输入信号

由各种感应传感器输出的脉冲信号包含了转速信息。这些信号的参考值已经被预设在 ECU 中。所以,虚假信号会被过滤,而脉冲输入信号则会被转换成数字方波信号。

21.3.2 信号调节

保护电路的作用是将输入信号的电压值限制在一定的范围内。通过应用滤波技术,在一定程度上,叠加干扰信号会从有用信号中被移除,并且如果必要的话,可以将这些输入信号放大到微处理器允许的输入信号级(0~5 V)。

根据传感器的集成度,可在传感器中进行全部或部分信号调节。

21.3.3 信号处理

控制单元是整个发动机管理系统中管理各项功能和序列的核心器件。各项开、闭环控制功能都在微处理器中被执行。

来自传感器和与其他系统连接接口的输入信号(例如 CAN 总线)作为输入参数,且需通过计算机进行进一步的信号真实性检查。之后,ECU 程序会产生被用于控制执行器的输出信号。

(1) 微控制器

微控制器是 ECU 的核心部件(见图 21-2),控制着操作序列。除 CPU(中央处理器)外,微控制器不仅包括输入/输出通道,而且包括计时器单元、串行接口、RAM、ROM,以及其他外围组件。所有这些都被集成在一块芯片中。石英计时控制被用于微控制器。

(2) 程序及数据存储器

微处理器需要一个程序("软件"),以执行计算。这些程序是以二进制数的方式被存储在数据存储器和程序存储器中的。这些二进制数被 CPU 读取并被解译成一条条可执行的命令(另见"开闭环电子控制"一节)。

程序被存储在只读存储器(ROM,ETOOM,FEPROM)中。这些只读存储器中还存储有其他特殊数据(如个人数据、特征曲线及特性图等)。这些数据在车辆运行过程中是不可改变的。它们的作用是调节程序的开、闭环控制过程。

可以把程序存储器和微控制器集成在一起。根据需要也可以通过安装独立元件(如 EPROM 或 FEPROM)的方法进行扩展。

① ROM

程序存储器可以是 ROM(只读存储器)。该存储器内的内容是在制造时就写入的,并且不可更改。安装在微处理器中的 ROM 容量有限。这就意味着在执行复杂功能时,微处理器需要额外的 ROM。

图 21-2　ECU 中的信号处理

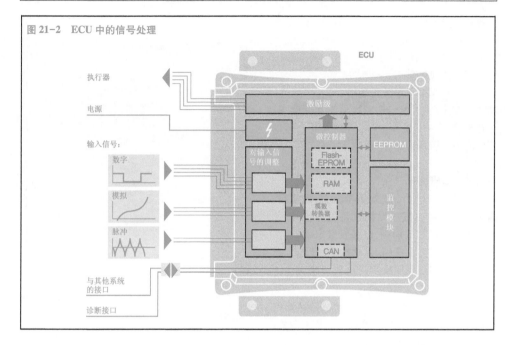

② EPROM

被存储于 EPROM(可擦可编程只读存储器)中的数据可用紫外线照射来擦除。可通过一个编程器写入新数据。

EPROM 通常是一个独立的组件,可由CPU 通过地址/数据总线访问。

③ Flash-EPROM(FEPROM)

因为 Flash-EPROM(闪速可擦可编程只读存储器)是电可擦除存储器,因此可在维修厂重新写入程序而无须打开 ECU。在这一过程中,ECU 通过串行接口与编程器相连。

如果微控制器还安装有 ROM,说明其带有 Flash 编程的编程程序。FEPROM 和微控制器通常被集成在一块芯片上(从 EDC16起)。

这是 FEPROM 能够超越传统 EPROM 的最大优点。

(3)变量数据存储器或主存储器

为了存储变量数据(各种变量),如算术值和信号值,控制单元还需要一种可读写的存储器。

① RAM

瞬时值通常被存储于 RAM(随机存储器)中。RAM 是一种可读写存储器。如果涉及较复杂的应用,微处理器中 RAM 的存储容量则会不足,因此需要附加的 RAM 模块。这些附加的 RAM 通过地址、数据总线与 ECU 连接。

当转动点火开关,关闭 ECU 时,RAM 中的数据也随之丢失(易失存储器)。

② EEPROM(也被称为 E2PROM)

前面提到,RAM 在掉电时会丢失所有数据(特别是在关闭点火开关时)。有些必须保留的数据(如防盗系统密码或故障码)就只能被存储于不可擦除(非易失)存储器中。EEPROM 是一种电可擦写 EPROM。它与FEPROM 的不同之处在于,EEPROM 可以对每一个存储单元进行擦写操作,可以多次重复擦写。也就是说,EEPROM 可被用作非易失可读写存储器。

(4)ASIC

随着 ECU 功能复杂性的日趋增加,市场上的微控制器计算能力不足的问题开始显现。现在解决这个问题的方法就是应用专用集成电路(ASIC)模块。这种集成电路是按照ECU 开发部门的要求而设计制造的,在 ASIC

上安装了更多的 RAM 及输入输出通道,甚至还可以产生并传输 PWM 信号(参见下文中"PWM 信号"一节)。

(5) 监视模块

ECU 内部装备了监视模块。通过"问答"循环的方式,控制单元和监视单元相互监视。一旦检测到一方发生故障,另一方就会启动相应的独立后备功能。

21.3.4 输出信号

通过输出信号,微处理器触发激励级。通常其功率足以直接操控执行器。有时,可能还需要特定的激励级,以触发继电器,进而驱动大功率用电设备(如发动机风扇)。

激励级不仅要能抵御对地短路或对电池电压短路,而且要能抵御电过载和热过载。这些故障,连同开路及传感器故障都将由激励级 IC 识别为一个错误,并向微处理器报告。

(1) 开关信号

这些信号被用于开启或关闭执行器(如发动机风扇)。

(2) PWM 信号

数字信号也可以是 PWM(脉宽调制)信号。这种信号是带有可变开启时间的固定频率方波信号,可以将执行器移至任何工作位置(如废气再循环阀、风扇、加热单元及充气压力致动器)(见图 21-3)。

21.3.5 ECU 内部通信

为了配合微控制器的工作,外部元件必须与微控制器进行通信。这是通过地址/数据总线完成的。例如,微控制器会利用 RAM 地址指向需要连接的内容。对于以前的汽车应用,8 位结构已可以满足要求。

这意味着,在这种结构下,具有 8 条线的总线可以同时传递 256 个数值。256 位的地址总线一般可被用于能连接 65 536 个地址的系统。现在,更多复杂的功能需要用到 16 位,甚至 32 位的总线系统。为了减少接口引脚,地址总线和数据总线通常被整合到一个多路系统中。例如,地址和数据信号在同一条线上被传输,但根据时间相互抵消。

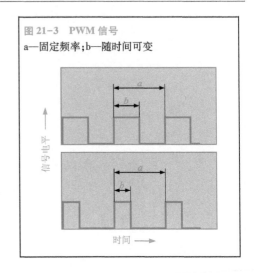

图 21-3　PWM 信号
a—固定频率;b—随时间可变

串行总线只有一根数据线,所以通常适用于对速度要求不高的情况(如调用故障存储器信息)。

21.3.6　EoL 编程

各种车型中的控制程序和数据记录都是不同的,因此制造商必须减少 ECU 品种的数量。为此,EPROM 的整个存储区会在生产终止时进行编程(EoL,End-of-Line Programming)。其他可能性是还可以采用一些可用的数据变量(如变速箱变型)。这样,在生产终止时可以直接选择这些特殊编码。这些编码被存储在 EEPROM 中。

▲ 知识介绍

对 ECU 的极为苛刻的要求

一般来说,ECU 在车辆中起到的作用与在传统 PC 上所起的作用是一样的。数据被输入,并对输出信号进行计算。ECU 的核心组件是采用先进微电子技术制造的微控制器的印刷电路板。车用 ECU 还必须满足一些其他要求。

实时兼容性

发动机系统和道路/交通安全系统必须能够对控制做出快速响应,因此 ECU 必须具备"实时兼容性"。也就是说,车辆对控制的响应必须与被控制的实际物理过程齐步共进。必须肯定的是,在固定的时间内,实时系统对需求做出了响应。这就需要合适的计算机结构并具备强大的计算能力。

设计和结构集成

设备的重量和所占用的车内空间已变得越来越重要。下面这些技术可以使ECU的体积减小,重量减轻。

- 多层板技术:印刷电路导体的厚度为0.035~0.07 mm,且导体相互层叠放置。
- 表面安装器件(SMD)是一种体积小巧、形状扁平的器件。它不是通过PCB上的插孔线缆连接的,而是通过SMD焊接或粘结的方式与印刷电路板或固定在混合基材上的。
- ASIC:专用集成组件(专用集成电路)可以把很多应用功能组合在一起。

操作可靠性

集成诊断及冗余数学流程(附加流程,通常与其他程序路径并行)使得整个系统有很高的容错性。

环境影响

ECU必须能够在各种严酷环境下稳定、可靠地工作。

温度:根据用途不同,ECU必须能够在-40 ℃~125 ℃的极端温度下正常工作。事实上,由于来自组件的热辐射作用,有些基材区域的温度非常高。在低温下启动,然后一直到发动机工作温度处于热态时的温度变化尤为严重。

EMC:车辆电子系统必须通过车辆兼容性测试。也就是说,ECU必须能抵御从点火系统、无线电发射机或手机发射的干扰信号;相反,ECU本身也不能对其他设备产生干扰。

抗振性:被安装在发动机上的ECU要能在最大30 g的过载(30倍的重力加速度)情况下正常工作。

工作介质的密封和耐介质性:由于安装位置特殊,ECU必须能在潮湿、化学品(如油液)及多盐雾的环境下正常工作。

要满足上述这些要求,BOSCH公司的研发人员还将面临更多的新挑战。

第二十二章　传　感　器

传感器记录传送工况信息(如发动机转速等)及设定值/期望值(如油门踏板位置)信息。传感器将物理量(如压力)和化学量(如废气浓度)转换成电信号。

§22.1　传感器在汽车上的应用

传感器和执行器是处理单元的 ECU 与包括复合动力、制动、底盘和车身功能在内的车辆(如发动机管理系统、电子稳定程序 ESP 和空调系统)之间的典型接口。通常来说,传感器中的匹配电路将传感器信号转换为 ECU 可以处理的信号。

将机械、电子、数据处理器件相互连接起来且紧密合作的机电一体化领域迅速在传感器工程中获得重要地位。这些器件被整合到各种模块[如曲轴 CSWS(Composite Seal with Sensor)模块包括转速传感器]中。

传感器的输出信号不仅会直接影响发动机功率输出、转矩及尾气排放,还会影响到车辆的操控及安全性。虽然传感器的尺寸越来越小,但依然必须满足对其精确性和响应速度不断增加的要求。这种要求只有通过机电一体化才能实现。

根据集成度的不同,信号调节、数/模转换及自适应功能都被集成到传感器中(见图 22-1)。将来,还会集成微型计算机。这样做的优点有以下几个方面:

- 对 ECU 计算能力的要求降低;
- 所有传感器都能够建立统一、灵活且总线兼容的接口;
- 通过数据总线可直接使用多个设定的传感器;
- 记录更小的测定量;
- 简化传感器标定。

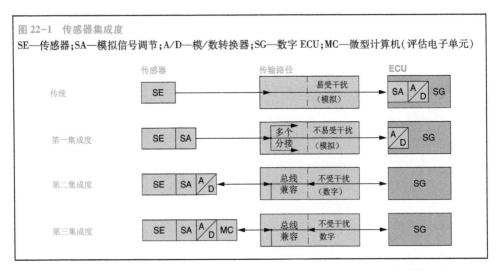

图 22-1　传感器集成度
SE—传感器;SA—模拟信号调节;A/D—模/数转换器;SG—数字 ECU;MC—微型计算机(评估电子单元)

§22.2　温度传感器

22.2.1　应用

(1) 发动机温度传感器

发动机温度传感器被安装在冷却液回路上(见图 22-2)。计算发动机温度时,发动机管理系统会使用此信号(测量范围为-40 ℃~+130 ℃)。

(2) 空气温度传感器

空气温度传感器被安装在进气道中。当

需要计算进气质量时,此信号将连同进气压力信号一起被发动机管理系统调用。除此之外,不同控制回路(如 EGR,增压压力控制)的期望值也会根据空气温度进行调整(测量范围为-40 ℃~+120 ℃)。

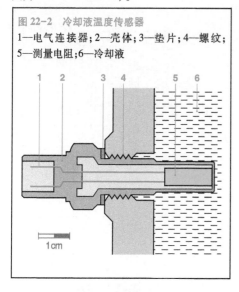

图 22-2 冷却液温度传感器
1—电气连接器;2—壳体;3—垫片;4—螺纹;
5—测量电阻;6—冷却液

1 cm

(3) 机油温度传感器

来自此传感器的信号被用于计算保养间隔(测量范围为-40 ℃~+170 ℃)。

(4) 燃油温度传感器

燃油温度传感器被安装在柴油机燃油回路的低压级。可通过燃油温度精确计算喷油量(测量范围为-40 ℃~+120 ℃)。

(5) 排气温度传感器

排气温度传感器被安装在排气系统上对温度要求极其严格的位置。其被应用于尾气处理的闭环控制系统中。通常使用铂测量电阻(测量范围为-40 ℃~+1 000 ℃)。

22.2.2 设计与工作原理

根据特殊的应用,有许多不同类型的温度传感器设计。把一个随温度变化的半导体测量电阻装在一个壳体中。这个电阻通常是NTC 型的(负温度系数型,见图 22-3),而很少使用 PTC 型(正温度系数型)。若使用 NTC 型电阻,当温度升高时,电阻就会急剧下降,而 PTC 型电阻则会急剧升高。

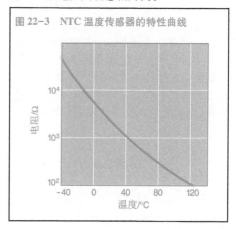

图 22-3 NTC 温度传感器的特性曲线

这个测量电阻是分压电路的一部分,而分压电路上加有 5V 的电压。因此,测量电阻上测定的电压也与温度相关。测定的电压是通过一个模数转换器输入的。它是传感器上温度的一个量度。在发动机管理系统的ECU 中储存有一条特性曲线。曲线上每一个电阻值或输出电压值都对应一个特定的温度值。

§22.3 微机械压力传感器

22.3.1 应用

(1) 歧管压力传感器或增压压力传感器

这种传感器被用于测量进气歧管中增压器与发动机之间的绝对压力(通常为 250 kPa或 2.5 bar),并将测量值与标准真空进行比较,而不是与环境压力进行比较。这样可以使需精确确定的空气质量和增压压力得到精确控制,以达到发动机的要求。

(2) 大气压力传感器

这种传感器也被称为环境压力传感器,通常被集成在 ECU 中或被安装在发动机舱内。其信号被用于控制回路设定值随海拔高度进行修正。例如,该传感器可被用于废气再循环(EGR)和进气压力控制。这就要求考虑环境空气的不同密度。大气压力传感器测量的是绝对压力(60~150 kPa 或 0.6~1.15 bar)。

(3) 机油和燃油压力传感器

机油压力传感器被安装在机油滤清器

中,被用于测量机油的绝对压力。机油压力可以根据保养提示的需要确定发动机负荷。机油压力范围为 50~1 000 kPa 或 0.5~10.0 bar。由于对介质有较高的耐抗性,测量单元也可被用于测量燃油供给低压级的压力。测量单元被安装在燃油滤清器上或其内部。其信号主要被用于监测燃油滤清器的杂质(测量范围为 20~400 kPa 或 0.2~4 bar)。

22.3.2 组件侧带基准真空的压力传感器

(1) 设计和结构

测量单元是微机械压力传感器的核心组件。其具有一个硅芯片(2)(见图 22-4)。硅片中有一片微机械蚀刻的薄膜。4 个应变片电阻分布于膜片上。当施加机械力时,电阻就会发生变化。测量单元在组件侧被一个盖罩环绕,同时这个盖子也密封住基准真空(见图 22-5 和图 22-6)。有的压力传感器壳体还包括一个集成的温度传感器(见图 22-7)。就其信号,可以独立分析。也就是说,在任何位置,一个单个的传感器壳体都足以满足温度测量和压力测量的要求。

图 22-4 部件侧带基准真空的压力传感器测量单元

1—膜片;2—硅芯片;3—基准真空;4—高硬玻璃(Pyrex);5—桥接电路;p—测量压力;U_0—供给电压;U_M—测量电压;R_1—应变片电阻(受压);R_2—电阻(拉伸)

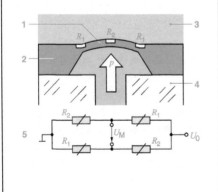

图 22-5 组件侧带有盖罩和基准真空的压力测量单元

1,3—带玻璃密封引入线的电气插头;2—基准真空;4—带有评估电子单元的测量单元(芯片);5—玻璃基座;6—盖罩;7—测量压力 p 的输入

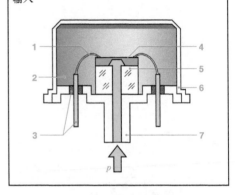

图 22-6 部件侧带有盖罩和基准真空的压力传感器测量单元

(2) 工作原理

根据测量的压力,传感器膜片变形的程度在 10~1 000 μm 的范围内。分布在膜片上的 4 个应变片电阻的阻值在施加压力导致的机械应力的作用下发生变化(压阻效应)。

4 个应变片电阻以这样的方式分布在硅芯片上,即当膜片发生变形时,其中两个电阻的阻值增大,而另外两个则减小。这些应变片电阻形成了一个惠斯顿电桥(5)(见图 22-4)。阻值的变化会导致电压率的变化。

图 22-7 组件侧带有基准真空的微机械压力传感器

1—温度传感器（NTC）；2—壳体下部；3—歧管壁；4—密封环；5—电端线（插头）；6—壳体盖；7—测量单元

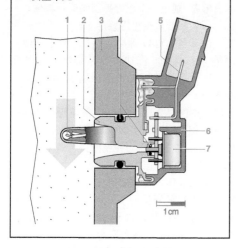

图 22-8 微机械增压器压力传感器的特性曲线

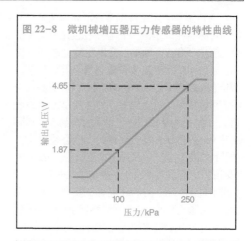

图 22-9 压力室中带基准真空的微机械压力传感器

1—进气歧管；2—壳体；3—密封环；4—温度传感器（NTC）；5—电气连接器（插座）；6—壳体盖；7—测量单元

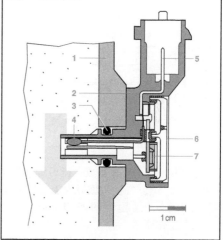

这会导致测量电压 U_M 的变化。因此，未放大电压 U_M 是施加在膜片上的电压的一个量度。

在带桥接电路的情况下测量电压比只有一个电阻时要大，因此惠斯顿电桥传感器的灵敏度更高。

未提供压力的传感器组件侧被施以基准真空（2）（见图 22-5），因此其测量的是绝对压力。

信号调节电子电路被集成在硅芯片上。它的作用是放大桥接电压，补偿温度影响，使压力曲线线性化。输出电压为 0~5 V，通过电端线（5）（见图 22-7）与发动机管理系统 ECU连接，而 ECU 使用这一输出电压计算压力（见图 22-8）。

22.3.3 特殊压力室带基准真空的压力传感器

（1）设计和结构

特殊压力室中带基准真空的歧管压力和增压压力传感器型号比传感器单元组件侧带基准真空的压力传感器更容易安装（见图 22-9 和图 22-10）。

图 22-10 压力室中带基准真空和温度传感器的微机械压力传感器

与传感器单元组件侧带盖罩和基准真空的压力传感器类似,这种传感器单元也是由一片桥接电阻中带有 4 个蚀刻形变电阻的硅芯片组成的。传感器单元被连接在玻璃基座上。与组件侧带有基准真空的压力传感器相比,玻璃基板中没有可以使测量压力施加在传感器单元上的通道。相反,压力从评估电子单元所在侧施加到硅芯片上。这意味着传感器的一侧必须使用一种特殊的保护胶(1),以抵御环境带来的影响(见图 22-11)。基准真空室被密封在硅芯片(6)和玻璃基座(3)之间的腔室里。整个测量单元被安装在复合陶瓷(4)上,而复合陶瓷与传感器内部的电气接触装置的焊接表面相连接。

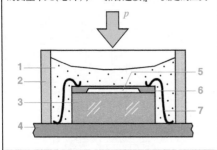

图 22-11　压力室内带基准真空的压力传感器测量单元

1—保护胶;2—凝胶壁;3—玻璃基座;4—复合陶瓷;5—带基准真空的压力室;6—带评估电子单元的测量单元(芯片);7—黏合连接;p—测定的压力

温度传感器也可被集成在压力传感器壳体中。它伸入到气流中,因此对温度变化的响应仅有很小的延迟(见图 22-9)。

（2）工作原理

工作原理、信号调节和信号放大以及特性曲线与传感器结构侧带盖罩和基准真空的压力传感器相符。唯一的区别就是测量元件膜片的变形方向相反,因此应变片也向另一个方向弯曲变形。

§22.4　高压传感器

22.4.1　应用

在车辆应用中,高压传感器主要被用于测量燃油和制动液的压力。

（1）柴油机轨压传感器

在柴油机中,轨压传感器被用于测量共轨蓄压式喷射系统的燃油压力。最大工作(标定)压力 p_{max} 为 160 MPa(1 600 bar)。在控制回路中调节燃油压力,并基本保持恒定,与发动机负荷和转速无关。如果与压力设定值有偏差,则由一个压力控制阀进行补偿。

（2）汽油机轨压传感器

由其名称可以看出,这种传感器被用于测量 DI motronic 汽油直喷系统油轨中的压力。压力是发动机负荷和转速的函数,范围在 5~12 MPa(50~120 bar)。其作为闭环轨压控制中的一个实际(测量)值使用。与转速和负荷相关的设定点数值被存储于特性图中,在油轨处通过压力控制阀进行调节。

（3）制动液压力传感器

制动液压力传感器被安装在驾驶安全系统(如 ESP)的液压调节器中。这种高压传感器被用于测量制动液压力。该压力通常为 25 MPa(250 bar),最大压力 p_{max} 可达 35 MPa(350 bar)。压力测量和监控由 ECU 触发,其也对回波信号进行分析。

22.4.2　结构与工作原理

这种传感器的核心是钢膜片。应变片电阻在钢膜片上气相沉积,形成桥接电路(见图 22-12)。这种传感器的测量范围与膜片的厚

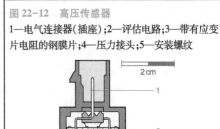

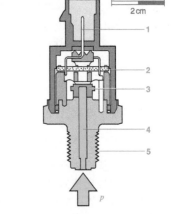

图 22-12　高压传感器

1—电气连接器(插座);2—评估电路;3—带有应变片电阻的钢膜片;4—压力接头;5—安装螺纹

2cm

度有关(高压用较厚的膜片,而低压则用较薄的膜片)。

当通过压力接头(4)向其中一个膜片表面施加压力时,由于膜片弯曲变形,使电桥电阻器的电阻发生变化(约 1 500 bar 时会引起 20 μm 的形变)。

电桥产生的 0~80 mV 的输出电压将会由信号处理电路(2)放大至 0~5 V。ECU 根据这个电压放大值,再根据存储的特性曲线(见图 22-13)计算被测压力。

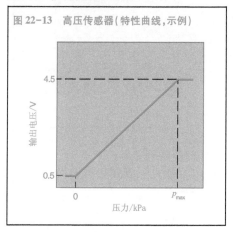

图 22-13 高压传感器(特性曲线,示例)

§22.5 感应式发动机转速传感器

22.5.1 应用

这种发动机转速传感器被用于以下参数测量:

- 发动机转速;
- 曲轴位置(以获得发动机活塞位置信息)。

通过传感器信号频率可计算转速。转速传感器的输出信号是发动机电子控制系统的最重要参数之一。

22.5.2 设计和工作原理

这种传感器被安装在一个铁磁性触发轮(7)(见图 22-14)的对面。其通过一个狭窄的气隙隔开。传感器有一个软铁心(极柱)(4),而这个极柱(4)被电磁感应线圈(5)包围。极柱又与一永久磁铁(1)相连。通过这

个极柱,磁场可以进入触发轮。通过感应线圈的磁通等级取决于传感器在工作时是对着触发轮的轮齿,还是间隙。由于轮齿可以将杂散磁通集中,且会引起穿过线圈的有效磁通增大,因此可通过间隙减弱有效磁通。当触发轮旋转时,会引起磁通量发生变化,继而反过来又会产生一个与磁通量变化率成正比的正弦电压(见图 22-15)。这个交流电压的幅值随触发轮转速的增加而增大(从几 mV 到 100 V 以上)。至少需要 30 r/min 左右的转速才能产生足够的信号电平。

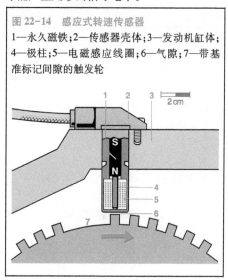

图 22-14 感应式转速传感器
1—永久磁铁;2—传感器壳体;3—发动机缸体;4—极柱;5—电磁感应线圈;6—气隙;7—带基准标记间隙的触发轮

触发轮的齿数与特定应用有关。对于电磁阀控制的发动机管理系统来说,触发轮一般有 60 个齿节,但通常会去掉 2 个齿,实际为 60-2=58 个齿。通过采用极大的齿隙可确定曲轴位置并作为 ECU 的同步基准信号。

还有另一种型号的触发轮,发动机的每个气缸都具有一个齿。对于一个四缸发动机来说,触发轮上有 4 个齿,所以触发轮每转一圈就会产生 4 个脉冲。

触发轮和极柱的几何形状必须相互匹配。ECU 中的评估电路将以幅值急剧变化为特征的正弦电压转换为幅值为常数的方波电压,以在 ECU 微控制器中进行评估。

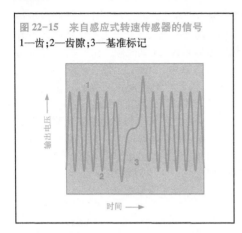

图 22-15   来自感应式转速传感器的信号
1—齿;2—齿隙;3—基准标记

§22.6   转速传感器与增量式转角传感器

22.6.1   应用

转速传感器与增量式转角传感器被安装在带有电磁阀控制的分配式喷油泵中。它们的信号可被用于:

- 测量喷油泵的转速;
- 确定喷油泵和凸轮轴的瞬时角度位置;
- 测量定时装置的瞬时设置。

在给定的瞬间,喷油泵转速是分配式喷油泵 ECU 用来计算高压电磁阀触发时间的输入变量之一。如有必要,其也可被用来计算定时装置电磁阀的触发时间。

必须计算高压电磁阀的触发时间,以保证在特定工况下喷射合适的油量。凸轮盘的瞬时角度设置决定了高压电磁阀的触发时间。只有在正确的凸轮角度进行触发,才能保证高压电磁阀在特定的凸轮升程时打开或关闭。精确的触发时间保证了正确的喷油开始时间和正确的喷油量。

定时装置控制所需的正确的定时装置设置,是通过将凸轮轴转速传感器与转角传感器的信号进行比较来确定的。

22.6.2   设计与工作原理

转速传感器或转角传感器(见图 22-16 和图 22-17)扫描一个带 120 个齿形脉冲盘。这个齿轮盘与分配泵的驱动轴相连。齿隙的

数量对应于发动机的缸数。齿隙均匀分布在脉冲轮的圆周上。它使用的是一个双路差分磁阻传感器。

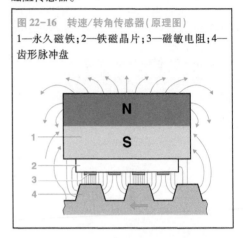

图 22-16   转速/转角传感器(原理图)
1—永久磁铁;2—铁磁晶片;3—磁敏电阻;4—齿形脉冲盘

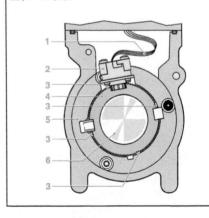

图 22-17   转速/转角传感器安装图
1—柔性导电箔;2—转速/转角传感器;3—齿隙;4—齿形脉冲轮(触发轮);5—可转动的底座;6—驱动轴

磁敏电阻是磁阀式可控半导体电阻,结构与霍尔效应传感器相似。双路差分磁阻传感器的 4 个电阻形成一个全桥电路。

这种传感器有一个永久磁铁。齿形脉冲盘对面的磁铁极面通过一个薄的铁磁晶片均质化。该晶片上安装有 4 个磁敏电阻。它们通过半个齿隙相互分开。这意味着有 2 个磁敏电阻对着齿隙,而另 2 个磁敏电阻对着齿。车用磁敏电阻的设计温度可达 170 ℃(短时

温度可达 200 ℃）。

§22.7 霍尔效应相位传感器

22.7.1 应用

发动机凸轮轴的转速是曲轴转速的 1/2。使活塞向上止点运动的过程中，根据凸轮轴旋转位置可以判定活塞是处于压缩行程，还是处于排气行程。凸轮轴上的霍尔效应相位传感器可以为 ECU 提供这种信息。霍尔传感器如图 22-18 所示。

22.7.2 设计与工作原理

（1）棒状霍尔效应传感器

棒状霍尔效应传感器如图 22-19（a）所示。

如其名称一样，这种传感器利用的是霍尔效应。铁磁触发轮（带有齿、齿节，或孔板，图 22-19 中的7）随凸轮轴旋转。霍尔效应 IC（集成电路）位于触发轮和永久磁铁（5）之间。永久磁铁可产生一个与霍尔传感器正交的磁场强度。

当触发轮的其中一个轮齿（Z）经过载流棒状传感器元件（半导体晶片）时，将会引起

与霍尔传感器正交的磁场强度的变化。这会导致由纵向电压驱动的穿过传感器单元的电子垂直于电流方向发生偏转（见图 22-18，角 α）。

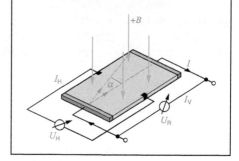

图 22-18 霍尔元件
I—晶片电流；I_H—霍尔电流；I_V—供给电流；U_H—霍尔电压；U_R—纵向电压；B—磁感应强度；α—由磁场引起的电子偏转角度

这将产生一个电压信号（霍尔电压）。它是毫伏级的并且与传感器和触发轮的相对转速无关。与传感器一起被集成在芯片中的信号处理电路，将信号处理成矩形信号输出［见图 22-19（b）］。

图 22-19 棒状霍尔效应传感器结构
（a）传感器结构图；（b）输出信号 U_A 特性
1—插头；2—传感器壳体；3—发动机缸体；4—密封圈；5—永久磁铁；6—霍尔集成电路；7—带齿（或扇区）I 和空隙 L 的脉冲轮；
a—气隙；φ—转角

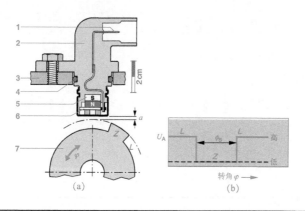

(a)　　　　　　(b)

（2）差动棒状霍尔效应传感器

按差动原理工作的棒状霍尔效应传感器有两个霍尔元件。这两个元件无论是在径向上，还是在轴向上（见图 22-20 中的 S1 和 S2）都相互错开，在元件测量点会产生一个与两个元件磁通量之差成正比的输出信号。由于测量需要，应设置一个双磁路的多孔板［见图 22-20（a）］或双磁路脉冲轮［见图 22-20（b）］，以在霍尔元件（见图 22-21）中产生一个对向信号。

这种传感器通常被应用在对精度有特别高要求的情况下。与其他传感器相比，这种传感器允许有相对较大的空气间隙范围和良好的温度补偿特性。

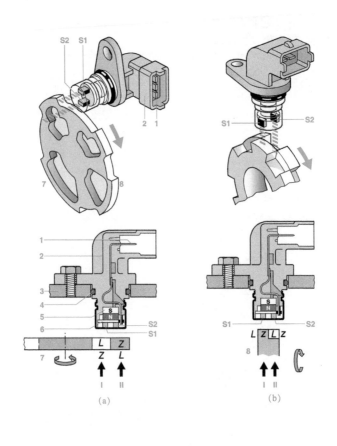

图 22-20　差动棒状霍尔效应传感器

（a）轴向分线设备（孔板）；（b）径向分线设备（双磁路脉冲轮）

1—电气连接器（插座）；2—传感器壳体；3—发动机缸体；4—密封圈；5—永久磁铁；6—差动棒状霍尔集成电路和霍尔元件 S1 和 S2；7—双磁路孔板；8—双磁路脉冲轮；Ⅰ—磁道 1；Ⅱ—磁道 2

(a)　　　　　　　　　(b)

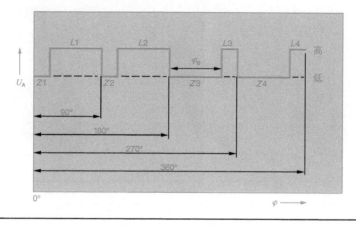

图 22-21 差动棒状霍尔效应传感器输出信号 U_A 的特性曲线

输出信号为"低":材料(Z)在 S1 的前方,间隙(L)在 S2 的前方

输出信号为"高":间隙(L)在 S1 的前方,材料(Z)在 S2 的前方

φ_S 为信号宽度

§22.8 油门踏板传感器

22.8.1 应用

在传统发动机管理系统中,驾驶员通过油门踏板向发动机发送其加速、匀速或减速意愿,以通过机械方式干预节气门(汽油机)或喷油泵(柴油机)。干预信号通过 Bowden 拉索或连杆从油门踏板传输到节气门或喷油泵。

在如今的发动机电子管理系统中,已经不再使用 Bowden 拉索和/或连杆了。驾驶员的油门踏板通过油门踏板传感器传递给ECU。油门踏板传感器记录油门踏板的行程或偏转角度设定,并将其以电信号的方式发送给 ECU。这种方式也被称为线控驾驶。

油门踏板模块[见图 22-23(b),(c)]是一种能够替代独立油门踏板传感器的方案。这些模块是准备安装单元,包括油门踏板和油门踏板传感器,且不再需要在汽车上进行调整。

22.8.2 设计与工作原理

(1)电位计式油门踏板传感器

这种传感器的核心部件是电位计,经过电位计会产生与油门踏板位置设定相关的电压。在 ECU 中应用一个编程特性曲线(见图 22-22),通过该电压可以计算油门踏板的行程或角度调整。

为进行诊断和防止出现故障,还需安装另一台传感器(冗余)。冗余油门踏板传感器是监控系统的一个组件。一个型号的油门踏板传感器与第二个电位计共同工作。流经这个电位计的电压始终为流经第一个电位计的一半。这为故障排除提供了两个独立的信号(见图 22-22)。与第二个电位计不同的是,

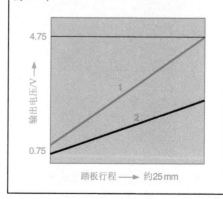

图 22-22 带冗余电位计的油门踏板传感器的特性曲线

1—电位计 1(主电位计);2—电位计 2(电压的 50%)

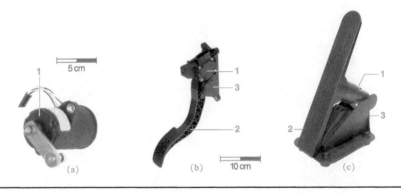

图 22-23 不同型号的油门踏板传感器
(a)独立油门踏板传感器;(b)顶部安装的油门踏板模块;(c)底部安装的油门踏板模块
1—传感器;2—车辆专用踏板;3—踏板支座

当油门踏板处于怠速位置时,另一个型号的传感器用一个低怠速开关为 ECU 提供信号。对自动挡汽车来说,还可使用低速挡开关产生强制降挡信号。

(2)霍尔效应旋转角度传感器

ASR1(旋转角度传感器)基于可动磁铁原理。它的测量范围约为 90°(见图 22-24 和图 22-25)。

图 22-24 ARS1 型霍尔效应旋转角度传感器
1—壳体盖;2—转子(永久磁铁);3—带霍尔效应传感器的评估电子单元;4—壳座;5—回位弹簧;6—耦合元件(如齿轮)

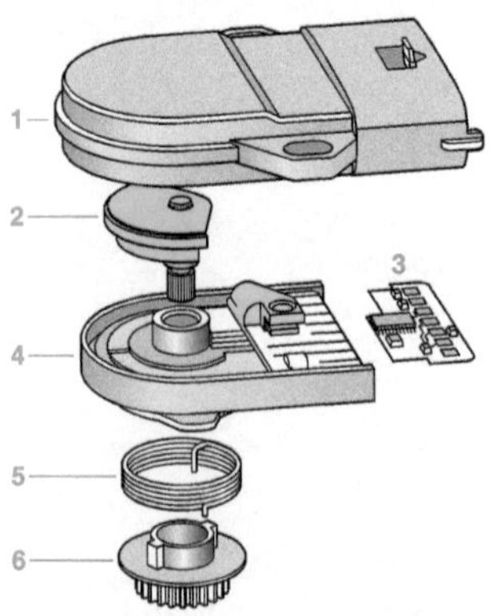

半圆形永久磁铁圆盘转子(1)(见图 22-25)会产生磁通量。该磁通量会通过极靴(2),软

磁导电单元 3,以及轴(6)返回至转子。在此过程中,通过传导元件返回的磁通量是转子转动角度 ϕ 的函数。每个导电元件的磁路中都有一个霍尔效应传感器。这样,可在整个测量范围内形成一条近乎线性的特性曲线。

图 22-25 ARS1 型霍尔效应旋转角度传感器
(a)~(d)表示不同角度时的情况
1—转子(永久磁铁);2—极靴;3—导电元件;
4—气隙;5—霍尔效应传感器;6—轴(软磁);
ϕ—旋转角度

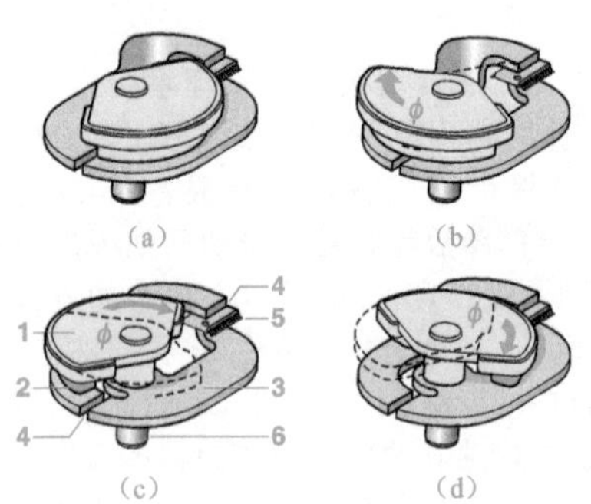

ASR2 型由于没有软磁导电元件,因此结构更简单。在这种传感器中,一块磁铁围绕着霍尔效应传感器旋转。其路径是一个圆弧。由于所产生的正弦特性曲线只在一小段有很好的线性,因此霍尔效应传感器被安装在这段圆弧中心稍微靠外的地方。这样就会

使特性曲线偏离正弦形,从而使曲线的线性部分达到 180°以上。

从机械角度考虑,这种传感器非常适合安装在油门踏板模块中(见图 22-26)。

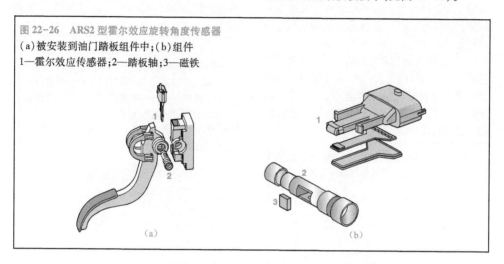

图 22-26 ARS2 型霍尔效应旋转角度传感器
(a)被安装到油门踏板组件中;(b)组件
1—霍尔效应传感器;2—踏板轴;3—磁铁

(a)　　　　　　　　　　(b)

§22.9 HFM5 型热膜式空气流量计

22.9.1 应用

为了使燃烧最优化,以满足立法机构规定的排放法规,无论发动机的工况如何,所吸入的空气量都必须精确。

为了这个目的,实际流经空气滤清器或流经测量管的总空气流量的一部分是由热膜式空气流量计测量的。测量非常精准,且考虑到了发动机进气阀和排气阀开启和关闭引起的脉动和逆流。进气温度的变化不会影响测量精度。

22.9.2 设计和结构

热膜式空气流量计 HFM5 的壳体(5)(见图 22-27)凸出到测量管(2)中。根据发动机进气量的要求(370~970 kg/h),测量管的直径各有不同。测量管被安装在空气滤清器下游的进气道中。也可使用插入式测量管。其被安装在空气滤清器里面。

这种传感器最重要的部件就是被安装在进气道(8)中的传感元件(4)和集成的评估电子单元(3)。由于测量需要,部分气流会流经这个传感元件。

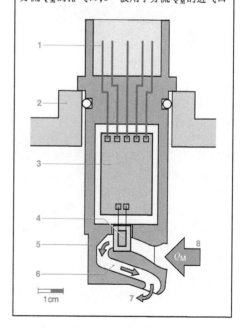

图 22-27 HFM5 型热膜式空气流量计电路
1—电气插头;2—测量管或者是空气滤清器壳体壁;3—评估电子单元(混合电路);4—传感元件;5—传感器壳体;6—分流测量管;7—被用于分流 Q_M 的排气口;8—被用于分流 Q_M 的进气口

1cm

Q_M

应用气相沉积技术可将传感元件贴置于半导体基板,并将评估电子单元(混合电路)贴置于陶瓷衬底上。这一原理可使设计非常紧凑。评估电子单元通过插入式电引脚(1)被连接到 ECU 上。对分流测量管(6)进行成型加工,以使气流顺利(无涡流效应)流过传感器,并通过排气口(7)流回测量管内。这种方法保证了传感器的工作效率,甚至在检测到脉动剧烈的情况下,除正向流动外,还检测到了逆向流动(见图22-28)。

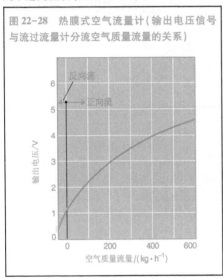

图 22-28 热膜式空气流量计(输出电压信号与流过流量计分流空气质量流量的关系)

22.9.3 工作原理

热膜式空气流量计是一种"热敏传感器"。其工作原理如下:

传感器元件(3)上的一个微机械传感器膜片(5)(见图22-29)由安装在中心位置的加热器电阻加热并保持温度恒定。这一受控加热区(4)两侧的温度大大降低。

膜片上的温度分布由两个热敏电阻记录。这两个电阻被分别安装在加热器电阻的上下游,且它们互相对称(测量点 M_1,M_2)。如果没有进气流,则加热区两侧的温度特性是相同的($T_1 = T_2$)。

只要有气流流过传感元件,膜片均衡的温度分布就会发生变化(见图22-29中的2)。在进气侧,温度特性陡峭,因为流经该区域的进气流被冷却。开始时,在对面一侧(最靠近

发动机的一侧),传感元件冷却,随后被加热器电阻加热的空气将传感元件加热。温度分布的变化会引起测量点 M_1 和 M_2 产生温度差(ΔT)。

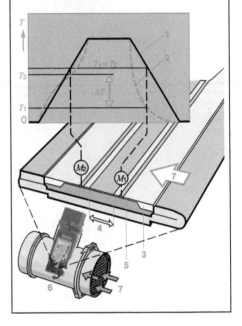

图 22-29 热膜式空气流量计测量原理
1—没有空气流过传感器元件的温度曲线;2—空气流过传感器元件的温度曲线;3—传感器元件;4—加热区;5—传感器膜片;6—带空气流量计的测量管;7—进气气流;M_1,M_2—测量点;T_1,T_2—测量点 M_1 和 M_2 的温度值;ΔT—温度差

将热量传给了空气,因此传感器元件的温度变化是空气质量流量的函数。与流过空气的绝对温度无关,温度差可以作为空气质量流量的一个量度。除此之外,温度差还带有方向性。也就是说,空气流量计不仅可被用来测量进气质量流量,还可被用来记录进气方向。

由于微机械膜片非常薄,传感器拥有很高的动态响应性(<15 ms)。这在进气气流波动剧烈时特别重要。

被集成在传感器上的评估电子单元(混合电路)将测量点 M_1 和 M_2 之间的阻值之差转换为 0~5 V 的模拟信号。该信号适合用

ECU 进行处理。利用编入 ECU 的传感器特性（图 22-29），测量的电压信号被转换为表示空气质量流量的数值（kg/h）。

这样形状的特性曲线，可使被集成在 ECU 中的故障诊断系统检测出诸如断路等故障。也可以在 HFM5 中集成一个被用于辅助功能的温度传感器。其位于加热区上游的传感器元件上。这对测量空气质量流量来说是没有必要的。对于特定车辆的应用来说，具有一些附加功能，例如分离空气中的水和脏污（如内部测量管和保护格栅）。

§22.10 LSU4 型平面宽带 λ 氧传感器

22.10.1 应用

正如其名，宽带 λ 氧传感器的应用范围非常广泛，主要被用来测定废气中的氧气浓度。传感器测定的数字是发动机燃烧室中空燃比（A／F）的指示量。宽带 λ 氧传感器不仅在化学计量点 λ＝1 时，而且在稀混合气区（λ<1）和浓混合气区（λ>1）时都能够精确测量。结合闭环电子控制回路，在 0.7<λ<∞（含 21% 氧气的空气）的范围内，传感器会产生一个准确的连续电信号（见图 22-31）。

这些特性使宽带 λ 氧传感器不仅可以应用在带两级控制（λ＝1）的汽油机管理系统中，而且可以应用在带浓、稀空燃比（A／F）混合的控制方案中。因此，这种类型的 λ 传感器也适用于采用汽油机、柴油机、气体燃料发动机、燃气中央加热器和水加热器的稀薄燃烧方案的 λ 闭环控制中［由于应用范围广泛所以命名为 LSU，Lambda Sensor Universal（源自德语），即通用 λ 传感器］。

这种传感器伸入排气管中，检测所有缸的排气气流。

在一些系统中，为了获得更高的精度，可以安装多个 λ 传感器。例如，这些传感器被安装在 V 型发动机各自的排气道中。

22.10.2 设计与结构

LSU4 宽带 λ 氧传感器（见图 22-32）是一种平面双单元限流传感器。它的特点是具有一个氧化锆（ZrO_2）/陶瓷测量单元（见图 22-30）。该测量单元组合了能斯特

（Nernst）浓度电池（7）（传感器电池的功能与一个二级 λ 传感器相同）和一个运输氧离子的氧泵电池（8）。

对于能斯特（Nernst）浓度电池（7）来说，氧泵电池（8）（见图 22-30）的布置应使扩散间隙（6）的尺寸在 10~50 μm。间隙通过一个气体通道（10）与废气相连。多孔扩散势垒（11）被用于限制废气中流入氧分子。

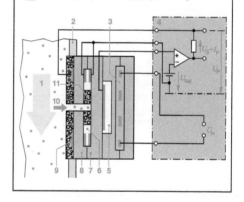

图 22-30 平面宽带 λ 氧传感器（在排气管中的安装位置以及测量单元的示意图）
1—废气；2—排气管；3—加热器；4—控制电子设备；5—带有基准气道的基准电池；6—扩散间隙；7—能斯特浓度电池；8—带泵电极的氧泵电池；9—多孔保护层；10—气道；11—多孔扩散势垒；
I_p—泵电流；U_p—泵电压；U_H—加热器电压
U_{Ref}—参考电压（450 mV，相当于 λ＝1）

一方面，能斯特浓度电池通过一个基准气道（5）与大气相通；另一方面，其与扩散间隙中的排气相连通。

只有被加热到至少 600 ℃~800 ℃ 时，这种传感器才能产生可用的信号。它装有一个整体式加热器，以快速达到所需温度。

22.10.3 工作原理

废气通过氧泵电池进气道进入能斯特浓度电池的实测室（扩散间隙）。为了能够在扩散间隙内调节过量空气系数 λ，能斯特浓度电池将扩散间隙内的气体与基准气道内的气体进行对比。

整个过程如下：

通过对氧泵电池的铂电极两端施加泵电压 U_p，可以将废气中的氧气泵入或泵出扩散间隙。借助能斯特浓度电池，ECU 中的电路可以控制氧泵电池两端的电压 U_p，从而使扩散间隙中的气体成分保持过量空气系数 $\lambda = 1$ 不变。如果废气过稀，氧泵电池就将氧气泵出（正泵电流）。另一方面，如果废气过浓，由于废气电极处的 CO_2 和 H_2O 分解，氧气就从周围废气中泵入扩散间隙（负泵电流）。当 $\lambda = 1$ 时，不需要输送氧气，此时的泵电流为 0。泵电流与废气中的氧浓度成正比，且对于过量空气系数 λ 来说为非线性量度，如图 22-31 所示。

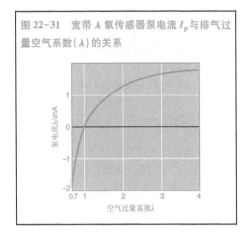

图 22-31　宽带 λ 氧传感器泵电流 I_p 与排气过量空气系数 (λ) 的关系

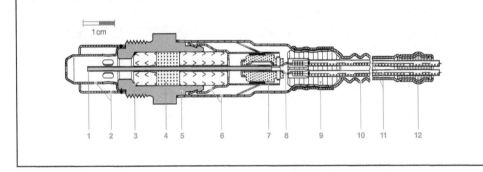

图 22-32　LSU4 平面宽带 λ 氧传感器的剖面图

1—测量电池（由能斯特浓度电池和氧泵电池组成）；2—双保护管；3—密封圈；4—密封垫；5—传感器壳体；6—保护套；7—触头固定架；8—接触片；9—PTFE 套管（特氟龙）；10—PTFE 成型套管；11—5 条连接引线；12—密封圈

§22.11　半差动短路环传感器

22.11.1　应用

半差动短路环传感器通常被称为 HDK（源自德语）传感器，通常作为测定行程或角度的位置传感器。它们无磨损且测量精度和耐久度非常高。其主要作为：

- 检测直列式柴油机喷油泵控制齿条位置的齿条行程传感器（RWG）；
- 柴油机分配泵喷油量执行机构中的旋转角度传感器。

22.11.2　结构与工作原理

这些传感器（见图 22-33 和图 22-34）由每个铁芯柱上缠绕着测量线圈和基准线圈的板状软铁芯组成。

当来自 ECU 的交流电流经过这些线圈时，会产生交变磁场。围绕着软铁芯柱的铜环屏蔽了铁芯，防止对磁场产生影响。由于基准短路环的位置是固定的，测量短路环与控制齿条（直列式喷油泵）或调节环轴（分配式喷油泵）相连接，因此它们可以自由运动（控制齿条行程 s，或调节角度 φ）。

当测量短路环沿着控制齿条或调节环轴运动时，会引起磁通量变化。另外，因为 ECU 能使电流保持恒定（负载无关电流），因此加在线圈两端的电压也会发生变化。

图 22-33 被用于柴油机分配式喷油泵的半差动短路环传感器的设计结构

1—测量线圈；2—测量短路环；3—软铁芯；4—调节环轴；5—基准线圈；6—基准短路环；

ϕ_{max}—调节环轴的可调角度范围

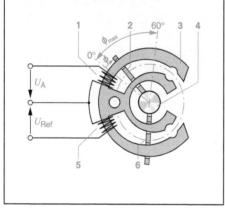

可通过求值电路计算输出电压 u_A 与基准电压 U_{Ref}（见图 22-35）之比。这个比值与测量短路环的偏移量成正比，由 ECU 进行处理。弯曲基准短路环可调节特性曲线的斜率。测量短路环的初始位置就是起始位置。

图 22-34 被用于柴油机直列式喷油泵的齿条行程传感器（RWG）的设计结构

1—软铁芯；2—基准线圈；3—基准短路环；4—控制齿条；5—测量线圈；6—测量短路环；

s—控制齿条位移

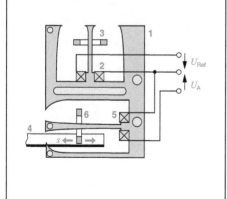

图 22-35 电压比 U_A/U_{Ref} 随控制齿条位移 s 的变化

U_A—输出电压；U_{Ref}—基准电压

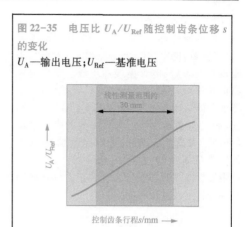

线性测量范围约 30 mm

控制齿条行程s/mm →

§ 22.12 油位传感器

22.12.1 应用

油位传感器的任务是检测油箱中的燃油液位，并向 ECU 或汽车仪表盘上的指示仪表发送相应的信号。它与电子燃油泵和燃油滤清器都是油箱的组成部分。这些装置被安装在油箱内（柴油机或汽油机），并向发动机供给充足的清洁燃油（见图 22-36）。

图 22-36 被安装于燃油箱中的油位传感器

1—燃油箱；2—电动燃油泵；3—油位传感器；4—浮子

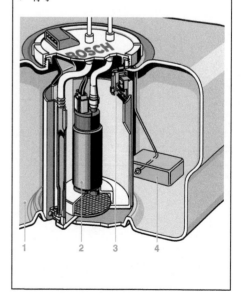

22.12.2 设计和结构

油位传感器(见图 22-37)由带浮子臂(浮子弹簧)的电位计、印刷导线(双触点)、电阻器板(pcb)及电气连接器组成。整个传感器单元都被封装密闭起来,不与燃油接触。浮子臂的一端与浮子(耐油 Nitrophyl 材料)相连,而另一端则被固定于可旋转的电位计轴(即浮子弹簧)上。有的液位传感器,其浮子的位置是固定的,而有的是可自由转动的。电阻器板的布置和浮子杆及浮子的形状必须与油箱特定设计相匹配。

图 22-37 油位传感器
1—电气连接器;2—浮子臂弹簧;3—铆钉触头;4—电阻器板;5—轴承销;6—双触点;7—浮子杆;8—浮子;9—燃油箱底板

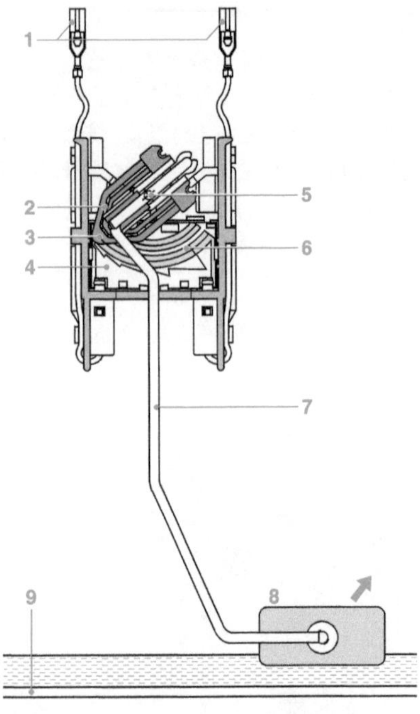

22.12.3 工作原理

电位计的浮子弹簧通过一个销子被固定在浮子杆上。特殊的浮子臂(铆钉触头)可使浮子弹簧和电位计电阻轨道相互接触。当油位发生变化时,浮子臂沿着这些轨道移动并产生一个与浮子转动角度成正比的电压比。端部挡块将浮子在最大和最小液面间的旋转范围限制在 100°以内。端部挡块还可以降低噪声。

传感器工作电压为 5~13 V。

第二十三章　故障诊断

随着汽车中电子设备、控制软件的大幅增加及现代燃油喷射系统复杂性的提高，对故障诊断、汽车运行监控（车载故障诊断）和车间故障诊断的要求越来越高（见图23-1）。车间故障诊断基于引导性故障排除流程。这套流程具有很多车载和非车载测试程序和测试设备可能性。由于排放法规越来越严格，因此现在要求对汽车进行持续监控。立法者现在将车载诊断视为对尾气排放监控的一种辅助手段，并制定了一套与制造商无关的标准。这个辅助系统被称为车载故障诊断系统。

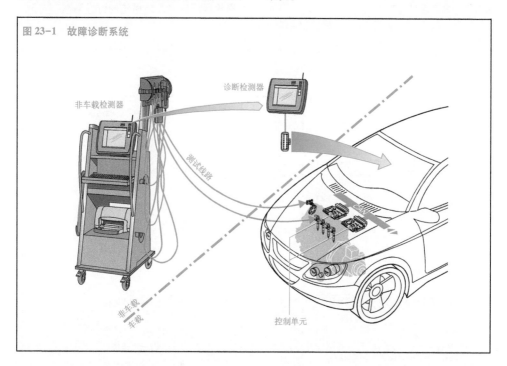

图23-1　故障诊断系统

§23.1　车载诊断系统（OBD）

23.1.1　概述

ECU集成诊断系统属于电控发动机管理系统的基本范畴。除对控制单元进行自检测外，还监测输入和输出信号及与控制单元之间的相互通信。

车载故障诊断电子系统具有一种控制单元利用"智能软件"（如检测、存储，并通过诊断判读错误和故障）进行故障判读和自我监控的功能。车载故障诊断系统运行时不需要任何辅助设备。

在汽车运行中监控算法，检查输入和输出信号，并检查整个系统及其故障和干扰的所有功能。所有监测到的错误和故障都会被储存到控制单元故障存储器中。所储存的故障信息通过串行接口可被读出。

23.1.2　输入信号监控

传感器、插接接头及连接控制单元的连接线（信号通路）（见图23-2）是通过评估输入信号进行监测的。这种监控策略可以检测传感器故障，蓄电池电压U_{Batt}，以及车辆接地电路中的短路或断路。应采用以下方法进行监控：

- 监控传感器供电电压（如果可行的话）。
- 监控检测值是否在允许值范围内（如 0.5~4.5 V）。
- 如果有附加信息可用，则可借助检测值进行合理性校验（如对曲轴转速和凸轮轴转速进行对比）。
- 一些关键传感器（如踏板行程传感器）需安装冗余配置。也就是说，可以直接比较这些传感器的信号。

23.1.3 输出信号监控

应通过输出级（见图 23-2）对控制单元

触发的执行器进行监控。除执行器故障外，检测功能还检测断路和短路。应采用以下方法进行监控：

- 通过输出级对输出信号进行监控。对电池电压 U_{Batt} 和车辆接地的短路和开路进行检测。
- 直接或间接通过一个功能监测系统或合理性监测系统对执行机构对系统的影响进行检测。系统执行机构，如 EGR 阀、节流阀及旋涡阀间接通过闭环控制（如连续控制方差）进行监控，也有一部分借助位置传感器（如废气涡轮增压器中几何涡轮的位置）进行监控。

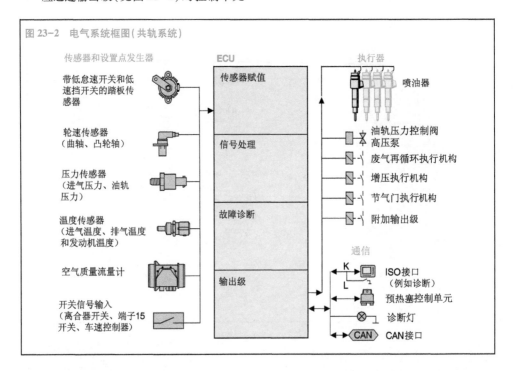

图 23-2　电气系统框图（共轨系统）

传感器和设置点发生器　　ECU　　执行器

带低怠速开关和低速挡开关的踏板传感器

传感器赋值

喷油器

轮速传感器（曲轴、凸轮轴）

压力传感器（进气压力、油轨压力）

信号处理

油轨压力控制阀　高压泵

废气再循环执行机构

增压执行机构

温度传感器（进气温度、排气温度和发动机温度）

故障诊断

节气门执行机构

附加输出级

空气质量流量计

输出级

通信

开关信号输入（离合器开关、端子15开关、车速控制器）

K　L　ISO接口（例如诊断）

预热塞控制单元

诊断灯

CAN　CAN接口

23.1.4 监控内部 ECU 功能

通过在 ECU 控制单元进行硬件（如"智能"输出级模块）和软件监控，可确保控制单元在任何时候都能正常工作。监控功能会检查控制单元的每个组件（如微控制器、Flash EPROM 及 RAM）。

很多测试在启动后就立即进行，而其他监控功能是在正常运行期间按一定的间隔进

行的，以检测出运行期间的组件故障。如果测试需要更大的 CPU 容量或者在车辆运行过程中由于其他原因不能实施检测，则当发动机运转后应进行更多的检测。这种方法可以保证不会干扰其他功能。在柴油机的共轨系统中，诸如喷油器关闭通道等功能的监控是在发动机试车或运转后进行的。如果搭载火花点火式发动机，诸如 Flash EPROM 等功能，

是在发动机运转后进行测试的。

23.1.5　监控 ECU 通信

一般来说,ECU 间的通信是通过 CAN 总线(控制器局域网络)进行的。CAN 总线协议包括被用于检测故障的控制机制。因此,甚至可以在 CAN 模块级将传输错误检测出来。也可以在 ECU 中执行其他检测。由于大多数 CAN 消息是由不同的控制单元按一定时间间隔发送的,控制单元中 CAN 控制器的故障可通过定期测试检测到。此外,如果 ECU 中还有其他附加信息,则接收信号会以与输入信号相同的方式进行检测。

23.1.6　错误处理

(1) 错误检测

如果在一个确定的时间段内发生错误,则应在最后的时间点对有缺陷的信号通道进行分类。系统会一直使用上一次检测的有效值,直到完成缺陷信号分类。当进行出错分类时,将触发一个备用功能(如发动机温度替代值 $T = 90\ ℃$)。

在车辆运行期间会纠正或检测大多数错误,以保证信号通道在一个确定的时间段内完好无损。

(2) 故障存储

每一个故障都会以故障码的形式被存储在数据存储器的非易失性存储区内。故障码还描述了故障的类型(如短路、断路、可信性及超出的范围)。每个故障码输入都带有附加信息,例如故障发生时的工作和环境条件(冻结帧)(例如发动机转速或发动机温度等)。

(3) 跛行功能

如果检测到故障,则除替代值以外,还可以触发跛行策略(如发动机输出功率或转速限制)。这些策略有助于:

* 保证行驶安全性;
* 避免间接损伤;
* 最大限度地降低尾气排放。

§23.2　乘用车和轻型货车的车载诊断系统

在日常行驶过程中,必须持续监控发动机及其组件,以满足法律规定的尾气排放限值。鉴于此,开始执行监控排放系统及其组件的法规,例如在美国加利福尼亚州。这就要求在制造商特定车载诊断系统的标准化和扩展方面必须对排放相关的组件进行监控。

23.2.1　法规

(1) OBD Ⅰ(CARB)

1988 年 OBD Ⅰ 在美国加利福尼亚州正式实施。这是 CARB 立法机构(加利福尼亚州空气资源局)迈出的第一步。在 OBD 第一阶段中提出了如下要求:

* 监控与排放有关的电子部件(短路、断路)及控制单元故障存储器中存储的故障;
* 故障指示灯(MIL)警示驾驶员车辆有故障;
* 故障部件必须通过车载设备显示出来(如使用故障指示灯的闪烁代码)。

(2) OBD Ⅱ(CARB)

诊断法规的第二阶段(OBD Ⅱ)于 1994 年在加利福尼亚州实施。自 1996 年起柴油车必须执行 OBD Ⅱ。在 OBD Ⅰ 的基础上,增加了对系统功能性的监控(如传感器信号的可信性校验)。

OBD Ⅱ规定,如果与排放相关的系统和部件在发生故障时会导致有毒尾气排放量增加(超出了 OBD 的限制),则必须监控所有与排放相关的系统和部件。而且,如果这些组件是被用于监控与尾气相关的组件的,或如果这些组件可能会影响诊断结果,则必须对所有这些组件进行监控。

通常,监控下的所有组件和系统的故障诊断都必须在一个排气测试循环中(如 FTP 75)至少运行一次。进一步的规定是在日常行驶模式下所有的故障诊断都必须以规定的时间频率进行。对许多监控功能来说,从 2005 年开始,法规都规定了在日常工作时的监控频率(《用车监测频率指标》)。

自从引入了 OBD Ⅱ后,已经对法规进行了多次修订(更新)。上一次修订是在 2004 年开始实施的。进一步的更新也已被公布。

(3) OBD(EPA)

从 1994 年开始,EPA(环境保护署)法规在美国的其他州开始实施。其规定的故障诊断范围与 CARB 制定的大部分标准(OBD Ⅱ)一致。

CARB 和 EPA 制定的 OBD 法规适用于所有 12 座及以下的乘用车和最大载重量为 14 000 磅(6.35 t)的轻型货车。

(4) EOBD(EU)

适用于欧洲的 OBD 标准被称为 EOBD。该标准基于 EPA-OBD。

自 2000 年 1 月开始,EOBD 标准对所有乘用车及最大载重量为 3.5 t 的搭载汽油发动机的 9 座轻型货车有效。自 2003 年 1 月起,EOBD 标准也将适用于所有乘用车和轻型柴油机货车。

(5) 其他国家

一些国家已经采用或计划采用 EU 或 US-OBD 标准。

23.2.2 对 OBD 系统的要求

ECU 必须采用适当的措施来监控车载系统及其组件,以防这些组件产生故障而引起废气排放恶化,达不到法规制定的标准。如果故障会导致排放超出 OBD 标准,故障指示灯(MIL)必须向驾驶员警示这一故障。

(1) 排放限值

美国 OBD Ⅱ(CARB 和 EPA)明确规定了与排放限值相关的阈值。相应地,在车辆认证过程中对不同种类的废气对应有不同的排放容许值(如 TIER,LEV,ULEV)。绝对限制适用于欧洲(见图 23-3)。

图 23-3 乘用车和轻型货车的 OBD 限值

	汽油乘用车		柴油乘用车	
CARB	—相关排放限制		—相关排放限制	
	—通常为特定尾气排放类别限值的1.5倍		—通常为特定尾气排放类别限值的1.5倍	
EPA	—相关排放限制		—相关排放限制(美国)	
	—通常为特定尾气排放类别限值的1.5倍		—通常为特定尾气排放类别限值的1.5倍	
EOBD	2000 CO: 3.2 g/km HC: 0.4 g/km NO_X: 0.6 g/km	2005(草案) CO: 1.9 g/km HC: 0.3 g/km NO_X: 0.53 g/km	2003 CO: 3.2 g/km HC: 0.4 g/km NO_X: 1.2 g/km PM: 0.18 g/km	2005(草案) CO: 3.2 g/km HC: 0.4 g/km NO_X: 1.2 g/km PM: 0.18 g/km

(2) 故障指示灯(MIL)

故障指示灯(MIL)的作用是警示驾驶员车辆的某个组件存在故障。CARB 和 EPA 规定,当有故障发生时,故障灯必须在故障发生之后的两个行驶循环内点亮。在 EOBD 的规定中,故障灯必须在故障发生之后的 3 个行驶循环内点亮。

如果故障消失(如接触不良),则故障信息仍然在故障存储器内保存 40 个预热循环。故障指示灯将会在 3 个无故障行驶循环之后熄灭。

(3) 与扫描工具的通信

OBD 法规规定了故障存储器中信息的标准,以及根据 ISO 15031 及相应 SAE(美国汽车工程学会)标准进行信息(连接器、通信接口)存取的情况。可以借助标准化市售测试装置(扫描工具,见图 23-4)读取故障存储器中的信息。

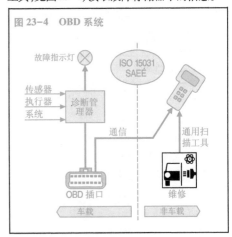

图 23-4 OBD 系统

取决于各种通信协议的应用范围,全世界使用的通信协议都是不同的。最重要的协议有:

- 适用于欧洲乘用车的 ISO 9141-2。
- 适用于美国乘用车的 SAE J 1850。
- 适用于欧洲乘用车和商用车的 ISO 14230-4(KWP2000)。
- 适用于美国商用车的 SAE J 1708。

这些串行接口以 5~10 k 波特率进行通信。它们有的被设计成共用一条既可发送又可接收信息的、与公用线相连接的单线接口,而有的则被设计成带一条独立数据线(K 线)和启动线(L 线)的双线接口。可以将一些电控单元(如 Motronic,ESP,EDC 及换挡控制等)集成在一个诊断接口上。

故障诊断仪和 ECU 之间的通信由以下 3 个阶段组成:

- 初始化 ECU;
- 检测并产生波特率;
- 读出识别传输协议的关键字节。

随后进行评估。

可以实现以下功能:

- 识别 ECU;
- 读取故障存储器;
- 擦除故障存储器;
- 读出实际值。

将来,会更多地使用 CAN 总线(ISO 15765-4)协议处理 ECU 和故障诊断仪之间的通信。从 2008 年起只有美国允许通过这一接口进行诊断。

为了使 ECU 故障存储器中的信息更容易被读出,在每一辆车上比较容易安装的地方(从驾驶员座位容易够得到的位置)都会安装一个标准的诊断接口。这个接口可被用于连接扫描工具(见图 23-5)。

(4)读取故障信息

任何一个车间都可以通过扫描工具从 ECU 中读取与排放相关的故障信息(见图 23-6)。通过这种方法,也可以在非特定制造商指定的特许维修点进行维修。制造商必须提供所需诊断工具及相关信息(通过互联网),而客户则可以通过支付一定的费用获取这些信息。

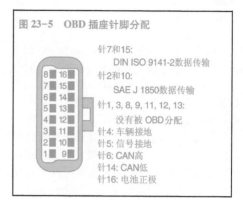

图 23-5 OBD 插座针脚分配

针7和15:
　　DIN ISO 9141-2数据传输
针2和10:
　　SAE J 1850数据传输
针1, 3, 8, 9, 11, 12, 13:
　　没有被 OBD 分配
针4: 车辆接地
针5: 信号接地
针6: CAN高
针14: CAN低
针16: 电池正极

图 23-6 故障诊断仪的工作模式

维护 1(模式 1)
读取当前系统的实际值(例如发动机转速和温度)。
维护 2(模式 2)
当故障出现时读取主要的环境条件(冻结帧)。
维护 3(模式 3)
读取故障代码。读取与废气相关的和确认的故障代码。
维护 4(模式 4)
擦除故障存储器中的故障代码,重置附加信息。
维护 5(模式 5)
显示 λ 氧传感器的测量值和阈值。
维护 6(模式 6)
显示特殊功能的测量值(如废气再循环)。
维护 7(模式 7)
读取维护 7 中的故障内存,读取未确认的故障代码。
维护 8(模式 8)
初始测试功能(针对汽车制造商)。
维护 9(模式 9)
读取车辆信息。

(5)车辆召回

如果车辆不符合 OBD 法规的要求,当局可以要求汽车制造商自费对车辆进行召回。

23.2.3 功能要求

(1) 综述

像车载诊断系统一样,必须对所有 ECU 输入信号和输出信号及部件本身进行监控。

法规要求监控电子功能(短路、断路)、传感器可信性校验和执行器功能监控。故障诊断管理系统如图 23-7 所示。

污染物浓度通常被认为是由组件故障引起的(经验值)。部分由法律规定的监控模式决定了诊断仪的类型,而污染物浓度和监控模式决定了诊断类型。简单的功能测试(黑/白测试)只是检查系统或是组件的操作性能(涡流片的打开和关闭)。大规模功能测试可以提供更多的系统操作性能方面的信息。因此,在监测自适应燃油喷射功能(例如柴油机的零流量校准,以及汽油机的 λ 调节)时必须对自适应的限制条件进行监控。

随着排放控制法规的发展,故障诊断的复杂性也随之不断增加。

(2) 接通条件

只有当满足接通条件时,故障诊断功能才能运行。

这些条件包括:

- 转矩阈值;
- 发动机温度阈值;
- 发动机转速阈值或限值。

(3) 约束条件

故障诊断功能和发动机功能并不总是同时运行。有一些约束条件会在发动机运转时禁止某些功能的运行。在柴油机中,只有当 EGR 阀关闭时才能正常监控热膜空气流量计(HFM)。另外,在汽油机中,当催化转换诊断功能运行时,活性炭罐通风(挥发性排放控制系统)无法进行。

(4) 诊断功能暂时失效

在某些特定条件下,为了防止错误诊断,系统会让故障诊断功能暂时失效。例如,有以下几种情况:

- 海拔过高。
- 发动机运转时环境温度过低。
- 蓄电池电压过低。

(5) 准备就绪代码

检查故障存储器时,系统必须确认故障诊断功能至少执行了一次。可以通过故障诊断接口读取准备就绪代码以确认。擦除运行中的故障存储器的数据后,必须在功能检查后重置准备就绪代码。

(6) 故障诊断系统管理(DSM)

对所有部件和系统进行监测的故障诊断功能必须在车辆行驶状态下正常工作,且在废气测试循环中必须至少运行一次(如 FTP 75,NEDC)。故障诊断系统管理(DSM)可以根据驾驶条件动态改变故障诊断功能运行的顺序。

DSM 包括以下 3 部分(见图 23-7):

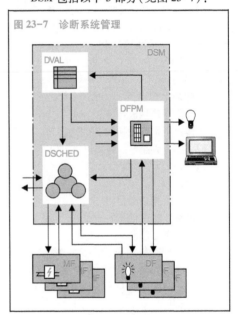

图 23-7 诊断系统管理

① 故障诊断路径管理模块(DFPM)

DFPM 的主要作用就是存储系统中检测到的故障状态。除了存储故障以外,DFPM 还存储其他信息,如环境温度(冻结帧)。

② 诊断功能调度器(DSCHED)

DSCHED 的主要作用是协调指定的发动机性能(MF)和故障诊断功能(DF)。该功能从 DVAL 和 DFPM 中获取信息并进行协调。另外,它还在检查完当前系统状态后报告需要由 DSCHED 释放的功能,以完成准备工作。

③ 故障诊断校验器(DVAL)

DVAL(目前只被安装在汽油机系统中)

利用当前故障存储器的条目及另外存储的信息,针对所检测到的每个故障判断这些信息是产生故障的原因,还是故障导致的后果。因此,校验为故障诊断仪读取故障存储器时提供了存储的信息。

通过这种方法,可以以任何顺序将诊断功能关闭。后续将对所有关闭的诊断功能及其诊断结果进行评估。

23.2.4 OBD 功能

(1)综述

EOBD 只包含了对单个零部件的详细监控规范,而 CARB OBD Ⅱ 中的要求则更详尽。以下各项是目前 CARB 对汽油机和柴油机乘用车的要求。对于 EOBD 法规中也包含的要求用"(E)"进行了标记:

- 催化转换器(E),加热型催化转换器;
- 燃烧(点火)失败(E,适用于柴油机系统,不适用于 EOBD);
- 限制蒸发系统(燃油箱漏油诊断,只适用于汽油机);
- 二次空气喷射;
- 燃油系统;
- λ 氧传感器(E);
- EGR;
- 曲轴箱通风;
- 发动机冷却系统;
- 冷启动排放限制系统(目前只适用于汽油机);
- 空调(部件);
- 可变气门正时系统(目前只在汽油机中使用);
- 直接臭氧还原系统(目前只在汽油机中使用);
- 微粒过滤器(只适用于柴油机系统)(E);
- 综合部件(E);
- 其他与排放相关的组件或系统(E)。

其他与排放相关的组件或系统是指上述未提及的组件或系统,但如果它们发生故障,就会使排放超过 OBD 标准或妨碍其他故障诊断功能。

(2)催化转换器故障诊断

在柴油机系统中,一氧化碳(CO)和未燃烧的碳氢化合物(HC)在氧化性催化转换器中进行氧化。在监控氧化性催化转换器运转时的相关温度和压差的同时,进行故障诊断。其中一种方法就是主动二次喷射(侵入性操作)。在此,热量是在氧化性催化转换器中通过 HC 的放热反应产生的。对温度进行测量并与计算模型值进行比较。这样就能推导出催化转换器的功能性。

同样,正在进行对 NO_x 蓄热式催化转换器存储和再生能力监测功能的开发工作。监控功能的运行基于加载和再生模型以及测量的再生时长。这就要求使用 λ 氧传感器或 NO_x 传感器。

(3)燃烧失败检测

不当的燃油喷射和压缩损失会导致燃烧受影响,进而使排放值发生改变。失火检测器会检测每个气缸从一个燃烧循环到下一个燃烧循环的失效时间(分段时间)。这个时间源于速度传感器信号。如果一个气缸的分段时间比其他缸的长,说明这个气缸发生了失火或压缩损失。

在柴油机中,只有在发动机怠速时才需要进行诊断燃烧失败。

(4)燃油系统故障诊断

在共轨燃油喷射系统中,燃油系统的故障诊断包括喷油器电子监控和轨道压力控制(高压控制)。在泵喷嘴系统中,诊断还包括监控喷油嘴的开关时间。还对燃油喷射系统的一些特殊功能,如提高供油量精度,进行了监控。

这些例子包括零供油量标定、供油量平均值调整,以及 ASMOD 观察器功能(空气系统模型观察器)。后两个功能利用来自 λ 氧传感器的信息作为输入信号,再通过模型计算设定点与实际供油量之间的差值。

(5)λ 氧传感器诊断

现代柴油机安装有宽带氧传感器。由于它们的设置可能与 $\lambda = 1$ 有所偏离,因此这种传感器与两级传感器相比有着不同的诊断过程。应对传感器进行电子监控(短路、断路),以检查合理性。需要对传感器加热部分的加热元件进行电子监控,以检测永久性的调速器偏差。

（6）EGR 系统诊断

在 EGR 系统中，EGR 阀和排气冷却器（如果安装的话）都要被监控。

应对 EGR 阀进行电子和功能性监控。功能性监控通过空气流量调节器和位置控制器实施。通过它们来检查永久性控制方差。

如果 EGR 系统安装有一个冷却器，则也要监控其运行情况，例如还应在冷却器的下游对温度进行额外测量。测量的温度要与通过模型计算的设定点值相比较。如果发生了故障，则可通过设定点值与实际温度值之间的偏差检测到该故障。

（7）曲轴箱通风系统诊断

根据系统的不同，曲轴箱通风系统发生故障时可通过系统的空气质量流量传感器检测到。法规规定，如果曲轴箱通风的结构设计比较复杂，则不需要进行监控。

（8）发动机冷却系统诊断

冷却系统包括一个恒温器和一个冷却水温度传感器。例如，如果恒温器发生故障，发动机温度就会慢慢上升。这可能会使废气排放速度加快。恒温器的诊断功能会利用冷却水温度传感器检测其标称温度是否达到。还将使用一个温度模型进行监控。

除了通过动态可信性功能对电子故障进行检测以外，对冷却水温度传感器的检测是为了确保能够达到最低温度。当对发动机冷却时，需进行动态可信性检测。这些功能可以在低温或高温范围内监控传感器是否有故障。

（9）空调诊断

发动机可以在各种工作点工作，从而可以满足空调的电负荷要求。因此，进行诊断时必须对空调的所有电气元件进行监控，因为如果这些元件发生故障，就可能会导致排放增加。

（10）微粒过滤器诊断

微粒过滤器目前只监控过滤器是否破损、被拆除或堵塞。压差传感器被用于测量一个特定体积流的压差（过滤器上、下游的废气背压）。这个测量值可被用来判断过滤器是否有故障。

（11）综合部件

车载诊断法规要求，如果传感器（如空气质量流量计、轮速传感器、温度传感器）和执行机构（如节气门、高压泵、电热塞）对排放有影响，或者这些传感器被用于监控其他元件或系统（因此它们可能影响其他诊断），则必须对所有这些传感器和执行机构进行监控。

传感器监控以下故障（见图 23-8）：

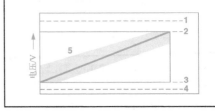

图 23-8　传感器监控
1—信号范围检查上限阈值；2—超出范围检查上限阈值；3—超出范围检查下限阈值；4—信号范围检查下限阈值；5—合理性检查范围

- 电气故障，如短路和断路（信号范围检测）。
- 范围故障（超出范围检测），低于或超过传感器物理测量范围规定的电压极限。
- 可信性故障（合理性检测）。这些故障都是由组件本身固有的缺陷（如零漂）引起的，或由像分流等引起的。可通过模型或直接利用其他传感器对传感器信号进行可信性检查。

对执行器必须进行电气故障监控，且如果技术上可行的话，就要对其功能进行监控。所谓的功能监控就是当给定一个控制命令（设定点值）时，通过适当的方式利用系统信息，观察和测量（如利用位置传感器）系统的反应（实际值）。

除所有输出级外，还要监控以下执行机构：

- 节气门；
- EGR 阀；
- 废气涡轮增压器的可变涡轮几何形状；
- 旋涡阀（swirl flap）；
- 电热塞。

§23.3　重型货车的车载诊断系统

在欧洲和美国，有一些还没有实施的法律草案。这些草案与乘用车法规密切相关。

23.3.1　法规

欧盟计划于 2005 年 10 月实施新法规（与欧Ⅳ排放控制法规相对应）。从 2006 年 10 月开始，在每一辆商用车上都必须强制安装 OBD 系统。在美国，加州空气资源委员会（CARB）起草了 2007 年度的 OBD 法规草案。美国环境保护署于 2004 年也起草了一项草案。很可能在 2007 年颁布这项草案。除此之外，还有促进国际协调的 OBD 倡议。然而，这只有在 2012 年才有可能实现。日本计划在 2005 年引入 OBD 系统。

23.3.2　EOBD 对载重量大于 3.5 t 货车和大巴的要求

欧洲 OBD 法规的采用分两个阶段。第一个阶段（2005 年）要求监控：

● 燃油喷射系统的闭环电路及所有故障。

● 与排放相关的发动机组件和系统，以符合 OBD 排放限值（见表 23-1）。

● 尾气处理系统的主要功能故障（例如催化转换器损坏，SCR 系统中尿素过少）。

第二阶段（2008 年）要求如下：

● 监控尾气处理系统的排放限制。

● OBD 排放限制必须与当前的技术水平相匹配（可用尾气传感器）。

扫描工具通信 CAN 总线协议已利用 ISO 15765 或 SAE J 1939 标准进行了核准。

23.3.3　CARB OBD 对载重量大于 14 000 磅（6.35 t）的重型货车的要求

目前实施的重型货车法规草案对功能方面的要求与乘用车的法规非常相似，也分以下两个阶段引入：

● MY2007：监控功能故障。

● MY2010：监控 OBD 排放限制（见表 23-1）。

表 23-1　重型货车 OBD 排放限值（草案）

CARB	2007	2010
	—功能检查没有限制	—相对限制 —每种排放类型限值的 1.5 倍 —例外： —催化转换器，因数 1.75
EPA	待定	待定
EU	2005 —绝对限制 NO_x:7.0 g/(kW·h) PM:0.1 g/(kW·h) —废气处理系统的功能检查	2005 —绝对限制 NO_x:7.0 g/(kW·h) PM:0.1 g/(kW·h) —需经欧盟委员会审批

与目前实施的乘用车法规相比，主要变化有：

● 无法再由扫描工具擦除故障存储器，而只能通过自我修复擦除（例如修理后）。

● 在进行 CAN 故障通信时，SAE J 1939 可以与 ISO 15765 相互替换使用（对乘用车也一样）。

▲ 知识介绍

全球服务

"一旦你驾驶了一辆汽车，你就会意识到，与马车相比，多了许多麻烦事。你确实需要一个称职的汽车机械师。"

以上是 Robert Bosch 在 1906 年写给他朋友 Paul Reusch 的信件中的一句话。在那个年代，如果汽车发生了故障，则确实可以雇用一个汽车司机或机械师在路上或家中进行修理。然而，随着第一次世界大战后汽车拥有者数量的增加，对能够提供汽车修理服务的机修厂的需求也急剧上升。19 世纪 20 年代，Robert Bosch 开始系统地创建全国范围内的客户服务机构。1926 年，所有的维修中心被统一命名为"Bosch Service"（博世服务）并进行了商标注册。

今天的博世服务代理商保留了这一名称。这些机构装备有最先进的电子设备，以满足 21

世纪汽车技术和客户对质量期望的要求。　　　　　　　请欣赏图 23-9 和图 23-10。

图 23-9　1925 年的汽车修理厂(图片:BOSCH)

图 23-10　21 世纪装备有最先进的电子测试设备的 BOSCH 汽车维修服务中心

第二十四章　维修保养技术

在全世界,超过30 000个汽车修理厂/车间都装备了BOSCH公司的车间技术设备,如测试技术及车间软件。由于车间技术能够为诊断和故障处理提供指导和帮助,所以它正变得日益重要。

§24.1　车间业务

24.1.1　趋势

许多因素都会影响车间业务。举例来说,目前的趋势有以下几个方面:

- 柴油机乘用车的比例在上升;
- 汽车零件的维护周期和使用寿命越来越长,以至于车辆进入车间检修次数越来越少;
- 在未来几年里,所有市场中车间产能利用率都将继续降低;
- 车辆中电子元件的使用数量越来越高——车辆正在转型为"移动计算机";
- 电子系统越来越多地采用网络互联技术,诊断和维修作业涵盖了整车上安装或联网的所有系统;
- 只有使用最先进的测试技术、计算机和诊断软件,才能保障未来的业务。

24.1.2　结论

(1) 要求

车间必须适应这个趋势,以在未来的市场中为客户提供优质的服务。我们可以直接从发展趋势中得出如下结论:

- 专业的故障诊断是专业维修的关键;
- 技术信息正在成为车辆维修的关键要求;
- 迅速获取车辆的综合技术信息是利润的保证;
- 对合格车间技术人员的需求急剧增加;

- 车间对诊断、技术信息和培训的投资非常有必要。

(2) 测量和测试技术

对车间来说,关键的步骤就是采用恰当的测试技术、诊断软件和技术信息,以及进行技术培训。这样,在车间维修过程中,面对所有作业和任务时就可以得到最好的支持和帮助。

24.1.3　车间作业流程

车间的主要工作任务可以按流程进行说明。两个不同的子程序被用于处理维修与保养方面的所有任务。第一个子程序主要包括基于操作和组织的工作单验收活动,而第二个子程序则包括主要基于技术的维修与保养实施工作步骤。

(1) 工作单验收

当一台车辆抵达车间时,工作单验收系统数据库立即可以提供该车的所有可用信息。在车辆进入车间时,该系统可以提供这辆车的全部检修历史,包括过去所有的维修与保养记录。而且,这一程序事件还包含所有任务的完成状态,其中涉及客户请求、基本可行性、完成日期安排,资源、零部件和工程材料及设备供应、任务的初始化检查和相关工程扩展。根据该过程目标,所有ESI[tronic](电子服务信息系统)产品子功能的使用都是在服务验收程序框架内进行的。

(2) 维修与保养实施

在这一子程序中执行工作单验收子程序框架中定义的作业。如果在单个过程循环内没有完成任务,则应重复这个循环,直到达到该过程的目标。根据该过程目标,所有ESI[tronic](电子服务信息系统)产品的子功能的使用都是在维修与保养实施程序框架内进行的。

下面请欣赏图24-1和图24-2。

图 24-1　利用故障诊断仪对车辆进行故障诊断

图 24-2　车间作业流程
(a)工作单验收;(b)维修和保养的实施

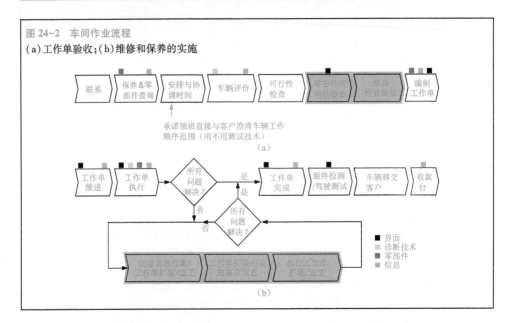

24.1.4　电子服务信息系统(ESI[tronic])

(1)支持车间作业程序的系统功能

ESI[tronic]是适用于汽车工程行业的模块化软件产品。每一个模块都包含如下内容:

- 零部件和汽车设备的技术信息;
- 零部件和总成的分解图和零件列表;
- 技术数据和设定值;
- 计价器和车辆工作时间;

- 车辆诊断和车辆系统诊断;
- 不同车辆系统的故障排除说明;
- 车辆部件的检修说明,如柴油机的动力单元;
- 电路图;
- 保养进程表和示意图;
- 总成测试和设定值;
- 保养、修理和售后服务作业成本的相应数据。

下面欣赏图24-3。

图24-3 适合于所有车辆型号的 ESI[tronic]
车间软件

（2）应用

ESI[tronic]的主要使用者是汽车修理厂/车间、装配修理商及汽车零部件批发商。他们使用技术信息，以达到以下目的：

● 汽车修理厂/车间：主要是对车辆系统进行诊断、保养和修理。

● 装配修理商：主要是测试、调整和修理总成部件。

● 汽车零件批发商：主要为了获取零件信息。

除诊断、维修和保养信息外，汽车修理厂/车间和装配修理商还使用此零件信息。在车间环境下，产品界面启用了 ESI[tronic]。它与其他（特别是商用）软件联网使用。例如，汽车零件批发商依次与商品信息统计系统进行数据交换。

（3）对 ESI[tronic]用户的好处

使用 ESI[tronic]的好处在于这个软件系统储存了大量的信息。这些信息可以为汽车修理厂/车间提供处理信息并保障业务的实施。应用广泛构思并且模块化的 ESI[tronic]产品程序已经使其变为现实。对于所有汽车品牌来说，这些信息可以通过所有汽车品牌的标准化系统的界面呈现给用户。

广泛的汽车覆盖范围对于车间业务是非常重要的。在这种情况下，车间始终能够掌控车辆信息。这是通过 ESI[tronic]实现的，因为产品规划中包含了新车的国家特定汽车数据库和信息。定期更新软件有助于更好地了解汽车行业技术开发的最新进展。

24.1.5 车辆系统分析（FSA）

BOSCH 公司的车辆系统分析（FSA）为复杂的故障诊断提供了一个简单的解决方案。借助于现代机动车上车载电子设备的诊断接口和故障存储器，可以迅速找到故障发生的原因。BOSCH 公司开发的 FSA 组件检测设备对于迅速定位故障非常有用；FSA 的测量技术与显示功能可以根据相关组件进行调整。

这使组件在安装的状态下就可以被测试。

24.1.6 测量设备

车间工作人员可以选择不同的故障诊断和故障排除选择方法：使用高性能便携式 KTS 650 系统测试仪或车间兼容的 KTS520 和 KTS550 等 KTS 模块，并将其连接到一台标准 PC 或笔记本电脑上。这个模块集成了一个万用表，并且 KTS550 和 KTS 650 还拥有一个双通道示波器。对于在车辆上的工作应用来说，ESI[tronic]通常被安装在 KTS 650 或一台 PC 上。

24.1.7 车间工作流程示例

ESI[012345]软件包可以在整个车辆维修过程中为车间工作人员提供帮助。利用诊断接口可以使 ESI[tronic]与车辆的电气系统进行通信，例如发动机电控单元。用户通过计算机启动 SIS（服务信息系统）程序，以初始化车载控制单元的诊断并获取发动机控制单元存储的故障存储信息。

故障测试仪提供数据，从而可以直接比对设定的结果和当前读数，而无须补充数据输入。ESI[tronic]将诊断结果作为生成具体维修说明的依据。软件系统还显示其他信息，例如部件位置、组件分解图，以及电气、气动和液压系统的布置图等。通过计算机，用户就可以直接利用分解图零件列表中的零件号码订购所需更换的零件。所有的服务程序和更换的组件都会被记录，以进行计费。在通过最终的道路试验之后，只需要按几个键，账单就产生了。系统还可以把诊断结果清楚而简明地打印出来。从而可为用户提供一份详细说明车辆修理过程中所有维修操作和所使用材料的完整报告。例如,图 24-4 所示为　　　进行齿形皮带更换的 ESI[tronic]说明。

图 24-4　进行齿形皮带更换的 ESI[tronic]说明

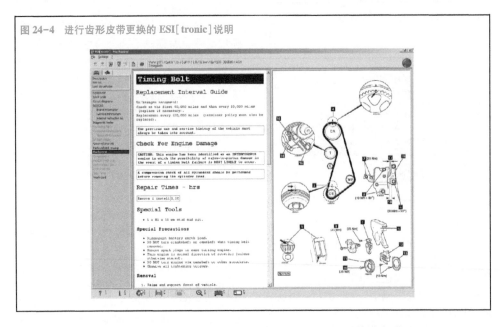

§24.2　车间故障诊断

故障诊断是为了快速、可靠地确定最小的故障可更换单元。故障查找引导程序包括车载信息、非车载测试流程和测试仪。可以利用电子服务信息(ESI[tronic])作为辅助。它针对车辆可能出现的问题(如发动机抖动)和故障(发动机温度传感器短路),对进一步故障查找进行指示。

24.2.1　故障查找指示

主要的工作就是故障查找指示流程。车间工作人员从症状入手在症状相关的由事件控制的流程的指示下工作(车辆症状或故障存储条目)。在这个过程中,可使用车载设备(故障存储入口)和非车载设备(诊断执行器和车载测试仪)。

应用基于计算机的故障检测仪,可以进行故障查找指示,读取故障存储器中的信息,实施车间诊断功能,以及与非车载测试仪进行通信。这个测试仪既可以是车辆制造商提供的特定车间测试仪,也可以是通用测试仪

(如 BOSCH 公司的 KTS 650)。

为了更高效地进行故障查找,CAS[plus]系统(计算机辅助服务系统)将故障检测仪与控制单元诊断相结合。诊断和随后维修的决策值将立即显示在显示屏上。利用 CAS[plus]进行故障查找的流程如图 24-5 所示。

图 24-5　利用 CAS[plus]进行故障查找的流程

识别

基于客户投诉的故障

读出和显示故障内存

从故障代码显示中开始成分测试

显示在成分测试中的 SD 实际值和万用表实际值

设定值/实际值比较允许故障定义

完成维修

定义零部件

在 ESI[tronic]的电路图,等

更新有缺陷的零部件

清除故障内存

（1）读出故障存储器记录数据

在客户服务车间对车辆进行售后服务和维修期间，车辆运行时所存的故障信息（故障存储器记录数据）通过一个串行接口被读出。

使用故障诊断测试仪可以读出故障记录。车间员工得到的信息有以下几项：

- 故障（如发动机温度传感器）；
- 故障码（如对地短路、信号失真、静态故障）；
- 环境条件（故障存储器的测量值，如发动机转速、发动机温度等）。

一旦在车间检索到故障信息且故障被排除，就可以使用测试仪再次清除故障存储器。

对于控制单元与测试仪之间的通信，必须选用合适的接口。

（2）执行器诊断

一般来说，控制单元也包含执行器诊断例行程序，从而可以在客户服务车间启用独立的执行器，并检查这些执行器的功能性。使用诊断测试仪开始测试模式，且只有当发动机转速低于特定值（车辆静止或发动机熄火）时，才能进行功能测试。对于执行器功能的测试，我们可以进行声学（如气门碰撞）、视觉（如活门运动）或其他方式的检查，如电信号的测量。

（3）车间诊断功能

对于车载诊断装置无法检测的故障，可以借助支持功能进行定位。这些诊断功能是由发动机控制单元实现的，并由故障诊断测试仪控制。

车间诊断功能可以在启动诊断测试仪之后，或测试结束向测试仪报告时，或测试仪在运行时间控制、获取测量数据，以及评估数据之后自动运行。

示例：

在压缩试验中，当启动电动机带动发动机工作时，燃油喷射系统关闭。发动机 ECU 将记录曲轴转速模式。可以通过速度波动变化将每个气缸的压缩情况推导出来，如最低和最高转速差。这样就可以得出发动机的状态。

24.2.2　非车载测试仪

利用一些附加传感器、测试设备以及外部求值器，可以扩大诊断能力。如果在车间中检测到故障，则应将离线测试仪与车辆进行匹配。

§24.3　测试设备

对系统进行高效测试需要使用特殊的测试设备。早期的电子系统可以用基本设备进行测试，如万用表。随着技术的进步，电子系统越来越复杂，所以对电子系统的诊断只能使用更复杂的测试仪器。

KTS 系列的系统测试仪被广泛用于车辆维修领域。其测试功能的截屏如图 24-6 所示。KTS 650（见图 24-7）在汽车维修中用途多样，尤其是可以进行数据（如测试结果）图形显示。这种系统测试仪也被称为诊断测试仪。

KTS 650 的功能

通过 KTS 650 巨大显示屏上的按键和菜单，可以选择 KTS 650 多种多样的功能。以下列表详细介绍了 KTS 650 最重要的功能：

（1）识别

系统自动检测 ECU 并读出实际值、故障存储以及 ECU 特定数据。

（2）读出/擦除故障存储

在车辆运行期间由车载诊断系统检测到的故障信息被存储在故障存储器内。通过 KTS 650 可以将它读出并以纯文本格式显示在显示屏上。

（3）读出实际值

可将由发动机控制单元计算的当前值作为物理量读出（如发动机转速 r/min）。

（4）执行器诊断

电动执行器（如阀、继电器）可以根据特定的功能测试目的驱动。

（5）发动机测试

系统测试仪初始化发动机控制单元的程序化测试序列，以对发动机管理系统或发动机进行检查（如压缩试验）。

（6）万用表功能

可以利用一块传统的万用表，以相同的方式测量电流、电压和电阻。

图 24-6　KTS 650 测试功能截屏

(a) 匹配喷油器;(b) 选择一个驱动器测试;(c) 读出发动机的特定数据;(d) 评价平稳运行特性

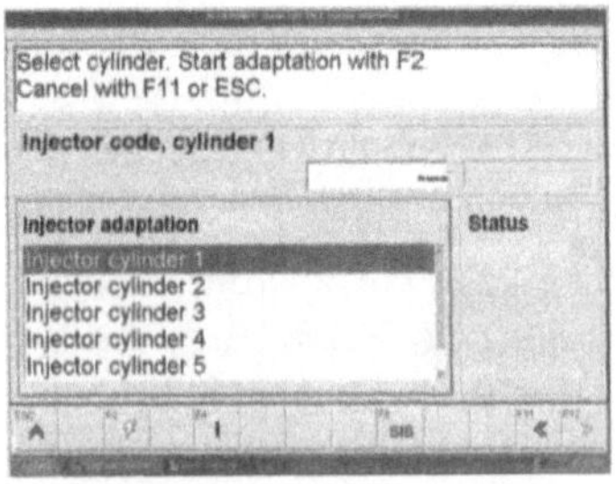

Select cylinder. Start adaptation with F2
Cancel with F11 or ESC.
Injector code, cylinder 1
Injector adaptation
Status
Injector cylinder 1
Injector cylinder 2
Injector cylinder 3
Injector cylinder 4
Injector cylinder 5
SIS

(a)

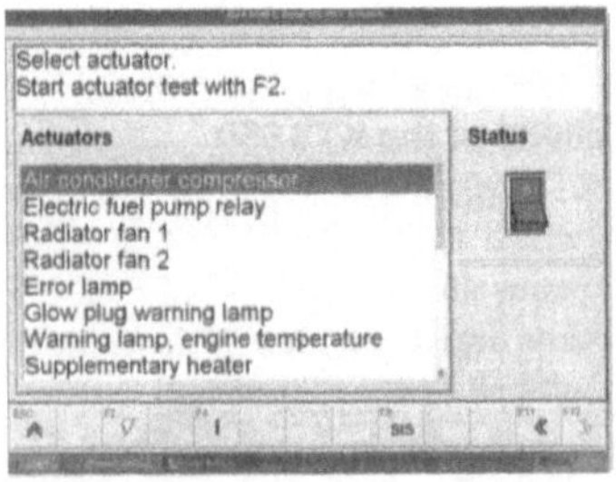

Select actuator.
Start actuator test with F2.
Actuators
Status
Air conditioner compressor
Electric fuel pump relay
Radiator fan 1
Radiator fan 2
Error lamp
Glow plug warning lamp
Warning lamp, engine temperature
Supplementary heater
SIS

(b)

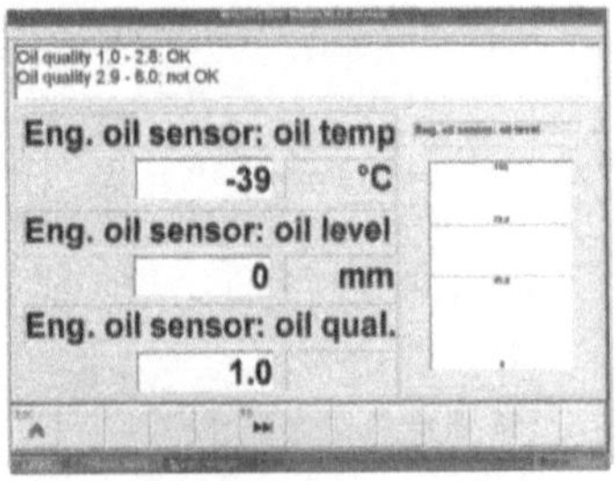

Oil quality 1.0 - 2.8: OK
Oil quality 2.9 - 6.0: not OK
Eng. oil sensor: oil temp
-39
°C
Eng. oil sensor: oil level
0
mm
Eng. oil sensor: oil qual.
1.0

(c)

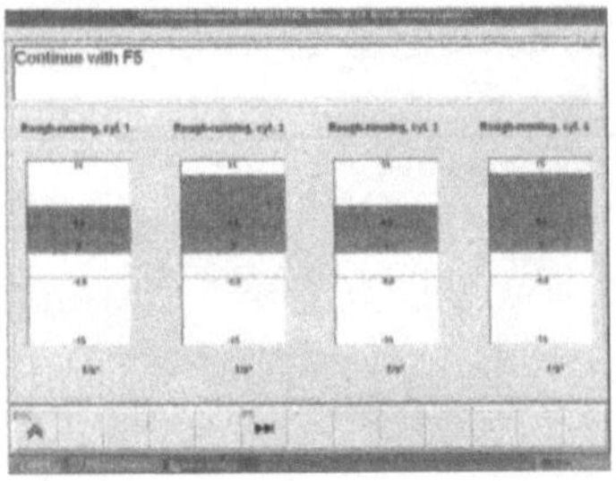

Continue with F5

(d)

图 24-7　KTS 系列测试设备

(a) KTS 650;(b) KTS 550 模块;(c) KTS 520 模块

BOSCH
KTS 650

KTS 550

(b)

BOSCH
KTS 520

(a)　　(c)

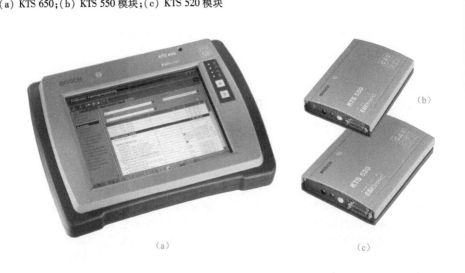

（7）时间曲线图显示

可以以类似于示波器中信号曲线的图形形式将记录的测量值显示出来（例如氧传感器电压、热膜式空气质量流量传感器的信号电压）。

（8）附加信息

结合电子服务信息 ESI［tronic］，也可以获取与故障/部件显示相关的附加信息（故障排除说明，发动机舱中部件的位置，测试规范及电路图）。

（9）打印

可以用标准的 PC 打印机将所有数据（如客户需要的实际值清单或文档列表）都打印出来。

（10）编程

发动机控制单元的软件可以利用 KTS 650 进行编码（如自动或手动变速器）。

KTS 650 在车间中的功能取决于待测系统。并不是所有 ECU 都支持 KTS 650 的所有功能。KTS 650 功能如图 24-8 所示。

图 24-8　KTS 650 的功能

（a）万用表功能；（b）一个终端图的图形显示；（c）发动机舱中零部件的位置显示；（d）功能选择

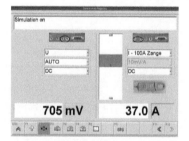

（a）

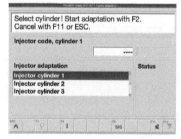

（c）

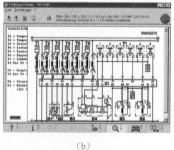

（b）

（d）

§24.4　喷油泵试验台

精确地测试和调节燃油喷射泵及其调速器机构是柴油机获得最优性能和燃油经济性的关键。这对确保满足日益严格的排放法规也是至关重要的。燃油喷射泵试验台（见图 24-9）是满足这些条件的重要工具。

图 24-9　BOSCH 公司带电子测试系统的燃油喷射泵试验台

1—试验台上的燃油喷射泵；2—供油量测试系统（KMW）；3—试验用喷油器总成；4—高压试验管路；5—电驱动单元；6—控制、显示及数据处理单元

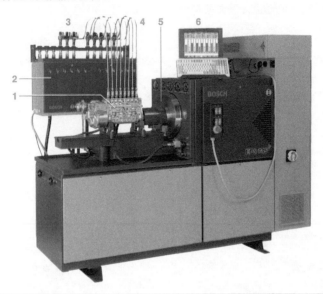

管理试验台和试验规程的主要规范是通过 ISO 标准确定的。它对传动单元（5）的刚度和传动一致性提出了特殊的要求。

随着时间的推移，期望燃油喷射泵形成峰值压力。这会对燃油喷射泵试验台提出更高的性能和动力要求。强劲的电传动单元、大型飞锤及精确的转速控制，确保了所有发动机转速的稳定。这种稳定性对可重复且可比较的测量和试验结果来说非常重要。

流量测量法

测量柱塞运动一个行程的泵油量是一项重要的试验程序。为了进行该试验，应将燃油喷射泵夹紧在试验台支架上，且泵的传动侧与试验台的驱动连接件相连。试验中要在精确监控和温度控制下对润滑油进行标准化标定。将特定的精确标定的喷油器总成与每一个泵筒相连接。这一策略确保对每次试验的测量结果进行相互比较。通常有以下两种试验方法：

（1）玻璃液位计测量法（MGT）

这种试验台的特点是安装有两个玻璃液位计（见图 24-10）。一系列不同容量的计量

计可以对每个缸进行测量。这种布置最多可以对 12 缸发动机的燃油喷射泵进行试验。

图 24-10　使用玻璃液位计方法（MGT）的测试台布局

1—燃油喷射泵；2—电气驱动单元；3—试验喷油器和夹持器组件；4—高压试验管路；5—玻璃管计量计

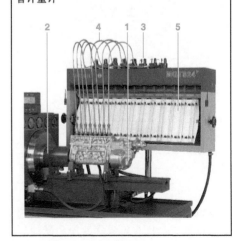

第一步,排出的标定油量经过玻璃液位计直接返回油箱中。只要当燃油喷射泵(1)达到试验规范中规定的转速时,一个滑阀才会被打开,从而使标定油量从燃油喷射泵(1)流到玻璃液位计中去。当燃油喷射泵执行预置的几个循环时,向玻璃容器的供油就会停止。

此时每缸的供油量可以从玻璃液位计上读出,单位为 cm^3。一个标准的测试周期为1 000 个冲程。为了方便数学计算,每个冲程的供油量单位为 mm^3。应将试验结果与设定值进行对比并填写到测试记录中。

（2）电子流量测量系统（KMA）

这种系统用一个控制、显示和数据处理单元(见图 24-9)代替了玻璃液位计。这个单元通常被安装在试验台上,有时也被安装在试验台旁边的手推车上。

这个试验主要是要不断测量输油容积(见图 24-11)。安装柱塞(6)时应确保其与齿轮泵(2)的输入侧和输出侧平行。当喷油泵的供油量与从试验喷嘴(10)中喷出的标定油量相等时,柱塞(6)就保持在中心位置。如果标定油量多,则柱塞(6)就会向左移动;而当标定油量少时,柱塞(6)就会向右移动。柱塞的运动控制着从 LED 灯(3)射向光电池(4)的光量。电子控制电路(7)记录了这种偏差,并且它会

根据齿轮泵(2)的旋转速度做出反应,直到齿轮泵(2)的供油量再次与从试验喷嘴喷出的油量相等。这时柱塞(6)会重新返回到中心位置。为以极大的精度测量供油量,齿轮泵(2)的转速是可以改变的。

试验台上有两套这样的测量单元。计算机将所有的试验缸与两组测量单元连接成两组,按照顺序一组一组地进行(多路操作)。这种试验方法的主要特点如下:

- 试验结果具有非常高的精度和可重复性;

- 通过数字显示和条状图清晰显示试验结果;

- 试验记录被用于文档保存;

- 支持对冷却和(或)温度变化做出相应调整,以进行补偿。

§24.5　直列式燃油泵的测试

燃油喷射泵的试验程序既要在安装在发动机上的泵上实施(系统故障诊断),也要在与试验台隔离的或在车间中的泵上实施。后者主要包括:

- 在泵试验台上对燃油喷射泵进行测试并做出必要的调整;

- 修理燃油喷射泵/调速器,随后在泵试验台上对它们进行重置。

对直列式喷油泵来说,必须对机械式调速器和电子式调速器加以区分。无论属于哪种情况,都应对泵及其调速器/控制系统进行组合测试;同样,它们的组件也必须相互匹配。

直列式燃油泵数量众多以及设计的不同使得测试和调节程序也必须有所不同。因此,以下给出的例子仅仅是众多车间技术中的一种。

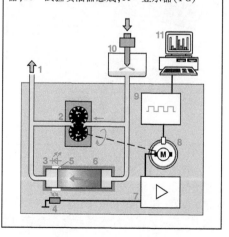

图 24-11　测量单元设计（KMA）

1—用于标定油箱的回油管;2—齿轮泵;3—LED;4—光电池;5—窗口;6—柱塞;7—带电子控制电路的放大器;8—电动机;9—脉冲计数器;10—试验喷油器总成;11—显示器(PC)

24.5.1　在试验台上所做的调整

试验台上所做的调整包括以下方面:

- 每个独立泵机组的供油开始时间和凸轮偏移;

- 泵机组之间供油量的设置和均衡化;

- 对安装在泵上的调速器的调节;

- 泵和调速器/控制系统的协调(系统全

面调整）。

在使用 BOSCH 公司的喷油泵试验台时，对于不同型号和大小的喷油泵，会有各自相应的试验和维修说明与规范。

喷油泵和调速器都与发动机润滑油回路相连接。进油口接管位于燃油泵凸轮轴壳体上或泵壳体上。对于试验台上的每个测试序列来说，燃油泵和调速器都必须加满润滑油。

（1）供油量测试

燃油喷射泵可以测量单个缸的供油量（利用带刻度的管装置或计算机操控和显示终端，见"燃油喷射泵试验台"）。处于不同设定范围的各缸供油量必须在规定的容许限值内。如果各缸供油量的差值过大，就会引起发动机运转不平稳。如果某一缸（或多缸）的供油量超出了容许限值，则必须对相关泵筒进行重新调整。泵的型号不同，测试程序也不一样。

（2）调速器/控制系统调整

① 调速器

机械式调速器测试包括多方面调整。在燃油泵试验台上利用一个刻度盘检查在规定转速和操纵杆位置下调节齿条的行程。试验结果必须与指定数值一致。如果两者相差过大，则必须重置调速器特征值。重置的方法有许多种，例如通过改变弹簧张力或更换新的弹簧，以改变弹簧特性。

② 电控系统

如果燃油喷射泵是电子控制的，则将会使用一个由电控单元控制的电子机械执行器代替直接安装的调速器。执行器移动调节齿条，以控制喷油量。除此之外，与机械式燃油喷射泵并无差异。

在测试过程中，调节齿条保持在指定位置。必须对调节齿条的行程进行标定，使其与齿条行程传感器的电压信号相匹配。这可通过调整齿条行程传感器直到电压信号与设定的控制齿条行程的设定信号相匹配来完成。

对于控制套筒直列式燃油泵来说，为了获得一个规定的供油开始时间，并未为此测试连接供油开始电磁阀。

24.5.2　对泵进行现场调整

泵的供油开始时间设置对发动机的性能和尾气排放特性有较大的影响。首先通过正确调整对喷油泵自身的供油开始时间进行设置，然后使泵的凸轮轴与发动机正时系统同步。因此，在发动机上正确安装喷油泵是极其重要的。将泵安装在发动机上之后必须对供油开始时间进行测试，以保证泵的正确安装。

由于泵的型号不同，测试方法也不一样。下面的方法说明针对的是 RSF 型调速器。

在调速器飞锤的支架上，有一个齿形的定时标记（见图 24-12）。

图 24-12　设定和检查供油开始时间的装置（油孔关闭传感器）

图示说明的是 RSF 型调速器，而其他型号的调速器具有一个滑动凸缘
（a）通过锁定销锁定；（b）采用光学传感器进行试验（指示灯传感器）；（c）采用电感式传感器进行试验（调速器信号法）
1—调速器飞锤底座；2—定时标记；3—调速器壳体；4—锁紧销；5—光学传感器；6—指示灯；7—电感式速度传感器

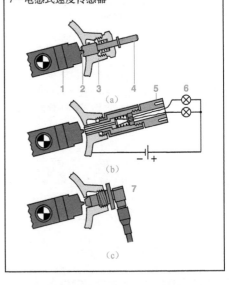

在调速器壳体中，有一个螺纹套管。在正常情况下，它被一个螺母封住。当被用于标定的柱塞（通常是第一个缸）处于供油开始位置时，定时标记恰好正对着螺孔套管的中

心。这个位于调速器壳上的"观测孔"是滑动凸缘的一部分。

（1）装配燃油喷射泵

① 锁定凸轮轴

燃油喷射泵出厂时，其凸轮轴处于锁定状态[见图24-12（a）]，并且只有当发动机凸轮位于规定位置时，才将泵安装到发动机上，此时才会将泵的锁定装置去除。这种试验和测试方法比较经济，所以得到了广泛的使用。

② 供油开始时间定时标记

要使燃油泵与发动机同步，需借助供油开始时间定时标记。供油开始时间定时标记开始时必须进行校准。发动机和燃油喷油泵上也有这些标记（见图24-13）。由于泵的型号不同，确定供油开始时间的方法也有多种。

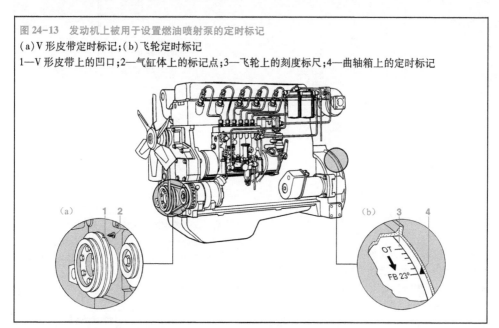

图 24-13　发动机上被用于设置燃油喷射泵的定时标记
（a）V形皮带定时标记；（b）飞轮定时标记
1—V形皮带上的凹口；2—气缸体上的标记点；3—飞轮上的刻度标尺；4—曲轴箱上的定时标记

一般来说，这些调整都基于发动机第一缸的压缩行程，但是由于发动机具体设计的不同，也会采取其他的方法，因此必须始终参考发动机制造商的说明书。对于大多数柴油发动机来说，其供油开始时间定时标记位于飞轮、曲轴皮带轮或者减振器上。减振器被安装在曲轴上通常由V形皮带占用的位置上，然后用螺栓将皮带连接在一起。装配完成的组件看起来更像是一个大的V形皮带轮和一个小的飞轮。

（2）检查静态供油开始时间

① 利用指示灯传感器检测

通过光学传感器可以确定齿形定时标记的位置。用螺钉将指示灯传感器[见图24-12（b）]安装固定在调速器壳体中的插孔中。当标记在传感器对面时，传感器上的两盏灯会点亮。可从飞轮定时标记上读出供油开始时间（以曲轴转角为单位）。

② 高压溢流法

供油开始时间测试仪与相关泵筒的压力出口相连（见图24-14），而其他压力出口都被封闭。增压燃油流经泵筒开放的入口通道，然后排出，最初成为一股射流喷入观测容器（3）中。随着发动机曲轴的旋转，泵柱塞向其上止点移动。当它到达供油开始位置时，泵柱塞就会关闭泵筒的入口通道。进入观测容器（3）的喷口变小，燃油流变成了燃油滴。可通过定时标记读出供油开始时间（以曲轴的旋转角度为单位）。

图 24-14 供油开始校准单元的示意图(高压溢流法)

1—喷油泵;2—燃油滤清器;3—观测容器;4—供油开始校准单元;5—燃油箱;6—大尺寸的中空螺杆和螺母;7—螺帽

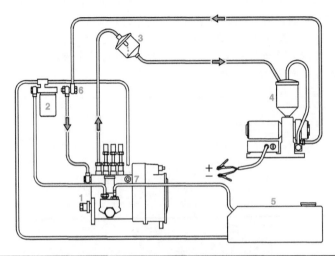

(3)检查动态供油开始时间

① 利用电感式传感器检测

通过螺钉将电感式传感器安装固定在调速器壳体中的插孔中[见图 24-1(c)]。当发动机运转时,调速器的定时标记每一次经过都会发出一个电信号。当发动机处于上止点时(见图 24-15),另一个电感式传感器会发出一个信号。两个电感式传感器与发动机分析仪相连。分析仪利用这些信号计算出供油开始时间和发动机转速。

② 利用压电传感器和频闪正时灯进行检测

压电传感器被安装在准备进行调整气缸的高压供油管上。当燃油喷射泵向这个缸供油时,高压油管略微膨胀,然后压电传感器发送电信号。这个信号由发动机分析仪接收,而发动机分析仪利用这个信号控制频闪正时灯的闪烁。正时灯指向发动机上的定时标记。当正时灯照亮飞轮定时标记时,其似乎将会保持固定,然后就可以读出供油开始时间(以曲轴旋转角度为单位)。

图 24-15 使用油孔关闭传感器系统的直列式喷油泵和调速器的示意图

1—发动机分析仪;2—转接器;3—直列式喷油泵和调速器;4—电感式转速传感器(油孔关闭传感器);5—电感式转速传感器(上止点传感器)

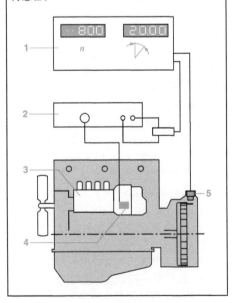

24.5.3 排气

燃油中的气泡会影响喷射泵的正常工作，甚至可能会完全失效。因此，如果系统已暂时停用，在重新运行前应细致排气。通常在喷油泵上的溢流装置上或燃油滤清器上装有一个排气螺栓。

24.5.4 润滑

喷油泵和调速器通常与发动机的润滑油回路相连。喷油泵无须进行维修。

在首次使用前，须向喷油泵和调速器内注入与发动机用油同一类型的润滑油。在本例中，喷油泵并不直接与发动机润滑油回路连接。在移除通气盖或滤清器后，通过加油口给泵注油。油位检查与常规发动机润滑油更换同时进行。取下调速器上的油检查塞后，就可以检查油位了，然后排出多余的机油（泄漏的油）。如果需要，可以加满油。只要喷油泵被移动过或者发动机被大修过，则必须更换机油。喷油泵和调速器有各自的机油系统，且要使用各自的油尺检查油位。

§24.6 对回油孔式分配泵与入口控制分配泵的测试

良好的发动机性能、较高的燃油经济性，以及低排放，取决于对回油孔式分配泵与入口控制分配泵的正确调节。这也是对燃油泵进行检测和调节的过程中要严格按照官方规范实施的原因。

一个重要参数是供油开始时间（在维修车间）。可以通过安装的油泵检查这个参数。其他测试在试验台架上进行（在测试区）。在本例中，从车上拆除的油泵被安装在试验台架上。拆除油泵前，需要旋转发动机曲轴，直至基准缸处于上止点处。这个基准缸通常是1号缸。此步骤简化了之后的组装流程。

24.6.1 试验台架的测量

这里所描述的测试流程只适用于电子和机械控制的回油孔式分配泵与入口控制分配泵，不适用于电磁控制的分配泵。

将试验台架的操作分为以下两部分：

- 基本调节；
- 检测。

须将油泵检测到的结果输入到检测记录中。检测记录应逐条列出所有检测流程。该文档还应列出规定的所有最大值和最小值。试验读数必须在最大值和最小值之间的范围内。

另外，还需要一些辅助的、有特定目的的检测步骤，以评估所有这些不同的回油孔式分配泵与入口控制轴向活塞分配泵。对各种可能性做详细说明。不过，这不在本章的论述范围之内。

（1）基本调节

首先是对分配泵进行正确的基本设置。这需要在工作条件确定的情况下测量以下参数：

① 线性预测编码（LPC）调节

这个流程被用于评估分配泵柱塞从下止点（BDC）到供油开始之间的行程。喷油泵必须与试验台架的供油管相连。技术人员从中央插头配件上拧下六角螺栓，并在此装入一个带有排出管和仪表的试验组件（见图24-16,1）。

将仪表探针安置在分配泵柱塞上，从而可以测量柱塞行程。现在，技术人员需用手转动喷油泵的输入轴（4），直至仪表指针停止运动。这时控制柱塞处于上止点。

大约需要0.5 bar的压力才能将（试验）标定油压入分配泵柱塞（5）后的柱塞腔内。对于这个试验，保持电磁切断阀（9）持续通电，以使其保持在打开位置。因此，标定油可以在从排出管流出之前，从柱塞腔流向试验组件。

现在技术人员应用手沿正常旋转方向转动输入轴。一旦进油通道关闭，标定油就停止流向柱塞腔。这时，存留在柱塞腔内的油不断从排出管溢出。分配泵柱塞行程中的这个时间点被标记为供油开始时间。

现在将仪表显示的下止点到供油开始之间的行程与设定点数值进行比较。如果读数超出了公差范围，则必须将喷油泵卸下并更换凸轮盘与柱塞之间的凸轮机构。

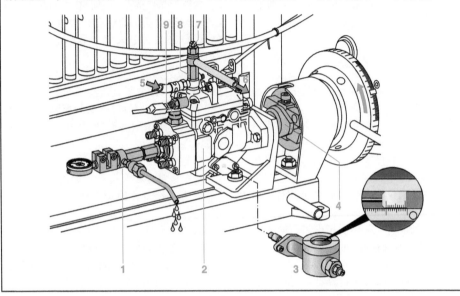

图 24-16 检测分配泵的装置（在试验台架上）
1—排出软管和刻度计的试验布局；2—分配泵；3—带游标尺的定时装置行程测试仪；4—泵传动机构；5—标定进油口；6—回流管；7—溢流限制装置；8—压力计接头转接器；9—电力切断阀（ELAB）（通电）

② 供油泵压力

由于供油泵压力（内部压力）会对喷油定时装置产生影响，因此还需对供油泵压力（内部压力）进行检测。在这一过程中，旋开溢流限制装置（7），将一个连接有压力计的转接器（8）装上。这样，溢流限制装置（7）就被装在了试验组件中的转接器中，从而可被用于检测限制装置上游泵的内腔压力。

压入压力控制阀中的柱塞可控制弹簧的张力，从而可以确定喷油泵的内部压力。这时技术人员将柱塞继续压入阀内，直至压力读数与设定数值相等。

③ 定时装置的行程

技术人员将定时装置的外壳卸下，然后在定时装置中安装一个带游标刻度的行程测试仪（3）。通过这种刻度装置可以将作为转速函数的定时装置中的行程记录下来，然后可以将记录结果与设定值进行比较。如果测量的定时装置行程与设定值不符，则必须在定时弹簧下方安装垫片，对弹簧的预紧力进行校正。

④ 调节基本供油量

在这一过程中，喷油泵供油量调节是在以下 4 个工况中转速恒定的条件下进行的：

- 怠速（无负荷）；
- 全负荷；
- 全负荷调速器控制；
- 启动。

用装在喷油泵试验台架上的玻璃液位计或电子流量测量系统对供油量进行监控（参考"喷油泵试验台架"一节）。

首先，在规定的发动机转速下，当控制杆的全负荷限制器被调节到正确的位置时，调节泵盖中的全负荷调速器螺钉，以实现正确的全负荷供油量。在这种情况下，必须将调速器调节螺钉转回，以防止全负荷限制器导致供油量减少。

接下来将控制杆紧靠怠速止动螺钉，测量供油量。必须对怠速止动螺钉进行调节，以确保监测的供油量符合规定值。

在高转速条件下对调速器螺钉进行调节。测量的供油量必须与全负荷供油量的规定值相符。

对调速器进行测试还可验证调速器的干预转速。从第一次减少燃料供应时，直至最后供给中断的过程中,调速器的转速不应超过规定的转速阈值。可利用调速器调节螺栓设定开启转速。

调节启动时的供油量没有什么捷径。试验条件为转速 100 r/min,且控制杆需靠着全负荷停机限制器。如果测定的供油量低于规定的供油量水平,则无法保证可靠启动。

(2) 测试

一旦完成基本调节设置,技术人员就能在各种不同的条件下对喷油泵的运行进行评估。在基本的调节过程中,应把试验的重点放在以下几个方面:

- 供油泵压力;
- 定时装置的行程;
- 供油量曲线。

在这个试验系列中,供油泵在不同的规定条件下工作。这还包括一个补充程序。

叶轮式供油泵的供油量要比喷嘴喷出的油量多。多余的标定油必须流经溢流限制阀,然后回流到油箱中。这就是本流程中测

量的回流量。根据所选择的试验程序,溢流限制阀可能会连有一根软管。该软管的另一头连着玻璃管计量计或电子流量测量单元。将 10 秒测试周期测定的溢流量换算成以升/小时为单位的供油量。

如果试验结果没有达到设定值,则说明叶轮式供油泵有磨损,或使用了不正确的溢流阀,或者出现了内部漏油现象。

24.6.2　供油开始的动态试验

通过柴油机试验台(如 BOSCH ETD019.00)可以在发动机上精确调节分配式喷油泵的供油时间。这种试验台可记录不同发动机转速下的供油开始时间和定时调节情况,而无须断开高压输油管。

借助压电传感器和频闪正时灯进行试验。

压电传感器(见图 24-17,4)被固定在基准缸的高压输油管上。在这种情况下,要确保传感器安装在竖直且干净的管段上,不能有弯曲;同时传感器应尽可能挨近喷油泵。

图 24-17　通过压电传感器和正时灯测定供油开始时间
1—电池;2—柴油机试验台;3—分配式喷油泵;4—压电传感器;5—频闪正时灯;6—角度和上止点位置标记

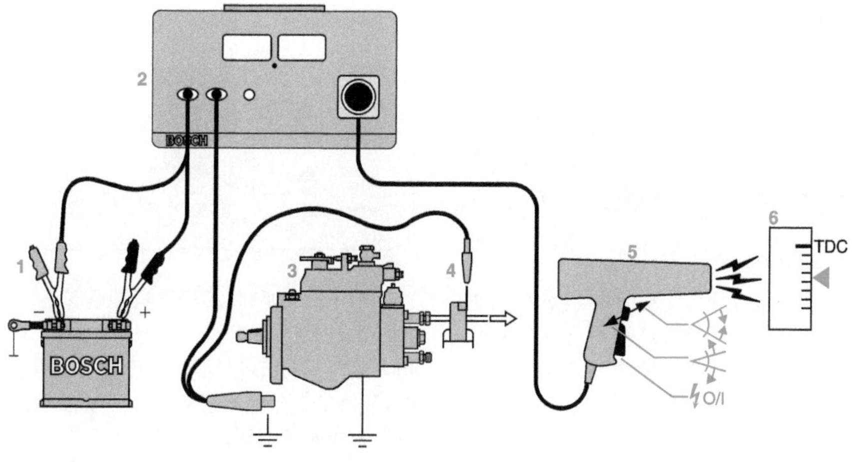

供油开始会触发喷油管中产生脉冲。这会使压电传感器中产生一个电信号。然后,由电信号控制频闪正时灯(5)产生的光脉冲。

正时灯现在对准发动机的飞轮。只要泵开始向基准缸供油,正时灯就会闪烁,从而照亮飞轮上的上止点标记,因此使得正时与飞轮位

置产生相关性。只有在开始向基准缸供油时正时灯才会闪烁。这样就产生了静态图像。在曲轴或飞轮上的刻度标记说明了供油开始时的相对曲轴位置。

柴油机试验台上还会显示发动机转速。

24.6.3 供油开始时间的设定

如果供油开始时间的测试结果与测试规范不符,就必须改变燃油喷射泵与发动机的相对角度。

首先应关掉发动机,然后由技术人员转动曲轴,直至基准缸活塞处于供油开始的位置。针对这次操作,为曲轴设定一个特定的基准标记。此标记应与钟形外壳上的标记对齐。现在,技术人员应从中央十字槽螺钉上拧下六角头螺钉。在对试验台进行基本调节时,技术人员应将刻度计装入开口中。该刻度计被用于在转动曲轴时,观察分配泵柱塞的行程。当曲轴反转(在某些发动机上曲轴应正转)时,柱塞缩回泵中。一旦度量计上的指针停止转动,技术人员就不得再转动曲轴。这时柱塞正处于下止点。同时,度量计被重新置零。然后将曲轴正转,直至基准缸内活塞到达上止点标记处。此时,度量计显示的就是分配泵柱塞由下止点至上止点的行程。燃油喷射泵的数据表应完全符合确切的规范值。这一点非常重要。如果度量计读数不符合规范限定的范围,则有必要松一松燃油喷射泵法兰上的连接螺栓,转动泵壳体并重新进行测试。还有一点也很重要,在整个过程中应确保冷启动加速器未启用。

26.6.4 急速的测量

在无负载状况下,当发动机预热至正常工作温度时,使用发动机试验台进行急速监控。可使用急速螺钉调节发动机急速。

§24.7 喷油嘴试验

喷油器总成由喷油嘴和喷油器体组成。喷油器体包括滤清器、弹簧和连接件。

喷油嘴会影响柴油机的输出、燃油经济性和尾气成分。这也体现了喷油嘴的重要性。

评估喷油嘴性能的一个重要工具就是喷油嘴试验台。

将手远离燃油喷嘴射流,因为燃油射流会刺痛皮肤,并有可能导致血液中毒。操作时应佩戴安全护目镜。

24.7.1 喷油嘴试验台

实际上,喷油嘴试验台是一个手动的燃油喷射泵(见图24-18)。进行检测时,用一根高压供油管检测管(4)与喷油器总成(3)连接。基准油在油箱(5)中。使用手柄(8)产生所需的压力。压力计(6)显示的是基准油的油压。为应对特定的试验流程,可以使用一个阀门(7)控制高压油路的中断或连通。

图24-18 带喷油器总成的喷油嘴试验台
1—抽吸设备;2—喷口;3—喷油器总成;4—高压检测管;5—带滤清器的基准油箱;6—压力计;7—阀门;8—手柄

EPS100(0684200704)喷油嘴试验台被用来检测规格为P,R,S和T的喷油嘴。它符合ISO 8984标准的规定。规定的基准油在ISO 4113标准中进行了定义。为对喷油嘴试验台进行校准检查,需要对所有组件进行校准。

为能够得到重复的、相互兼容的试验结果,喷油嘴试验台提供了基本的条件。

24.7.2 测试方法

从发动机上拆下喷油器总成后,建议对

其进行超声波清洗。进行保修时,会对喷油嘴进行强制性清洗。

注意:喷油嘴是高精度部件。为确保功能正常,清洗时应格外小心。

下一步应对总成进行检查,检查喷油器总成各部分是否有机械磨损或热磨损的迹象。如果有这些迹象,则应更换喷油嘴或喷油器总成。

喷油嘴状况的评估可被分为 4 个步骤。根据喷油嘴型号的不同(孔式喷油嘴或轴针式喷油嘴),这些步骤也会有所变化。

(1)颤振试验

通过颤振试验可检测针阀的运动是否平顺。在喷油过程中,针阀的来回摆动会产生典型的振颤现象。这种运动能确保燃油颗粒充分雾化。

在颤振试验中,应断开压力计(关闭阀门)。

① 轴针式喷油嘴

喷油嘴试验台上手柄的操作速率应保持每秒 1~2 个冲程。基准油的压力上升,直至超过喷油嘴的开启压力。在接下来的排油过程中,喷油嘴会产生一种听得见的振颤;如果振颤没有出现,则须对其进行更换。

当在喷油器体上安装新的喷油嘴时,即便安装的是孔式喷油嘴,也应始终遵守官方的转矩规范。

② 孔式喷油嘴

以高速上下运动时,手柄会产生一种嗡嗡声或口哨声。这取决于喷油嘴的型号。在某些情况下不会出现振颤,所以对孔式喷油嘴进行振颤评估会比较困难。这也是对于孔式喷油嘴来说,振颤试验不作为特定的评估工具使用的原因。

(2)喷射形状试验

试验过程中会产生高压。应佩戴安全护目镜。

当手柄速度变慢且处于均压下时,会产生一个恒定的排出股流。现在就可以对喷射形状进行分析了。喷射形状说明了喷射口的情况。如果喷射形状并不令人满意,则需更换喷油嘴或喷油器总成。

进行该试验时须关闭压力计。

① 轴针式喷油嘴

喷雾应遍布整个喷油口周边,形成均匀的锥形流。喷雾不应集中在某一侧(平口轴针式喷油嘴除外)。

② 孔式喷油嘴

每个喷油口都应形成均匀的锥形流。锥形流的数目应与喷油嘴喷口的数目一致。

(3)检测开启压力

一旦油管压力超过喷油嘴的开启压力,阀针就会从阀座上升起,喷油口开启。规定的开启压力对于整个喷油系统的正常工作来说是非常重要的。

进行该试验时须开启压力计。

① 带单弹簧喷油器体的轴针式喷油嘴和孔式喷油嘴

操作员慢慢下压手柄,直至压力计指针显示已达到最大压力。这时,阀门开启,喷油嘴开始喷油。在"喷油嘴和喷油器体组件"一节中可找到压力规格。

通过更换位于喷油器体中的顶住压缩弹簧的垫片可以校正开启压力。这需要将喷油嘴从喷油器体中取出。如果开启压力太低,就要安装一个厚一些的垫片;反之,若开启压力太高,则安装一个较薄的垫片。

② 带双弹簧喷油器体的孔式喷油嘴

该试验方法仅适用于确定双弹簧喷油器体的孔式喷油嘴的初始开启压力。

目前还没有针对喷油器体总成更换垫片的相关规定。唯一的方法就是更换整个喷油器总成。

(4)泄漏试验

将压力设定为 20 bar,高于开启压力。10 s 后,喷油口处允许形成油滴,但油滴不得滴落。

如果泄漏试验不成功,就必须更换喷油嘴或喷油器体总成。

第二十五章 尾气排放

能耗的增加,主要指化石燃料中含有的能量,使得空气质量成为严峻的问题。我们赖以生存的空气,其质量的好坏取决于多方面的因素。除工业、家庭和发电厂产生的排放以外,由汽车发动机产生的尾气排放也不容忽视。在发达国家,汽车尾气排放占总排放量的20%左右。

§25.1 概 述

近年来,限制汽车污染物排放的法规逐渐变得严格。

为了达到这些限制要求,在车辆上安装了辅助排放控制系统。

25.1.1 空气/燃料混合物的燃烧

一条适用于所有内燃机的基本法则是:在发动机的气缸内实现绝对的完全燃烧是不可能的。当燃烧混合物中含有过量空气时,这条法则仍有效。燃烧效率越低,废气中含碳的有毒成分就越多。除了很大比例的无毒成分外,内燃机的废气中还含有副产品(至少在高浓度时)。这体现出环境破坏的潜在原因,所以也被归类为污染物。

25.1.2 曲轴箱强制通风

其他废气排放来自发动机曲轴箱的通风系统。燃烧体会沿着气缸壁进入曲轴箱中,然后再回到进气歧管中,重新参与发动机内的燃烧。

柴油机压缩行程压缩的仅是纯净空气,柴油机产生的旁路气体排放量可被忽略不计。进入曲轴箱的气体含有的污染物差不多是汽油机旁路气体的10%左右。尽管这样,密闭的曲轴箱通风系统现已成为柴油机的强制性要求。

25.1.3 蒸发性污染物排放

当燃油中的挥发成分蒸发,并从油箱中逸出时,其他排放物可能会从汽油车中逸出,无论车辆处于行驶状态,还是停车状态。这些排放物主要由碳氢化合物构成。为了阻止这些气体直接排向大气,车辆必须装备蒸发排放物控制系统。该系统可以储存蒸发排放物并将其用于发动机气缸内的后续燃烧。

柴油的蒸发排放物并不被特别关注,因为柴油几乎不含挥发性很强的成分。

§25.2 主要成分

假定在理想状况下有充分的氧气供应,则可以实现纯净燃料的完全燃烧。相应的化学反应方程式为:

$$n_1C_xH_y + m_1O_2 \rightarrow n_2H_2O + m_2CO_2$$

由于完全燃烧的理想状况毕竟无法实现,加之燃料本身可能会含有其他杂质和成分,除了会产生主要燃烧产物水(H_2O)和二氧化碳(CO_2)外,还会产生一定量的有毒成分(见图25-1)。

25.2.1 水(H_2O)

在燃烧过程中,燃油中化学键合的水会转化为水蒸气。大部分水蒸气遇冷会凝结。在冷天可以清晰地看到尾气中的水蒸气凝结的现象。尾气中所含水蒸气的比例与柴油机的工作点有关。

25.2.2 二氧化碳(CO_2)

在完全燃烧过程中,燃油化学键中的碳氢化合物会转化成二氧化碳(CO_2)。二氧化碳的浓度还取决于发动机的工作点。在此,二氧化碳的浓度还取决于发动机的工作条件。废气中转化的二氧化碳的量与耗油量成正比。使用标准燃油时,降低二氧化碳排放的唯一方法是降低油耗。

二氧化碳是大气的自然成分。汽车尾气中所含的二氧化碳并不归入污染物一类。然而,它却是地球温室效应和全球气候变化的原因之一。从 1920 年起,大气中的二氧化碳含量开始持续上升,从大约 0.03% 上升到 2001 年的 0.045%。因此,尽可能减少二氧化碳的排放和燃料消耗变得日益重要。

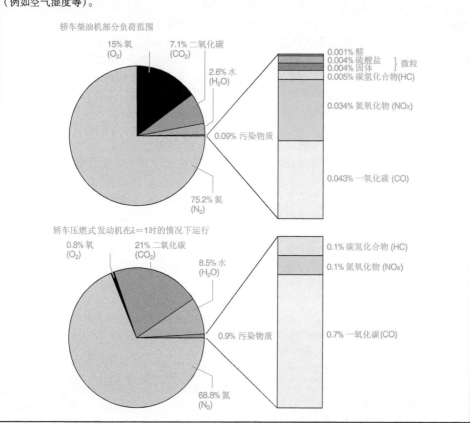

图 25-1　无废气处理系统(废气未经处理)的内燃机废气成分
通过使用氮氧化物存储催化转换器和颗粒滤清器,氮氧化物和颗粒排放物能降低 90% 以上;
催化转换器已成为现在的标准装备,最多能减少 99% 的污染物排放
图注:图中百分数为重量百分比。
废气成分的浓度,特别是污染物的浓度可能会有所不同。除其他因素外,还取决于发动机工况和环境条件(例如空气湿度等)。

25.2.3　氮气(N_2)

氮气是进入发动机中的空气的主要成分,约占 78%。尽管氮气不直接参与燃烧,但它仍是尾气中最大的单组分,占 69%～75%。

§25.3　燃烧副产物

在燃烧过程中,空燃混合气会产生一些副产物。最主要的燃烧副产物有:

- 一氧化碳(CO);
- 碳氢化合物(HC);
- 氮氧化物(NO_x);

发动机改型和废气处理能减少大量污染物的产生。

由于柴油机始终在过量空气的条件下运行,因此其本身产生的一氧化碳和碳氢化合物要比汽油机少得多。因此,柴油机的减排重点主要是氮氧化物和颗粒物的排放。这两种排放物可通过氮氧化物存储催化转化器和微粒滤清器降低90%以上。

25.3.1 一氧化碳(CO)

一氧化碳的产生是由于在空气不足的情况下,在过浓的空燃混合气中不完全燃烧导致的。

尽管在过量空气的条件下也会产生一氧化碳,但是其浓度很低。这主要是由于空燃混合气短时加浓或浓度不稳定导致的。未蒸发的燃料液滴会形成浓混合气气孔,因此造成不完全燃烧。

一氧化碳是无色无味气体。对人体来说,它会抑制血液吸收氧气,从而导致窒息。

25.3.2 碳氢化合物(HC)

碳氢化合物是一种由碳元素和氢元素组成的一系列化合物。碳氢化合物排放物产生的原因是支持空燃混合气完全燃烧的氧气不足。燃烧过程还会产生一些新的最初在原燃料中并不含有的碳氢化合物(通过断开长分子链等方法)。

脂肪族烃(链烷烃、烯烃、炔烃及其环状衍生物)都是没有气味的。环状芳香族碳氢化合物(如粗苯、甲苯和多环烃等)会释放出很大的气味。

某些碳氢化合物,人若与之长期接触会致癌。部分被氧化的碳氢化合物(醛类、酮类等)会释放一种难闻的气味。在特定浓度下,这些物质暴露在阳光下也会有致癌性。

25.3.3 氮氧化物(NO_x)

氮氧化物,或者氧化氮,是含氮元素和氧元素的化合物的统称。它是由所有燃烧过程中都会发生的二次反应产生的。在这种二次反应中,空气中的氮会燃烧。内燃机尾气中的主要成分为一氧化氮和二氧化氮,另外还有很低浓度的一氧化二氮。

一氧化氮无色无味。在大气中,它会逐渐转化成二氧化氮。纯的二氧化氮是一种有毒的、红棕色的、有刺激性气味的气体。高度污染空气中的二氧化氮会导致呼吸道黏膜受损。

氮氧化物会破坏森林(酸雨),并且会和碳氢化合物结合生成光化学烟雾。

25.3.4 二氧化硫(SO_2)

尾气中的含硫化合物,主要是二氧化硫,是燃油中的硫燃烧形成的。二氧化硫在汽车排放的污染物中只占相对很小的比例。在官方的排放限值法规中未对其排放量进行限制。

使用催化转换器并不能转化二氧化硫。在催化转换器中,硫会形成沉淀。其会与活性化学层发生反应,并抑制催化转换器去除尾气中其他污染物的能力。直喷汽油机中被用于排放控制的氮氧化物存储催化转换器能够扭转硫污染的状况,但这一过程需消耗相当大的能量,因此未体现出直喷式发动机燃油经济性方面的优势。

早期对燃料中含硫量的限制为不高于0.05%。这一标准在1999年年末前一直有效,但后来欧盟法规已变得更加严格。之后的规定自2000年起生效,规定汽油的含硫量不高于0.015%,柴油的含硫量不高于0.035%。更严格的规定又于2005年出台,规定汽油和柴油的含硫量均不得高于0.005%。事实上,无硫燃油很快也问世了。2003年,德国已实现汽油和柴油中含硫量不高于0.001%的水平(2005年,全欧洲也达到了这个水平)。

25.3.5 颗粒物

颗粒物排放的问题主要与柴油机有关。带多点喷射系统的汽油机的颗粒物排放水平可被忽略不计。

颗粒物是由于不完全燃烧产生的。废气成分随着燃烧过程和发动机工况的改变而变化。这些颗粒物基本上都含有比表面积极大的烃链(碳烟)。如果碳氢化合物中加入了带刺激性气味的醛类,则未燃烧及部分燃烧的碳氢化合物会形成碳烟沉积。气溶胶成分(气体中扩散的固体或液体微粒)和硫酸盐会与碳烟结合。硫酸盐是燃油中所含的硫的产物。因此,如果使用无硫燃料,就不会产生这类污染物。

▲ 知识介绍

温 室 效 应

短波太阳光穿过地球大气层达到地表，然后被地表吸收。随着地表温度的上升，地表会向大气中辐射出长波热量或红外能量。它们中的一部分会被大气层反射，从而导致地球变暖。

如果没有这些自然的温室效应的影响，地表的平均温度会降到-18℃,地球将不适合人类生存。大气中的温室气体(水蒸气、二氧化碳、甲烷、臭氧、一氧化二氮、气溶胶与雾状颗粒物)使地面的平均温度上升到+15℃左右。特别是水蒸气可留住大量的热量。

从100多年前工业时代的早期起，大气中的二氧化碳就开始明显增加。这些二氧化碳主要是由于煤和石油产品燃烧产生的。燃烧时，燃油中的碳元素以二氧化碳的形式排出。

影响地球大气温室效应的过程非常复杂。一些科学家认为人为排放是气候改变的主要原因，而另一些专家却不这么看。他们认为地球变暖是太阳活动愈加频繁造成的。

但是，要求减少能源消耗，降低二氧化碳排放，以对抗温室效应的呼声在很大程度上得到了认同。

第二十六章　排放控制法规

美国加州是限制机动车废气排放的先锋。这种领先源于这样一个事实,即处在该州的一些大城市,例如洛杉矶,由于高楼林立而不利于汽车尾气的消散,造成整个城市被笼罩在烟雾之中。产生的烟雾不仅会影响城市居民的健康,而且严重影响能见度。

§26.1　概　　述

美国加州于 20 世纪 60 年代推出了第一项针对汽油车的排放控制法规。这些法规在次年逐步变得更加严格,同时所有工业化国家都相继推出了针对汽油机和柴油机的排放控制法规,以及被用于确定是否符合法规的试验规程。

最重要的废气排放法规有:
- 加州空气资源委员会(CARB)法规;
- 美国环境保护署(EPA)法规;
- 欧盟法规;
- 日本法规。

26.1.1　车型分类

实施了汽车排放控制法规的国家将汽车划分成不同的类别:
- 乘用车:排放试验在底盘测功机上进行。
- 轻型货车:根据不同国家的法规,最大限制总重量为 3.5~6.35 t。试验在底盘测功机上进行(与乘用车一样)。
- 重型货车:根据不同国家的法规,最大总重量为 3.5 t 以上。测试在发动机试验台架上进行。对汽车试验未做规定。
- 与重型货车一样,非公路用车(例如工程车、农用车和林用车辆等)的试验在发动机试验台架上进行。

26.1.2　试验规程

继美国之后,日本和欧盟确定了各自被用于确认是否符合排放限制的试验规程。这些规程或被其他国家修改后采用,或直接被其他国家采用。

根据车辆等级和试验目的,法规规定了 3 种试验类别:
- 型式认证,以获得一般合格认证证书;
- 由审批机构对量产汽车进行的随机检验(生产一致性);
- 在车辆运行过程中对某种废气成分进行现场监控。

(1) 型式认证

型式认证是对某个型号的发动机或车型授予一般合格认证的前提条件。这样能确保车辆在规定的试验循环中符合规定的排放限制。不同国家规定了各自的试验循环和排放限制。

试验循环

乘用车和轻型货车所适用的是动态试验循环。不同的国家根据各自的实际情况对以下两个步骤做了不同的规定:
- 被用于模拟车辆在实际公路上运行情况的试验循环,例如美国采用联邦试验规程(FTP)试验循环。
- 在巡航速度和加速率恒定的情况下,合成产生的试验循环,例如新欧洲行驶循环修订版(MNEDC)。

每辆车的废气排放量都是在与速度循环一致的运行状况下确定的。速度循环由试验循环精确定义。在试验循环中,排放的废气被收集起来做进一步的分析,以确定污染物排放量。

对于重型货车来说,稳态废气试验(如欧盟的 13-级试验)或动态试验(如美国的瞬态循环)都在发动机试验台架上进行。

本节末将对所有的试验循环进行描述。

(2) 量产车辆的试验

作为生产过程中质量控制的一部分,量

产车辆试验由车辆制造商实施。同样的试验规程和限值通常也被用于型式认证。注册机构会经常要求进行确认测试。欧盟和欧洲经济委员会从32辆车(最多)里随机选出最少3辆车进行随机试验,以确定制造公差。最严格的要求是美国提出的。尤其是加州,其权力机构必须做到真正的综合而全面的质量监控。

(3)现场监测

随机排放控制试验在车辆行驶时进行。试验车辆的行驶性能和车龄必须符合规定。与型式认证试验相比,简化了排放控制试验规程。

§26.2 美国加州空气资源委员会法规 (乘用车/轻型货车)

美国加州空气资源委员会针对乘用车和轻型货车制定的排放限制标准被分为:

- 低排放车辆 I (LEV I);
- 低排放车辆 II (LEV II)。

LEV I 标准适用于重量不超过 6 000 磅(1 磅 = 0. 453 592 37 kg),生产年限为 1994—2003 年的乘用车和轻型货车。LEV II 标准自车型年份 2004 年起,适用于重量不超过 14 000 磅的新车。

26. 2. 1 逐步采用

随着 LEV II 标准的采用,2004 年,至少 25% 的新注册车辆必须符合这一标准。"逐步采用"规则规定,今后每年都必须有 25% 的车辆符合 LEV II 标准。到 2007 年,所有新注册车辆都必须符合 LEV II 标准。

26. 2. 2 排放限值

美国加州空气资源委员会法规对下列成分做了限制:

- 一氧化碳;
- 氮氧化物;
- 非甲烷有机气体(NMOG);
- 甲醛(仅 LEV II);
- 颗粒排放(柴油机:LEV I 和 LEV II;

汽油机:仅 LEV II)。

通过采用第 75 号联邦试验规程(FTP 75)的试验循环确定实际的排放水平。排放限值的规定与距离有关,单位为克/英里。

2001—2004 年,除了 FTP 排放限值标准外,还采用了联邦试验规程补充(SFTP)标准。除要符合 FTP 排放限值外,还要符合其他限值。

26. 2. 3 废气类别

如果能保持车队的平均值,则允许汽车制造商在允许的限值内自由部署各种车辆设计方案(见"车队平均值"一节)。这些设计方案被分为以下的废气类别(这取决于非甲烷类有机气体、一氧化碳、氮氧化物和颗粒物的排放值)(见图 26-1):

- 第 1 级(Tier1)(仅 LEV I);
- TLEV(瞬态低排放车辆,仅 LEV I);
- LEV(低排放车辆),适用于废气排放和蒸发排放;
- ULEV(极低排放车辆);
- SULEV(超低排放车辆)。

美国加州空气资源委员会针对甲烷类有机气体和氮氧化物排放的限值如图 26-2 所示。

除了 LEV I 和 LEV II 之外,还有两种被用来定义零排放车辆和部分零排放车辆的类别:

- ZEV(零排放车辆),没有废气排放和蒸发排放的车辆;
- PZEV(部分零排放车辆),一般指超低排放车辆,不过在蒸发排放和长期性能标准上有着更严格的限制。

LEV II 废气排放标准于 2004 年起实施。该类别中不包括 Tier1 和 TLEV,并加上了排放限值低得多的 SULEV。LEV 和 ULEV 继续保留在 LEV II 类别中。与 LEV I 相比,LEV II 中对一氧化碳和非甲烷类有机气体的限制没有变化,但对氮氧化物的限制严格了许多。LEV II 标准中还新加入了对甲醛的补充限制。

图 26-1　美国加州空气资源委员会针对乘用车和轻型货车的废气种类及其限值

1)—Tier 1采用非甲烷碳氢化合物(NMHC)替代了非甲烷有机气体(NMOG);2)—"全使用寿命"各种情况下的限值(LEV Ⅰ 为 10 年/100 000 英里,LEV Ⅱ 为 10 年/120 000 英里);3)—"中间使用寿命"的限值(5 年/50 000 英里);4)—仅对"全使用寿命"的限值(见"长期合规"一节)

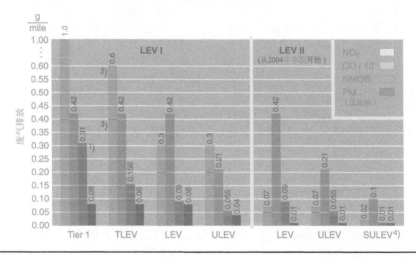

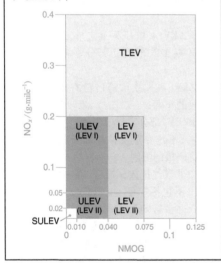

图 26-2　针对美国加州空气资源委员会废气种类的甲烷类有机气体和氮氧化物的限值(乘用车/轻型货车)

26.2.4　长期合规

为了对每种车型进行鉴定(型式认证),制造商必须证明它们符合正式的污染物排放限制。符合意味着在以下里程和使用期限内不得超过以下限值:50 000 英里或 5 年(中间使用寿命);100 000 英里(LEV Ⅰ)/120 000 英里(LEV Ⅱ)或 10 年(全使用寿命)。

制造商也可以使用同样的适用于 120 000 英里的限值证明车辆在 150 000 英里的限值。当确定非甲烷类有机气体的车队平均值后,制造商可以获得奖励(见"车队平均值"一节)。

对这种型式认证,制造商必须从量产产品中安排两组车型。

- 第一组中每辆车在试验前必须达到 4 000 英里的行驶里程。

- 第二组做耐久性试验,确定各部件的劣化系数。

耐久性试验要求车辆在 50 000 英里和 100 000/120 000 英里的试验循环中达到规定的行驶循环。要求每 5 000 英里进行一次废气排放试验。维修检查和维护要求达到规定的行驶里程。

以美国试验循环规定为基础,许多国家允许采用规定的劣化系数简化认证流程。

26.2.5　车队平均值(非甲烷类有机气体)

每个汽车制造商都必须确保其所有车型的废气排放量不超过规定的平均值。非甲烷类有机气体的排放作为一项参照类,被用来评估车队是否满足平均值。车队平均值,通过汽车制造商一年所售出的满足非甲烷类有机气体排放限制要求的所有车辆的非甲烷类有机气体排放平均值计算得出。乘用车和轻型货车所适用的车队平均值也是不同的。

非甲烷类有机气体车队平均值的要求逐年严格(见图26-3)。为了满足越来越低的排放值要求,制造商每年都必须制造更加清洁的车辆。

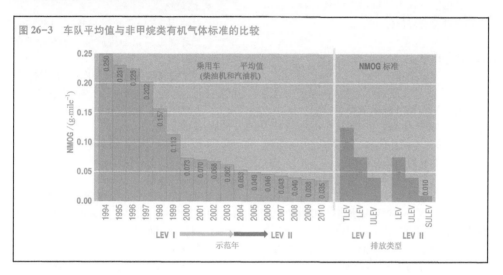

图26-3　车队平均值与非甲烷类有机气体标准的比较

车队平均值适用于 LEV I和 LEV II标准。

26.2.6　车队油耗

美国法律规定了汽车制造商生产的车辆每英里消耗的平均燃油量。规定的公司平均燃油经济性(CAFE)目前(2004 年)为 27.5 英里/加仑①,即 8.55 L/100 km。目前还没有降低这一限值的计划。

轻型货车的车队油耗是 20.7 英里/加仑,或 11.4 L/100 km。2005—2007 年,燃油经济性每年将提高 0.6 英里/加仑。目前还没有针对重型货车的相关规定。

每年的年末,汽车制造商都根据所售车辆的数量计算平均燃油经济性。如果平均燃油经济性超标,制造商必须支付罚金。每超过 0.1 英里/加仑,制造商就需为其所售出的每一辆车付 5.5 美元的罚金。购车者还需为燃油经济性超标支付燃油过耗税。在这种情况下,限值为 22.5 英里/加仑

(相当于 10.45 L/100 km)。

这些惩罚措施是为了刺激制造商生产具有更好燃油经济性的车辆。

75 号联邦试验规程和公路循环可被用于测量燃油经济性(见"美国试验循环"一节)。

26.2.7　零排放车辆

2003 年起,10% 的新注册车辆必须符合零排放车辆废气级别的要求。在行驶过程中,这些车辆不会产生废气和蒸发排放物。这个级别主要涉及电动车。

还有 10% 的车辆属于部分零排放车辆的级别。这些车并不是完全零排放的,只不过污染排放物极少而已。根据排放限制标准,用 0.2~1 这样的系数对其划分权值等级。符合下列要求的车辆被归为 0.2 的最小权重

---

① 1加仑(美制)= 3.78 升;1加仑(英制)= 4.54升。

系数：

• 超低排放车辆认证意味着在 150 000 英里里程或 15 年以上的使用期限内长期合规。

• 所有与排放相关的部件的保修期均为 150 000 英里或 15 年。

• 通过对油箱和燃油系统进行密封，油箱和燃油系统不会释放蒸气排放物。

柴电混合动力车辆适用特殊法规。这些车辆也须符合限值的 10%。

26.2.8　现场监测

（1）不定期测试

使用 75 号联邦试验规程试验循环和蒸发试验对在用车辆进行随机排放试验。试验仅选用里程低于 50 000 或 75 000 英里的车辆（根据具体车型的认证状况而定）。

（2）制造商对车辆的监控

从车型年 1990 年起，汽车制造商对排放相关组件和系统出具质量保证和损坏状况的官方报告已成为一项强制规定。报告的责任期限为 5 或 10 年，或者 50 000 或 100 000 英里。这取决于排放相关组件或系统的保修期。

报告被分为 3 层，细节如下：

• 排放保证书资料报告（EWIR）；

• 现场信息报告（FIR）；

• 排放信息报告（EIR）。

信息涉及：

• 问题报告；

• 故障统计；

• 缺陷分析；

• 排放影响。

要求将这些报告上交至环保署。环保署采用现场信息报告作为向制造商发送强制召回令的参考基础。

§26.3　美国环保署法规
（乘用车/轻型货车）

美国环保署（EPA）法规适用于美国所有联邦州，而更加严格的加州空气资源委员会（CARB）条例尚未生效。CARB 法规已被马萨诸塞州、缅因州和纽约州等联邦州采纳。

从 2004 年开始生效的环保署（EPA）法规应遵守 Tier 2 标准。

26.3.1　排放限值

环保署法规对下列污染物做了排放限制：

• 一氧化碳（CO）；

• 氮氧化物（NO_x）；

• 非甲烷有机气体（NMOG）；

• 甲醛（HCHO）；

• 颗粒物。

通过使用 75 号联邦试验规程（FTP 75）的行驶循环确定污染物排放量。排放物的限值与距离有关，以 g/英里为单位。

联邦试验规程补充标准（SFTP）包括其他的试验循环。其自 2002 年开始实施。其适用的限制也要求符合联邦试验规程的排放限值。

自采用 Tier 2 标准之后，汽油机车辆和柴油机车辆都必须遵守相同的尾气排放标准。

26.3.2　尾气等级

Tier 2（见图 26-4）将乘用车限值划分成 10 个排放限制标准，将重型货车划分成 11 个排放限制标准。2007 年后，逐步取消了 9~11 级的限制标准。

向 Tier 2 标准的过渡有以下变化：

• 采用了氮氧化物车队平均值。

• 甲醛（HCHO）被归入一个独立的污染物类别中。

• 最大允许总重量（GWR）指标达到 6 000 磅（2.72 t）的轿车和轻型货车将被合并成一个单独的车辆级别。

• 中型乘用车（MDPV）形成一个独立的车辆级别，而其之前被归于重型汽车（HDV）等级中。

• "全部使用寿命"延长至 120 000 英里（192 000 km）。

26.3.3　分阶段实施

至少 25% 的新注册轿车和超轻型卡车（LLDT）需遵循自 2004 年起开始实施的 Tier 2 标准。分阶段实施规则规定，每年都必须有另外 25% 的车辆达到 Tier 2 标准。2007 年，所有车辆都应满足 Tier 2 标准。对于中型乘用车/重型卡车（HLDT/MDPV）级别，分阶段实施的期限为 2009 年年底。

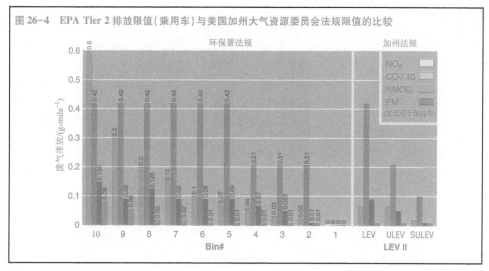

图 26-4　EPA Tier 2 排放限值（乘用车）与美国加州大气资源委员会法规限值的比较

26.3.4　车队平均值

根据环保署（EPA）的法规，氮氧化物的排放量被用于确定各汽车制造商的车队平均值。然而，加州大气资源委员会（CARB）法规以非甲烷有机气体（NMOG）的排放量为基础。

26.3.5　车队燃油经济性

与加州一样，还有 40 个州采用了同样的规定车队平均油耗的法规。轿车采用的限值为 27.5 英里/加仑（8.55 L/100 km）。

如超过这一标准，制造商需要支付处罚税。个人如购买燃油消耗率超过 22.5 英里/加仑的车，也需支付处罚税。

26.3.6　现场监测

（1）不定期测试

与加州空气资源委员会（CARB）的法规相比，环保署（EPA）的法规要求以 75 号联邦试验规程（FTP 75）的试验循环为基础，对在用车辆进行尾气排放的随机试验。试验对象被分为低里程车（行驶里程 10 000 英里，车龄为 1 年）和高里程车（行驶里程 50 000 英里，每个测试组至少有一辆行驶里程为 75 000/90 000 英里的车，车龄为 4 年）。应根据售出车辆的数量确定试验车辆的数量。

（2）制造商对车辆的监控

从车型年 1972 年起，如果在车型年中，至少有 25 个与排放有关的零部件出现缺陷，则制造商必须针对排放相关组件和系统出具质量保证和损坏状况的官方报告。制造商在本车型年结束后的 5 年内均有此报告义务。报告内容需包含对有缺陷零部件的损坏描述，对尾气排放的影响评估，以及适用于制造商的应对措施。环保机构将以此报告为基础，决定是否向制造商发送强制召回令。

§26.4　欧盟法规（轿车/轻型货车）

欧盟指令中的法规由欧盟委员会制定。针对轿车/轻型货车的排放控制法规是 1970 年起开始生效的 70/220/EEC 指令。这也是首次对尾气排放限值进行规定，并且该法规从那时起一直更新至今。

针对轿车/轻型货车的排放限制包含在下列几个尾气排放标准中：

- 欧Ⅰ（自 1992 年 7 月 1 日起实施）；
- 欧Ⅱ（自 1996 年 1 月 1 日起实施）；
- 欧Ⅲ（自 2000 年 1 月 1 日起实施）；
- 欧Ⅳ（自 2005 年 1 月 1 日起实施）；

一个新的废气排放标准通常被分为两个阶段实施。在第一个阶段，具有新型式认证（TA）的车型需符合新制定的排放限制标准。在第二个阶段，通常是一年以后，每辆新注册的车辆都必须满足新的限值要求（首次注册)。监管机构也可通过对量产车辆进行检查以确定其是否满足排放限值(生产一致性)。

欧盟指令实施了一系列的税收激励措施,以激励汽车制造商,促使其产品达到将要实施的、具有法律效应的废气排放标准。根据车辆排放标准,德国开征了一些不同的机动车税。

26.4.1　排放限值

欧盟标准对以下污染物均做出了限制,如图 26-5 所示:

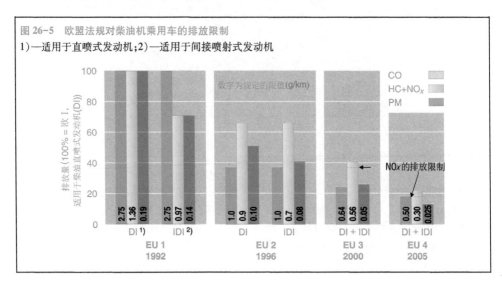

图 26-5　欧盟法规对柴油机乘用车的排放限制
1)—适用于直喷式发动机;2)—适用于间接喷射式发动机

- 一氧化碳(CO);
- 碳氢化合物(HC);
- 氮氧化物(NO_x);
- 颗粒物。

然而,这些限制最初仅适用于柴油车。

欧Ⅰ和欧Ⅱ标准中,碳氢化合物和氮氧化物的排放只需满足一个总限制值(HC + NO_x)。自欧Ⅲ标准开始实施起,除上述总限制值之外,还对氮氧化物排放进行了特殊限制。

欧盟排放限值的制定以里程为基础,单位为 g/km。自欧Ⅲ标准开始实施起,使用新欧洲标准测试循环(MNEDC)在底盘测功机上对排放进行测量。

针对柴油机或汽油机车辆的限值是不同的。将来,这两类车会采用同一个限制标准(有可能是欧Ⅴ)。

针对轻型货车类别的排放限值也是不同的,被分为 3 个不同级别(1~3)。这 3 种排放级别是根据汽车参考重量划分的(空载质量+100 kg)。1 级的限值与轿车相同。

26.4.2　型式认证

欧盟的型式认证试验与美国的流程基本相符,而差别主要有以下几个方面:在柴油机上,除了对碳氢化合物、一氧化碳和氮氧化物这些污染物进行测量以外,还补充了对颗粒物和废气不透明度的测量。测试前,允许试验车辆具有 3 000 km 的行驶里程。法规中规定了各种污染成分的劣化系数。这些系数可被用于评估试验结果;在超过 80 000 km(欧Ⅳ规定为 100 000 km)的特定耐久性试验期间,制造商可以出示证明劣化系数较低的报告。

车辆在 80 000 km 行驶里程内(欧Ⅲ),或者 100 000 km 行驶里程内(欧Ⅳ),或者 5 年使用期内都需满足规定的限值。

型式试验

针对型式认证有 6 个不同的型式试验。其中,型式Ⅰ和型式Ⅴ试验适用于柴油车。

型式Ⅰ试验评估的是冷启动后的尾气排

放。对于搭载柴油车的车辆,还应评估尾气不透明度。

型式 V 试验评估的是尾气减排装置的长期耐久性。这可能涉及特定的测试序列,或应遵守法规指定的劣化系数。

26.4.3 二氧化碳排放

目前没有法规对二氧化碳的排放量做出限制,但是汽车制造商(欧洲汽车制造商协会 ACEA)非常支持自愿项目。该项目的目标是:到 2008 年,油耗为 5.8 L/100 km 的轿车的二氧化碳排放量不应超过 140 g/km。

在德国,2005 年年底前,二氧化碳排放量低的汽车(也被称为 5 L 车或 3 L 车)是免税的。

26.4.4 现场监测

欧盟法规也呼吁将在用车辆的一致性验证试验作为型式 I 试验循环的一部分。一种车型的最低试验数量为 3 辆,而最多试验数量则应根据试验规程确定。

试验车辆必须符合以下标准:

* 行驶里程数在 15 000～80 000 km,车龄为 6 个月至 5 年(欧Ⅲ)。欧Ⅳ标准规定被测试车辆的行驶里程为 15 000～100 000 km。
* 对于常规保养,根据汽车制造商的规定执行。
* 被测试车辆不得有非规范使用的迹象(如改装、大修等)。

如果某辆车的排放无法达到测试标准,则需确定超标排放的来源。在随机测试中,如果不只一辆车的排放超标,无论什么原因,测试的结果都只能是不合格。

如果原因很多,倘若得不到最大样本量,则试验进度表可能会被延长。

如果型式认证机构发现一种车型未满足标准,则汽车制造商必须采取适当措施,以消除缺陷。该措施目录必须适用于所有具有同种缺陷的车辆。如有必要,需启动产品召回措施。

26.4.5 定期排放检查(AU)

在德国,所有轿车和轻型货车在首次注册后的 3 年内都必须接受排放检查,然后必须每两年检查一次。针对汽油车,重点放在

一氧化碳的检测上,而对于柴油车,不透明度测试是主要的衡量标准。

自从采用车载诊断系统(OBD)后,尾气测试还会对车载诊断系统(OBD)是否正常工作进行检验。

§26.5 日本法规(轿车/轻型货车)

日本的排放限值也是分阶段逐渐严格的。2005 年,日本实施了一项更严格的排放限制标准。

总重不超过 2.5 t(2005 年起:3.5 t)的车辆被分为 3 个级别:乘用车(10 座以下),1.7 t 以下的轻型车,以及 2.5 t(2005 年起:3.5 t)以下的中型车。与其他两个级别相比,法规对中型车在氮氧化物和颗粒物上的限制要稍微高一些。

26.5.1 排放限值

日本法规对下列排放物的标准做了规定(见图 26-6):

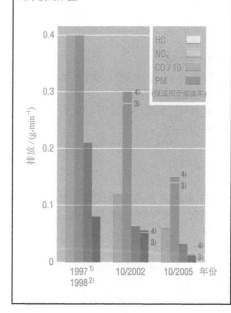

图 26-6 日本法规:柴油乘用车的排放限制
1)—空载质量低于 1 265 kg 的车辆;2)—空载质量超过 1 265 kg 的车辆;3)—对自重低于 1 265 kg 的车辆的限值;4)—对自重超过 1 265 kg 的车辆的限值

- 一氧化碳(CO)；
- 氮氧化物(NO_x)；
- 碳氢化合物(HC)；
- 颗粒(仅适用于柴油车)；
- 烟度(仅适用于柴油车)；

在"10·15"模式测试(见"日本乘用车和轻型货车的试验循环"一节)中测量排放污染物。2005年对"10·15"模式测试进行了修改,包括将在2005年采用的。目前该修改方案正在讨论中。

26.5.2 车队燃油经济性

日本正在规划旨在减少轿车二氧化碳排放量的措施。还有一个确定所有乘用车平均油耗(全公司生产所有型号汽车的平均油耗)的提案。该提案将根据车重制定的排放限制标准分阶段实施。

§26.6 美国法规(重型货车)

环保署(EPA)法规中定义的重型货车是指,根据车型,最大允许总重量超过8 500磅或10 000磅(相当于3.9 t或4.6 t)的车辆。

在美国加州,所有重量超过14 000磅(相当于6.4 t)的车辆都被归类为重型货车。在很大程度上,加州法规与环保署法规是相同的。不过,加州法规增加了针对城市公交车的相关条款。

26.6.1 排放限值

美国标准针对柴油机的排放限制包括:

- 碳氢化合物(HC)；
- 非甲烷碳氢化合物($NMHC$)；
- 一氧化碳(CO)；
- 氮氧化物(NO_x)；
- 颗粒物；
- 尾气不透光度。

排放限值与发动机的动力输出相关,单位为g/kW。动态试验循环期间,试验人员通过冷启动程序(美国重型柴油机瞬态法HDTC),在发动机试验台架上对排放物进行测量。试验人员应通过联邦烟度试验测量尾气不透光度。

2004年,新的更加严格地应用于车辆的

法规开始实施,其中对氮氧化物做了更加严格的限制。非甲烷碳氢化合物和氮氧化物被归到一起,作为一个综合指标($NMHC+NO_x$)。对一氧化碳和颗粒物的限制与1998年的标准处在同一个水平。

另一项极严格的限制于车型年2007年开始实施。氮氧化物和颗粒排放值比之前的限值低10倍。如果不使用排放控制系统(例如NO_x催化转换器和颗粒过滤器),是不可能满足如此严格的排放标准的。

2007—2010年,对非甲烷碳氢化合物和氮氧化物的排放限制将逐步实施。

为了达到严格的颗粒排放限制标准,从2006年年中起,柴油中的最大含硫量将从0.05%减至0.001 5%。

欧盟、美国、日本柴油商用车的排放法规如图26-7所示。

与轿车和轻型货车相比,重型货车没有平均车队排放限值和车队油耗的限制。

26.6.2 同意令

1998年,美国环保署、加州大气资源委员会和一些汽车制造商达成了一项法定协议。有些汽车制造商为在公路行驶循环下达到最佳油耗,违法改装发动机而导致氮氧化物的排放量升高。协议将对这种行为进行处罚。"同意令"规定:除动态测试循环外,适用的排放限值还必须加上简化的稳态欧洲13级试验。此外,无论车辆在规定的发动机转速/转矩范围内("未超过"区域)为何种行驶模式,排放量超出车型年2004年限值的程度不得大于25%。

车型年2007年起,这些附加的测试将被应用在所有柴油商用车上。然而,在"未超过"区域内,尾气排放量可能会超出2004年排放限值的50%以上。

26.6.3 长期合规

必须证明是否在一定里程或一段时间内符合排放限值。根据日趋严格的长期合规要求定义了3个重量级别:

- 轻型货车,8 500磅(环保署)或14 000(加州空气资源委员会)~19 500磅。

图 26-7　欧盟、美国、日本柴油商用车的排放法规
1)—日本汽车制造商协会（JAMA）的自愿义务：每个制造商一个发动机型号

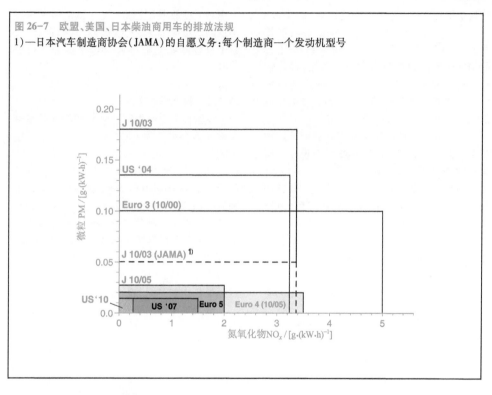

- 中型货车，19 500~33 000 磅。
- 重型货车，33 000 磅以上。

从 2004 年开始，重型货车需在 13 年内或者 435 000 英里的行驶里程内符合长期排放限值的规定。

§26.7　欧盟法规（重型货车）

在欧洲，所有重量超过 3.5 t，或人员运载能力超过 9 人的车辆都被归入重型货车的级别中。相应的排放限制法规是在欧盟的 88/77/EEC 指令中确定的，并将继续更新。

就轿车和轻型货车而言，针对重型货车的新排放限值分两个阶段实施。在型式认证中，新发动机的设计必须符合新的排放限值。一年后，符合新的限值将成为授予车型型式认证的条件之一。立法者可以从量产产品中选几台发动机检验生产一致性，并检测它们是否符合新排放限值的规定。

26.7.1　排放限值

对于柴油商用车来说，欧洲标准对碳氢化合物（碳氢化合物和非甲烷碳氢化合物）、一氧化碳、氮氧化物、颗粒物和尾气不透光度均做了排放限制。限值与发动机的功率输出相关，单位为 g/kW。

从 2000 年 10 月起，欧Ⅲ排放水平被应用到了对所有新发动机的型式认证上，从 2001 年 10 月起也适用于所有量产汽车。在 13 级欧洲稳态测试循环（ESC）中进行了尾气排放物的测量，在欧洲负荷烟度响应（ELR）补充试验中对尾气不透光度进行了测定。装有与排放控制有关的"先进系统"（例如氮氧化物催化剂转换器或颗粒物滤清器）的柴油机也必须在动态欧洲瞬态循环（ETC）中进行测试。欧洲测试循环应在发动机运行状态下，在正常的工作温度下进行。

在小型发动机的案例中，例如每个气缸

容量小于 0.75 L,标定转速超过 3 000 r/min 的小型发动机,与大型发动机相比,颗粒物排放量允许略高一些。针对欧洲瞬态循环(ETC)有单独的排放限制——例如,颗粒物排放限制要比欧洲稳态循环(ESC)高出约 50%,因为在动态工作条件下会达到碳烟排放的峰值。

2005 年 10 月,欧Ⅳ排放限制标准开始被用于新的型式认证,一年后被用于量产。所有排放限制都明显比欧Ⅲ要严格得多,尤其是对颗粒物排放的限制。在欧Ⅳ中,颗粒物排放量减少了 80%。在采用欧Ⅳ之后,有以下变化:

• 除了欧洲稳态循环(ESC)和欧洲负荷烟度响应(ELR)之外,动态废气排放试验(欧洲瞬态循环)也是强制性的。

• 须证明与排放有关的部件可在车辆整个寿命期内持续正常工作。

所有新发动机的认证将于 2008 年 10 月采用欧Ⅴ排放限制标准。1 年以后所有量产车辆的认证都将采用此标准。与欧Ⅳ相比,欧Ⅴ只对氮氧化物排放进行了更加严格的限制。

26.7.2 极低排放车辆

欧盟指令对于先期达到欧盟标准的车辆和增强型环保车辆(EEV)实行了税收激励机制。

自愿性排放限制由欧洲瞬态循环(ETC)、欧洲稳态循环(ESC)和欧洲负荷烟度响应(ELR)排放限制试验所使用的增强型环保车辆来确定。其氮氧化物和颗粒物排放值符合欧Ⅴ的欧洲瞬态循环(ESC)排放限值。碳氢化合物(HC)、非甲烷碳氢化合物(NMHC)、一氧化碳(CO)和废气不透光度排放标准都比欧Ⅴ标准严格。

欧盟对商用柴油车的排放限制如图 26-8 所示。

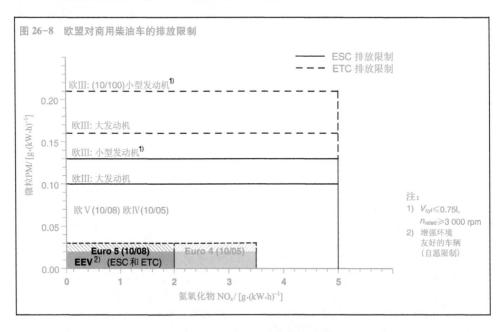

图 26-8 欧盟对商用柴油车的排放限制

§26.8 日本法规(重型货车)

在日本,重量超过 2.5 t(从 2005 年起:3.5 t),或乘员容载量超过 10 人的车被归入重型货车级别。

26.8.1 排放限制

"新短期规定"从 2003 年 10 月开始实

施。对碳氢化合物、氮氧化物、一氧化碳、颗粒物和废气不透光度的限值进行了规定。通过日本 13-级试验(高温试验)测量排放水平。通过日本烟度试验测量废气不透光度。而且,须证明车辆能在 80 000 ~ 650 000 km (取决于允许车重)的行驶里程内长期符合排放限值。

"新的长期规定"于 2005 年 10 月生效。与 2003 年相比,排放限值规定减少了一半,颗粒物排放限值减少了 75%。

动态日本试验循环也在这一限制阶段开始实施。

26.8.2　区域性规划

除了日本全国性的新车规定之外,还通过对旧车的更换和升级降低污染物排放水平的区域性要求。

例如:自 2003 年起,东京地区实施了针对车重超过 3 500 kg 的"汽车氮氧化物排放法"。这项规定要求车辆在注册后的 8~12 年内,氮氧化物和颗粒物的排放必须符合一般的排放限制水平。颗粒物的排放也适用于同样的原则。在此,此项规定适用于注册已达 7 年的车辆。

▲ 知识介绍

臭氧和烟雾

在阳光的照射下,二氧化氮(NO_2)会分解成一氧化氮(NO)和氧原子(O)。它们将与空气中的原子氧(O_2)结合形成臭氧(O_3)。挥发性有机化合物也会促进臭氧的形成。这就是为什么在高温、少风的夏日,当出现重度空气污染时,臭氧的浓度会比较高。

正常浓度的臭氧对于人类来说是必不可少的;但是,研究表明,如果臭氧浓度超标,则会引起咳嗽,喉咙和鼻腔刺激,以及眼部烧灼感,还会使肺功能受损。

通过上述方式形成的臭氧与能吸收紫外线的臭氧层中的臭氧并不会有直接接触或相互运动。

烟雾不仅会发生在夏天,也会发生在冬天,尤其是在逆温和低风速的情况下。大气层逆温会使含有较高污染物浓度的冷空气难以上升和扩散。

烟雾会导致黏膜、眼睛和呼吸系统受到刺激,还会影响能见度。最后解释一下"Smog"(烟雾)这个词的来源。它是由"Smoke"(烟)和"Fog"(雾)合成得来的。

§26.9　针对乘用车和轻型货车的美国试验循环

26.9.1　联邦试验规程 75 号试验循环

FTP 75 号联邦试验规程试验循环含有实际记录洛杉矶上下班交通的速度循环[见图 26-9(a)]。

这项试验循环也在除美国以外的南美洲国家实施(包括美国加州)。

(1) 前提条件

将车辆置于室温为 20 ℃ ~ 30 ℃ 的人工气候室 12 h。

(2) 污染物的收集

车辆在设定的速度循环下启动并运行。将不同阶段车辆排放的污染物收集到不同的袋子中。

① 冷瞬态阶段(ct 阶段)

收集冷态试验阶段的废气。

② 稳态阶段(s 阶段)

稳态阶段指的是发动机启动 505 s 后的阶段。在行驶循环中不间断地进行废气采集。总计 1 365 s 之后,稳态阶段结束,将发动机关闭 600 s。

③ 热瞬态阶段(ht 阶段)

为进行高温试验,需重新启动发动机。热瞬态阶段的速度循环与冷瞬态阶段相同。

(3) 分析

在高温试验开始之前暂停工作期间,对前两个阶段得到的两袋气体样本进行分析。这是因为气体样本在袋子中保持时间最多不会超过 20 min。

在行驶循环完成后分析第三个袋子中采集到的气体样本。总的结果包括了这 3 个阶段的废气排放,并对它们分别进行加权。

冷瞬态阶段和稳态阶段采集到的污染物会聚集在一起,并与这两个阶段运行的总距离联系起来。所得结果的权重系数为 0.43。

对热瞬态阶段和稳态阶段得到的废气样本采用与上一节同样的处理过程。得到的结果设定的权重系数为 0.57。将之前得到的两个结果相加就得到了各排放物(碳氢化合物、一氧化碳和氮氧化物)的试验结果。

废气排放量用每英里的污染物排放量表示。

26.9.2 联邦试验补充规程(SFTP)规划

从 2001 年开始直至 2004 年,依照联邦试验补充规程的标准进行了试验。试验由以下行驶循环组成。

- FTP(联邦试验规程)75 循环。
- SC03 循环[图 26-9(b)]。
- US06 循环[图 26-9(c)]。

这些补充试验是为了检验下列其他行驶状况:

- 攻击性驾驶;
- 车速急剧变化;
- 发动机启动及静止状态开始加速;
- 运行时速度发生频繁的较小的变化;
- 泊车阶段;
- 空调开启时的运行状况。

在已具备前提条件的情况下,SC03 和 US06 循环在未进行废气收集的 FTP 75 冷瞬态阶段进行。此过程可能还需具备其他前提条件。

SC03 循环在温度为 35 ℃,相对湿度为 40% 的条件下进行(仅适用于带车载空调的车辆)。各行驶循环的权重为:

- 带车载空调的车辆:

  35% FTP 75+37% SC03+28% US06
- 无车载空调的车辆

图 26-9　针对乘用车和轻型货车的美国试验循环

ct 一冷机阶段;s一稳定阶段;ht一热试验
■废气控制阶段;■预处理(可以由其他驾驶循环组成)

试验循环	a FTP 75	b SC03	c US06	d Highway
循环距离:	17.87 km	5.76 km	12.87 km	16.44 km
循环持续时间:	1 877 s + 600秒暂停	594 s	600 s	765 s
平均循环速度:	34.1 km/h	34.9 km/h	77.3 km/h	77.4 km/h
最大循环速度:	91.2 km/h	88.2 km/h	129.2 km/h	94.4 km/h

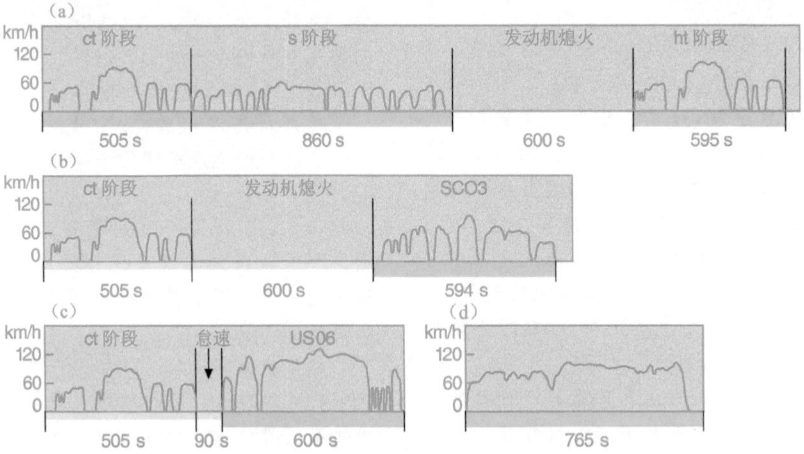

S72% FTP 75+28% US06

须将联邦试验补充规程（SFTP）和 FTP 75 试验循环分开独立完成。

26.9.3　被用于确定车队平均值的试验循环

每个汽车制造商都必须提供与车队平均值相关的数据。没有达到车队平均排放限制要求的制造商须支付相应的罚金。

FTP 75 试验循环（占 55% 权重）和公路试验循环（占 45% 权重），这两种试验循环产生的废气排放决定了油耗。在具备了先决条件后（车辆被置于室温为 20 ℃ ～ 30 ℃ 的室内 12 h），实施一次不加测量的公路试验循环 [见图 26-9（b）]。然后，第二次试验循环开始运行，同时开始收集废气。二氧化碳的排放量被用来计算油耗。

§26.10　针对乘用车和轻型货车的欧洲试验循环

新欧洲标准测试循环修订版（MNEDC）

自欧Ⅲ标准实施起，就开始采用新欧洲标准测试循环修订版（MNEDC）。与新欧洲标准测试循环（欧Ⅱ）不同，后者在车辆启动 40 s 之后才开始进行，而 MNEDC 还包括冷启动阶段。针对乘用车和轻型货车的新欧洲标准测试循环修订版（MNEDC）如图 26－10 所示。

（1）前提条件

在环境温度为 20 ℃ ～ 30 ℃ 的情况下启动，最少工作 6 h。

（2）污染物的收集

废气的收集过程被分为以下两个阶段：

- 最大时速为 50 km/h 的城市行驶循环（UDC）；
- 最大时速为 120 km/h 的郊区行驶循环。

（3）分析

通过分析收集袋内的成分测定污染物数量，还需考虑行驶里程。

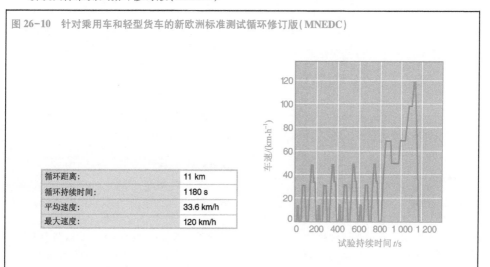

图 26-10　针对乘用车和轻型货车的新欧洲标准测试循环修订版（MNEDC）

循环距离：	11 km
循环持续时间：	1180 s
平均速度：	33.6 km/h
最大速度：	120 km/h

§26.11　针对乘用车和轻型货车的日本试验循环

在车辆热启动时，会进行一次"10·15"模式试验循环（见图 26-11）。该试验循环模拟东京的典型行驶特性。由于日本的交通密度大于欧洲，因此车辆的最高行驶速度低于欧洲试验循环。

热试验的前提条件流程包括规定的怠速条件下废气试验。流程如下：车辆以 60 km/h 的行驶速度暖机约 15 min 之后，在怠速条件下，对排气管中的碳氢化合物、一氧化碳和二氧化碳进行测量。在第二次暖机后,在 60 km/h 的速度下行驶 5 min,"10·15"模式热试验循环开始。

污染物数量的确定与行驶里程有关,因此其单位为 g/km。

§26.12　重型货车的试验循环

对于重型货车来说,所有试验循环都在发动机试验台架上进行。对于非稳态试验循环,使用定容采样法(CVS)对废气进行收集和分析,而对未处理的废气则在稳态试验循环中加以测量。排放量以 g/(kW·h)为单位。

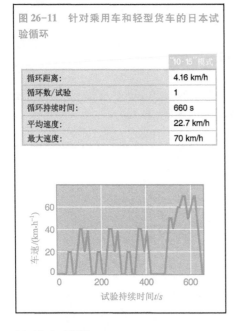

图 26-11　针对乘用车和轻型货车的日本试验循环

	"10·15"模式
循环距离:	4.16 km/h
循环数/试验	1
循环持续时间:	660 s
平均速度:	22.7 km/h
最大速度:	70 km/h

26.12.1　欧洲

自欧Ⅲ标准被采用起(2000 年 10 月),欧洲对于重量超过 3.5 t,座位数超过 9 个的车辆实施了欧洲稳态循环(ESC)的新 13-级试验,如图 26-12 所示。

试验程序规定了在 13-级稳态运行状态下通过发动机全负荷曲线进行计算的方法。每个运行点测量的排放量根据一定的系数进行加权。这也适用于功率输出(见图 26-12)。每种污染物的试验结果通过将该污染物占总排放量的权重除以加权功率输出得出。

未进行认证,可另外对氮氧化物进行 3 次测量,看其是否在试验范围内。与相邻运行点测定的水平值相比,氮氧化物的排放量可能会有所不同。额外进行测量的目的是防止对专门用于试验的发动机进行任何改装。

除欧Ⅲ外,还采用了 ETC(欧洲瞬态循环,见图 26-13),以确定气体排放物和颗粒物;采用 ELR(欧洲负载烟度响应)实验来测量废气不透光度。在欧Ⅲ标准下,ETC(欧洲瞬态循环)仅适用于装有先进的排放控制设备(颗粒物滤清器、氮氧化物催化转换器)的商用车试验;从欧Ⅳ标准开始实施起(2005 年 10 月),ETC(欧洲瞬态循环)被强制应用于所有车辆上。

试验循环从实际道路行驶循环衍生而来,并且被划分为 3 个部分:市区段、郊区段和高速公路段。试验时长为 30 min,而且在规定的时间内须维持一定的发动机转速和转矩水平。

所有欧洲试验循环都应在正常的工作温度下,在发动机运行的情况下进行。

26.12.2　日本

日本 13-级稳态试验(热试验)被用来测量污染物的排放。但是,其发动机运行点、顺序和权重都与欧洲 13-级试验规定的不同。与欧洲稳态循环相比,其试验的重点被放在更低的发动机转速和负荷上。

2005 年生效的一项日本动态试验循环也将被这一限制阶段采用。

26.12.3　美国

自 1987 年起,根据稳态试验循环,美国重型货车的发动机试验在发动机试验台架上进行,其中包括冷启动序列(见图 26-14)。试验循环基本与发动机在真实交通路况上的运行条件相当。与欧洲的瞬态循环相比,明显的不同就是其包括明显更多的急速环节。

还有一个试验,即联邦烟雾循环。该试验被用来在动态和准稳态条件下测试废气的不透光度。从 2007 年起,美国的排放限制必须也遵守欧洲 13-级试验(欧洲稳态循环)规定。此外,未超出限值的排放(如规定的发动机转速/转矩范围内的行驶模式)最多可高于排放限值的 50%。

图 26-12 13-级欧洲稳态试验循环(ESC)

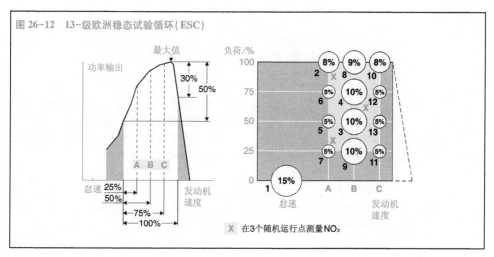

图 26-13 欧洲瞬态循环(ETC)

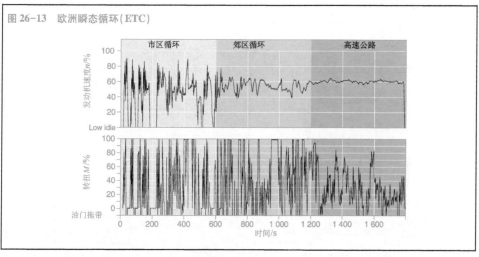

图 26-14 重型货车发动机的瞬态试验循环(美国)

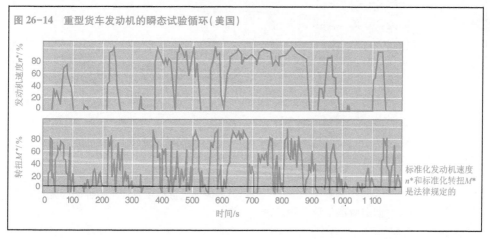

第二十七章　　排放测量技术

§27.1　被用于型式认证的排放试验

在以获得乘用车和轻型货车一般性认证为目的的型式认证试验过程中,废气试验在底盘测功机上的车辆上进行。该试验不同于那些使用车间测量装置进行现场检测的废气试验。

对于重型货车的型式认证,废气实验在发动机试验台架上进行。

图27-1　被用于乘用车和轻型货车的定容采样试验法(图例:柴油机)

1—冷却风扇;2—驾驶员显示器;3—底盘测功机;4—空气取样袋;5—废气样本袋;6—提取物;7—过滤器;8—泵;9—经过加热的初滤器和泵;10—稀释空气;11—取样探管;12—热交换器;13—经过加热的管道;14—气体分析仪;15—测量过滤器;16—四通道文氏管;17—流量计;18—气量计;19—定容采样吹风机;20—带显示屏的计算机

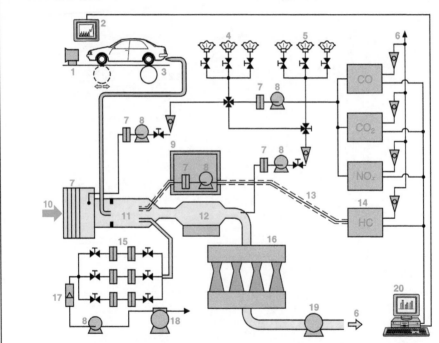

在底盘测功机上进行的试验循环要求尽可能地模拟实际道路的行驶模式。与实际道路试验相比,在底盘测功机上进行试验有诸多优点:

● 因为环境条件恒定,因此试验结果易于复制;

● 因为速度/时间曲线的形成与交通流量无关,试验具有可比性;

● 所需的测量设备都被设定在一个稳定的环境中。

除型式认证试验外,在底盘测功机上进行的废气测量也在发动机组件的开发过程中进行。

27.1.1　试验装置

试验车辆被安置在底盘测功机上,车辆驱动轮位于滚子上方(见图 27-1)。一名驾驶员反复进行试验循环。在试验循环过程中,驾驶员显示屏上会显示当前车速。在一些案例中,驾驶员被自动驾驶系统取代。这样,试验循环将更加精确,提升了试验结果的可复制性。

这就意味着必须模拟车辆受到的各种作用力,如惯性矩、滚动阻力和气动阻力等。只有这样,在试验台架上进行试验循环所得到的排放结果才与在道路试验中得到的结果有可比性。为此,异步电动机、直流电动机,甚至过去试验台架上使用的电动缓速器,会产生作用于滚子上的适当的与速度相关的负荷,而这些负荷是车辆运行过程中需要克服的。更先进的机器使用电动飞轮仿真复制这种惯性。旧的试验台架使用真正的、不同尺寸的飞轮通过快速连接器与滚子连接在一起,以此模拟汽车质量。在车辆前方不远处安装有一个风机,为发动机提供必要的冷却。

试验车辆的尾气管通常是气密的,与废气收集系统(关于稀释系统,见下文)相连。一定比例的稀释废气在此处被收集。在试验循环结束时,对各种废气污染成分(碳氢化合物、氮氧化物和一氧化碳)进行分析,检验其是否满足排放法规,并对废气中的二氧化碳进行分析,以确定油耗。

此外,为进行研发,可从车辆排气系统或稀释系统的采样点持续提取部分废气流,以分析污染物的浓度。

完整的采样系统包括碳氢化合物废气测量仪。将采样系统加热到 190 ℃,以避免凝结的碳氢化合物沸腾。

还有一个取样探管,探管内部是高速的流动湍流,并带有一个颗粒滤清器,被用于分析和确定颗粒排放量。

27.1.2　定容采样(CVS)稀释程序

收集发动机排出废气的最常用方法是定容采样法。这种方法最早于 1972 年在美国被用于乘用车和轻型货车的试验中;同时,这种方法也分几个阶段进行了更新。定容采样法也在其他的国家得到了应用,例如日本。1982年至今,欧洲一直在使用这种方法。

在稀释的过程中,废气与空气混合,然后将这种混合气体收集到袋子中。只有在试验结束时才对这些废气进行分析。稀释可以避免废气中含的水蒸气发生凝结,还可防止损失某些溶于水的废气成分。稀释也避免了所收集废气中的成分发生二次反应,并且模拟了废气在大气中的实际稀释条件。

(1) 定容采样法的原理

如图 27-1 所示,试验车辆排放出的废气与环境空气(10)按照 1∶5~1∶10 的比例被稀释后,试验人员使用一种特殊的泵(8)提取混合气体。这确保了包括废气和稀释空气在内的总容积流量保持不变。因此,稀释气体的混合取决于废气的瞬时容积流量。不断从稀释废气流中采集到的样本被收集在一个或多个废气样本袋(5)中。充注废气样本袋的过程一般要根据试验循环的不同阶段进行(如 FTP 75 试验中的热试验阶段)。

充注完废气样本袋后,取出一个稀释空气样本,并将其收集到一个或多个空气取样袋(4)中,被用于测量稀释空气中污染物的浓度。

在样本袋充注阶段,采样容积流量是不变的。试验循环结束时,废气样本袋中污染物的浓度与采样袋充注阶段稀释废气的浓度平均值相符。然后,可以通过污染物的浓度和废气体积计算出的空气/废气总混合容积,计算出排放污染物的量——考虑稀释空气中的污染物含量。

(2) 稀释系统

如果想要获取恒定的稀释废气体积流量,有两种可供选择的方法:

- 容积式泵(PDP)法:使用一个旋转活塞鼓风机(罗茨鼓风机)。
- 临界流量文丘里管(CFV)法:在临界状态下使用一个文丘里管和一个标准鼓风机。

(3) 定容采样(CVS)法的优点

对废气进行稀释会使作为稀释系数的污染物浓度降低。由于实施了严格排放限制法规,过去的几年中,污染物的排放有了明显的下降。稀释废气中一些污染物(尤其是氢化合物)的浓度与某个试验阶段稀释空气中污染物的浓度相当(甚至更低)。这就提出了测量流程方面的问题,因为上述两个数值的差是废气排放量测量的关键。要想测量浓度值很低的污染物,分析仪的精度是一项更大的挑战。

面对这些问题,较新的定容采样法采用了下列措施:

• 减少稀释。这要求采取预防措施防止水汽凝结,例如通过稀释系统的加热部件。

• 减少并稳定稀释气体的污染物浓度,例如使用活性炭过滤器。

• 优化测量仪器(包括稀释系统),例如通过选择或对材料进行预处理以及系统设置,通过使用改装的电子元件。

• 优化流程。例如应用特殊的清洗步骤。

(4)分流稀释气袋

除上文中描述的定容采样技术的优点外,美国还开发出了一种新型的稀释系统:分流稀释气袋(BMD)。在这里,部分废气流与干燥的、加热的零点气体(例如洁净空气)按照一定的比例稀释。在试验过程中,将部分稀释的废气流按照一定比例的废气体积流量充注到采样袋中,并在行驶试验结束时对其进行分析。用无污染的零点气体稀释过的废气被分配到采样袋中。计算出废气和气体样本袋的浓度差后,对样本进行分析。然而,定容采样法要求实施一个更复杂的程序,例如要求确定废气(未经稀释)体积流量和样品袋充注的比例。

(5)商用车试验

在动态发动机试验台架上对重量为8 500磅(美国)或3.5 t(欧洲)以上重型货车柴油机进行排放试验时采用尾气排放瞬态试验法,并且还会采用定容采样法。这项试验于车型年份1986年在美国实施,并于2005年在欧洲实施。然而,由于发动机的型号不同,需要一个具有更大通过能力的试验装置,以使轿车和轻型货车保持同样的稀释率。法律允许采用双重稀释(通过第二个管道),以最大程度地降低设备成本。

在临界条件下,稀释后的废气体积流量是可控的,既可以使用标定的罗茨鼓风机,也可以使用文丘里管。

§27.2 废气测量设备

为了测量废气和气体采样袋中的污染物浓度,欧盟、美国和日本的排放控制法规针对受到排放限制的污染物确定了标准的试验程序,具体如下:

• 使用非分散红外线(NDIR)分析仪测量一氧化碳和二氧化碳的浓度;

• 使用化学发光检测器(CLD)测量氮氧化物(一氧化氮和二氧化氮的聚合物)的浓度;

• 使用氢火焰离子化检测器(FID)测量总烃浓度(THC);

• 使用重力测量法测量颗粒物排放量。

(1)非分散红外线分析仪

非分散红外线分析仪利用的是某些气体在一个狭窄的特性波段内吸收红外线的特性。吸收的辐射转化为吸收分子的振动能量和转动能量。

在非分散红外线(NDIR)分析仪中,分析气体流经暴露在红外线下的吸收室(容器)(见图27-2中的2)。气体吸收污染物特性波段内的射线能量。因此,被用来分析的废气中污染物的浓度与吸收的射线能量成正比。与吸收室平行布置的参比室(7)中充满了惰性气体(如氮气 N_2)。

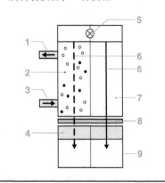

图27-2 非分散红外线分析仪
1—出气口;2—吸收室;3—试验气体入口;4—滤光器;5—红外光源;6—红外辐射;7—参比室;8—旋转斩波器;9—探测器

探测器位于吸收室内红外光源的对面端,测量测量室和参比室中红外射线的剩余能量。探测器被分为两个室。两室之间通过一层膜片连接,且含有被用于分析的气体成分样本。参比室的射线特性被吸收到一个室中。其他室从实验气体容器中吸收射线。所以,两个探测器室接收到的射线和吸收的射线是不同的。这样会导致一个压差,会使测量探测器和基准探测器之间的膜片出现偏转。偏转的大小是试验气体容器中污染物浓度的量度。

旋转斩波器(8)周期性地隔断红外射线,会导致膜片交替偏转,从而对传感器信号进行调制。

非分散红外线(NDIR)分析仪对试验气体中的水蒸气有很强的交叉灵敏度,因为水分子能在相当大的特性波段内吸收红外线。这就是为什么过去在用非分散红外线(NDIR)分析仪测量未稀释的废气时,其被布置在试验气体处理系统(例如,气体冷却器)的下游。其目的就是使废气干燥。

(2) 化学发光检测器(CLD)

根据测量原理,化学发光检测器(CLD)仅被用于测定一氧化氮的浓度。在测量一氧化氮和二氧化氮聚合物的浓度之前,试验气体先被引入一个转化器中,将二氧化氮还原成一氧化氮。

试验气体与反应室中的臭氧混合(见图27-3),由此可以确定一氧化氮的浓度。试验

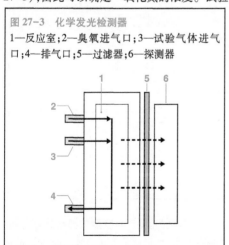

图 27-3　化学发光检测器
1—反应室;2—臭氧进气口;3—试验气体进气口;4—排气口;5—过滤器;6—探测器

气体中的一氧化氮会在这种环境下氧化,形成二氧化氮。一部分生成的分子处在一种激发态。当这些分子恢复到它们的基本状时,能量将以光的形式释放(化学发光)。

光电探测器能测量射出的发光能量。在特定条件下,发光能量与试验气体中的氮氧化物的浓度成正比。

(3) 氢火焰离子化检测器(FID)

试验气体中的碳氢化合物能在氢焰中燃烧(见图27-4)。这样就形成了碳基。有些碳基会暂时被离子化。这些碳基在集电电极中放电。对放电过程产生的电流进行测量,就能得到试验气体中碳原子的数目。

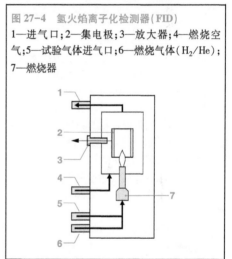

图 27-4　氢火焰离子化检测器(FID)
1—进气口;2—集电极;3—放大器;4—燃烧空气;5—试验气体进气口;6—燃烧气体(H₂/He);7—燃烧器

(4) 颗粒物排放的测量

在型式认证试验中,重量分析是法律规定的一种被用于测量颗粒物排放量的方法。

重量分析流程(微粒过滤器流程):

在行驶试验过程中,部分被稀释的废气由取样探管采样得到,并流经微粒过滤器。颗粒物排放量通过计算微粒过滤器增加的重量得出,同时还要考虑体积流量。

不过,重量分析流程的缺点有:

● 探测极限相对较高,只有在使用一些集中的仪器资源时才能在一定程度内减少这些限值(例如优化管道的几何形状)。

● 不能持续测量颗粒物排放量。

● 由于微粒过滤器要求将环境的影响降

到最低,因此流程需要使用大量资源。

● 仅能测量颗粒物的质量,而不能确定颗粒物的化学组成和颗粒大小。

基于上述缺点,而且将来颗粒物的排放会急剧减少,因此立法者正考虑以其他方法取代重量分析流程,或者对其进行补充,以确定废气中的粒度分布或颗粒物的数量。然而,迄今为止,尚未找到替代方法。

能显示废气中颗粒物粒度分布的测量仪器包括:

● 扫描电迁移率粒径谱仪(SMPS);
● 电称低压冲击器(ELPI);
● 声光烟尘传感器(PASS)。

§27.3 发动机开发中的废气测量技术

出于研发目的,许多试验台架还包括在车辆废气系统或稀释系统中持续地测量污染物浓度的环节。原因是为了采集排放限制成分和其他不受制于法规的成分数据。除此之外,其他试验流程还有如下要求,例如:

● 被用于测量甲烷(CH4)浓度的气相色谱(GC)氢火焰离子化检测器(FID)和切割机氢火焰离子化检测器(FID);
● 被用于测量氧气浓度的顺磁法;
● 被用于确定颗粒物排放量的不透光度测量法。

此外,还可使用以下的多成分分析仪进行其他分析:

● 质谱仪;
● 傅里叶红外线光谱分析仪;
● 红外激光光谱仪。

(1) 气相色谱(GC)氢火焰离子化检测器(FID)和切割机氢火焰离子化检测器(Cutter FID)

有两种测量试验气体中甲烷浓度的常用方法。每种方法都含有甲烷分离单元和火焰离子化探测器。一个气体色谱柱(GC FID)或一个加热的催化转换器将非甲烷类碳氢化合物氧化(Cutter FID),以分离出甲烷。与切割机氢火焰离子化检测器不同,气体色谱法氢火焰离子化检测器(GC FID)只能不连续地(两次测量之间通常中断 30~45 s)测量甲烷浓度。

(2) 顺磁探测器(PMD)

顺磁探测器有多种设计(取决于制造商)。其测量原理基于不均匀磁场。该磁场向带顺磁特性的分子(例如氧气)施加作用力,从而使分子运动。分子的运动与试验气体中分子的浓度成正比,并且可以通过传感器测量。

(3) 不透光度测量

不透光烟度计被用于研发以及在废气试验的工作室中进行柴油机排气烟度试验[见"排放试验(不透光度测量)一节"]。

研发中使用的排气烟度试验设备(见图 27-5)通过滤纸提取一定数量的柴油废气(例如 0.1 L 或 1 L)。为了使结果具有较精确的可复制性,每次试验都要记录所提取的废气量,并将其转化为标准体积。系统还须考虑压力和温度的影响,以及废气取样探针和滤纸之间的死体积。

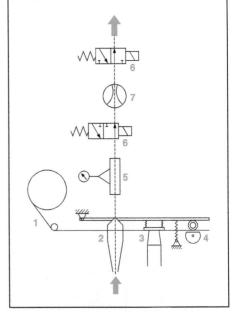

图 27-5 烟度排放试验设备(过滤法)
1—滤纸;2—气体渗透;3—反射光度计;4—输纸器;5—体积测量设备;6—净化空气转换器;7—泵

利用反射光度计对变黑的滤纸进行分析。结果以 BOSCH 烟度或质量浓度(mg/m^3)的形式表示。

§27.4 排放试验(不透光度测量)

车间内柴油机车辆的排放试验流程包括以下几个步骤:

- 确定车辆。
- 对排气系统进行外观检查。
- 检测发动机的速度及温度。
- 检测平均怠速。
- 检测平均开放速度。
- 不透光度测量:开始时通过至少3次急踩加速踏板(无限制加速)确定废气的不透光度。如果不透光度数值低于限值,并且3次测量值均处在带宽不超过 0.5~1 m 的范围内,则该车通过了废气试验。不透光烟度计如图 27-6 所示。

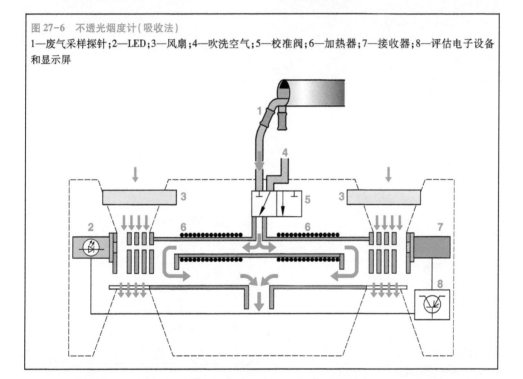

图 27-6　不透光烟度计(吸收法)
1—废气采样探针;2—LED;3—风扇;4—吹洗空气;5—校准阀;6—加热器;7—接收器;8—评估电子设备和显示屏

德国还规定从 2005 年起,车载诊断将作为废气试验的一部分。

在无限制加速过程中,用废气采样探针和连接测量室的软管,从车辆的排气管中(无真空助力)采集一定量的废气。由于温度和压力均可控,因此这种方法避免了由于废气背压及压力波动对试验结果的影响。

在测量室中,一道光束穿过柴油尾气。通过光电效应测量光束的衰减并以不透光度百分比 T 或吸收系数 k 表示。试验结果的高精度和高复制性取决于特定的测量室长度,并应保持检查窗无烟尘附着。

缩 写 表

A

ABS:防抱死制动系统
AC:空调
ACC:自适应巡航控制系统
ACEA:欧洲汽车制造商协会
ACK:确认
A/D:模数转换
ADM:应用数据管理器
ARD:主动阻尼控制器
ASIC:专用集成电路
ASTM:美国试验材料协会
AU:定期排放检查
AZG:自适应气缸平衡系统

B

BDC:下止点
bhp:制动马力
BIP:喷油周期开始
BMD:分流稀释气袋
BTDC:上止点前

C

CA:曲轴转角
CAD:计算机辅助设计
CAFE:平均燃油经济性
CAN:控制器局域网
CARB:加州空气资源委员会
CAS[plus]:计算机辅助服务系统
CCRS:液流控制率成形
CDM:标定数据管理器
CFPP:冷过滤阻塞流动点
CFR:燃料研究协会
CFV:临界流量文丘里管
cks:曲轴
CLD:化学发光检测器
CR:共轨
CRC:循环冗余校验

CRS:共轨系统
CRT:连续再生捕集
CVS:定容采样法

D

DFPM:故障诊断路径管理模块
DI:直喷
DME:二甲醚
DOC:柴油机氧化催化器
DPF:柴油颗粒过滤器
DSCHED:诊断功能调度器
DSM:故障诊断系统管理
DVAL:故障诊断校验器

E

ECE:欧洲经济委员会
ECM:电解加工
ECU:电子控制单元
EDC:柴油机电子控制
EEPROM:电可擦写只读存储器
EEV:增强型环保车辆
EGR:废气再循环
EIR:排放信号报告
ELPI:电称低压冲击器
ELR:欧洲负荷烟度响应
EMI:喷射量指示
EMC:电磁兼容性
EO:排气门打开
EOBD:欧洲车载诊断系统
EPA:环境保护署
EPROM:可擦可编程只读存储器
ESC:欧洲稳态测试循环
ESI[tronic]:电子服务信息系统
ESP:电子稳定程序
ETC:欧洲瞬态循环
EU:欧盟
EWIR:排放保证书资料报告

F

FAME:脂肪酸甲酯
FGB:车辆限速装置
FID:氢火焰离子化检测器
FIR:现场信息报告
FSA:车辆系统分析
FTP:联邦试验规程

G

GC:气相色谱
GPS:全球定位系统

H

HCCI:均质压燃
HDV:重型汽车
HFM:热膜空气流量计

I

IC:集成电路
IDI:间接喷射
IMA:喷油嘴供油补偿
INCA:标定和采集集成系统
ISO:国际标准化组织
IWZ:增量角度/时间信号
JAMA:日本汽车制造商协会

L

LED:发光二极管
LEV:低排放车辆
LLDT:超轻型卡车
LSU:通用 λ 氧传感器

M

MAR:喷油喷射补偿控制
MC:微型计算机
MDA:测量数据分析器
MDPV:中型乘用车
MGT:玻璃液位计测量法
MI:主喷射
MIL:故障指示灯
MNEDC:新欧洲行驶循环修订版

N

NDIR:非分散红外线
NEDC:新欧洲行驶循环
NMHC:非甲烷碳氢化合物
NMOG:非甲烷有机气体
NSC:NO_x存储催化剂
NTC:负温度系数

O

OBD:车载诊断系统
OHW:非高速用

P

PASS:声光烟尘传感器
PCB:印刷电路板
PDP:容积式泵
pHCCI:部分均质压燃
PI:预喷
PMD:顺磁探测器
PTC:正温度系数
PWM:脉冲宽度调节
PZEV:部分零排放车辆

R

RAM:随机存取存储器
RME:菜籽油甲基酯
ROM:只读存储器
RTR:远程发送请求位
RWG:齿条行程传感器
RCP:滚柱式燃油泵

S

SAE:美国汽车工程师协会
SCR:选择性催化还原
SE:次级电子
SEM:扫描式电子显微镜
SFTP:联邦试验规程补充
SIS:服务信息系统
SMD:表面安装系统
SMPS:扫描电迁移率粒径谱仪
SRC:平顺运行控制
SULEV:超低排放车辆

T

TCS:牵引控制系统
TDC:上止点
TLEV:瞬态低排放车辆

U

UDC:城市行驶循环
UFOME:煎炸废油甲酯
UI:泵喷嘴
UIS:泵喷嘴系统
ULEV:超低排放车辆
UP:单体泵

UPS:单体泵系统

V

VST:可变几何涡轮增压器
VTG:可变几何涡轮增压系统

W

WOT:节气门全开
WSD:磨痕直径

Z

ZDR:中间转速控制
ZEV:零排放车辆